石油教材出版基金资助项目

高等院校特色规划教材

无损检测

主　编　陈孝文

副主编　张德芬　周培山

石油工业出版社

内容提要

本书系统介绍了无损检测方法及其在工程上的实际应用，重点阐述了超声波检测、射线检测、磁粉检测、涡流检测和渗透检测五种常规无损检测方法的理论与实际应用，并对声发射探伤、红外线探伤、液晶探伤和激光全息照相法等做了简要概述，同时介绍了每种检测方法的最新进展。

本书适用于高等院校材料成型及控制工程、材料科学与工程、无损检测、过程控制与装备、测控技术与仪器等专业的本科及专科教学，也可作为相关专业的研究生和工程技术人员的参考用书。

图书在版编目(CIP)数据

无损检测/陈孝文主编. －北京：石油工业出版社，2020.3(2024.3重印)

ISBN 978－7－5183－3882－5

高等院校特色规划教材

Ⅰ.①无… Ⅱ.①陈… Ⅲ.①无损检测—高等学校—教材 Ⅳ.①TG115.28

中国版本图书馆CIP数据核字(2020)第026179号

出版发行：石油工业出版社

(北京市朝阳区安华里2区1号楼 100011)

网 址：www.petropub.com

编辑部：(010)64250991

图书营销中心：(010)64523633

经 销：全国新华书店

排 版：北京密东文创科技有限公司

印 刷：北京中石油彩色印刷有限责任公司

2020年3月第1版 2024年3月第2次印刷

787毫米×1092毫米 开本：1/16 印张：16.25

字数：410千字

定价：40.00元

(如发现印装质量问题，我社图书营销中心负责调换)

前　言

本书为我国高等院校材料类、机械类和测控技术类专业本科生编写的创新型应用人才培养规划教材，在编写过程中力求将无损检测的理论知识与工程实际结合起来，用工程应用案例来阐述其具体应用，特别介绍了超声波检测等在工程上的实际应用案例。

本书重点介绍了各种无损检测方法，共分为8章。第1章主要介绍了无损检测的基本概念及其发展历程，并对焊接、铸造和锻造过程中的缺陷类型和特性进行了详细的分析；第2~6章介绍了五种常规的无损检测方法，包括超声波检测、射线检测、磁粉检测、涡流检测和渗透检测，重点介绍了各种无损检测方法的概念、原理、物理基础、设备、检测方法、检测结果评定及新型检测方法等；第7章介绍了其他无损检测方法，包括声发射探伤、红外线探伤、液晶探伤和激光全息照相法；第8章介绍了无损检测方法在实际生产中应用的具体案例。

全书由西南石油大学陈孝文、张德芬、周培山合编，陈孝文任主编。具体编写分工如下：第2、3、4、8章由陈孝文编写；第1、6章由张德芬编写；第5、7章由周培山编写。全书由陈孝文统稿。

本书在编写过程中，得到了海洋石油工程股份有限公司张天江工程师的大力帮助，研究生赵鹏飞、蒋烜和龚顺做了部分编排工作。

本书在编写过程中，参阅并引用了部分国内外相关教材、科技著作和论文，在此特向有关作者表示衷心的感谢！

由于编者水平有限，教材中难免会出现疏漏甚至错误，敬请广大师生和读者批评指正。

本教材获得西南石油大学2019年度校级规划教材立项资助。

编　者

2020年1月

目　录

第 1 章　绪　　论

1.1　检测的分类

在工业生产中，绝大部分产品都需要经过检测这一过程，检测合格后方能出厂供用户使用，因此，检测对于控制产品质量、保证人民生命财产安全具有重要的意义。根据检测过程中对产品破坏与否，检测分为破坏性检测和非破坏性检测两大类，每类又包含若干具体检验方法，如图 1.1 所示。

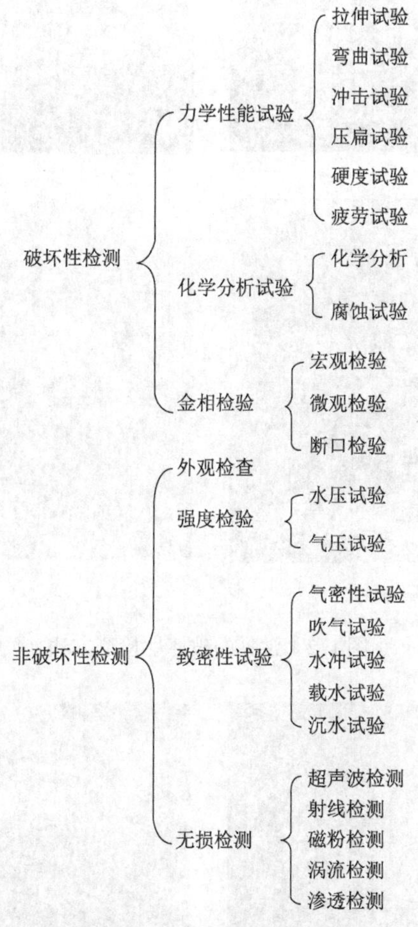

图 1.1　常见的检测方法分类

与破坏性检测相比，非破坏性检测具有以下优点：

(1) 直接对产品进行检验，与零件的成本或可得到的数量无关；(2) 既能对产品进行普检，也可对典型的抽样进行检验；(3) 对同一产品可采用不同的检验方法；(4) 对同一产品可以重复进行同一种检验；(5) 可对使用中的零件进行检验；(6) 可直接测量运转使用期内的累计影响;(7)可查明失效的机理;(8)试样很少或无需制备;(9)设备往往是携带式的;(10)劳动成本很低。

同时,非破坏性检验也具有其自身的局限性,主要表现在以下几个方面:(1)通常需要借助熟练的实验技术才能对检测结果作出说明;(2)不同的观测人员可能对试验结果看法不一致;(3)检验的结果只是定性的或相对的;(4)有些非破坏性试验所需的原始投资较大。

常见的破坏性检测和非破坏性检测方法如图 1.2 和图 1.3 所示。

(a)拉伸试验

(b)金相检验

(c)冲击试验

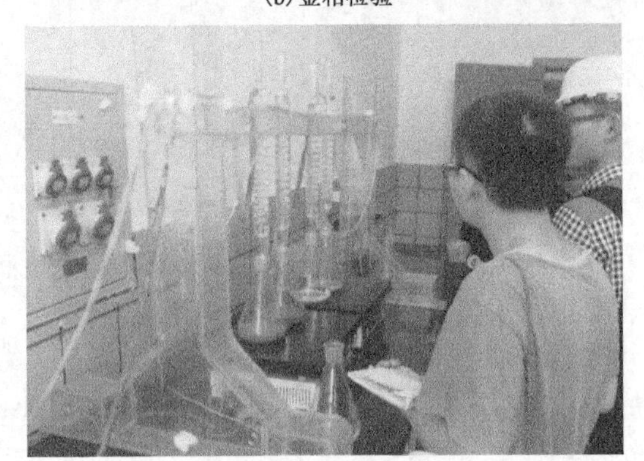

(d)腐蚀试验

图 1.2　常见的破坏性检测方法

(a)超声波检测

(b)射线检测

(c)磁粉检测

(d)渗透检测

图 1.3　常见的非破坏性检测方法

1.2　无损检测的起源、定义及特点

在无损检测技术诞生之前,检查材料或产品的性能或内部质量的唯一方法是进行破坏性试验,通过试验测试其机械性能和化学性能,即通常所说的理化检验。理化检验只能抽样而不能100%对材料或产品进行检查。随着对产品质量要求的提高,抽样检查已不能满足质量保证要求。于是,一种新型的检测技术发展起来了,它可以在不破坏材料或产品的外形、不影响材料或产品的性能、不改变材料或产品内部结构的情况下,检测该材料或产品的内部状态(尤其是了解是否存在缺陷、存在什么样的缺陷、缺陷在什么地方)和性能,该技术称为无损检测,

早期也称为物理探伤、非破坏性检测等,英文全称为:Non-destructive Testing(简称 NDT)。

无损检测是指以不损害被检验对象的使用性能为前提,应用多种物理原理和化学现象,对各种工程材料、零部件、结构件进行有效的检验和测试,借以评价它们的连续性、完整性、安全可靠性及某些物理性能。

无损检测技术的应用范围非常广泛,在机械制造、石油化工、造船、汽车、航空航天和核能等工业中得到了广泛的使用。无损检测在材料和产品的静态检测和动态检测以及质量管理中,已经成为一个不可缺少的重要环节。无损检测人员已经发展成为一支庞大的生力军,享有"工业卫士"的美誉。

无损检测技术具有以下特点:

(1)无损检测不会对构件造成任何损伤。无损检测是在不破坏构件的前提下,利用材料物理性质的变化来判断构件内部和表面是否存在缺陷,不会对材料、工件和设备造成任何损伤。

(2)无损检测技术为查找缺陷提供了一种有效方法。任何部件、设备在加工和使用过程中,由于其内外部各种因素的影响,不可避免地会产生缺陷。使用人员有时不但要知道其是否有缺陷,还要确定缺陷的位置、大小及其危害程度,并对其发展进行预测和预报。无损检测技术为此提供了一种有效方法。

(3)无损检测技术能够对产品质量实施监控。产品在加工和形成过程中,如何保证质量及其可靠性非常关键。无损检测技术能够在铸造、锻造、冲压、焊接、切削加工等各道工序中,检查工件是否符合要求,可避免徒劳无益的加工,从而降低产品成本,提高产品质量和可靠性,实现对产品质量的监控。

(4)无损检测技术能够防止因产品失效引起的灾难性后果。机械零部件、装置或系统,在制造或服役过程中丧失其规定功能而不能工作,或不能继续可靠地完成其预定功能称为失效。失效是一种不可接受的故障。1986 年 1 月 28 日,美国"挑战者"号航天飞机升空 70s 后发生爆炸,7 名宇航员全部遇难,直接经济损失 12 亿美元。究其原因是固体火箭助推器尾部连接处的 O 形密封圈失效使燃料泄漏。如果用无损检测诊断技术提前或及时检测出失效部位和原因,并采取有效措施,就可以避免灾难性事故的发生。

(5)无损检测技术的应用范围广泛。无论是金属材料,还是非金属材料,无论是锻件、铸件、焊件,还是板材、棒材、管材,无论是内部缺陷还是外部缺陷,都可以用无损检测技术进行缺陷检测。因此,无损检测技术广泛应用于各种设备、压力容器、机械零部件等的检测诊断,受到工业界的普遍重视。

由于无损检测技术具有以上特点,因此在工程中得到了广泛应用。

1.3 无损检测的目的

无损检测的目的是定量掌握缺陷与强度的关系,评价构件的允许负荷、寿命或剩余寿命;检测设备或构件在制造和使用过程中产生的结构不完整性及缺陷情况,以便改进制造工艺,提高产品质量,及时发现故障,保障设备安全、高效可靠地运行。具体地说,无损检测的目的主要体现在以下三个方面。

1.3.1 质量管理

各种产品的使用性能、质量水平等量化指标，通常在其技术文件中都有明确规定。无损检测的主要目的之一，就是对非连续加工或连续加工的原材料或零部件提供实时的质量控制。如控制材料的冶金质量、加工工艺质量、组织状态、涂镀层的厚度以及缺陷的大小、方位与分布等。在质量控制过程中，将由无损检测获得的质量信息反馈到设计与工艺部门，可反过来促进其改进产品的设计与制造工艺，从而提高产品质量、降低成本、提高生产效率。

另外，根据检验标准，也可以利用无损检测技术把原材料或产品质量控制在设计要求的范围内，以免无限度地提高质量要求，甚至在不影响设计性能的前提下，使用某些有缺陷的材料，从而提高资源利用率，提高经济效益。

1.3.2 在役检测

使用无损检测技术对装置或构件在运行过程中进行监测，或者在检修期进行检测，能及时发现影响其安全运行的隐患，防止事故的发生。这对于重要的大型设备，如核反应堆、桥梁建筑、铁路车辆、压力容器、输送管道、飞机、火箭等，能防患于未然，具有重要意义。

在役检测不仅可以及时发现隐患，更重要的是可以根据所发现的早期缺陷及其发展程度(如疲劳裂纹的萌生与发展)，在确定其方位、形状、尺寸和性质等的基础上，对装置或构件能否继续使用及其安全运行寿命进行评价。

1.3.3 质量鉴定

制成品在进行组装或投入使用之前，应进行最终检验，即质量鉴定。其目的是确定被检对象是否达到设计性能，能否安全使用，即判断其是否合格，这既是对前面加工工序的验收，也可以避免以后的使用过程中存在的隐患。应用无损检测技术在铸造、锻压、焊接、热处理以及切削加工的工序中，检测材料或部件是否符合要求，可以避免对不合格产品继续进行徒劳无益的加工。这项工作一般称为质量检查，实质上也属于质量鉴定的范畴。

质量鉴定是非常必要的，特别是那些将在复杂恶劣条件下使用的产品。在这方面，无损检测技术表现了能百分之百检验的无比优越性。

1.4 无损检测的发展过程及应用

长期以来，无损检测有三个阶段，即 NDI、NDT 和 NDE，目前一般统称为无损检测(NDT)。20 世纪后半叶无损检测技术得到了迅速发展，从无损检测的三个简称及其工作内容中(表 1.1)，便可清楚地了解其发展过程。实际上，国外工业发达国家的无损检测技术已逐步从 NDI 和 NDT 阶段向 NDE 阶段过渡，即用无损评价技术来代替无损探伤和无损检测。在无损评价阶段，自动无损评价和定量无损评价是该发展阶段的两个组成部分。它们都以自动检测工艺为基础，非常注意对客观(或人为)影响因素的排除和解释。前者多用于大批量、同规格产品的生产、加工和在役检测，而后者多用于关键零部件的检测。

表 1.1　无损检测的发展阶段及其基本工作内容简介

阶段	第一阶段	第二阶段	第三阶段
简称	NDI 阶段	NDT 阶段	NDE 阶段
中文名称	无损探伤	无损检测	无损评价
英文名称	Non-destructive Inspection	Non-destructive Testing	Non-destructive Evaluation
基本工作内容	主要用于产品的最终检验,在不破坏产品的前提下,发现零部件中的缺陷,以满足工程设计中对零部件强度设计的需要	不但要进行最终产品的检验,还要测量过程工艺参数,特别是测量在加工过程中所需要各种工艺参数,如温度、压力、密度、黏度等	不但要进行最终产品的检验以及过程工艺参数的测量,而且当认为材料中不存在致命的裂纹或大的缺陷时,还要: (1)从整体上评价材料中缺陷的分散程度; (2)在 NDE 的信息与材料的结构性能之间建立联系; (3)对决定材料的性质、动态响应和服役性能指标的实测值(如断裂韧性、高温持久强度)等因素进行分析和评价

我国无损检测技术随着现代工业水平的提高,已取得了很大的进步,已建立和发展了一支训练有素、技术精湛的无损检测队伍,已形成了一个包括中等专业教育、大学专科、大学本科和无损检测专业硕士生、博士生培养方向等门类齐全的教育体系。可以乐观地说,我国无损检测行业,今后将是一个人才济济的新天地。很多工业部门,近年来亦大力加强了无损检测技术的推广工作。与此同时,我国已有一批生产无损检测仪器设备的专业厂,主要生产常规无损检测技术所需的仪器、设备。虽然,我国的无损检测技术和仪器设备的水平,从总体上讲仍落后于发达国家 15 ~ 20 年,但一些专门仪器设备都逐渐采用电脑控制,并能自动进行信号处理,这就大大提高了我国的无损检测技术水平,有效地缩短了中国无损检测技术水平与发达国家的差距。

无损检测技术的发展,首先得益于电子技术、计算机科学、材料科学等基础学科的发展,才不断产生了新的无损检测方法。同时,也由于该技术广泛使用在产品设计、加工制造、成品检验及在役检测等阶段,发挥了重要的作用,因而越来越受到人们的重视。从某种意义上讲,无损检测技术的发展水平,是一个国家工业化水平高低的重要标志,也是现代企业开展全面质量管理工作的一个重要标志。有资料认为,目前世界上无损检测技术最先进者当属美国,而德国、日本是将无损检测技术与工业化实际应用协调得最为有效的国家。

1.5　“无损检测”课程的特点及要求

1.5.1　课程特点

“无损检测”课程与其他专业课程相比,具有更大的多学科性和实践性。

多学科性是因为它既是以近现代物理学、化学、力学、电子学和材料科学为基础的焊接学科之一,又是全面质量管理学科与无损检测技术紧密结合的一个崭新领域。它的检验手段和相关原理涉及力、热、磁、声、光、电各领域,经常需要多方调查、检验、监测,综合多种方法获得的各种信息后才能对材料的物理性能和变异,对构件的安全可靠性给出中肯和准确的评价。

实践性是因为对构件缺陷的理解和评定与检验人员的实践经验密切相关。同时,其依据的检验规程、标准、法规等又都是在实践过程中形成和升华的技术结果。特别应予以指出的是,检验人员的资格鉴定和认可,与其从事的工作经历和培训情况密切相关,只有经过较长时期的严格实践锻炼才能胜任。

1.5.2　课程要求

通过本课程的学习,应能达到以下要求:

(1)掌握无损检测方法的基本原理、适用范围。

(2)正确选用检测设备、仪器,熟悉基本操作技能。

(3)掌握有关检测标准,缺陷识别知识,正确制定检测工艺。

(4)基本掌握评定焊缝、锻件和铸件的质量等级,进行质量分析,改进材料的成型技术,进而提高产品质量。

(5)熟悉新型无损检测方法和设备,逐步实现检测过程和生产过程向智能化和数字化过渡。

1.6　焊接的基本知识

1.6.1　焊接方法概述

通过加热、加压或两者并用,用填充材料或不用填充材料使焊件达到原子结合的一种加工方法称为焊接。与铸造和锻造一样,焊接已经成为金属材料成型的重要方法之一。

焊接一般根据热源的性质、形成接头的状态及是否采用加压分为熔化焊、压焊和钎焊三种。熔化焊是将焊件接头加热至熔化状态,不加压力完成焊接的方法。因为熔化焊的焊缝缺陷相对较多,因此是超声波探伤的主要对象。压焊是通过对焊件施加压力(加热或不加热)来完成焊接的方法。钎焊是采用比母材熔点低的金属材料作钎料,在加热温度高于钎料低于母材熔点的情况下,利用液态钎料润湿母材,填充接头间隙,并与母材相互扩散实现连接焊件的方法,它包括硬钎焊和软钎焊等。

熔化焊包括电弧焊、电渣焊、气焊、激光焊、电子束焊、热剂焊等。电弧焊就是使电极和母材之间产生电弧,依靠电弧的高温熔化焊条和部分母材来连接母材的方法。电弧焊分为焊条电弧焊(手工电弧焊)、埋弧焊、气体保护焊、等离子弧焊等。电渣焊是利用电流通过熔渣所产生的电阻热作为热源,将填充金属和母材熔化,凝固后形成金属原子间牢固连接。在开始焊接时,使焊丝与起焊槽短路起弧,不断加入少量固体焊剂,利用电弧的热量使之熔化,形成液态熔渣,待熔渣达到一定深度时,增加焊丝的送进速度,并降低电压,使焊丝插入渣池,电弧熄灭,从而转入电渣焊焊接过程。气焊是指利用可燃气体与助燃气体混合燃烧生成的火焰作为热源,熔化焊件和焊接材料使之达到原子间结合的一种焊接方法。激光焊是一种以聚焦的激光束作为能源轰击焊件所产生的热量进行焊接的方法。由于激光具有折射、聚焦等光学性质,使得激光焊非常适合于微型零件和可达性很差的部位的焊接。激光焊还有热输入低,焊接变形小,不受电磁场影响等特点。电子束焊是指利用加速和聚焦的电子束轰击置于真空或非真空中的焊接面,使被焊工件熔化实现焊接。真空电子束焊是应用最广的电子束焊。热剂焊是将留有适当间隙的焊件接头装配在特制的铸型内,当接头预热到一定温度后,采用经热剂反应形成的高温液态金属注入铸型内,使接头金属熔化实现焊接的方法。因常用铝粉作为热剂,故也常称铝热焊,主要用于钢轨的焊接。

1.6.2　焊接接头形式

用焊接方法连接的接头称为焊接接头。焊接接头主要包括对接接头、T形接头、搭接接头、角接接头,其中以对接接头和T形接头最为普遍。焊接接头主要有两个作用:一是起连接作用,二是起承载作用。常见的焊接接头形式如图1.4所示。

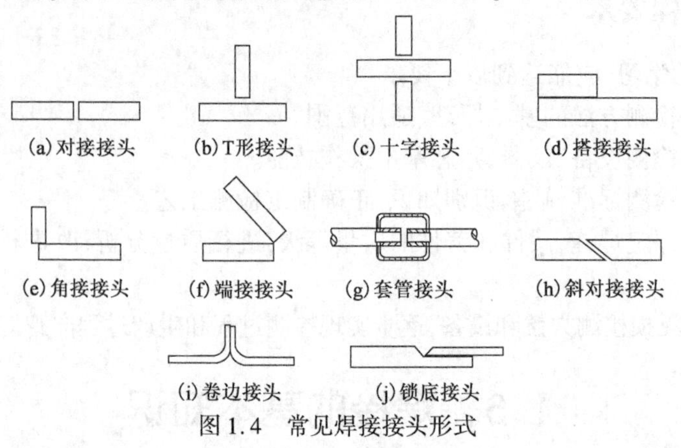

图1.4 常见焊接接头形式

1.6.3 焊缝坡口形式

将焊件的待焊部位加工成一定几何形状的沟槽称为坡口。坡口的主要作用是保证焊透。常见的坡口形式有:I形坡口、Y形(V形)坡口、U形坡口、X形(双Y形)坡口、带钝边V形坡口、K形坡口等,如图1.5所示。坡口各部位名称如图1.6所示。

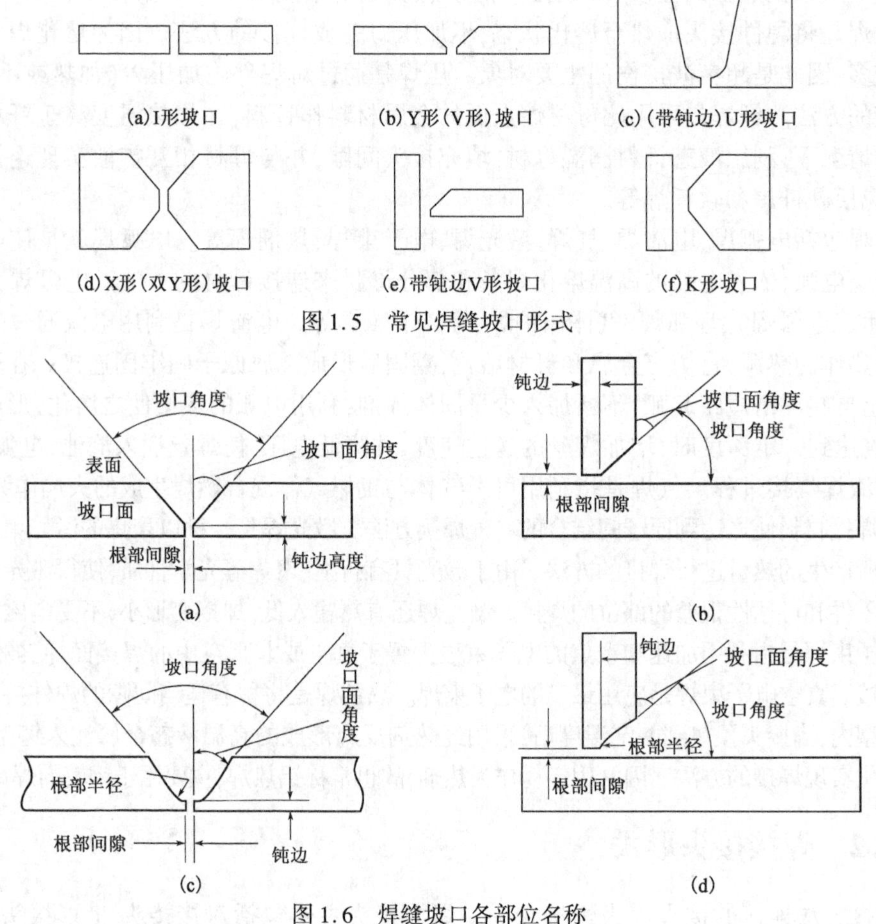

图1.6 焊缝坡口各部位名称

1.6.4 焊接接头的组成

焊接接头由焊缝、熔合区、热影响区及其邻近的母材组成，如图 1.7 所示。焊缝是由熔池金属结晶形成的焊件结合部分。熔合区是焊接接头中焊缝与母材交接的过渡区，这个区域的焊接温度在液相线和固相线之间，一般比较窄，又称半熔化区。焊接热影响区是在电弧热的作用下，焊缝两侧处于固态的母材发生组织或性能变化的区域，热影响区的宽度一般为母材厚度的 30%，最小为 10mm，最大为 20mm。

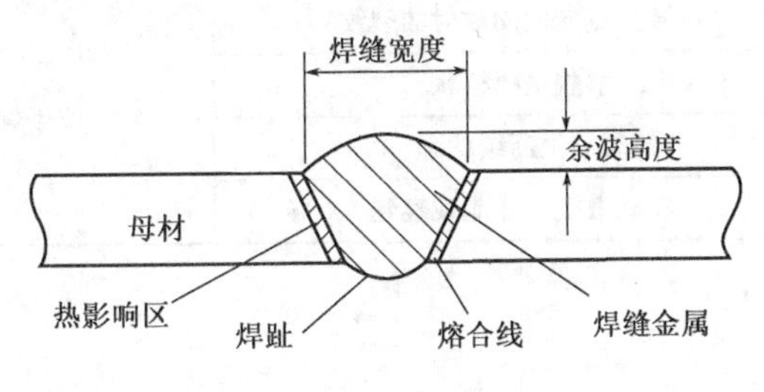

图 1.7　焊接接头组成

1.7 常见焊接缺陷及特点

焊接过程中在焊接接头处产生的不符合标准要求的缺陷称为焊接缺陷。常见的焊接缺陷主要有焊接裂纹、气孔、固体夹杂、未熔合、未焊透及形状缺陷等。

1.7.1 焊接裂纹

金属在焊接应力及其他致脆因素共同作用下，焊接接头中局部金属原子结合力遭到破坏而形成的新界面所产生的缝隙称为焊接裂纹。焊接裂纹一般具有尖锐的缺口和长宽比大的特征，是焊接构件中最危险的缺陷。裂纹的存在会减小焊缝截面积，从而大大降低焊接接头的强度，并且由于裂纹末端具有尖锐的缺口和大的长宽比特征而成为焊接结构承载后的应力集中点，特别是对承受交变载荷和冲击载荷、静拉力的焊接结构影响较大，往往成为结构断裂的起源，危害最大。

按裂纹的外观形貌和产生的部位，可将焊接裂纹分为横向裂纹、纵向裂纹、弧坑裂纹、放射状裂纹、枝状裂纹、间断裂纹和微观裂纹，如图 1.8 所示，其特征和分布如表 1.2 所示。

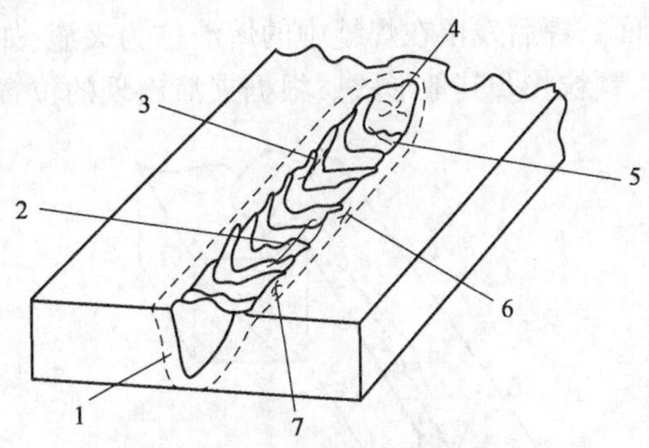

图 1.8　裂纹外观形貌

1—热影响区；2—纵向裂纹；3—间断裂纹；4—弧坑裂纹；5—横向裂纹；6—枝状裂纹；7—放射状裂纹

按裂纹产生的温度范围，可将裂纹分为热裂纹、冷裂纹和再热裂纹三种。

(1) 热裂纹：在固相线附近的高温区形成的裂纹。

(2) 冷裂纹：焊接接头冷却到 M_s 温度以下时形成的裂纹。M_s 是指过冷奥氏体快速冷却时，开始发生马氏体转变的温度。

(3)再热裂纹:焊接后的工件被再次加热到一定的温度而产生的裂纹。

表1.2 焊接裂纹特征及分布

名称	特征	分布
横向裂纹	裂纹长度方向与焊缝轴线相垂直	位于焊缝、热影响区或母材中
纵向裂纹	裂纹长度方向与焊缝轴线相平行	
弧坑裂纹	形貌有横向、纵向或星形状	位于焊缝收弧弧坑处
放射状裂纹	从某一点向四周放射的裂纹	位于焊缝、热影响区或母材中
枝状裂纹	形貌呈树枝状	
间断裂纹	裂纹呈断续状态	
微观裂纹	在显微镜下才能观察到	

1.7.2 气孔

焊接时,熔池中的气泡在凝固时未能逸出而残留下来所形成的空穴称为气孔,如图1.9所示。气孔有时以单个出现,有时以成堆的形式聚集在局部区域,其形状有球形、条虫形等。

气孔主要分布于焊缝中。气孔产生的原因很多,主要有焊接工艺参数和熔化焊时的冶金因素。焊接工艺参数主要包括焊接规范不当、焊缝冷却速度太快以致气体来不及逸出;冶金因素主要包括焊接金属的冶金反应、电弧焊的焊条药皮以及焊剂起保护作用时发生化学反应。

尽管气孔较之其他的缺陷应力集中趋势没那么大,但是它破坏了焊缝金属的致密性,减小了焊缝金属的有效截面积,从而降低了焊接接头的机械强度。

1.7.3 固体夹杂

固体夹杂主要包括夹渣和夹钨两种。

1. 夹渣

手工电弧焊焊条上的助焊剂在焊接时熔解生成的金属氧化物,或者焊接过程中冶金化学反应生成的氧化物、硫化物等杂质形成的熔渣,在熔化焊过程中,如果熔池中熔化金属的凝固速度大于熔渣的流动速度,在熔池金属凝固前熔渣未能完全上浮析出到焊缝表面而残留在焊缝金属里面。焊后残留在焊缝中的熔渣称为夹渣,如图1.10所示。夹渣形状复杂,一般呈线状、长条状、颗粒状及其他形式。根据夹渣出现的位置不同,夹渣分为坡口处夹渣和咬边处夹渣。

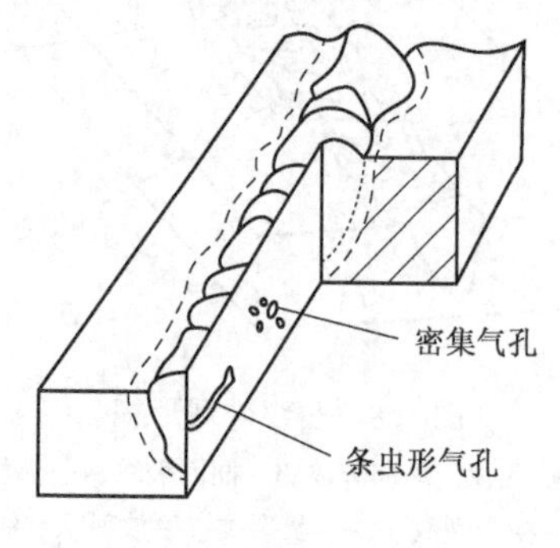

图1.9 焊缝中的气孔

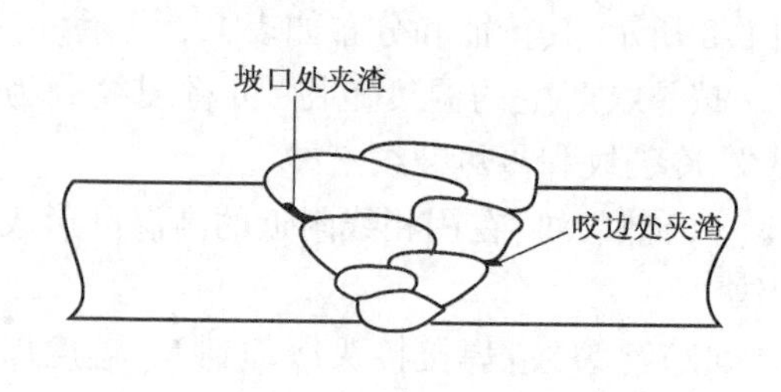

图1.10 夹渣

夹渣对焊接接头的力学性能有影响，影响程度与夹杂的数量和形状有关。夹渣的成因主要与焊层形状不良或坡口角度设计不当、坡口不清洁、多层焊时焊道间的熔渣未清理干净、焊接电流过小或者母材与焊接材料成分不当、焊条上的助焊剂质量不良，以及埋弧自动焊时的保护剂混入杂质等有关。

2. 夹钨

在进行钨极氩弧焊时，若钨极不慎与熔池接触，使钨的颗粒进入焊缝金属中而造成夹钨。焊接铁镍合金时，则其与钨形成合金，使 X 射线探伤很难发现。

1.7.4 未熔合和未焊透

1. 未熔合

在焊缝金属和母材之间或焊道金属与焊道金属之间未完全熔化结合的部分称为未熔合，如图 1.11 所示。未熔合多出现在坡口侧壁、多层焊的层间及焊缝的根部，因此未熔合分为层间未熔合、坡口未熔合和角焊缝未熔合。

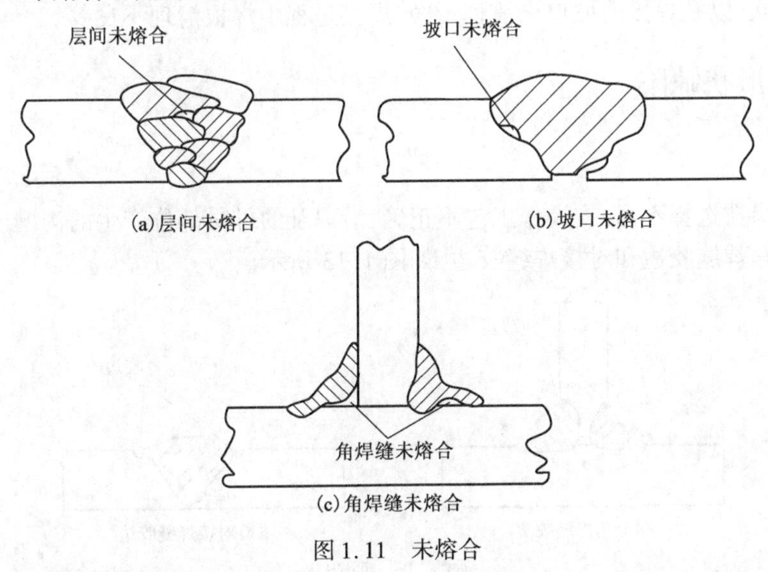

图 1.11 未熔合

未熔合多伴有夹渣存在，由于减小了焊缝截面面积而降低了焊接接头的机械强度，而且未熔合的边缘对应力集中很敏感，对焊接结构的疲劳强度等性能影响较大，在承受载荷时容易由此产生扩展裂纹导致开裂。未熔合的成因主要有焊接电流过小、坡口不干净或层间清渣不良、焊接速度过快、焊接时的焊条角度不当、电弧偏吹等。

2. 未焊透

焊接时，母材金属之间应该熔合而未焊上的部分称为未焊透。未焊透主要出现于单面焊的坡口根部及双面焊的坡口钝边。未焊透分为单面焊未焊透、双面焊未焊透和角焊缝未焊透，如图 1.12 所示。

未焊透减小了焊缝截面，降低了焊接接头的机械强度，而且未焊透的缺口和端部对应力集中很敏感，对焊接结构的疲劳强度等性能影响较大，在承受载荷时容易由此产生扩展裂纹导致开裂。

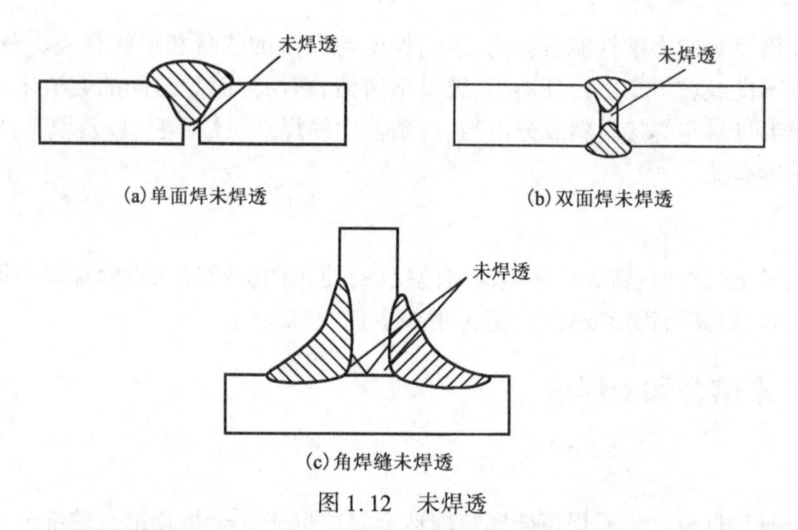

图 1.12　未焊透

未焊透的成因主要是坡口形状不当(如母材厚度较大而坡口角度偏小、预留钝边过宽或钝边间隙过小),焊接电流过小导致熔深浅、焊条的运条速度过快或运条角度不当,有磁场存在造成电弧偏吹,以及焊接前坡口未清理干净、焊接过程中焊根清理不良等。

1.7.5　形状缺陷

1. 咬边

由于焊接参数选择不当,或操作工艺不正确,沿焊趾的母材部位产生的沟槽或凹陷称为咬边。咬边分为角焊缝咬边和对接焊缝咬边,如图 1.13 所示。

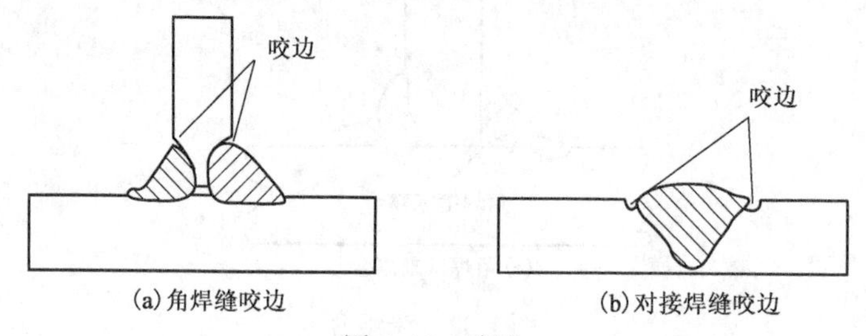

图 1.13　咬边

2. 焊瘤

焊接过程中,熔化金属流淌到焊缝之外未熔化的母材上所形成的金属瘤称为焊瘤。焊瘤分为角焊缝焊瘤、对接焊缝焊瘤和根部焊瘤,如图 1.14 所示。

3. 烧穿和下塌

焊接过程中,熔化金属自坡口背面流出,形成穿孔的缺陷称为烧穿。穿过单层焊缝根部,或在多层焊接接头中穿过前道熔敷金属塌落的过量焊缝金属称为下塌,如图 1.15 所示。

4. 错边和角变形

由于两个焊件没有对正而造成板的中心线平行偏差称为错边。当两个焊件没有对正而造成它们的表面不平行或不成预定的角度称为角变形。角变形分为角焊时的变形和 V 形坡口的焊后变形,如图 1.16 所示。

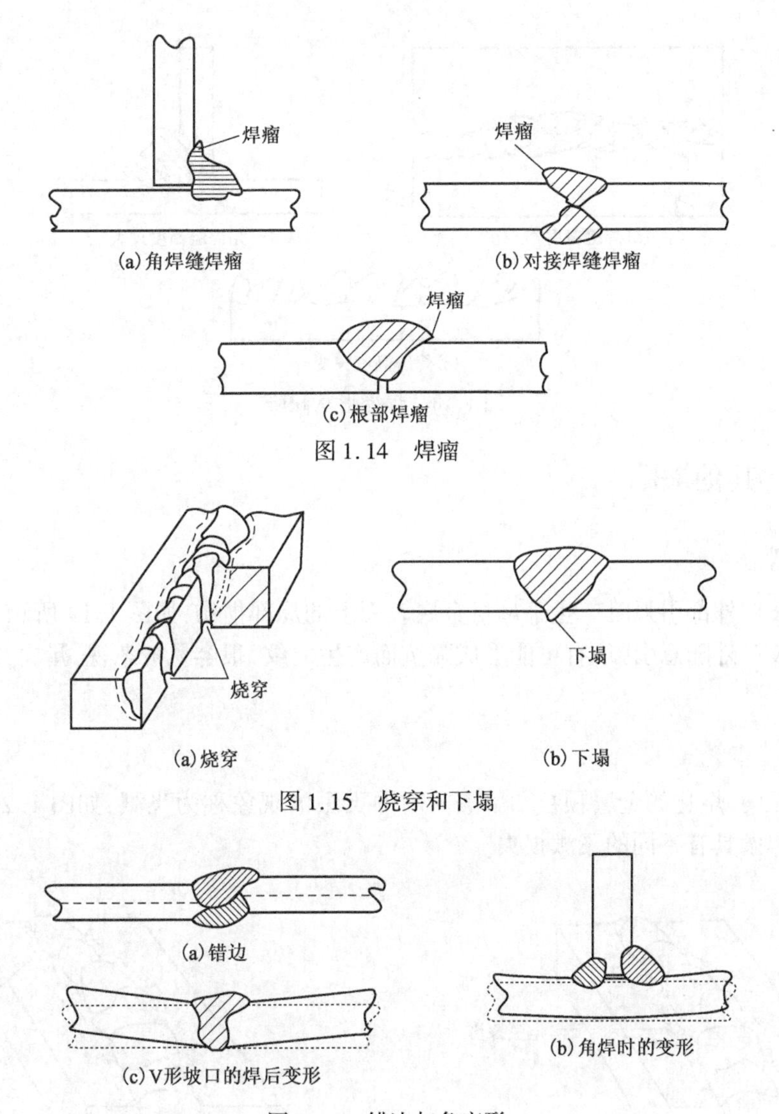

图1.14　焊瘤

图1.15　烧穿和下塌

图1.16　错边与角变形

5.焊缝尺寸、形状不合要求

焊缝的尺寸缺陷是指焊缝的几何尺寸不符合标准的规定，如图1.17所示。焊缝形状缺陷是指焊缝外观质量粗糙、鱼鳞波高低、宽窄发生突变，焊缝与母材非圆滑过渡等，如图1.18所示。

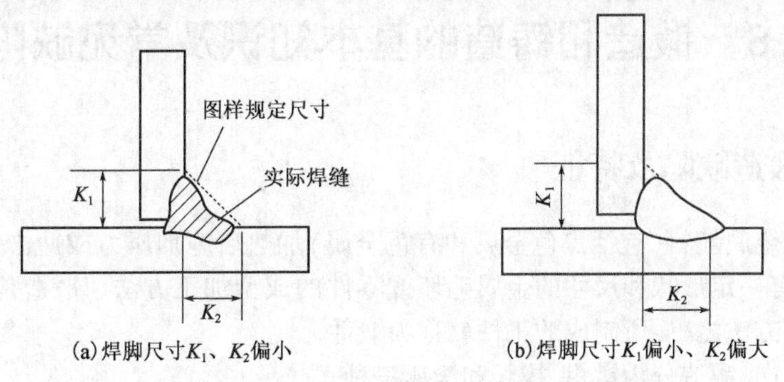

图1.17　角焊缝的尺寸缺陷

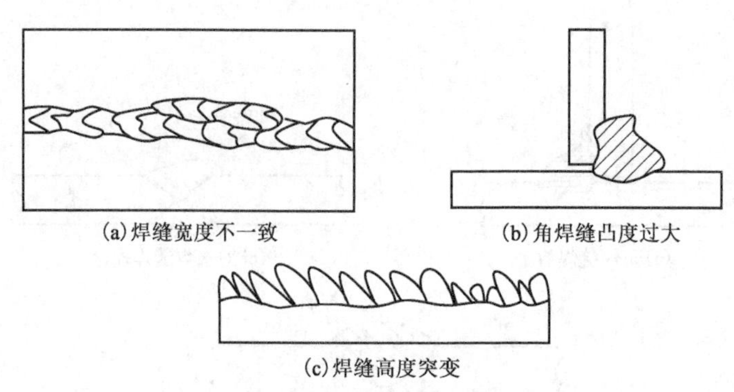
(a)焊缝宽度不一致
(b)角焊缝凸度过大
(c)焊缝高度突变

图 1.18　焊缝形状缺陷

1.7.6　其他缺陷

1. 电弧擦伤

在焊缝坡口外部引弧时产生于母材金属表面上的局部损伤,如图 1.19 所示。电弧擦伤主要是因为在坡口外随意引弧,有可能形成弧坑而产生裂纹,很容易被忽视,漏检,从而导致事故的发生。

2. 飞溅

熔焊过程中,熔化的金属颗粒和熔渣向周围飞溅的现象称为飞溅,如图 1.20 所示。不同药皮成分的焊条具有不同的飞溅损失。

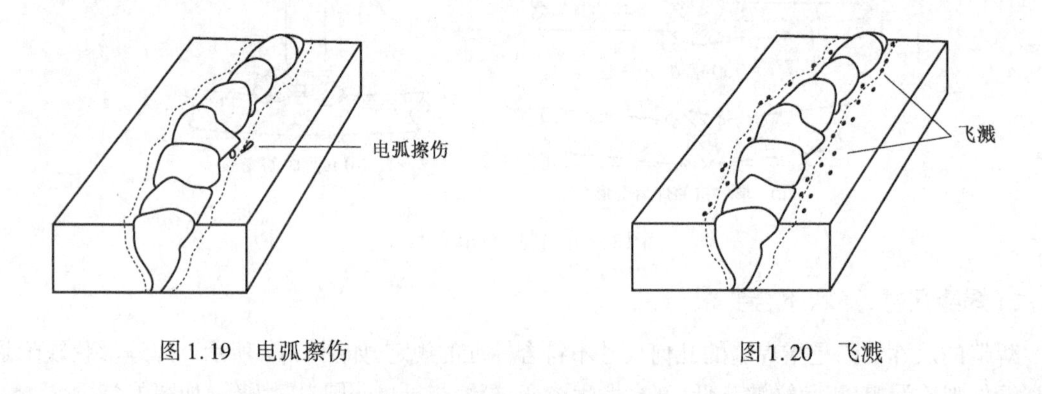

图 1.19　电弧擦伤　　　　图 1.20　飞溅

1.8　锻造和铸造的基本知识及常见缺陷

1.8.1　锻造缺陷及特征

锻造是指对金属坯料(包括黑色金属和有色金属)加热后施加压力或冲击力,使其发生塑性变形,成为具有一定形状和尺寸的金属毛坯或零件的成型加工方法。锻造是压力加工中最重要和最广泛的方法之一,所制成的工件就称为锻件。

按变形的方向,锻造分为镦粗、拔长和滚压三种。

镦粗是使坯料高度减小,横截面积增大的工序,适于饼块、盘套类锻件的生产;拔长是使坯料横截面积减小、长度增大的工序,适合于轴类、杆类锻件的生产;滚压是将已镦粗的坯件,经冲孔后再插入芯棒并在外圆施压,既有纵向变形,也有横向变形。

镦粗主要用于饼形件,拔长主要用于轴类件,筒类件一般是先镦粗,后冲孔,再滚压。

锻件热处理有退火、回火、正火和淬火,其中淬火加回火称为调质处理,调质处理可使锻件获得更好的综合性能。

常见的锻造缺陷及特征如下:

1. 裂纹

锻造裂纹主要是由于锻造时存在较大的拉应力、切应力或附加拉应力引起。一般出现在坯料应力最大、厚度最薄的部位。锻造过程中坯料表面和内部有微裂纹、坯料内存在组织缺陷、热加工温度不当、变形速度过快、变形量过大均可能产生裂纹。裂纹是一种破坏金属基体连续性,有一定深度、长度和宽度的延伸型缝隙,其两侧通常比较干净无杂质,其末端尖锐(这是与折叠的最大区别)。由于形成机理以及加工工艺和材料特性不同,裂纹有多种类型和形状、位向及部位,多呈直线状或曲线状分布在锻件的内部或表面。裂纹的取向主要沿锻造时金属变形应力的方向。

2. 折叠

在金属的热压力加工过程中,坯料上的一部分表面金属被迫卷入、压入或折入锻件本体内,或者在模锻时因为坯料形状尺寸或模具型腔设计不当,以致金属变形流动时发生卷流而被压入锻件体内,从而形成重叠层状的缺陷,称为折叠。折叠在外观上多为带有弧形的细线,与裂纹相似,但从纵剖面来看,则是呈直线或弧线状斜向深入锻件内部。折叠的两侧常伴有氧化物,根部呈圆钝状。

折叠主要是因为金属坯料在轧制过程中,由于轧辊上的型槽定径不正确,或因型槽磨损面产生的毛刺在轧制时被卷入,形成和材料表面成一定倾角的折缝。折叠若在锻造前不去掉,可能引起锻件折叠或开裂。

3. 白点

白点缺陷是压力加工钢材特有的缺陷。产生白点的原因主要是炼钢炉料干燥不够以致含水量较大,在冶炼高温作用下,水分子分解为氢离子和氧离子,氧离子在冶炼过程中通过造渣排出,而氢离子则未能逸出,随钢水浇注钢锭而弥散分布在钢锭的显微空隙中,在后续加热开坯锻造过程中,钢坯在变形力以及随后冷却速度过快使得显微组织转变时产生的组织应力共同作用下,氢原子从原子态转变成分子态,氢分子的体积比氢原子大得多,这种体积的急剧膨胀增大对钢产生较大的内应力,超过了钢的极限强度而形成内部的局部开裂。

白点是在氢和相变时的组织应力以及热应力的共同作用下产生的,当钢中含氢量较多和热压力加工后冷却太快时较易产生。其主要特征为在钢坯的纵向断口上呈圆形或椭圆形的银白色斑点,在横向断口上呈细小的裂纹。白点大小不一,一般为1~20mm或更长。白点降低钢的塑性和零件的强度,是应力集中点。

1.8.2 铸造缺陷及特征

铸造是指将熔融金属浇注、压射或吸入铸型型腔,凝固后使之成为具有一定形状和性能物件的过程。铸造方法按照铸型所用材料或造型、浇注方法的不同可分为砂型铸造、金属型铸造、熔模铸造、压力铸造、离心铸造、真空吸铸、顺序结晶铸造和定向凝固等。其中砂型铸造是传统的铸造方法,适用于各种形状、大小、批量及各种合金铸件的生产。

铸造的特点是使金属一次成型,工艺灵活性大,各种成分、形状和重量的物件几乎都能适应。

常见的铸造缺陷及特征如下:

1. 气孔

铸造过程中,液态金属凝固时未能逸出的气体留在金属表面或内部形成的小孔洞,从而形成气孔。气孔大部分接近表面,在底片上的影像一般呈圆形或椭圆形,特殊条件下也会呈不规则形状。铸造时由于金属液含气量过多,模型潮湿及透气性不佳而形成的空洞称为气孔。气孔分为单个分散气孔和密集气孔。

2. 缩孔

金属液冷却凝固时体积收缩得不到补充而形成的缺陷称为缩孔,一般位于浇冒口附近和截面最大部位或截面突变处。

3. 夹杂

夹杂分为金属夹杂和非金属夹杂。非金属夹杂是冶炼时金属与气体发生化学反应形成的产物或浇注时耐火材料、型砂等混入钢液形成的夹杂物。金属夹杂是异种金属落入钢液中未熔化而形成的夹杂物。

4. 裂纹

裂纹是钢液冷却过程中由于内应力过大使铸件局部开裂而形成的缺陷。铸件截面尺寸突变处、应力集中严重处都较易产生裂纹缺陷。

5. 疏松

浇注时局部温差过大,在金属收缩过程中邻近金属补缩不良,将产生疏松。金属液在凝固过程中得不到补缩,因而出现极细微的、不规则的分散或密集的孔穴。疏松多产生在铸件的根部、厚大部位、厚薄交界处和具有大面积的薄壁处。

复习思考题

1. 什么是无损检测?
2. 简要叙述无损检测的发展过程。
3. 什么是焊接缺陷?列举出三种以上焊接缺陷,并简述其特征。
4. 常见的铸造缺陷有哪些?其特征是什么?

第 2 章　超声波检测

2.1 引　　言

利用超声波在介质中传播的声学特性检测金属材料及其工件内部或表面缺陷的方法称为超声检测。与射线检测方法相比较，超声检测作为检测焊缝及其热影响区内部是否存在工艺性缺陷的主要方法，一方面具有成本低、操作方便、检测厚度大、对人和环境无害，特别是对裂纹、未熔合等危害性的面状缺陷有较高的检测灵敏度等突出优点，另一方面也有判伤不直观、难于确定缺陷的性质、评定结果在很大程度上受操作者技术水平和经验的影响及不能给出永久性记录等缺点。在焊接产品的质量检测与控制过程中，超声检测与射线经常配合使用，以求提高检测结果的可靠性。

按显示的方式不同，超声检测分为 A 型(显示缺陷的反射脉冲)、B 型(显示工件的垂直截面)和 C 型(显示工件的水平截面)三种方法。在实际的焊缝超声检测中，迄今为止，仅下文介绍的 A 型脉冲反射式超声检测方法得到了广泛的应用，如图 2.1 所示。

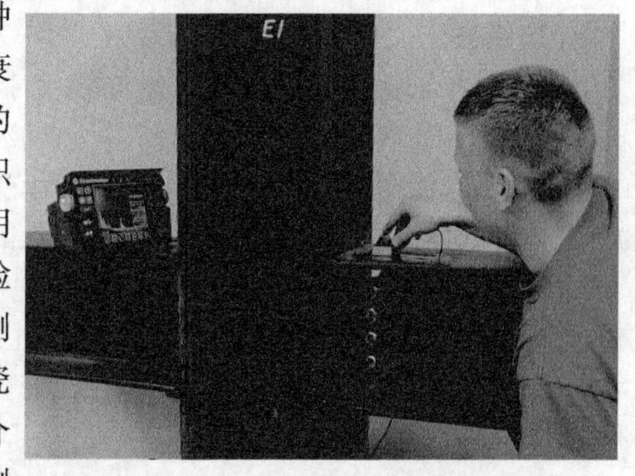

图 2.1　超声波检测在工业上的应用

超声波检测利用了超声波在物体中的多种传播特性，例如反射、透射与折射、衍射、干涉、衰减、谐振及声速等的变化，可以用于检测物体的尺寸、表面与内部缺陷的大小与位置、显微组织变化等，因此是无损检测技术中发展最快、应用最广泛的一种重要的无损检测技术。超声波检测可用于工业材料及制品上的缺陷检测、硬度测量、测厚、显微组织评价、混凝土构件检测、陶瓷土坯的湿度测定、陶瓷制件的缺陷检测、气体介质特性分析、黏度与密度测定、流量测定、应力测量，还应用于医疗上的超声诊断及海洋学中的声呐、鱼群探测、海底形貌探测、海洋探测、地质构造探测等。

超声波检测方法的发展最早可追溯到 20 世纪 20 年代。1929 年苏联科学家 Sokolov 提出超声检测理论，根据超声波在有缺陷和无缺陷处声强的变化来判断缺陷的存在，这种理论在当时就已经用于缺陷检查。

1942 年 Firestone 将声呐(声波对船舶定位和测探)理论用于材料试验。

1945 年以后超声检测作为无损检测的一种重要手段而得到普遍应用。

随着我国科学技术的进步和制造业的快速发展，无损检测技术已经在我国的船舶、机械制造、石油化工、压力容器等行业得到了广泛的应用。

2.2 超声波检测的物理基础

2.2.1 超声波的基础知识

超声波是由机械振动源在弹性介质中激发的一种机械振动波,其实质是以应力波的形式传递振动能量,其必要条件是要有振动源和能传递机械振动的弹性介质,它能透入物体内部并可以在物体中传播。

1. 超声波的定义

超声波是指频率大于20kHz的机械振动在弹性介质中的一种传播过程,其本质是超声频率的机械波。超声波探伤所用超声波频率一般在0.5~10MHz,对钢等金属材料的检验,常用的频率为1~5MHz,其中2~2.5MHz被推荐为焊缝检测的公称频率。

人耳能听见的声波频率范围为0.02~20kHz,频率小于0.02kHz的声波称为次声波;频率大于20kHz的声波称为超声波。

2. 超声波的分类

1)根据振动模式分类

从质点的振动方向与波的传播方向的位置关系,可以将超声波分为纵波、横波、板波和表面波。

(1)纵波。

介质中粒子振动方向和传播方向平行时,此波称为纵波或压缩波(图2.2),用符号L表示。纵波可在固体、液体和空气中传播。纵波又称为疏密波。能够承受拉伸应力或压缩应力的介质就可以传播纵波。固体介质能同时承受拉伸应力和压缩应力,所以固体介质能传播纵波;液体和气体介质不能承受拉伸应力,但是能承受压缩应力,所以液体和气体也能传播纵波。

(2)横波。

介质中质点振动方向和传播方向垂直时,此波称为横波或切变波(图2.3),用符号S表示。由于传播横波的介质的质点需承受交变剪切力的作用,因此横波在没有剪切弹性的液体和气体介质中不能传播。

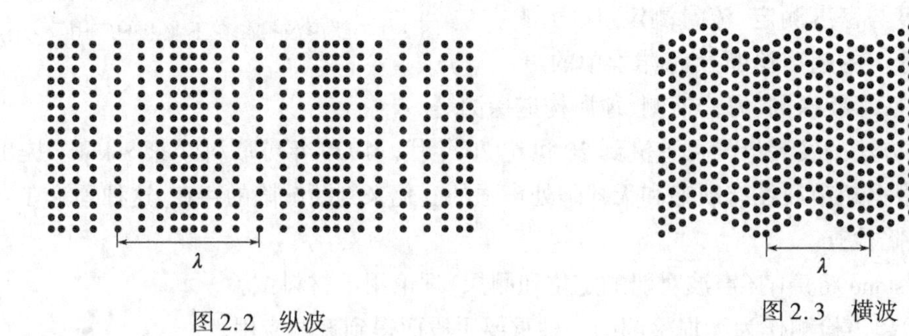

图2.2 纵波　　图2.3 横波

横波的声速比纵波的声速慢,传播速度约为纵波速度的1/2。焊缝探伤主要用横波,一般来说,在频率一定的情况下,在给定的材料中,横波探测缺陷更为灵敏,这是因为横波的波长比纵波的波长短。

超声波在几种常见介质中的横波波速和纵波波速的比较见表2.1。

表2.1　超声波在几种常见介质中的横波波速和纵波波速的比较

介　质	密度,g/cm^3	纵波波速,m/s	横波波速,m/s
铝	2.69	6260	3130
钢	7.8	5900	3230
甘油	1.26	1900	液体和气体中不能传播横波
20℃的水	1	1500	
油	0.92	1400	
空气	0.0012	340	

(3)板波。

板波是指能够在薄板(板厚与波长相当)中传播的波,如图2.4所示。当长和宽无限大的弹性板状介质受到交替变化的表面张力的作用,且此板的厚度与通过此板的波长相当时,板状介质中的质点将相应地作椭圆轨迹振动并产生板波。板波波形的变化与板厚、探头频率以及入射角有关。板波又称为兰姆波。

(4)表面波。

表面波在介质表面上传播时,粒子作椭圆运动,如图2.5所示。表面波能够沿平面和圆弧形的工件表面传播。表面波只可在固体表面传播,用于检测表面裂纹,最佳检测深度约一个波长。1885年,瑞利根据对地震波的研究,从理论上阐明了在各向同性固体表面上弹性波的特性,因此表面波又称为瑞利波。

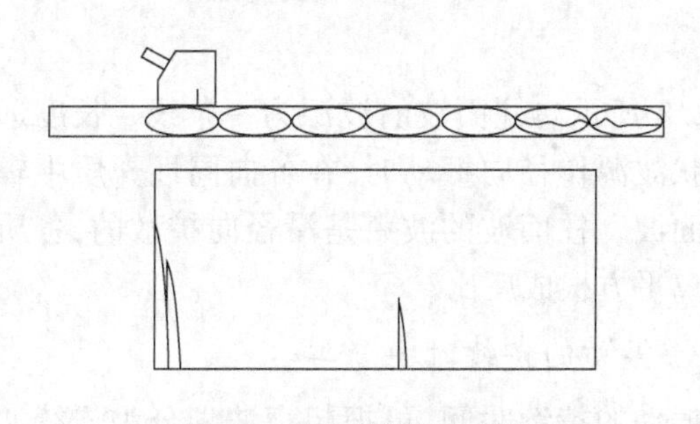

图2.4　板波形成示意图

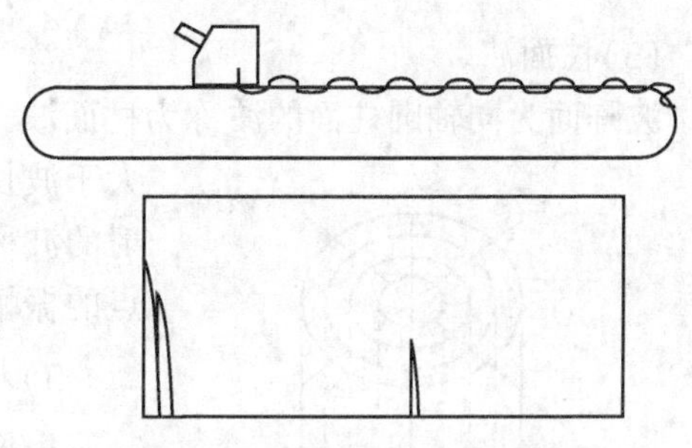

图2.5　表面波形成示意图

表面波的能量随传播深度增加而急剧下降,当表面波的传播深度超过两倍波长时,质点的振动幅度已经很小了,因此,一般认为,表面波检测只能发现距离工件表面两倍波长深度范围内的缺陷。

2)根据波形分类

先了解以下几个基本概念:

◆波形——波阵面的形状。

◆波阵面——同一时刻,介质中振动相位相同的所有质点所连成的面。

◆波前——某一时刻,振动所传到距离声源最远的波阵面。

◆波线——波的传播方向。

波前是最前面的一个波阵面,在各向同性的介质中,波线垂直于波阵面。

根据波形,可将超声波分为平面波、球面波和柱面波三种。

(1)平面波。

波阵面为相互平行的平面,这种波称为平面波,如图2.6所示。平面波的波阵面垂直于波线。一个作简谐振动的无限大的平面波源向各向同性的弹性介质所发射的且波阵面与振源平面平行的波,这就是平面波的产生过程。一般情况下,如果平面振源尺寸远大于波长,那么这样的波源所发射出的波可视为平面波。

(2)球面波。

波阵面为同心球面的波称为球面波,如图2.7所示。球面波从波源出发,在介质中向各个方向传播。当球源表面上各点沿着径向作同振幅同相位的振动时向周围介质辐射的波就是球面波。球面波是向四周各个方向扩散的,球面波各个质点的振幅与距离成反比。

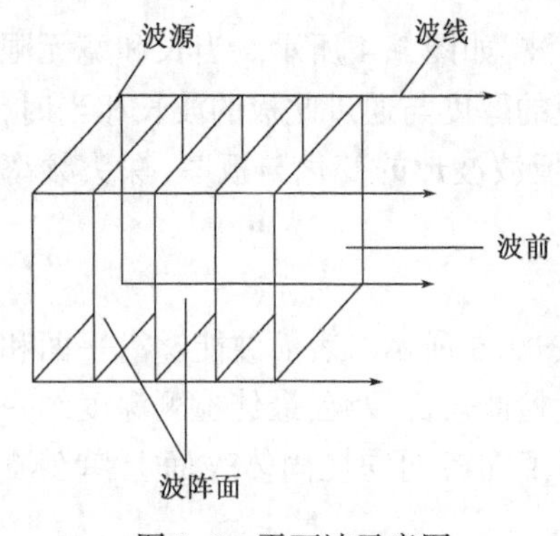

图2.6　平面波示意图

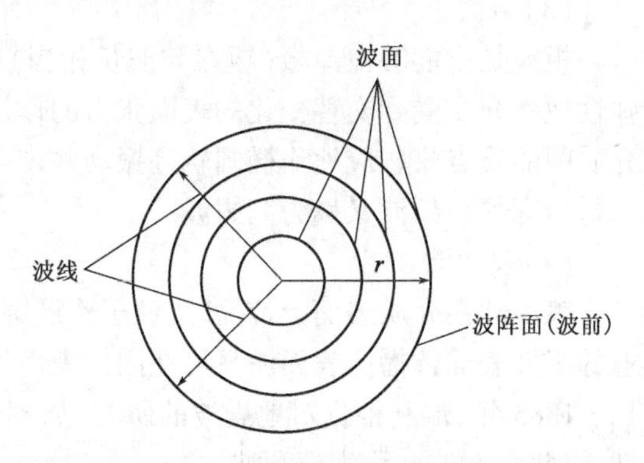

图2.7　球面波示意图

(3)柱面波。

波阵面为同轴圆柱面的波称为柱面波,如图2.8所示。柱面波的波源为一条线。长度远大于波长的线状波源作径向振动时,在各向同性介质中辐射的波称为柱面波。柱面波的波束是沿径向扩散的,各质点的振幅与距离平方根成反比。

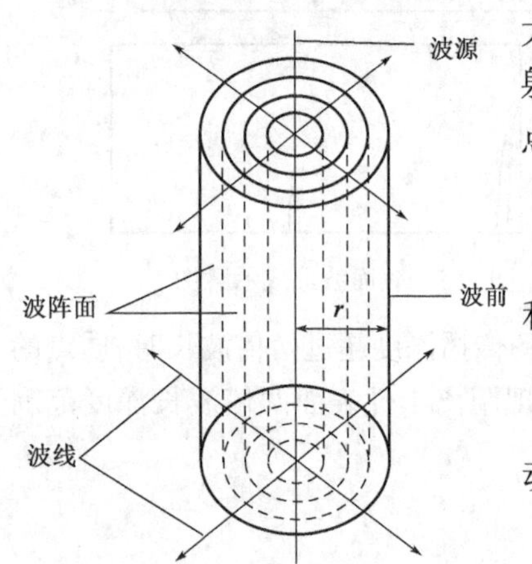

图2.8　柱面波示意图

3)根据振源振动的持续时间分类

根据振源振动的持续时间,可把超声波划分为连续波和脉冲波,如图2.9所示。

(1)连续波。

连续波是指介质各质点连续振动产生的波动。简谐振动所产生的简谐波就是连续波。

(2)脉冲波。

脉冲波是指振源作间歇振动,每次振动持续的时间很短所产生的波。脉冲波是目前应用最广泛的一种形式。

3. 超声波的性质

超声波本质上是频率在20kHz以上的机械波在弹性介质中的传播过程,主要有以下性质:

(1)超声波具有良好的指向性,包含了直线性和束射性两层含义。

①直线性。超声波是波长很短、频率很高的机械波,因此在弹性介质中能像光波一样沿直

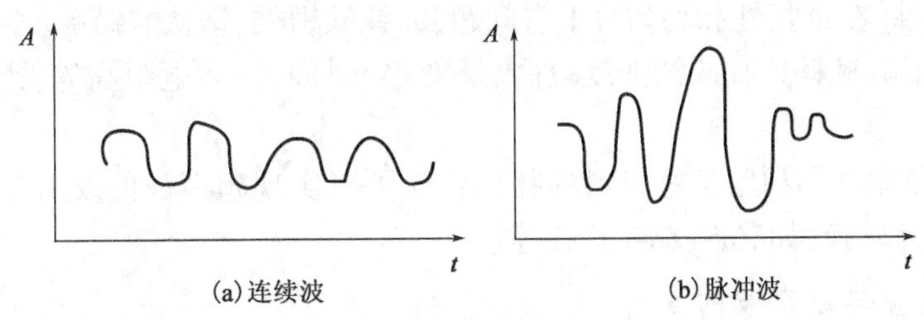

图 2.9　连续波与脉冲波

线传播,并符合几何光学定律。

②束射性。在未扩散区,超声波的传播以直线进行传播,超过未扩散区后,超声波的能量主要集中在 2θ 以内的锥形区域内,具有束射性,如图 2.10 所示。

假设 θ 为锥形的半扩散角,那么 θ 与波长及压电晶片直径之间的关系如下:

$$\theta = \arcsin\left(1.22\frac{\lambda}{D}\right) \approx 70\frac{\lambda}{D} \tag{2.1}$$

式中　θ——半扩散角,(°);

λ——波长,mm;

D——压电晶片直径,mm。

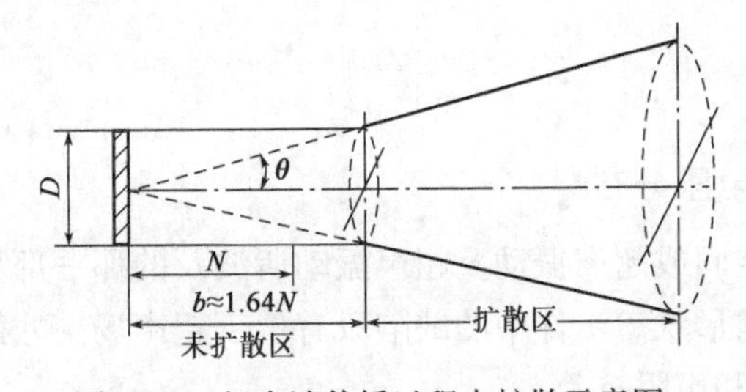

图 2.10　超声波传播过程中扩散示意图

(2)超声波只能在弹性介质中传播,不能在真空中传播。因为超声波是振动质点在弹性介质中传播的机械波,因此在真空中没法传播。

(3)超声波传播到异质界面上时,将发生透射、反射、折射和波型转换等现象。

(4)超声波具有可穿透物质和在物质中有衰减的特性。

4. 超声波的发射与接收

1)压电效应

压电效应包括正压电效应和逆压电效应两种。

把机械能变成电能的现象称为正压电效应。

在电介质一定方向上施加电场作用,则会在某些方向上产生正比于电场强度的变形,造成机械尺寸的变化,称为逆压电效应。

2)压电材料

常用的压电材料有压电单晶、压电陶瓷、高分子压电材料和压电半导体等。

(1)压电单晶具有压电系数较低、温度变化率小、电阻率大、机械强度高、稳定性好、安全应力高等特点,如 α - 石英。

(2)压电陶瓷具有压电系数高、介电常数高、居里点低、机械强度低、价格低廉等特点,但是材料具有多孔性,在重复性和均匀性上有问题,如钛酸钡类、锆钛酸铅系。

(3)高分子压电材料具有抗拉强度较高、蠕变小、耐冲击、体电阻高等特点,如聚氟乙烯、聚氯乙烯等。

(4)压电半导体具有利用某些材料的物理效应可以实现超声波的发射与接收,实现电能与声能之间的相互转换,如 ZnS、ZnO、CaS 等。

3)逆压电效应与超声波的发射

在如石英、钛酸钡、硫酸锂等天然或人工压电材料制成的压电晶片两面施加高频的交变电场,以致在晶片的厚度方向上出现相应的压缩和伸长变形,这一现象称为压电材料的逆压电效应。在逆压电效应作用下,压电晶片将随外加电压的变化在其厚度方向上做相应的超声振动,发出超声波。

4)压电效应与超声波的接收

沿电压晶片厚度方向作超声振动,压电晶片的表面随之产生交变电压的现象称为压电材料的压电效应。接收并显示这一源于超声振动的交变电压即实现了超声波的接收。在超声检测中,用以实现上述电—声相互交换的声学器件称为超声波换能器,习惯上称为超声探头。发射和接收纵波的为直探头,发射和接收横波的为斜探头或横波探头。

2.2.2 超声场

1. 超声场的定义及声压分布

充满超声波能量的空间或超声振动及超声振动所波及的那一部分介质称为超声场。超声场具有一定的空间和几何形状。工件中的缺陷只有位于超声场中才能被检出。描述超声场的特征值主要有声压、声强和声阻抗等。

1)超声场中声压分布

以圆盘源辐射的纵波声场为例,在不考虑介质衰减的条件下,圆盘源轴线上的纵波声压的计算公式如下:

$$p = 2p_0 \sin \frac{\pi}{\lambda}\left(\sqrt{R_s^2 + x^2} - x\right) \tag{2.2}$$

式中 p_0——波源的起始声压;

λ——波长;

R_s——波源半径;

x——轴线上 Q 点至波源的距离。

当 $x \geqslant \frac{3R_s^2}{\lambda}$ 时,式(2.2)可简化为式(2.3)。

$$p \approx \frac{p_0 \pi R_s^2}{\lambda x} = \frac{p_0 F_s}{\lambda x} \tag{2.3}$$

其中 $$F_s = \pi R_s^2 = \frac{\pi D^2}{4}$$

式中 F_s——波源面积;

D——圆盘源直径。

当 $x \geqslant \frac{3R_s^2}{\lambda}$ 时，圆盘源轴线上的声压与距离成反比，与波源面积成正比。

超声场中声压分布示意图如图 2.11 所示。

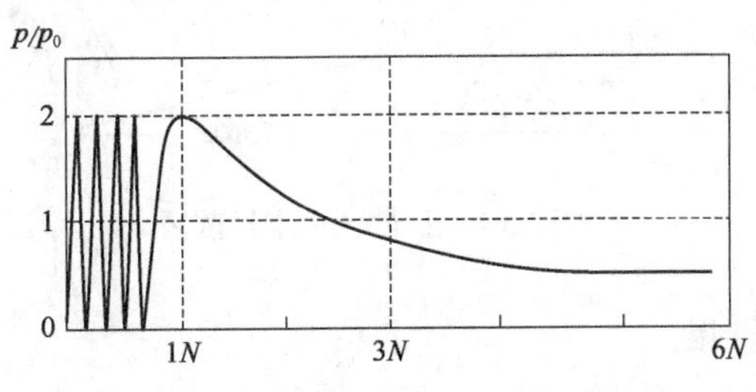

图 2.11　超声场中声压分布示意图

2）近场区距离

波源附近由于波的干涉而出现一系列极大极小值的区域，称为超声场的近场区，用 N 表示。

近场区距离的计算公式如下：

$$N = \frac{D^2 - \lambda^2}{4\lambda} \approx \frac{D^2}{4\lambda} \tag{2.4}$$

式中　D——波源的直径；

λ——波长。

超声波检测时，应尽量避免在近场区定量，主要原因是：在近场区中由于波的干涉声压起伏很大，这会使处于声压极大值处的较小缺陷回波较高，而处于声压极小值处的较大缺陷却回波较低，容易引起误判。

3）半扩散角

声压轴线与切线之间的夹角称为半扩散角。半扩散角的计算公式如下：

$$\theta = \arcsin\left(1.22\,\frac{\lambda}{D}\right) \tag{2.5}$$

上式计算时要用到反正弦，不是很方便，可以用式(2.6)进行计算。

$$\theta \approx 70\,\frac{\lambda}{D} \tag{2.6}$$

式中　θ——半扩散角，(°)；

λ——波长，mm；

D——压电晶片直径，mm。

4）波束未扩散区

在离波源较近的一段区域内，基本不向外扩散，接近平面波，这段区域称为未扩散区。未扩散区的大小可用式(2.7)进行计算：

$$b \approx 1.64N \tag{2.7}$$

在波束未扩散区 b 内，波束不扩散，不存在扩散衰减，各截面平均声压基本相同，这段区域的大小约为 $1.64N$。当 b 大于 $1.64N$ 时属于扩散区，扩散区内波束呈现扩散衰减。扩散区和未扩散区如图 2.12 所示。在扩散区内，主波束可视为底面直径为 D 的截头圆锥体，当 $x \geqslant 3N$ 时，波束按球面波规律扩散。扩散区内，同一横截面上各点的声压不同，以轴线上的声压为最大。

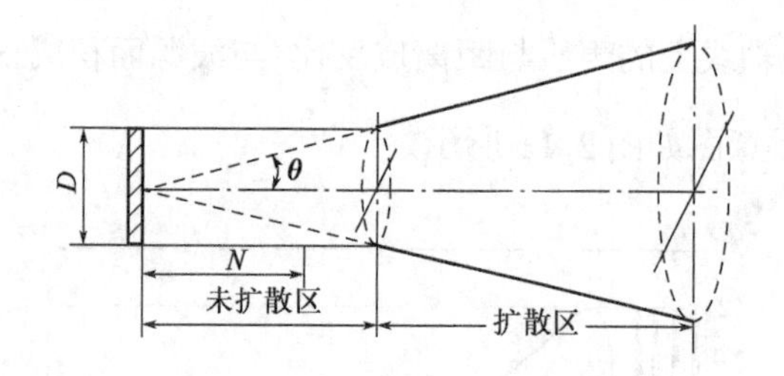

图 2.12　扩散区和未扩散区

2. 描述超声场的物理量

1) 声压

由于声振动使声场中的介质质点受到的附加压力的强度，即超声场内某点于某瞬时具有的压强与无超声波扰动时该点的静压强之差，称为声压，单位为帕斯卡(Pa)。

$$p = p_1 - p_0 \tag{2.8}$$

其中　p_1——某一时刻某一点所具有的压强；

p_0——某一时刻某一点没有超声波存在时的静态压强。

声压的计算公式为

$$p = \rho c A\omega = \rho c u \tag{2.9}$$

式中　ρ——介质的密度；

c——波速；

u——质点振动速度；

A——振幅；

ω——圆频率。

由声压公式可知，超声场中某一点的声压随时间和该点至波源的距离按正弦函数周期性变化，声压的幅值与介质的密度、波速和频率成正比。实际检测用的超声波探伤仪示波屏上的波高与声压成正比。

2) 声强

声强是指单位时间内通过垂直于传播方向上单位面积的声能，常用 I 来表示。单位为瓦/米^2(W/m^2)。当声波传播到介质中的某处时，该处原来静止的质点就因获得动能而开始振动。同时，该处的介质发生弹性变形，从而具有势能，因此，声波的传播也是能量的传播。

对平面波而言，声强表达式如式(2.10)所示，经过化简可以得到式(2.11)。

$$I = \frac{1}{2}\frac{p^2}{Z} \tag{2.10}$$

$$I = \frac{1}{2}\frac{p^2}{Z} = \frac{1}{2}\rho c A^2\omega^2 = \frac{1}{2}\rho c u^2 \tag{2.11}$$

式中　Z——声阻抗。

从式(2.11)可以看出：(1)超声波的声强与频率平方成正比，而超声波的频率远大于可闻声波，因此当质点位移振幅 A 相同时，超声波的声强远大于可闻声波的声强；(2)在同一介质中，超声波的声强与声压的平方成正比。

3) 分贝和奈培

声强的大小和人们主观感知到的声音强弱，存在非常大的差异。为了符合人们对声音强弱的主观感受，物理学里又引入了“声强级”的概念。分贝和奈培用来表示声强 I 与参考声强 I_0 的相对关系。表达式 $L_I = \lg \frac{I}{I_0}$ 的单位为贝尔，实际应用中，贝尔这个单位太大，常用分贝（dB）来作为声强级的单位，如式（2.12）所示。

$$L_I = 10\lg \frac{I}{I_0}(\mathrm{dB}) \tag{2.12}$$

根据声强与声压的关系，可以推导出声压与分贝之间的关系，如式（2.13）所示。

$$L_p = 10\lg \frac{p^2}{p_0^2} = 20\lg \frac{p}{p_0} \tag{2.13}$$

在超声波检测中，当超声波探伤仪的垂直线性较好时，仪器示波屏上的波高与声压成正比，这时有：

$$\Delta = 20\lg \frac{p_2}{p_1} = 20\lg \frac{H_2}{H_1} \tag{2.14}$$

当 $H_2/H_1 = 1$ 时，$\Delta = 0\mathrm{dB}$，说明两波高相等时，二者的分贝差为零；

当 $H_2/H_1 = 2$ 时，$\Delta = 6\mathrm{dB}$，说明 H_2 为 H_1 的两倍时，H_2 比 H_1 高 6dB；

当 $H_2/H_1 = 1/2$ 时，$\Delta = -6\mathrm{dB}$，说明 H_2 为 H_1 的 1/2 时，H_2 比 H_1 低 6dB。

3. 描述介质的声参量

1）声速

声速表示声波在介质中传播的速度，它是描述声波现象或声学研究的重要参量之一。常见介质的声学参数如表 2.2 所示。

表 2.2　介质的声学参数

介质	纵波声速 C_L，m/s	横波声速 C_S，m/s	密度 ρ，g/cm^3	声阻抗 Z，kg/(m^2·s)
铝	6300～6340	3080～3130	2.7	169×10^5
钢	5920	3255	7.8	462×10^5
有机玻璃	2740	1430	1.2	32×10^5
水	1480	—	1.0	15×10^5
油	1250～1740	—	0.9	16×10^5
空气	333	—	0.001	0.004×10^5

超声波的声速与以下因素有关：

（1）介质的弹性模量。

超声波的声速与介质的弹性模量有关。实验证明，超声波在介质中的传播速度与介质的弹性模量直接相关。例如：将一串弹性小球排成一排，忽略各种摩擦力，用一个小球以一定速度碰撞第一个小球，根据计算，最后一个小球将获得同样的速度离开队列，那么这段传递的时间就是波的传递时间，它的速度和这一串弹性小球的刚度（弹性模量）有关。

（2）介质的密度。

声速的大小与传声介质的可压缩性有关，为使物质密度增加，需要更大的压强，可压缩性越不好，声音在其中的传播速度越快。

（3）超声波的波型

不同波型的超声波，具有不同的速度。

(4)介质类型、温度、应力以及介质的均匀性。

试验表明,一般固体中的声速随介质温度的升高而降低,高分子材料,例如有机玻璃(常用作斜探头楔块材料),其声速随温度变化比较明显,当温度从0℃升高到60℃时,其声速从2730m/s左右降至2500m/s左右,因此,入射角一定的斜探头,其折射角或K值会随温度发生显著变化,冬天K值为2的斜探头,夏天会变成2.2左右,反之,夏天K值为2的斜探头,冬天会变成1.8左右。应力增加,声速会缓慢增加。一般晶粒细小,则声速较大;晶粒粗大,则声速较慢。

无限大固体介质中的纵波声速可用式(2.15)进行计算。

$$C_L = \sqrt{\frac{E(1-\sigma)}{\rho(1+\sigma)(1-2\sigma)}} \tag{2.15}$$

无限大固体介质中的横波声速可用式(2.16)进行计算。

$$C_S = \sqrt{\frac{G}{\rho}} = \sqrt{\frac{E}{2\rho(1+\sigma)}} \tag{2.16}$$

半无限大固体介质中的表面波声速可用式(2.17)进行计算。

$$C_R = \frac{0.87+1.12\sigma}{1+\sigma}\sqrt{\frac{E}{2\rho(1+\sigma)}} \tag{2.17}$$

式中 E——介质的杨氏弹性模量;

σ——介质的泊松比,其取值为0.2~0.5;

ρ——介质的密度;

G——介质的剪切弹性模量。

从以上三式可以得出如下结论:

①固体介质中的声速与介质的弹性模量和密度密切相关,不同介质,声速不同;介质的弹性模量越大,密度越小,则声速越大。

②同一固体介质中,波型不同,则声速不同,且有式(2.18)~式(2.20)所示的关系:

$$\frac{C_L}{C_S} = \sqrt{\frac{2(1-\sigma)}{(1-2\sigma)}} > 1 \tag{2.18}$$

$$C_L > C_S > C_R \tag{2.19}$$

$$\frac{C_R}{C_S} = \frac{0.87+1.12\sigma}{1+\sigma} < 1 \tag{2.20}$$

液体和气体介质不能承受剪切应力,只能承受压缩应力,故液体和气体介质只能传播纵波,而不能传播横波和表面波。

气体和液体中的超声波纵波声速为

$$C = \sqrt{\frac{B}{\rho}} \tag{2.21}$$

式中 B——液体、气体的容变弹性模量,表示产生单位容积相对变化量所需的压强;

ρ——液体、气体的密度。

从式(2.21)可以看出,液体和气体介质中的纵波声速与其容变弹性模量和密度有关,介质的容变弹性模量越大,密度越小,声速就越大。

液体介质中的声速与温度存在一定的关系,一般情况下,当温度升高时,容变弹性模量减小,声速降低。水却例外,水在74℃时声速达最大,当温度低于74℃时,声速随温度升高而增加,当温度高于74℃时,声速随温度升高而降低。不同温度下水的声速如表2.3所示。

表2.3　不同温度下水中的声速

温度,℃	10	20	25	30	40	50	60	70	80
声速,m/s	1448	1483	1497	1510	1530	1544	1552	1555	1554

2)频率

一个完整波动过程(时间)称为一个周期,一个波长 λ 即为同一波线上相邻振动相位相同的质点间的距离。

在单位时间内的振动周期次数(传播完整波的个数)称为频率。它的单位是赫兹 Hz(次/秒)。

波长 λ(mm)、声速 c(mm/s)、频率 f(Hz)三者之间的关系为

$$\lambda = c/f \tag{2.22}$$

3)声阻抗

超声场中任一点的声压与该处质点振动速度之比称为声阻抗,用 Z 表示,单位为 $kg/(m^2 \cdot s)$。

声阻抗的表达式为

$$Z = \frac{p}{u} \tag{2.23}$$

式中　Z——声阻抗;

p——声压;

u——质点振动速度。

而声压

$$p = \rho c u$$

故

$$Z = \frac{p}{u} = \frac{\rho c u}{u} = \rho c \tag{2.24}$$

声阻抗是表征介质声学性质的重要物理量,仅与介质性质有关。一般材料的声阻抗随温度的升高而降低。

4)衰减系数

随着声程的增加,超声波能量逐渐减弱的现象称为超声波的衰减。超声波被介质散射和吸收是造成其能量损失的主要原因。

超声波衰减的原因:

(1)散射引起的衰减。

①声波在不均匀的和各向异性的金属晶粒的界面上产生折射、反射和波型转换所致。

②一般说,频率越高,晶粒尺寸越大,散射引起的衰减越厉害。

实际探伤中,奥氏体钢焊缝晶粒粗大(晶粒平均尺寸可达数毫米),衰减很严重,同时在示波屏上形成"草状回波",显著降低了探伤时的信噪比,如图2.13所示。

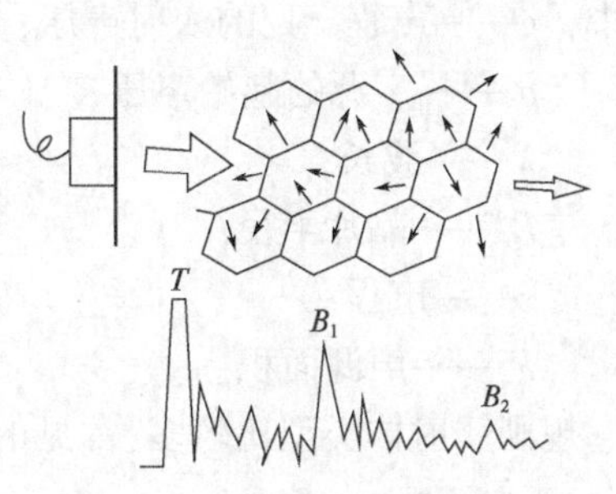

图2.13　粗晶引起的草状回波

T—始波;B_1—一次底波;B_2—二次底波

(2)吸收引起的衰减。

超声波传播时,介质质点间产生相对运动,互相摩擦使部分声能转换为热能,通过热传导引起衰减。对金属介质而言,吸收衰减可以忽略不计,但对液体介质吸收衰减则是主要的。

(3)声束扩散引起的衰减。

随着传播距离的增大,波束截面增大,单位面积上声能逐渐减少。研究表明:散射衰减系数 α 与频率 f、晶粒平均直径 d 及各向异性系数 F 有关,且当 d 远远小于 λ 时,α 与 f^4 及 d^3 成正比。

在实际超声波检测过程中,应注意以下几点:

(1)探伤晶粒较粗大工件时,为减少散射衰减而常选用较低的工作频率。

(2)对可淬硬钢的焊缝,可经调质热处理使晶粒得到细化后再进行超声波探伤。

(3)在探伤晶粒较粗大和大型工件时,应测定衰减系数,并在定量计算时考虑材质衰减的影响,以减小定量误差。

超声波被衰减的程度可以用底波高度或底波反射次数的多少粗略估计。显然,同厚度的不同材料在同一仪器灵敏度下底波较高或底波反射次数较多的材料对超声波的衰减较小。表征因散射和吸收而导致的平面波声能损耗程度的常数称为衰减系数,其计算公式为

$$\alpha = \frac{1}{x} 20\lg \frac{p_0}{p} \tag{2.25}$$

式中 α——衰减系数,dB/mm;

x——声程,mm;

p_0——起始声压,MPa;

p——声程 x 处的声压,MPa。

衰减系数 α 可以用标准规定的实验方法进行测定(见 GB 11345—2013)。

4. 规则反射体回波声压

超声波检测时,通常采用已知缺陷形状及大小的人工反射体与被检件中的未知缺陷进行比对,从而得出工件中缺陷的大小。已知缺陷形状及大小的人工反射体通常采用大平底、平底孔、横孔等规则反射体。在远场区,活塞声源声束轴线上的声压随声程增加而单调下降,当声程大于三倍近场距离时,声压 p 与声程 x 之间满足以下关系:

$$p \approx \frac{p_0 \pi R_s^2}{\lambda x} = \frac{p_0 F_s}{\lambda x} \tag{2.26}$$

式中 p——声程 x 处的入射声压;

p_0——声源的起始声压;

λ——波长;

R_s——晶片半径;

x——声程;

F_s——声源面积。

规则反射体类型比较多,常见的有大平底、平底孔、长横孔 、短横孔、球孔。

1)大平底回波声压公式

(1)大平底:工件底面与探测面平行且工件底面面积大于声束在该底面处的横截面积,如

图 2.14 所示。

(2)假设工件大平底 B 距声源(晶片)的距离为 $x(x\geqslant 3N)$,则晶片垂直入射到底面的声压如式(2.27)所示。

$$p=\frac{pF_s}{\lambda x} \tag{2.27}$$

设从大平底返回到晶片的回波声压为 p_b,则该晶片接收到的声压相当于传播到 $2x$ 处的声程处被假想晶片 F_s 所接收到的声压,如式(2.28)所示。

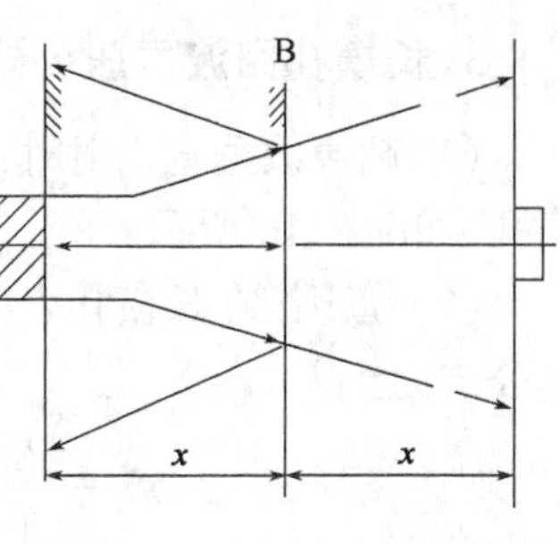

图 2.14　大平底回波声压

$$p_b=\frac{p_0F_s}{2\lambda x} \tag{2.28}$$

显然

$$p_b=\frac{1}{2}p$$

(3)当探测条件(F_s,λ)一定时,大平底面的回波声压与声程成反比。

两个不同距离的大平底面回波分贝差如式(2.29)所示。

$$\Delta_{12}=20\lg\frac{p_{B1}}{p_{B2}}=20\lg\frac{x_2}{x_1} \tag{2.29}$$

当 $x_2=2x_1$ 时,$\Delta_{12}=6\text{dB}$,说明大平底距离增加一倍,其回波声压增加 6dB。

2. 平底孔回波声压公式

(1)离晶片 x 处有一直径为 D_f 的孔状反射体,当 $\phi<2R_s$ 时,我们把该孔状反射体称为平底孔,如图 2.15 所示。

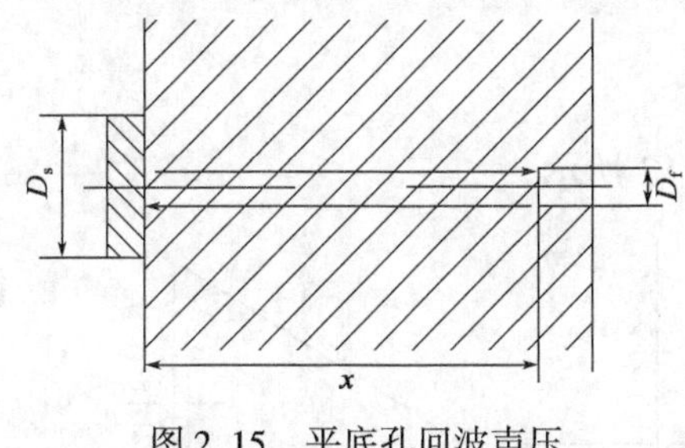

图 2.15　平底孔回波声压

(2)假设平底孔距声源(晶片)的距离为 $x(x\geqslant 3N)$,则晶片垂直入射到底面的声压如式(2.30)所示。

$$p=\frac{p_0F_s}{\lambda x} \tag{2.30}$$

将平底孔看作一个直径为 D_f 的新的圆盘波源,那么上面推导出的声压 p 就是新波源的起始声压,那么晶片接收到平底孔回波声压 p_f 如式(2.31)所示。

$$p_f=\frac{pF_f}{\lambda x}=\frac{p_0F_s}{\lambda x}\cdot\frac{F_f}{\lambda x}=p_0\frac{F_sF_f}{\lambda^2x^2} \tag{2.31}$$

式中　F_f——平底孔的面积。

(3)当探测条件(F_s,λ)一定时,平底孔的回波声压与声程的平方成反比,与平底孔面积成正比。

两个不同距离的平底孔回波分贝差可用式(2.32)计算。

$$\Delta_{12}=20\lg\frac{p_{f1}}{p_{f2}}=40\lg\frac{D_{f1}x_2}{D_{f2}x_1} \tag{2.32}$$

当 $D_{f1}=D_{f2}$、$x_2=2x_1$ 时,$\Delta_{12}=12\text{dB}$,说明其他参数一定时,平底孔距离增加一倍,其回波声压升高 12dB。

当 $D_{f1}=2D_{f2}$、$x_2=x_1$ 时,$\Delta_{12}=12\text{dB}$,说明其他参数一定时,平底孔直径增加一倍,其回波声压升高 12dB。

3. 长横孔回波声压公式

(1)超声波垂直入射时,横孔直径较小,当其长度大于波束截面尺寸时,这样的孔称为长横孔,如图 2.16 所示。

(2)超声波在长横孔表面的反射类似于球面波在柱面上的反射,长横孔的回波声压的计算公式为

$$p_f = \frac{p_1}{a}\sqrt{\frac{f}{(1+x/a)[x+f(1+x/a)]}} \approx \frac{p_0F_s}{2\lambda x}\sqrt{\frac{D_f}{2x}} \tag{2.33}$$

$$a = x;$$
$$f = D_f/4;$$
$$p_1/a = p_0F_s/x$$

式中 D_f——长横孔的直径。

(3)当探测条件(F_s,λ)一定时,长横孔的回波声压与声程的二分之三次方成反比,与长横孔直径的平方根成正比。

任意两个不同距离、不同直径的长横孔回波分贝差 r 的计算公式为

$$\Delta_{12} = 20\lg\frac{p_{f1}}{p_{f2}} = 10\lg\frac{D_{f1}x_2^3}{D_{f2}x_1^3} \tag{2.34}$$

当 $D_{f1}=D_{f2}$、$x_2=2x_1$ 时,$\Delta_{12}=9\text{dB}$,说明其他参数一定时,长横孔距离增加一倍,其回波声压升高 9dB。

当 $D_{f1}=2D_{f2}x_2=x_1$ 时,$\Delta_{12}=3\text{dB}$,说明其他参数一定时,长横孔直径增加一倍,其回波声压升高 3dB。

4. 短横孔回波声压公式

(1)短横孔是长度小于波束截面尺寸的横孔,如图 2.17 所示。

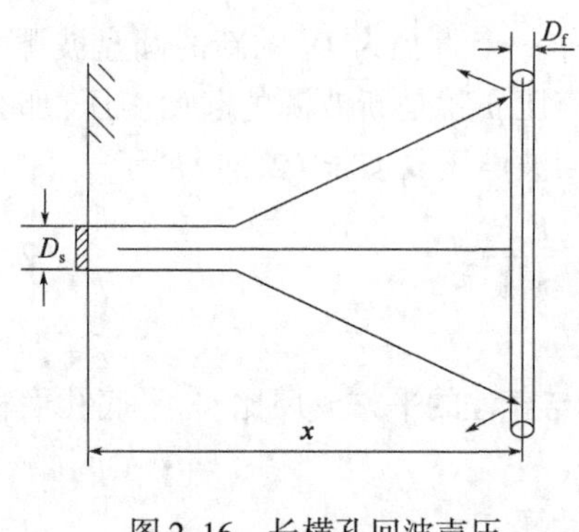

图 2.16 长横孔回波声压

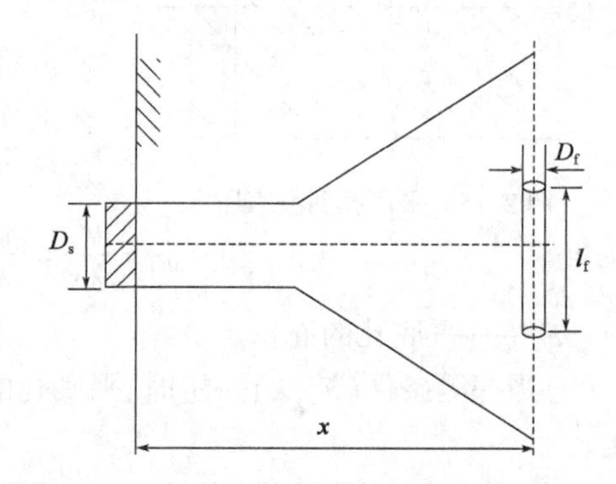

图 2.17 短横孔回波声压

(2)超声波在短横孔上的反射回波声压的计算公式为

$$p_f = \frac{p_0F_s}{\lambda x}\cdot\frac{l_f}{2x}\sqrt{\frac{D_f}{\lambda}} \tag{2.35}$$

式中 D_f——短横孔的直径;

l_f——短横孔的长度。

(3)当探测条件(F_s,λ)一定时,短横孔的回波声压与声程的平方成反比,与短横孔直径的平方根成正比,与短横孔的长度成正比。

任意两个不同距离、不同直径、不同长度的短横孔回波分贝差的计算公式为

$$\Delta_{12} = 20\lg\frac{p_{f1}}{p_{f2}} = 10\lg\frac{l_{f1}^2 D_{f1} x_2^4}{l_{f2}^2 D_{f2} x_1^4} \tag{2.36}$$

式中 D_{f1}、D_{f2}——短横孔1、2的直径。

①当 $D_{f1}=D_{f2}$、$l_{f1}=l_{f2}$、$x_2=2x_1$ 时，$\Delta_{12}=12\text{dB}$，说明其他参数一定时，短横孔距离增加一倍，其回波声压升高12dB。

②当 $D_{f1}=D_{f2}$、$x_2=x_1$、$l_{f1}=2l_{f2}$ 时，$\Delta_{12}=6\text{dB}$，说明其他参数一定时，短横孔长度增加一倍，其回波声压升高6dB。

③当 $x_2=x_1$、$l_{f1}=l_{f2}$、$D_{f1}=2D_{f2}$ 时，$\Delta_{12}=3\text{dB}$，说明其他参数一定时，短横孔直径增加一倍，其回波声压升高3dB。

5. 球孔回波声压公式

(1)距离晶片 D_s 为 x 的球形反射体，其直径为 D_f，如图2.18所示。

(2)设有距晶片 D_s 距离为 x 的球形反射体，其直径为 D_f，则晶片入射到球形反射体的声压的计算公式为

$$p = p_0\frac{\pi D_s^2}{4\lambda x} = p_0\frac{F_s}{\lambda x} \tag{2.37}$$

再由球形反射回晶片 D_s 的声压 p_f 的计算公式为

$$p_f = p\frac{D_f}{4x} = \frac{p_0 F_s}{\lambda x}\cdot\frac{D_f}{4x} \tag{2.38}$$

式中 D_f——球孔的直径。

(3)当探测条件（F_s，λ）一定时，球孔的回波声压与声程的平方成反比，与球孔直径成正比。任意两个不同距离、不同直径的球孔回波分贝差的计算公式为

$$\Delta_{12} = 20\lg\frac{p_{f1}}{p_{f2}} = 20\lg\frac{D_{f1}x_2^2}{D_{f2}x_1^2} \tag{2.39}$$

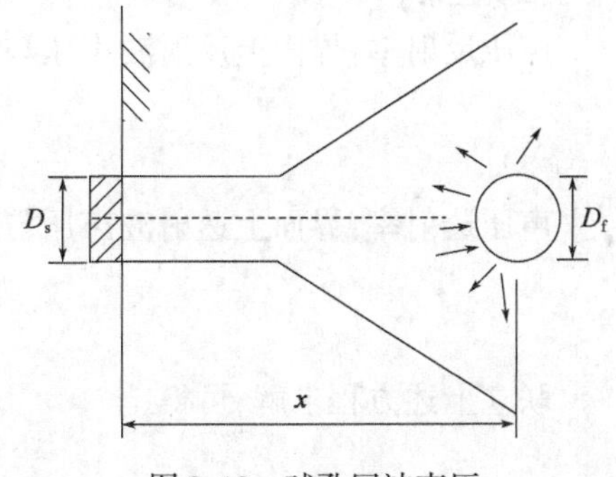

图2.18 球孔回波声压

式中 D_{f1}、D_{f2}——球孔1、2的直径

①当 $D_{f1}=D_{f2}$、$x_2=2x_1$ 时，$\Delta_{12}=12\text{dB}$，说明其他参数一定时，球孔距离增加一倍，其回波声压升高12dB。

②当 $D_{f1}=2D_{f2}$、$x_2=x_1$ 时，$\Delta_{12}=6\text{dB}$，说明其他参数一定时，球孔直径增加一倍，其回波声压升高6dB。

2.2.3 超声波垂直入射到平面异质界面的效应

超声波从一种介质垂直传播到另一种介质时，在两种介质的分界面上，一部分能量返回原介质内，称为反射波；另一部分能量透过界面在另一介质内传播，称为透射波，如图2.19所示。声压和声强的分配和传播规律是怎样的呢？

1. 单一平界面的反射率与透射率

当超声波从介质Ⅰ垂直入射到介质Ⅱ时，将发生如图2.20所示的反射和透射。

(1)设入射波的声压为 p_0（声强为 I_0），反射波的声压为 p_r（声强为 I_r），透射波的声压为 p_t（声强为 I_t）。

图 2.19　直探头纵波传播示意图

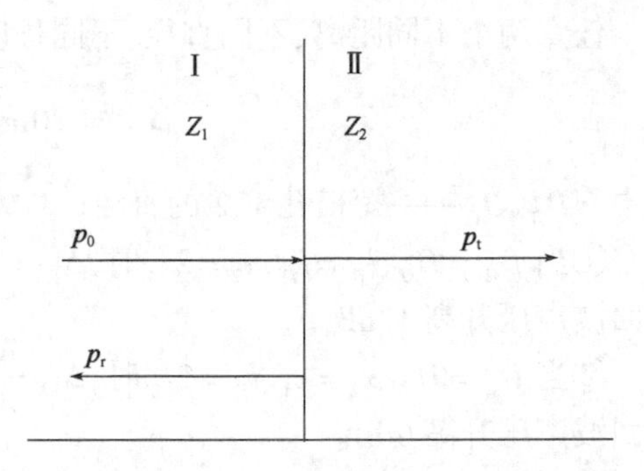

图 2.20　单一平界面的反射与透射

在界面两侧,声波满足以下两个条件:

①界面两侧的总声压相等,即

$$p_0 + p_r = p_t \tag{2.40}$$

②界面两侧质点振动速度的幅值相等,即

$$\frac{p_0 - p_r}{Z_1} = \frac{p_t}{Z_2} \tag{2.41}$$

式中　Z_1、Z_2——第一、二介质的声阻抗。

(2)定义。

声压反射率:界面上反射波声压与入射波声压之比,用 r 表示,其计算公式为

$$r = \frac{p_r}{p_0} \tag{2.42}$$

声压透射率:界面上透射波声压与入射波声压之比,用 t 表示,其计算公式为

$$t = \frac{p_t}{p_0} \tag{2.43}$$

联立上述方程求解,可得

$$r = \frac{p_r}{p_0} = \frac{Z_2 - Z_1}{Z_2 + Z_1} \tag{2.44}$$

$$t = \frac{p_t}{p_0} = \frac{2Z_2}{Z_2 + Z_1} \tag{2.45}$$

同理,声强反射率 R 与声强透射率 T 的计算公式为

$$R = \frac{I_r}{I_0} = \frac{\dfrac{p_r^2}{2Z_1}}{\dfrac{p_0^2}{2Z_1}} = \frac{p_r^2}{p_0^2} = r^2 = \left(\frac{Z_2 - Z_1}{Z_2 + Z_1}\right)^2 \tag{2.46}$$

$$T = \frac{I_t}{I_0} = \frac{4Z_2 Z_1}{(Z_2 + Z_1)^2} \tag{2.47}$$

(3)结论。

①声强反射率等于声压反射率的平方。

②声波垂直入射时,声强反射率和声强透射率与声波从介质的哪一侧入射无关。

③它们之间满足能量守恒定律,即

$$T + R = 1 \tag{2.48}$$

$$t - r = 1 \tag{2.49}$$

思考：

——超声波垂直入射到水—钢和钢—水界面时，r、t、R、T 各为多少？

——超声波垂直入射到钢—空气界面时，r、t、R、T 各为多少？

2. 声压往复透射率

(1)定义：返回介质 I 的声压 p_a 与入射声压 p_0 的比值，称为声压往复透射率，记为 $T_{往}$，其计算公式为

$$T_{往} = \frac{p_a}{p_0} = \frac{p_t}{p_0} \cdot \frac{p_a}{p_t} = \frac{4Z_1Z_2}{(Z_2 + Z_1)^2} \tag{2.50}$$

(2)声压往复透射率与界面两侧的介质的声阻抗有关，与从何种介质入射到界面无关。

(3)声压往复透射率与声强单方向的透射率在数值上是相等的。

[**例 2.1**]　已知水的声阻抗 $Z_1 = 1.5 \times 10^6 \text{kg/(m}^2 \cdot \text{s)}$，钢中声阻抗 $Z_2 = 45 \times 10^6 \text{kg/(m}^2 \cdot \text{s)}$，求超声波垂直入射到水—钢界面时的声压往复透射率。

解：

$$T_{往} = \frac{4Z_1Z_2}{(Z_2 + Z_1)^2} = \frac{4 \times 1.5 \times 45}{(1.5 + 45)^2} = 12.5\% \tag{2.51}$$

[**例 2.2**]　超声波探伤声阻抗为 $45 \times 10^6 \text{kg/(m}^2 \cdot \text{s)}$ 的钢工件，探头压电晶片的声阻抗为 $33 \times 10^6 \text{kg/(m}^2 \cdot \text{s)}$，若耦合剂中超声波全透射，且在钢工件底面全反射。求超声波在晶片/工件界面上的声压往复透射率。

解：

$$T_{往} = \frac{4Z_1Z_2}{(Z_2 + Z_1)^2} = \frac{4 \times 33 \times 45}{(33 + 45)^2} = 97.6\% \tag{2.52}$$

以上两例说明：直接接触法探伤的声压往复透射率高于水浸法探伤的往复透射率，即直接接触法检测的灵敏度高于水浸法检测的灵敏度。

2.2.4　超声波倾斜入射到平面异质界面的效应

1. 波型转换

当声波倾斜入射到异质界面时，除了产生与入射波同类型的反射波和折射波外，还会产生与入射波不同类型的反射波和折射波，这种现象称为波型转换，如图 2.21 所示。

(1)波型转换只发生在倾斜入射的场合；

(2)波型转换只可能在固体中产生。

2. 纵波斜入射时的反射、折射定律(斯涅尔定律)

按几何光学原理，不同波型的声波入射角、反射角和折射角之间的关系为

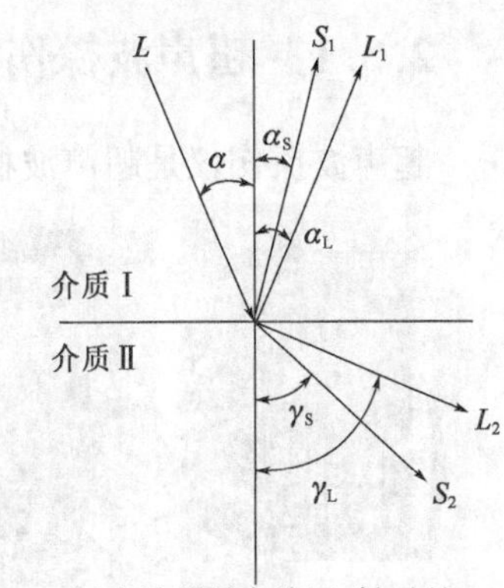

图 2.21　超声波纵波倾斜入射时的反射与折射($Z_1 < Z_2$)

$$\frac{\sin\alpha}{C_L}=\frac{\sin\alpha_L}{C_{L1}}=\frac{\sin\alpha_S}{C_{S1}}=\frac{\sin\gamma_L}{C_{L2}}=\frac{\sin\gamma_S}{C_{S2}} \tag{2.53}$$

式中 C_L, C_{L1}——介质Ⅰ的纵波声速；

C_{S1}——介质Ⅰ的横波声速；

C_{L2}——介质Ⅱ的纵波声速；

C_{S2}——介质Ⅱ的横波声速；

α——纵波入射角；

α_L——纵波反射角；

α_S——横波反射角；

γ_L——纵波折射角；

γ_S——横波折射角。

当纵波折射角为90°时的纵波入射角，称为第一临界角；当横波折射角为90°时的纵波入射角，称为第二临界角。

当纵波入射角小于第一临界角时，在探伤中不采用；当纵波入射角介于第一和第二临界角之间时，可用于制作横波探头；当入射角大于第二临界角时，可用于制作表面波探头。

3. 端角反射

超声波在两个平面构成的直角内反射称为端角反射，如图2.22所示。

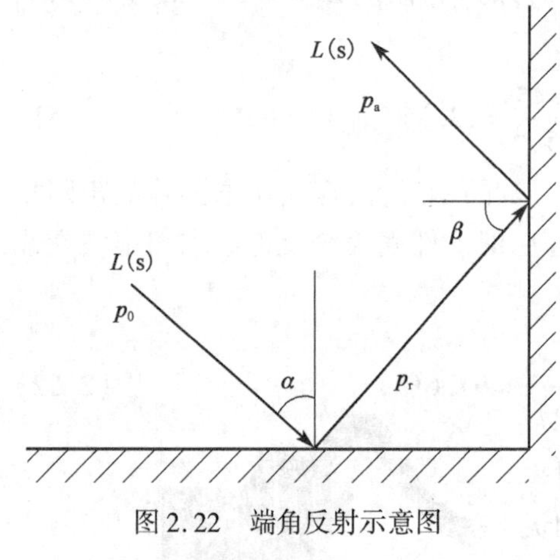

图2.22　端角反射示意图

(1)在端角反射中，超声波经历了两次反射，当不考虑波型转换时，二次反射波与入射波互相平行，即 $p_a // p_0$ 且 $\alpha+\beta=90°$。

(2)回波声压 p_a 与入射波声压 p_0 之比称为端角反射率，用 T 表示。

2.3　超声波检测设备

2.3.1　超声波探伤仪

超声波探伤仪是超声波检测的主体设备，如图2.23所示。

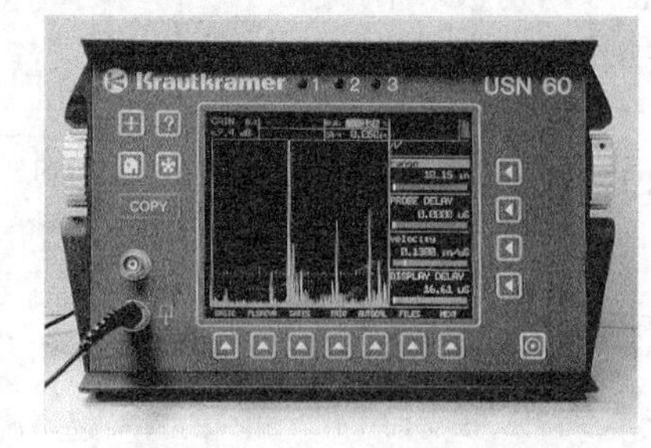

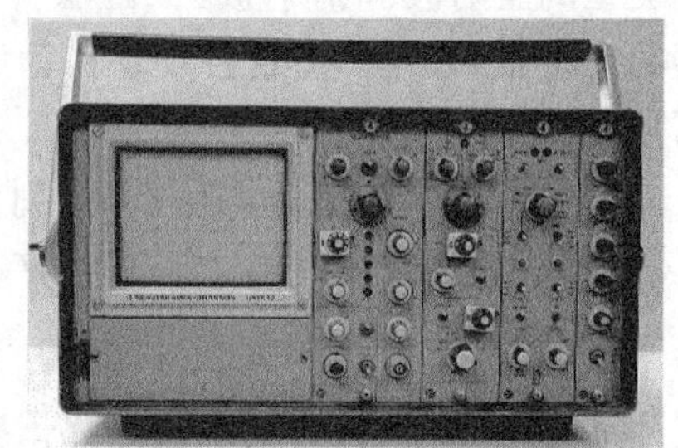
图2.23　各种常见的超声波探伤仪

超声波探伤仪主要是产生超声频率电振荡,并以此来激励探头发射超声波,同时又将探头送回的电信号予以放大、处理,并通过一定方式显示出来。

1. 超声波探伤仪分类

1) 按超声波的种类分类

超声波探伤仪按超声波的种类分为脉冲波探伤仪、连续波探伤仪和调频波探伤仪。

(1) 脉冲波探伤仪:发射不连续且频率不变的超声波,根据超声波的传播时间及幅度来判断工件中缺陷位置和大小,这是目前使用最广泛的探伤仪。

(2) 连续波探伤仪:发射连续且频率不变的超声波,根据透过工件的超声波强度变化来判断工件中缺陷大小,缺点是灵敏度低,不能对缺陷定位,但可进行超声测厚。

(3) 调频波探伤仪:发射连续且频率周期性变化的超声波,根据发射波与反射波的差频情况判断工件中有无缺陷。

2) 按缺陷显示方式分类

超声波探伤仪按缺陷显示方式分为 A 型显示探伤仪、B 型显示探伤仪和 C 型显示探伤仪,如图 2.24 所示。

(1) A 型显示探伤仪(波形显示)。

横坐标:声波的传播时间(距离)。

纵坐标:发射波的幅度(缺陷大小)。

(2) B 型显示探伤仪(图像显示)。

横坐标:探头扫查的轨迹。

纵坐标:声波的传播时间(距离)。

显示:可直观地显示出被探工件任一纵截面上缺陷的分布及缺陷的深度。

(3) C 型显示探伤仪(图像显示)。

横坐标:探头在工件表面的位置。

纵坐标:探头在工件表面的位置。

显示:探头接收信号幅度以光点灰度表示,当探头在工件表面移动时,荧光屏上便显示出工件内部缺陷的平面图像,但不能显示缺陷的深度。

3) 按超声波的通道分类

(1) 单通道探伤仪:一个或一对探头单独工作,是目前使用最广泛的超声波探伤仪。

(2) 多通道探伤仪:多个或多对探头交替工作,每一通道相当于一台单通道探伤仪,适用于自动化探伤。

4) 按处理信号的方式分类

超声波探伤仪按处理信号的方式分为模拟式探伤仪和数字式探伤仪。

2. 超声波探伤仪的工作原理

下面以 A 型脉冲反射式超声波探伤仪为例介绍仪器的工作原理。

A 型脉冲反射式超声波探伤仪的基本结构如图 2.25 所示。在图 2.25 中,发射电路和时基电路在同步电路的控制下同步工作。利用压电材料的逆压电效应和压电效应,探头先将发射电路提供的高频电脉冲信号转换成脉冲超声波,然后再把被异质界面反射回来的脉冲超声

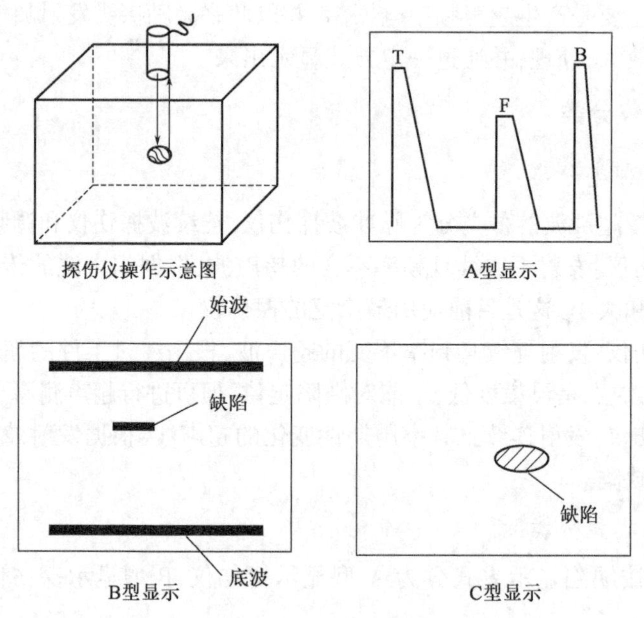

图 2.24　超声波 A、B、C 型显示示意图

波转换成电信号,通过接收电路送到示波管荧光屏的 Y 轴以脉冲波形式显示出来。在发射电路发射电脉冲的同时,时基电路开始在示波管荧光屏的 X 轴上扫描,产生时基线。时基线扫描光点的位移与超声波传播的时间成正比。用示波管荧光屏上有无反射波出现,以及反射波在时基线上的位置与波幅的高低来提供有关缺陷的信息就是 A 型脉冲反射式超声波探伤仪的基本工作原理。

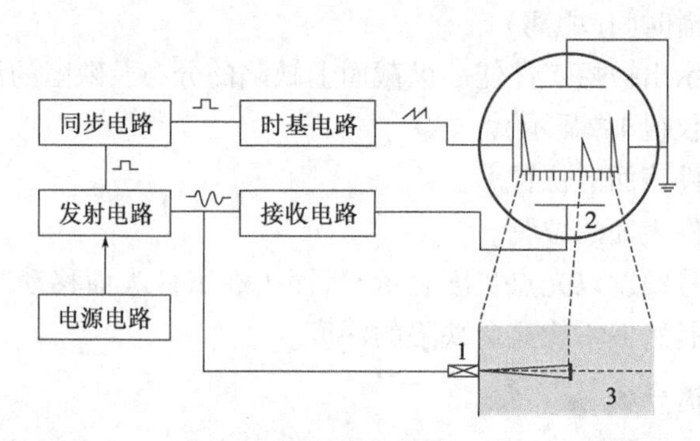

图 2.25　A 型脉冲反射式超声波探伤仪的工作原理

1—直探头;2—示波管;3—工件

探伤仪电路主要由同步电路、扫描电路、发射电路、接收电路、显示电路、电源电路和辅助电路等单元电路组成。

(1)同步电路:又称触发电路,产生使整个仪器协调工作的同步触发脉冲。

(2)扫描电路:又称时基电路,它产生锯齿波电压,使示波屏电子束能沿水平方向自左向右地匀速扫描。

(3)发射电路:激励探头产生超声波。

(4)接收电路:由衰减器、高频放大器、检波器和视频放大器等组成,主要功能是接收电信号。

(5)显示电路:主要由示波管和外围电路组成。当接收电路送来的信号电压加在垂直偏转板上,而作为时间轴的扫描电压则加在水平偏转板上,电子束则按所加电压发生偏转,显示出波形。

(6)电源:一般仪器均使用市电(约220V),仪器内部有变压、整流及稳压电路。携带式探伤仪也可使用Ni-Cd蓄电池充电。

(7)辅助电路:仪器除上述基本单元电路外,还有各种辅助电路,如DAC电路、闸门电路、延迟电路及标距电路。DAC电路可使发射后瞬间的增益降低到一定值,然后随时间的推移增益逐渐升高,到一定时间后增益恢复正常。远处回波信号到来时放大器处在高增益状态,实现了距离—增益补偿,使位于不同深度而相同尺寸的缺陷回波高度差异减小。

闸门电路是指探伤时示波屏上会出现很多杂波,为了能取出所需的波,经电子电路处理后记录在记录仪上或者触发一音响报警器或灯光指示器的电路。

3. 与检测工艺有关的仪器性能

(1)垂直线性:示波器荧光屏显示的反射波幅度与经探头转换的电信号幅度成正比的程度称为仪器的垂直线性。由于垂直线性的优劣直接影响仪器的定量精度,因此GB 11345—2013《焊缝无损检测　超声检测技术、检测等级和评定》规定其相对误差不应超过5%。

(2)水平线性(时基线性):示波器荧光屏显示的反射波位置与实际的检测距离成正比的程度称为仪器的水平线性或时基线性。水平线性的优劣直接影响仪器的定位精度。GB 11345—2013规定仪器水平线性的相对误差不应超过1%。水平线性和垂直线性应在仪器首次使用时及其后每隔三个月检查一次。测试方法可参见JB/T 9214—2010《无损检测　A型脉冲反射式超声检测系统工作性能测试方法》。

(3)衰减器精度:衰减器上dB刻度指示脉冲下降幅度的正确程度,以及组成衰减器各同量级间可换性能。

JB/T 10061—1999《A型脉冲反射式超声波探伤仪　通用技术条件》规定,衰减器总衰减量不得小于60dB,在探伤仪规定的频率范围内衰减器每12dB的工作误差≤1dB。

(4)动态范围:示波屏上回波高度从满幅(100%)降至消失时仪器衰减器的变化范围,其值越大可检出缺陷越小。JB/T 10061—1999规定,动态范围≥26dB。

(5)灵敏度余量:指组合灵敏度,并以灵敏度余量来表示。它是在规定条件下的探伤灵敏度至仪器最大灵敏度的富余量,按规定,合格品的组合灵敏度应大于30dB。

(6)分辨力:超声探伤系统能够区分两个相邻而不连续缺陷的能力称为分辨力,可分为近场分辨力、远场分辨力、纵向分辨力和横向分辨力,一般指远场纵向分辨力。分辨力的测试如图2.26所示。

灵敏度余量与分辨力是探伤仪与探头组合后的超声探伤系统的性能。

2.3.2　超声波探头

超声波探头又称压电超声换能器,是实现电—声能量相互转换的器件,各种常见的超声波探头如图2.27所示。探头的主要作用是发射和接收超声波。

1. 频率常数 N_t

由驻波理论可知,压电晶片在高频电脉冲激励下产生共振需满足式(2.54)的条件:

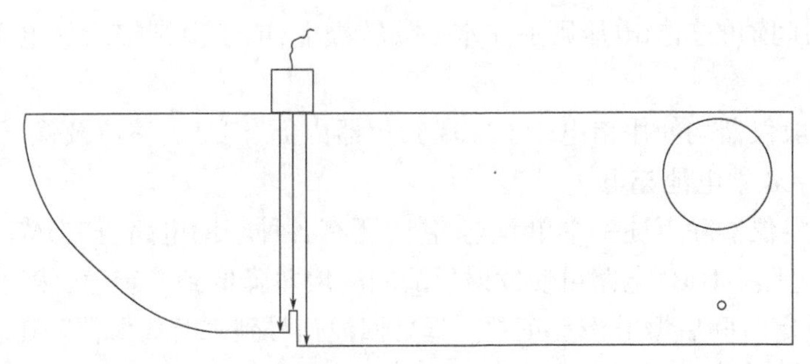

图 2.26　分辨力测试示意图

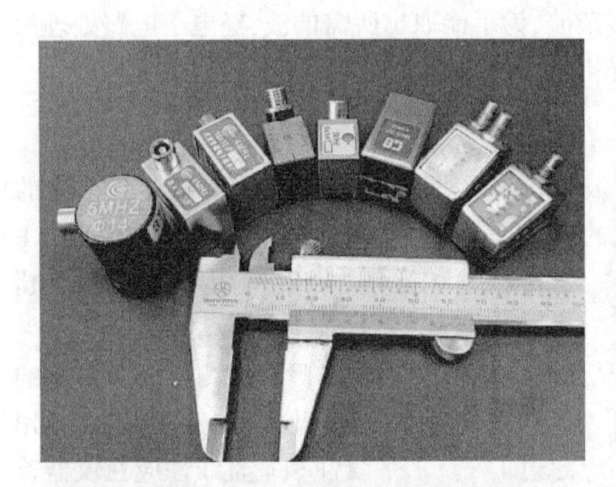

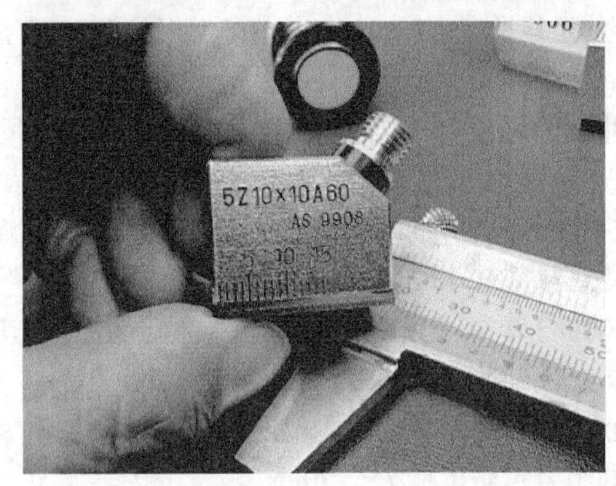

图 2.27　各种常见的超声波探头

$$t = \frac{\lambda_L}{2} = \frac{C_L}{2f_0} \tag{2.54}$$

式中　t——晶片厚度；

λ_L——晶片中纵波波长；

C_L——晶片中纵波波速；

f_0——晶片固有频率。

故由式(2.54)可得到

$$N_t = tf_0 = \frac{C_L}{2}(\text{常数}) \tag{2.55}$$

式中，N_t 称为频率常数，即压电晶片的厚度与固有频率的乘积为一常数，其单位为MHz · mm。

［**例 2.3**］　使用 PZT-4 多晶材料制作 2.5MHz 的纵波直探头，该晶片的厚度应设计为几

毫米?(已知该材料的频率常数为2.00MHz·mm)

解:

$$t=\frac{N_t}{f}=\frac{2.00}{2.5}=0.8(\mathrm{mm})$$

2. 直探头

直探头实物图及内部结构示意图如图2.28所示。直探头的典型表示法:5P14Z,其中5表示探头的标称频率为5MHz,P表示探头的压电晶片材料为锆钛酸铅,14表示晶片直径为14mm,Z表示直探头。

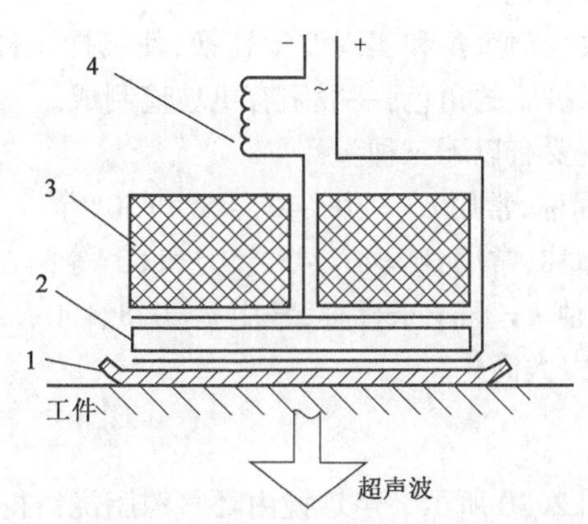

图2.28　直探头实物图及内部结构示意图

1—保护膜;2—压电晶片;3—吸收块;4—匹配电感

超声波直探头主要由压电晶片、吸收块、保护膜和匹配电感等四部分组成。

1)压电晶片

压电晶片由压电材料切割成薄片制成,压电材料分为单晶(石英、硫酸锂和碘酸锂)和多晶(钛酸钡,钛酸铅和锆钛酸铅等压电陶瓷)两大类。

2)吸收块

吸收块又称为阻尼块,由环氧树脂、硬化剂、增塑剂、橡胶液和钨粉等浇铸在"-"极上。其主要作用是吸收杂波,并使晶片在激励电脉冲结束后将声能很快损耗掉而停止振动,以便接收反射波。

3)保护膜

保护膜主要是使压电晶片免于和工件直接接触受到磨损。保护膜分为软膜和硬膜两大类。其中软膜(耐磨橡胶、塑料)主要用于粗糙表面的工件;硬膜(不锈钢片、刚玉片、环氧树脂等)声能损失小,比软膜应用广。

4)匹配电感

加入与晶片并联的匹配电感,可使探头与仪器的发射电路匹配,从而提高发射效率。

3. 斜探头

斜探头的实物图及内部结构示意图如图 2.29 所示。

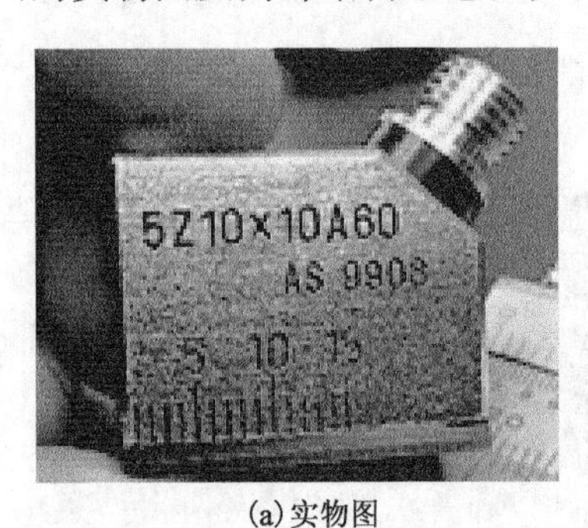

(a)实物图

(b)内部结构示意图

图 2.29　斜探头

1—吸收块;2—斜楔块;3—压电晶片;4—内部电源线;5—外壳;6—接头

横波斜探头:直探头 + 透声斜楔。

透声斜楔的主要作用是改变声束角和实现波型转换,使被探工件中只存在折射角度的波型。透声斜楔同时可以充当保护膜的角色,一般用有机玻璃制成。

横波斜探头的标称方式主要有以下三种:

(1)以纵波入射角 α_L 来标称,常用 $\alpha_L = 30°$、$40°$、$45°$和 $50°$等;

(2)以横波折射角 γ_s 来标称,常用 $\beta_s = 40°$、$45°$、$50°$和 $60°$等;

(3)以横波折射角的正切值 $k = \tan\gamma$ 来标称,常用 $k = 0.8$、1.0、1.5、2.0、2.5、3 等,这是我国提出来的,使缺陷定位计算大大简化。

4. 水浸聚焦探头

水浸聚焦探头的结构如图 2.30 所示。声透镜由环氧树脂浇铸得到,一般为球形或圆柱形凹透镜,遵循折射定律可使声束汇聚到一点或一条线。

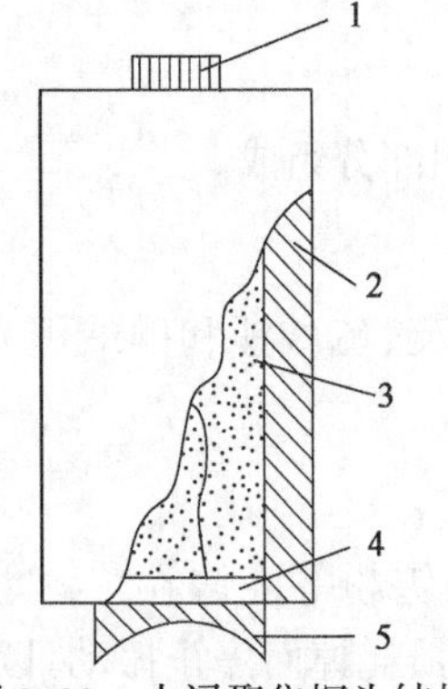

图 2.30　水浸聚焦探头结构

1—接头;2—外壳;3—阻尼块;4—压电晶片;5—声透镜

5. 双晶探头

双晶探头又称分割式 TR 探头,内含两个晶片,分别为发射晶片和接收晶片,中间用隔声层隔开,如图 2.31 所示。

双晶探头主要用于近表面探伤和测厚。

(1)探头的型号标识主要由基本频率、晶片材料、晶片尺寸、探头种类和特征等部分组成。

①基本频率:用阿拉伯数字表示,单位为 MHz。

②晶片材料:用化学元素符号来表示。

③晶片尺寸:用阿拉伯数字表示,单位为 mm(圆晶片表示直径;方晶片用长 × 宽表示)。

④探头种类:用汉语拼音缩写字母表示,直探头可不标出。

⑤探头特征:斜探头标出的 K 值为钢中折射角的正切值。

图 2.31　双晶探头实物图

(2)晶片材料代号主要有 P、T、B、L、I、Q 和 N 等。

①P:锆钛酸铅陶瓷;

②T:钛酸铅陶瓷;

③B:钛酸钡陶瓷;

④L:铌酸锂单晶;

⑤I:碘酸锂单晶;

⑥Q:石英单晶;

⑦N:其他。

(3)探头种类代号主要有 Z、K、X、FG、SJ、BM 和 KB 等。

①Z:直探头;

②K:斜探头(K 值表示);

③X:斜探头(折射角表示);

④FG:分割探头;

⑤SJ:水浸探头;

⑥BM:表面波探头;

⑦KB:可变角探头。

[例 2.4]　写出以下探头标称各部分的含义。

(1)2B20Z;(2)5P6 ×6K3;(3)5I14SJ10DJ。

解:(1)2 表示频率为 2MHz;B 表示晶片材料为钛酸钡陶瓷;20 表示圆晶片直径为 20mm;Z 表示直探头。

(2)5 表示频率为 5MHz ;P 表示晶片材料为锆钛酸铅陶瓷;6 ×6 表示矩形晶片 6mm × 6mm;K3 表示斜探头 K 值为 3。

(3)5 表示频率为 5MHz;I 表示晶片材料为碘酸锂单晶;14 表示圆晶片直径为 14mm;SJ 表示水浸探头;10DJ 表示点聚焦,水中焦距为 10mm。

[例 2.5]　下列直探头中,指向性最好的是(　　)。

A. 2.5P20Z　　B. 3P14Z　　C. 4P20Z　　D. 5P14Z

解:由半扩散角的定义可知,半扩散角越小,其指向性越好。由公式 $\theta = \arcsin(1.22\frac{\lambda}{D}) \approx$

$70\frac{C}{f \cdot D}$可知，当$f \cdot D$最大时，半扩散角最小，此时指向性最好，故选 C。

6. 探头主要性能（以焊缝探伤中常用的斜探头为例）

标准 JB/T 10061—1999 中指出，探头主要性能主要有折射角、前沿长度和声轴偏斜角等。

(1)折射角 γ（或探头 K 值）。超声波折射线与法线的夹角称为折射角，超声波的折射情况遵循光学折射定律。

(2)前沿长度。声束入射点至探头前端面的距离称为前沿长度。入射点是探头声束轴线与楔块底面的交点。

(3)声轴偏斜角。声轴偏斜角反映主声束中心轴线与晶片中心法线的重合程度，除直接影响缺陷定位和指示长度测量精度外，也会导致探伤者对缺陷方向性产生误判，从而影响对探伤结果的分析。

2.3.3 试块

1. 试块的定义

试块是指按一定用途设计制造的具有特定形状的人工反射体的试件。超声波探伤常用试块如图 2.32 所示。

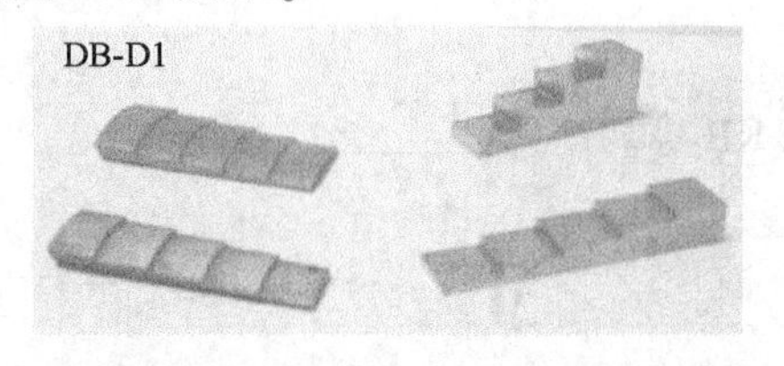

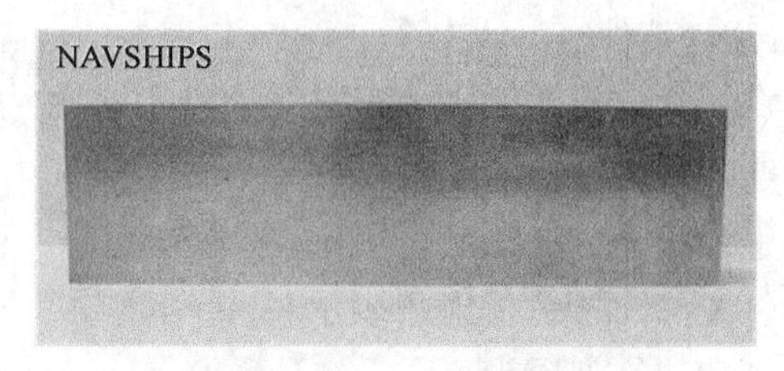

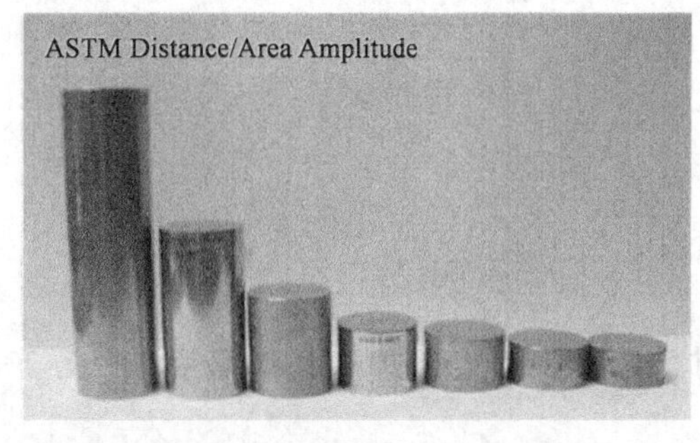

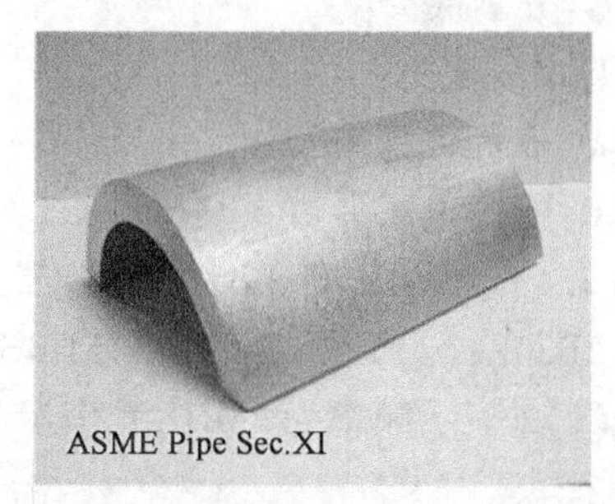

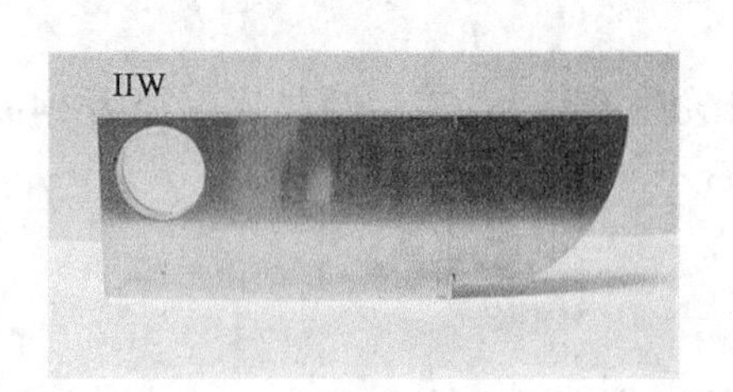

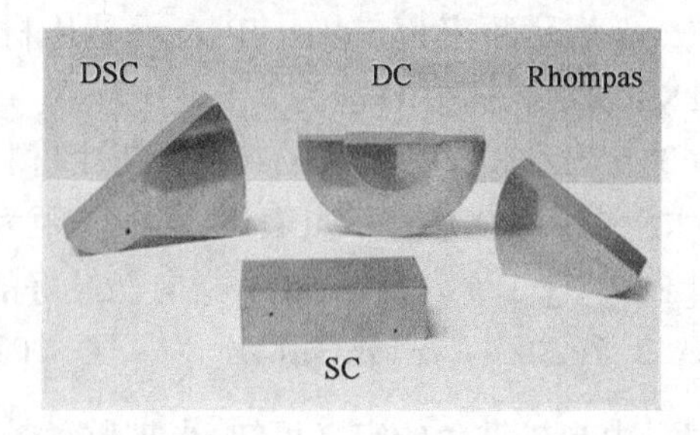

图 2.32　超声波探伤用试块

2. 试块的用途

超声波探伤用试块主要有以下用途:

1)确定检测灵敏度

检测灵敏度是仪器和探头的综合指标。超声波探伤灵敏度太高或太低都不好,太高杂波多,判伤困难,太低会引起漏检。根据标准确定合适的检测灵敏度,然后再利用试块上特定的人工反射体来调整灵敏度。

2)测试、校验仪器和探头的性能

测试指标和性能主要有:

(1)垂直线性;

(2)水平线性;

(3)动态范围;

(4)灵敏度余量;

(5)分辨力;

(6)盲区;

(7)探头的入射点;

(8)K值。

3)调整扫描速度

调整仪器示波屏上水平刻度值与实际声程之间的比例关系称为扫描速度。通过扫描速度的调节,便于对缺陷进行定位。

4)评判缺陷的大小

(1)利用试块绘制距离—波幅—当量曲线(AVG 曲线)来对缺陷定量;

(2)试块比较法。超声波检测时,利用试块上已知缺陷的大小与工件上未知缺陷进行直接比对或计算后,可以得到工件缺陷的当量大小。

3. 试块的分类

试块分为标准试块和对比试块。

(1)由权威机构对材质、形状、尺寸及表面状态等作出规定和检定的试块称为标准试块。

(2)对比试块,又称参考试块,它是由各专业部门按检测对象的具体要求,对材质、形状、尺寸及表面状态作出规定的试块。

4. 常用试块

1)IIW 试块

IIW 试块,又称荷兰试块,是国际焊接学会的标准试块。材质为 20 钢,正火处理,晶粒度为 7 ~8 级,如图 2.33 所示。

2)CSK - ⅠA 试块

CSK - ⅠA 试块是我国锅炉和钢制压力容器对接焊缝超声波探伤 NB/T 47013.1—2015《承压设备无损检测　第 1 部分:通用要求》标准规定的标准试块,它是在 IIW 试块基础上改进后得到的,如图 2.34 所示。

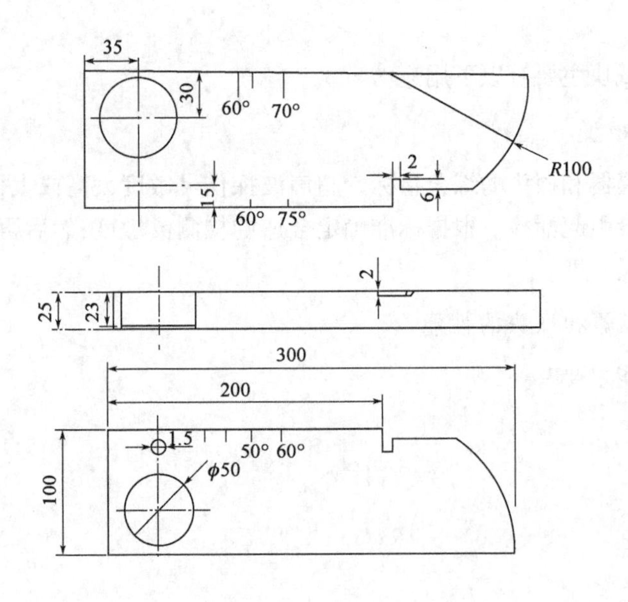

图 2.33　IIW 试块

(1)将直孔 $\phi50$ 改为 $\phi50$、$\phi44$、$\phi40$ 台阶孔,以便于测定横波探头的分辨力;

(2)将 $R100$ 改为 $R100$ 和 $R50$ 阶梯圆弧,以便于调节横波扫描速度和探测范围;

(3)将试块上标定的折射角改为 K 值,从而可直接测出横波斜探头的 K 值。

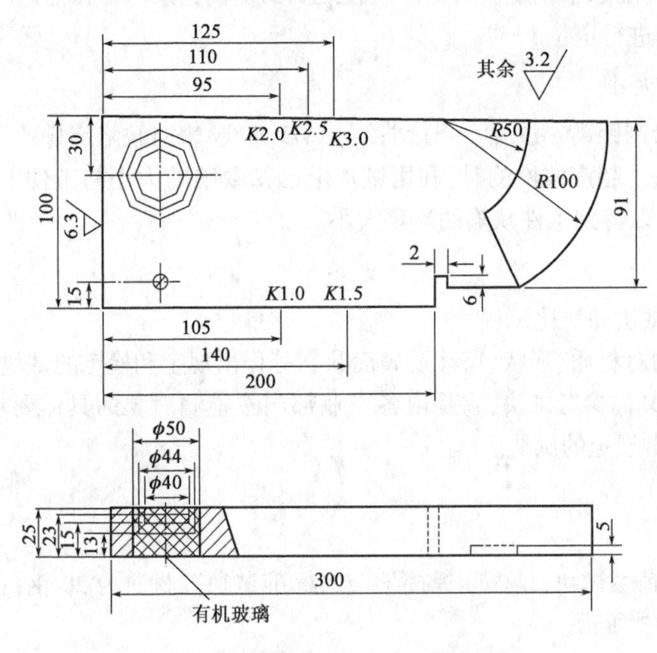

图 2.34　CSK－ⅠA 试块

3) CS－1 和 CS－2 试块

CS1－试块和 CS－2 试块为平底孔标准试块,材质一般为 45 钢,如图 2.35 所示。

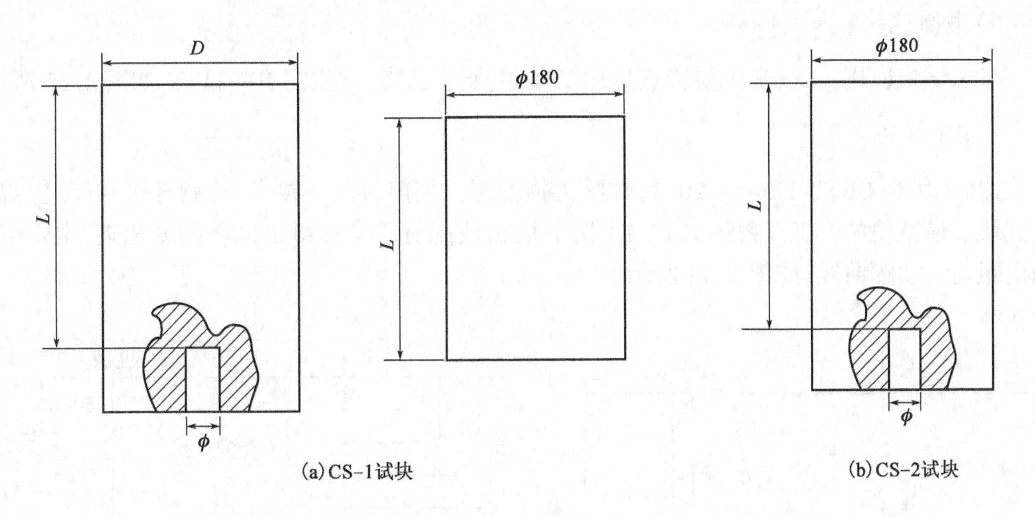

图 2.35　CS－1 试块和 CS－2 试块

CS－1 试块的平底孔直径分别为 φ2mm、φ3mm、φ4mm、φ6mm、φ8mm 等五种，其中 φ2mm、φ3mm 声程分别为 50mm、75mm、100mm、150mm、200mm 各五块；φ4mm、φ6mm 声程分别为 50mm、75mm、100mm、150mm、200mm、250mm 各六块，φ8mm 声程分别为 100mm、150mm、200mm、250mm 四块，共 26 块。

CS－2 试块的平底孔直径分别为 φ2mm、φ3mm、φ4mm、φ6mm、φ8mm 和无限大（大平底）等六种，声程分别为 25mm、50mm、75mm、100mm、125mm、150mm、200mm、250mm、300mm、400mm、500mm 等 11 块，共 66 块。

4）CSK－ⅢA 试块

CSK－ⅢA 试块是 NB/T 47013.3—2015《承压设备无损检测　第 3 部分：超声检测》标准中规定的焊缝超声波探伤用的横孔试块；适用于壁厚范围为 8～120mm 的焊缝，如图 2.36 所示。

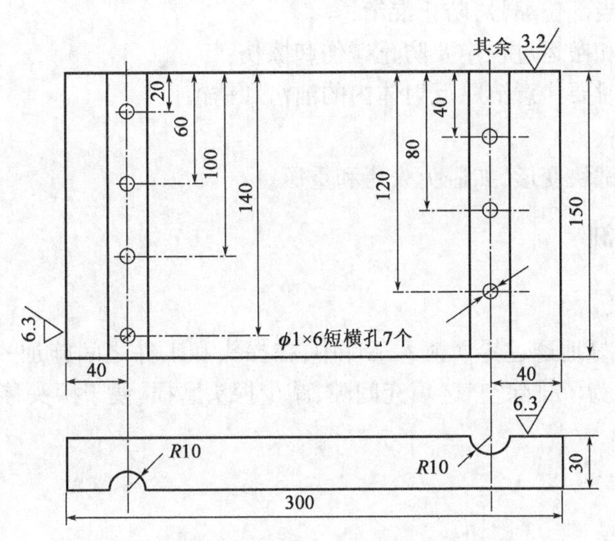

图 2.36　CSK－ⅢA 试块

5) 半圆试块

半圆试块应用广泛,其主要特点是加工方便、便于携带,材质同 IIW 试块,如图 2.37 所示。

6) RB 试块

RB 试块是 GB/T 11345—2013《焊缝无损检测　超声检测　技术、检测等级和评定》规定的试块。该试块的人工反射体为 $\phi 3$ 的横通孔,试块的材质与被检工件相同或相近,主要用于测定距离—波幅曲线,如图 2.38 所示。

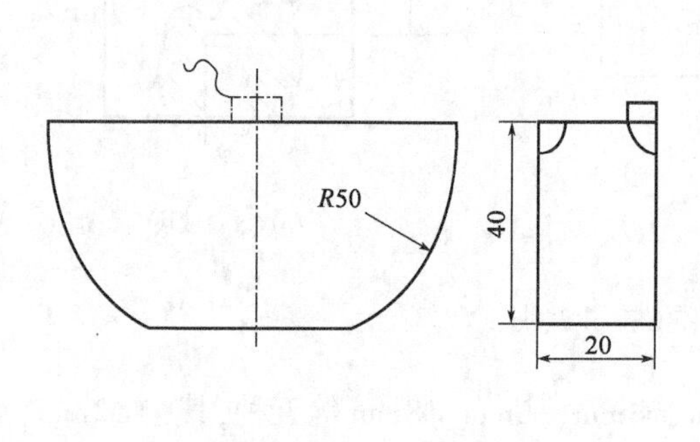

图 2.37　半圆试块

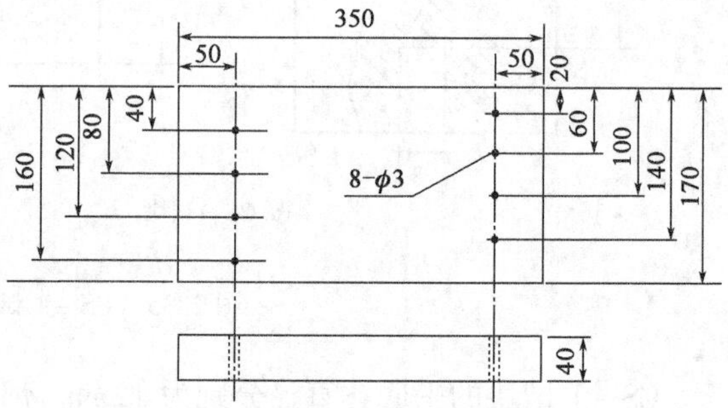

图 2.38　RB 试块

5. 试块的要求、使用与维护

1) 试块的要求

(1) 材质应均匀,内部杂质要少,无影响使用的缺陷;

(2) 加工容易,不易变形和锈蚀,具有良好的声学性能;

(3) 试块的平行度、垂直度、表面粗糙度和尺寸精度都要符合一定的要求。

(4) 用平炉镇静钢或电炉软钢制作;

(5) 对比试块的材质尽可能与被探工件相同或相近。

2) 试块的使用与维护

(1) 试块应在适当部位编号,防止混淆;

(2) 试块在使用和搬运过程中要防止碰伤和擦伤;

(3) 试块在使用时要注意清除反射体内的油污和锈蚀;

(4) 要注意防锈;

(5) 要注意防止试块变形,如避免火烤和重压。

2.3.4　耦合剂

1. 耦合剂的定义

为使超声波能较好地透过界面射入工件中,在探头和工件之间施加一层透声介质称为耦合剂。其作用主要是为了排除空气,填充间隙,减少探头磨损,便于探头移动。

2. 常用耦合剂

(1) 机油;

(2) 变压器油;

(3) 甘油;

(4)化学浆糊;
(5)水;
(6)水玻璃。

3. 耦合剂的要求

超声波探伤用耦合剂一般要满足以下要求:
(1)能润湿工件和探头表面,流动性、黏度和附着力适当,不难清洗;
(2)声阻抗大,透声性能好;
(3)来源广,价格便宜;
(4)对工件无腐蚀,对人体无害,不污染环境;
(5)性能稳定,不易变质,能长期保存。

4. 影响声耦合的主要因素

1)耦合层厚度的影响

(1)耦合层厚度为 $\lambda/4$ 的奇数倍时,透声效果差,耦合效果不好,反射回波低;
(2)耦合层厚度为 $\lambda/2$ 的整数倍时,透声效果好,反射回波高;
(3)对脉冲波接触法探伤而言,耦合层越深,耦合效果越好。

2)表面粗糙度的影响

对同一耦合剂,表面粗糙度越高,耦合效果越差。

3)耦合剂的声阻抗的影响

耦合剂声阻抗越大,耦合效果越好,反射回波越高。

4)工件表面形状的影响

平面耦合效果最好,凸曲面次之,凹曲面最差。这主要是因为探头表面为平面,与曲面接触点为点接触或线接触,声强透射率低,特别是凹曲面,探头中心不接触,因此耦合效果最差。

2.4 超声波检测方法

超声波检测方法可按检测原理、波型、探头数目、探头与工件的接触方式分类。

2.4.1 按检测原理分类

1. 穿透法(透射法)

穿透法检测的原理是将发射探头和接收探头分别置于试件的两个相对面上,根据超声波穿透试件后的能量变化情况,来判断试件内部质量,如图 2.39 所示。
穿透法的优点如下:
(1)单向传播,适合高衰减材料;
(2)适合于单一产品大批量制造过程中的机械自动化检测;
(3)几乎不存在盲区。

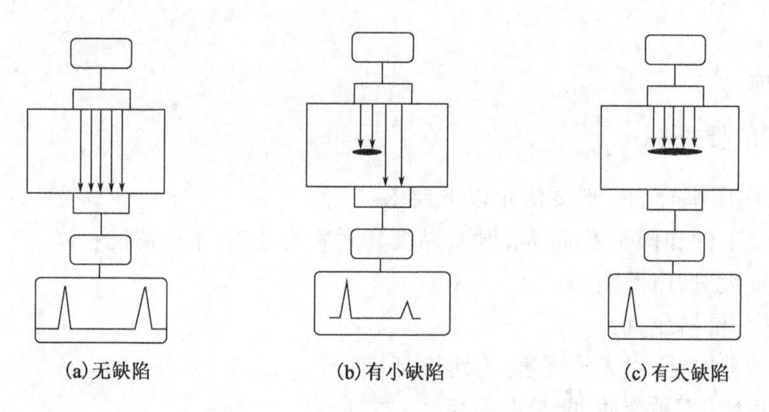

图2.39　纵波穿透法传播示意图

该方法的缺点如下：

(1)只能判断缺陷的有无和大小，不能确定缺陷的位置；

(2)当缺陷尺寸小于探头波束宽度时，该方法的检测灵敏度低。

2. 脉冲反射法

脉冲反射法是利用超声波在试件内传播时，遇到声阻抗相差较大的两种介质的界面时，将发生反射的原理进行检测，如图2.40所示。

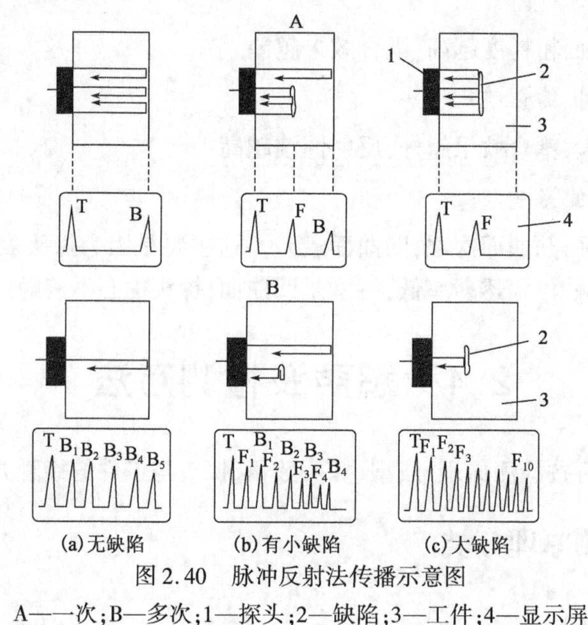

图2.40　脉冲反射法传播示意图

A——次；B—多次；1—探头；2—缺陷；3—工件；4—显示屏

脉冲反射法的优点如下：

(1)灵敏度高，能发现较小的缺陷；

(2)可得到较高的检测精度；

(3)适用范围广；

(4)操作简单方便，容易实施。

脉冲反射法的缺点如下：

(1)存在盲区;

(2)由于近场效应,不适合于薄壁试件和近表面缺陷的检测;

(3)波幅大小与缺陷曲线有关,容易漏检;

(4)声波是往返传播,不适合于衰减太大的材料。

3. 共振法

共振法是应用共振现象对试件进行检验的方法。

条件:当试件的厚度为声波半波长的整数倍时,在试件中产生驻波,驻波的波腹正好落在试件的表面。

测厚时,可用式(2.56)进行计算:

$$\delta = \frac{nc}{2f} \tag{2.56}$$

式中 δ——试件厚度;

c——超声波在试件中的传播速度;

f——频率。

2.4.2 按波型分类

(1)纵波法;

(2)横波法;

(3)表面波法;

(4)板波法。

2.4.3 按探头数目分类

(1)单探头法;

(2)双探头法;

(3)多探头法。

2.4.4 按探头与工件的接触方式分类

(1)直接接触法;

(2)液浸法。

2.5 锻件超声波检测

锻件是通过锻压金属坯料而获得的具有一定机械性能、一定形状和尺寸的金属零部件。锻压加工能保持金属纤维组织的连续性,保证零件具有良好的力学性能和使用寿命,可以消除冶炼过程中产生的铸态疏松等缺陷。锻压过程包括加热、形变和冷却过程。为了改善锻件的组织性能,锻后还要进行正火、退火或调质等热处理。

2.5.1 锻件超声波检测的特点

(1)锻件中多数缺陷的取向有一定的规律;

(2)锻压后的缺陷以平面型缺陷为主,平面型缺陷的方向与锻压方向垂直,因此以直探头检测为主;

(3)根据锻件的结构特点,尽可能从两个方向进行检测;

(4)对于小尺寸的锻件,可选用双晶直探头检测;

(5)在某些情况下,要辅以斜探头进行检测;

(6)一般锻件检测标准规定的标准试块反射体类型为平底孔。

2.5.2 检测条件的选择

1. 探头的选择

(1)直探头的频率一般选用2~5MHz;

(2)对奥氏体粗晶材料,可用低于2MHz的频率;

(3)对大型锻件,宜用大直径探头;

(4)对轴类锻件圆柱面探测时,宜用较小晶片的探头以改善耦合效果。

2. 耦合剂的选择

(1)大而平整探测面的锻件宜选用化学浆糊、机油;

(2)表面比较粗糙的锻件宜选用较黏稠的化学浆糊、水玻璃等以改善耦合效果;

(3)轴类锻件宜选用机油。

3. 检测时机

对于需要热处理的锻件,除了在热处理之前作检测外,在热处理后必须进行检测,以检出热处理工序不当所产生的缺陷。

4. 探测面

(1)通常选择有平行底面的表面(或圆柱面)作为探测面;

(2)一般应选用两个和两个以上的探测面;

(3)表面粗糙度不应超过6.3μm。

2.5.3 扫描速度调节

(1)扫描速度调节是将仪器示波屏上的时基线以纵波声程1:n的比例进行调节。

(2)锻件检测以纵波直探头检测为主。

(3)扫描速度调节可在试块上进行,也可在工件上进行。

(4)在工件上的调节方法:先根据工件的最大有效检测范围,确定时基扫描线比例1:n,然后在工件上寻找与表面(检测面)有平行底面的部位,根据表面与平行底面的距离,按选择的1:n调节时基比例线。

[**例2.6**] 有一尺寸为200mm的锻件,根据工件的最大有效检测范围,确定时基扫描线比例为1:2,如何利用锻件本身尺寸调节时基扫描线成声程1:2比例?

解:调节时基扫描线成纵波声程1:2,可将探头置于锻件表面,找200mm的多次反射波,并利用水平和深度细调旋钮将B1(一次底波)调至示波屏水平刻度0位,再将B2(二次底波)调至示波屏水平刻度10格,然后用水平旋钮将B1波移至示波屏水平刻度10格,这时时基扫描线为纵波声程1:2。

注意:不要混淆了多次底波,如把B3看成B2。

2.5.4 检测灵敏度调节

灵敏度是指在探伤过程中,探伤仪和探头组合后能够发现最小缺陷的能力。灵敏度调节可以通过调节仪器上的"增益"或"衰减器"等旋钮来实现。

灵敏度调节主要有试块直接调节、利用试块计算后进行调节和工件底波调节等三种方法。

1. 利用试块直接调节

该方法要求有与被检工件灵敏度要求相同的试块、相同的反射体、相同的检测距离,这时可直接利用试块调节灵敏度。

调节方法:将探头对准试块上的人工缺陷,调整仪器上的有关灵敏度旋钮,使示波屏上人工缺陷的最高反射波高达基准波高,这时灵敏度就调好了。

该方法的特点是简单方便,但需要满足与被检工件相同声程、相同当量尺寸的试块(很难满足),故在实际生产中很少使用。下面举例说明如何利用该方法进行灵敏度的调节。

[**例2.7**] 超声检测厚度为100mm的锻件,探伤灵敏度要求是:不允许存在ϕ2mm平底孔当量大小的缺陷,如何利用试块直接调节灵敏度?

解:(1)选择(或加工)一块材质、表面粗糙度、声程与工件相同的ϕ2mm平底孔试块,将探头对准ϕ2mm平底孔,仪器保留一定的衰减余量。

(2)调节增益使ϕ2mm平底孔最高回波达示波屏满幅度的80%,这时灵敏度就调好了。

(3)检测时如果反射回波低于示波屏满幅度的80%,就说明缺陷小于2mm,若高于满屏的80%,需对缺陷进行定量处理。

2. 利用试块计算后调节

如果反射体的尺寸与灵敏度要求不同,检测距离也不相同的标准试块,能否用来调节灵敏度呢?答案当然是可以的。这时可以采用试块计算法来进行调节。使用该方法进行灵敏度调节时,要求计算距离必须大于三倍近场距离。下面举例说明如何利用该方法进行灵敏度的调节。

[**例2.8**] 用2.5P20Z探头检测厚度为500mm的锻件,问如何利用150/ϕ4平底孔试块调节500/ϕ2灵敏度(表面补偿4dB)?

解:经计算可知该探头的近场距离为42mm,满足计算距离大于三倍近场的要求。

利用公式

$$\Delta = 20\lg\frac{p_{500/\phi2}}{p_{150/\phi4}} = 40\lg\frac{150\times2}{500\times4} = -33(\text{dB})$$

将探头置于试块上找ϕ4mm平底孔,使ϕ4平底孔反射波最高,并调至示波屏的80%高度,再将增益提高37dB(其中4dB为表面补偿)。这样就利用150/ϕ4平底孔试块调好了该锻件ϕ2检测灵敏度。

3. 工件底波调节法

工件底波调节法就是不需要试块，直接利用被检工件进行灵敏度调节。该方法的优点是不需要加工任何试块，也不需要进行耦合补偿，不存在试块和工件之间衰减系数的差异。

工件底波调节法的调节步骤为：先在锻件上找到可以代表完好工件材质状态的位置，把第一次底面回波高度调整到满幅度的40% ~80%，作为评定回波信号的基准。根据被检锻件的结构，计算平底孔与大平底的反射分贝差，作为需要提高的增益数值，调整检测灵敏度。

在检测实心锻件时，平底孔与大平底的反射分贝差，按式(2.57)进行计算：

$$A = 20\lg \frac{2\lambda T}{\pi d^2} \tag{2.57}$$

式中 A——需要提高的增益值，dB；

T——被检部位的厚度，mm；

λ——波长，mm；

d——平底孔直径，mm。

下面举例说明如何利用该方法进行灵敏度的调节。

［**例2.9**］ 用2.5P14Z探头探测厚度为100mm的钢锻件，问如何利用工件底面定 $\phi 2$ 探伤灵敏度？(钢中 $C_L = 5900\text{m/s}$)

解：因为 $C_L = 5900\text{m/s}$，所以

$$\lambda = \frac{C}{f} = \frac{5.9}{2.5} = 2.36(\text{mm})$$

$$N = \frac{D^2}{4\lambda} = \frac{14^2}{4 \times 2.36} = 21(\text{mm})$$

$$3N = 3 \times 21 = 63 < 100(\text{mm})$$

利用公式

$$A = 20\lg \frac{2\lambda T}{\pi d^2} = 20\lg \frac{2 \times 2.36 \times 100}{3.14 \times 2^2} = 32(\text{dB})$$

调节时先将探头置于该工件的完好部位，使B1波最高，并调至80%波高，再提高32dB，这样就调好了该锻件 $\phi 2$ 探伤灵敏度。

2.5.5 缺陷定位

锻件超声波检测时主要采用直探头纵波检测，因此水平位置 x、y 可直接由直尺测量得到，而深度 z 可以通过示波屏上缺陷出现的位置来进行计算。

$$Z = n\tau_f \tag{2.58}$$

式中 Z——缺陷深度；

n——扫描速度调节比例系数；

τ_f——缺陷在示波屏上出现的位置。

2.5.6 缺陷定量计算方法

锻件超声波检测时,缺陷定量计算方法主要有利用试块直接定量、利用试块计算后定量和利用底波计算后进行定量等三种方法。

1. 利用试块直接定量

该方法是将工件中的自然缺陷回波与试块上的人工缺陷回波进行比较来对缺陷进行定量。这种方法的主要特点有:

(1)需要一系列不同声程不同尺寸的平底孔试块;

(2)当同声程处的自然缺陷回波与某人工缺陷回波高度相等时,该人工缺陷的尺寸就是此自然缺陷的尺寸;

(3)要求试块与被探工件的材质、表面粗糙度、几何形状以及探测条件一致。

2. 利用试块计算后定量

当 $x \geqslant 3N$ 时,规则反射体的回波声压变化规律基本符合球面波回波声压公式。

试块当量计算法就是根据检测中测得的缺陷波高的 dB 值,利用试块平底孔的理论回波声压公式与缺陷回波声压公式进行比较计算来确定缺陷当量尺寸的定量方法。

锻件的纵波检测主要使用平底孔当量计算法。

按理论计算,不同距离不同平底孔回波分贝差的计算公式为:

$$\Delta_{12} = 20\lg\frac{p_{f1}}{p_{f2}} = 40\lg\frac{D_{f1}x_2}{D_{f2}x_1} + 2\alpha(x_2 - x_1) \tag{2.59}$$

式中 Δ_{12}——平底孔 1、2 的分贝数之差;

D_{f1}、D_{f2}——平底孔 1、2 的当量直径;

α——材质衰减系数;

x_1、x_2——平底孔 1、2 的距离。

[**例 2.10**] 用 2.5P20Z 探头探伤直径为 500mm 的实心圆柱钢件,$C_L = 5900$m/s,$\alpha = 0.01$dB/mm,利用试块 500/ϕ2 调整灵敏度,探伤中在 400mm 处发现一缺陷,其回波比灵敏度基准波高 22dB,求此缺陷的当量大小(不考虑工件与试块的衰减系数的差异)。

解: $\lambda = \dfrac{c}{f} = \dfrac{5.9}{2.5} = 2.36(\text{mm})$

$$N = \frac{D^2}{4\lambda} = \frac{20^2}{4 \times 2.36} = 42.4(\text{mm})$$

$3N = 3 \times 42.4 = 127.2 < 400$mm

因此可以用当量计算法。

设 400mm 处缺陷回波声压为 p_{f1},500mm 处 ϕ2 回波声压为 p_{f2},则有

$$\Delta_{12} = 20\lg\frac{p_{f1}}{p_{f2}} = 40\lg\frac{D_{f1}x_2}{D_{f2}x_1} + 2\alpha(x_2 - x_1) = 22(\text{dB})$$

$$D_{f1} = \frac{D_{f2}x_1 \cdot 10^{0.5}}{x_2} = \frac{2 \times 400 \times 10^{0.5}}{500} = 5.1(\text{mm})$$

所以,此缺陷的当量平底孔直径为 5.1mm。

3. 利用底波计算后定量

当 $x \geq 3N$ 时，规则反射体的回波声压变化规律基本符合球面波回波声压公式。

利用底波计算后定量就是根据探伤中测得的缺陷波高的分贝数值，利用大平底的理论回波声压公式与缺陷回波声压公式进行比较计算来确定缺陷当量尺寸的定量方法。该方法不需要任何试块，是目前广泛应用的一种定量方法。

按理论计算，不同距离处的大平底与平底孔回波分贝差的计算公式为：

$$\Delta_{Bf} = 20\lg\frac{p_B}{p_f} = 20\lg\frac{2\lambda x_f^2}{\pi D_f^2 x_B} + 2\alpha(x_f - x_B) \tag{2.60}$$

式中 Δ_{Bf}——底波与缺陷波的分贝数差；

D_f—— 缺陷的当量平底孔直径；

x_f——缺陷至探测面的距离；

x_B——底面至探测面的距离；

λ——波长；

α——材质衰减系数。

[**例 2.11**] 用 2.5P14Z 探头探伤厚度为 420mm 的饼形钢制工件，$C_L = 5900$m/s，不考虑介质衰减系数，利用工件底波调整探伤灵敏度（如 $\phi 2$）。探伤中在 210mm 处发现一缺陷，其回波比底波低 26dB，求此缺陷的当量大小。

解：$\lambda = \frac{c}{f} = \frac{5.9}{2.5} = 2.36$(mm)

$3N = 3 \times 21 = 63 < 210$mm

因此可以应用当量计算法。

设 420mm 处大平底回波声压为 p_B，210mm 处缺陷回波声压为 p_f，则有

$$\Delta_{Bf} = 20\lg\frac{p_B}{p_f} = 20\lg\frac{2\lambda x_f^2}{\pi D_f^2 x_B} = 26(\text{dB})$$

$$D_f = \sqrt{\frac{2\lambda x_f^2}{10^{1.3}\pi x_B}} = \sqrt{\frac{2 \times 2.36 \times 210^2}{10^{1.3} \times 3.14 \times 420}} = 2.8(\text{mm})$$

所以，此缺陷的当量平底孔直径为 2.8mm。

2.5.7 AVG 曲线及应用

从理论上分析，缺陷反射波的大小与缺陷类型、缺陷大小和缺陷的深度等因素有关。

AVG 曲线是指缺陷的大小、缺陷的距离（声程）和缺陷回波高度（幅值）之间的关系曲线。其中，A——Abstand（德文）距离——Distance（距离），V——Verstarkung（德文）增益——Gain（增益），G——Groβe（德文）大小——Size（大小），所以 AVG 曲线也称 DGS 曲线图。

AVG 曲线分为通用 AVG 曲线和实用 AVG 曲线（图 2.41）。

[**例 2.12**] 用 2.5MHz、$\phi 20$mm 直探头探测厚为 650mm 钢制铁饼形锻件，已知钢中 $C_L = 5900$m/s，探伤中在 500mm 处发现一缺陷，其回波比大平底底波低 31dB。

(1) 如何利用底波调整 $\phi 2$ 灵敏度？

(2) 求此缺陷的当量平底孔尺寸是多少？

解:(1)灵敏度调节。

如图 2.41 所示,在 650mm 处作垂线与 $\phi2$ 和 B 相交,可知大平底与 $\phi2$ 平底孔回波相差 48dB,调增益使第一次底波 B1 达到基准波高,然后增益减小 48dB,至此 $\phi2$ 灵敏度已调好。

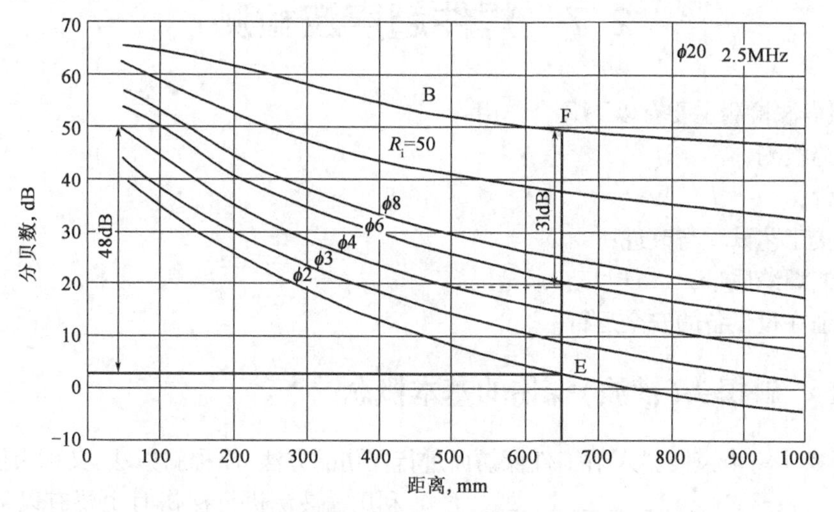

图 2.41　实用 AVG 曲线

(2)对缺陷定量。

从 F 点向下取 31dB,作水平线与 500mm 处垂直相交,该点对应的曲线所表示的平底孔大小即当量尺寸($\phi4$)。

2.6　铸件超声波检测

2.6.1　铸件超声波检测的特点

铸件金相组织和晶粒粗大,易形成草状回波,同时铸件形状复杂易产生变形回波、轮廓回波等非缺陷信号,透声性差,信噪比低,使铸件较之锻件检测要困难得多。

(1)透声性差。组织不均匀、不致密和晶粒粗大,产生散射衰减和吸收衰减,透声性差。

(2)声耦合差。铸件表面粗糙,声耦合差,探伤灵敏度低,波束指向不好,故常采用高黏度耦合剂。

(3)干扰杂波多。粗晶和组织不均匀引起的散乱反射,形成草状回波,信噪比下降,特别是频率较高时尤为严重;铸件形状复杂,一些轮廓回波和迟到变形波引起非缺陷信号多。

2.6.2　检测条件的选择

(1)探测面制备。一般进行喷砂和砂轮打磨,要求 Ra 不大于 12.5μm。

(2)耦合剂的选择。选用黏度较大的化学浆糊、水玻璃等。

(3)探头类型、晶片尺寸和频率的选择。

①以纵波直探头为主,辅以纵波双晶探头和横波斜探头。

②对大型铸件应用大尺寸晶片。

③铸件厚度小,已经过热处理,铸件内部组织均匀时,可采用较高频率如 2~4MHz。

④铸件厚度较大,内部晶粒粗大、组织不均匀宜用 1MHz 甚至 0.5MHz 的低频探头。

⑤对于近表面的检测宜选用双晶探头。

(4)试块的选择。最好采用与铸件同一工艺浇铸的材料制成。

2.7 焊件超声波检测

焊件超声波检测主要有以下几个作用:

(1)焊缝检测;

(2)评价;

(3)焊接工艺试验与改进;

(4)控制焊缝质量;

(5)保证在役设备的安全运行。

2.7.1 斜探头(横波)探伤的基本概念

采用斜探头将声束倾斜入射工件探伤面进行探伤的方法,简称斜射法,又称为横波法。

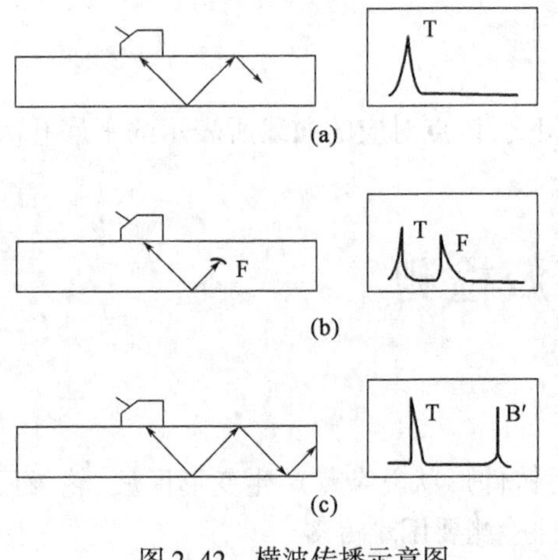

图 2.42 横波传播示意图

利用横波法进行探伤时主要有以下几种表现形式,如图 2.42 所示。

(1)无缺陷,如图 2.42(a)所示;

(2)有缺陷与声束垂直,如图 2.42(b)所示;

(3)斜探头接近板端时,如图 2.42(c)所示。

横波探伤法中的几何关系如图 2.43 所示。

(1)跨距点:声束中心线经底面反射后到达探伤面的位置。

(2)跨距 P:探头入射点至跨距点的距离。

(3)直射法(一次波法):在 0.5 跨距的声程以内,超声波不经底面反射而直接对准缺陷的探伤方法。

(4)一次反射法(二次波法):超声波只在底面反射一次而对准缺陷的探伤方法。

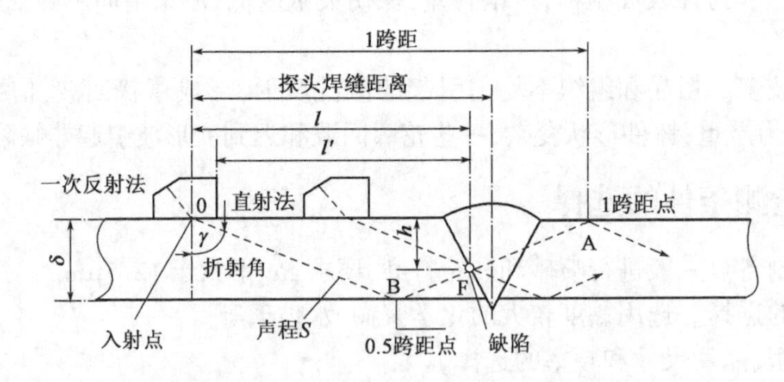

图 2.43 横波探伤法中的几何关系

(5)缺陷水平距离:缺陷在探伤面的投影点至探头入射点的距离。

(6)简化水平距离:缺陷在探伤面的投影点至探头前端的距离。

(7)缺陷深度 h:缺陷距探伤面的垂直距离。

根据三角函数基本公式有:

0.5 跨距　$P_{0.5}=\delta\tan\gamma$

1 跨距　$P_1=2\delta\tan\gamma$

缺陷深度(直射法)　$h=S\cos\gamma$

缺陷深度(一次反射法)　$h=2\delta-S\cos\gamma$

水平距离　$l=S\sin\gamma$

简化水平距离　$l'=l-b=S\sin\gamma-b$

水平距离与深度之间的关系如下:

直射法　$l=h\tan\gamma=kh$

$$h=\frac{l}{\tan\gamma}=\frac{l}{k}$$

一次反射法超声波传播示意图如图 2.44 所示。

$$l=(2\delta-h)k$$

$$h=2\delta-\frac{l}{k}$$

式中　δ——工件厚度;

S——声程;

b——探头前沿长度;

K——探头 K 值,即横波折射角的正切值;

γ——探头折射角。

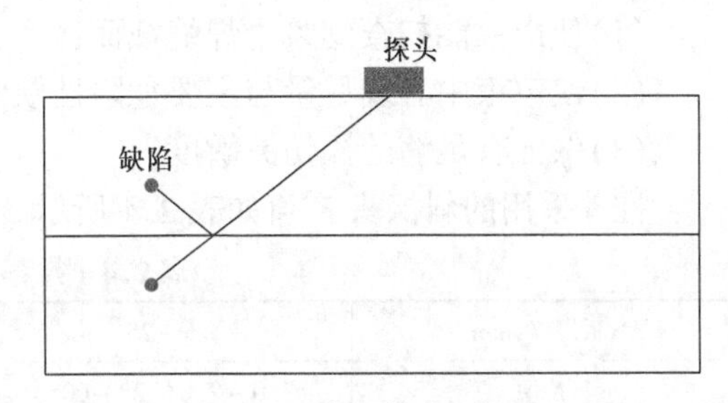

图 2.44　一次反射法超声波传播示意图

2.7.2　检测条件的选择

1. 检测标准的选择

检测标准与产品的使用的工业领域有关,还必须满足客户或委托方的要求。

焊缝超声波检测常用的标准有 GB/T 11345—2013 和 NB/T 47013.3—2015。

2. 探测面与检测区域的要求

焊缝两侧探测面的修整宽度一般根据母材厚度和扫查方法确定,探测表面粗糙度一般不大于 6.3μm。

焊缝采用一次波探伤,探测面修整宽度为 0.75P;若采用二次波探伤,探测面修整宽度为 1.25P,P 的计算公式为

$$P=2KT \tag{2.61}$$

式中　K——探头的 K 值,即横波折射角的正切值;

T——工件的厚度。

检测区的宽度:焊缝本身加上焊缝两侧各相当于母材厚度 30% 的一段区域。其中 GB/T 11345—2013规定这个区域最小为 10mm,最大为 20mm;而 NB/T 47013.3—2015 规定这个区域的最小值为 5mm,最大为 10mm。

3. 探测用耦合剂的选择

焊缝超声波检测时常用的耦合剂有:

(1)机油;

(2)甘油;

(3)化学浆糊。

注意:仪器调试和灵敏度调节时所用的耦合剂与实际焊缝检测时所使用的耦合剂必须相同。

4. 探头频率的选择

(1)焊缝的晶粒比较细小,可选用较高的频率探伤,一般为2.5~5MHz;

(2)对于板厚较小的焊缝,可采用较高的频率,对于板厚较大,衰减明显的焊缝,应选用较低的频率。

5. K 值的选择

探头 K 值的选择应从以下三个方面考虑:

(1)使声束能扫查到整个焊缝截面;

(2)使声束中心线尽量与主要危险性缺陷垂直;

(3)保证有足够的探伤灵敏度。

推荐采用的斜探头 K 值如表2.4所示。

表2.4 推荐采用的斜探头 K 值

板厚 T,mm	6~25	25~46	46~120
K 值	3.0~2.0(72°~60°)	2.5~1.5(68°~56°)	2.0~1.0(60°~45°)

2.7.3 斜探头入射点、前沿测定

(1)入射点:探头声束轴线与楔块底面的交点。

(2)前沿:入射点至探头前端的距离。

常用CSK-ⅠA试块测试。

测试方法:使斜探头声束入射到 $R100$ 圆弧上,移动探头找到最大反射回波,然后用直尺测出 $l_{测}$,则前沿 $l_0 = 100 - l_{测}$。

斜探头入射点会改变,主要原因是楔块长期磨损,几何形状发生变化。

2.7.4 斜探头 K 值测定

斜探头的 K 值是指横波声束折射角的正切值。横波折射角反映了声波在被检材料中传播的方向。可利用CSK-ⅠA试块、CSK-ⅢA试块、其他横孔试块等来测定。

测试方法:斜探头对准CSK-ⅠA试块上 $\phi50$ 反射体,前后移动探头,找到最高波,测出此时探头前端距试块端面的距离 P,用式(2.62)即可算出 K 值。

$$K = \frac{P - 35 + l_0}{30} \tag{2.62}$$

思考:如何利用CSK-ⅢA试块测定探头的 K 值?

2.7.5 平板焊接接头的探伤

平板焊接接头的超声波探伤主要以横波探伤法为主,有时辅以垂直入射法探伤(如T型

接头腹板和翼板间未焊透等缺陷的探伤)。这主要是因为:一是焊缝有余高,不便于探头直接在焊缝的正上方进行扫查;二是缺陷具有方向性,大部分缺陷用直探头难以检出。

(1)按不同检验等级和板厚范围来选择探伤面,探伤方法和斜探头的 K 值。

(2)检验区域宽度的确定:焊缝 + 两侧各 30% 板厚,最小为 10mm,最大为 20mm,如图 2.45 所示。

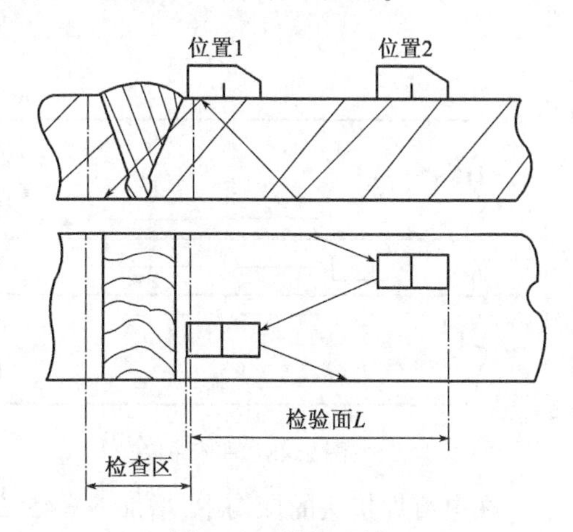

图 2.45 检验区域

(3)探头移动区 L 的确定。

①前后左右移动探头,以保证能扫查到整个焊缝截面。

② $L > 1.25P$:适用于一次反射法或串列式扫查探伤。

③ $L > 0.75P$:适用于直射法探伤。

(4)扫查方式。

①锯齿形扫查:以锯齿形轨迹作往复移动扫查,同时探头还应绕垂直于焊缝中心线作 ±10° ~15°左右转动,适用于焊缝粗探伤,如图 2.46 所示。

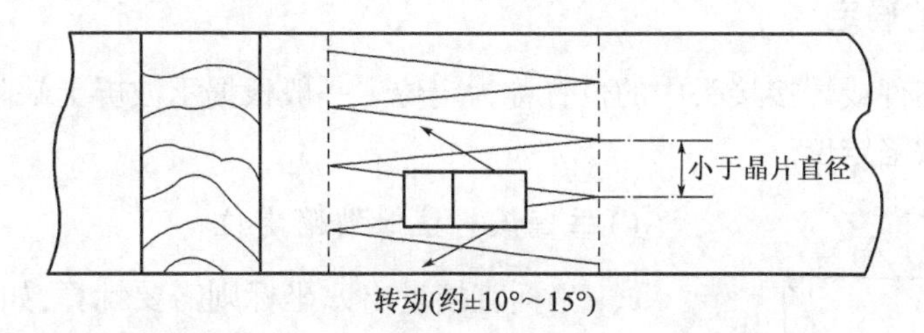

图 2.46 锯齿形扫查

基本扫查方法如图 2.47 所示。

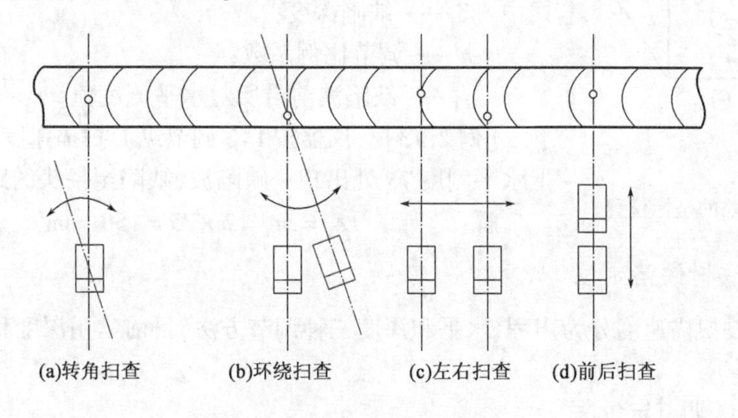

图 2.47 斜探头基本扫查法

②平行扫查:在焊缝边缘或焊缝上做平行于焊缝的移动扫查,可探测焊缝及热影响区的横向缺陷,如图 2.48 所示。

③斜平行扫查:探头与焊缝方向成一定角度($\alpha = 10° \sim 45°$)的平行扫查,有助于发现焊缝及热影响区的横向裂纹和与焊缝方向成倾斜角度的缺陷,如图 2.49 所示。

为保证夹角及与焊缝的相对位置稳定不变，需使用扫查工具。

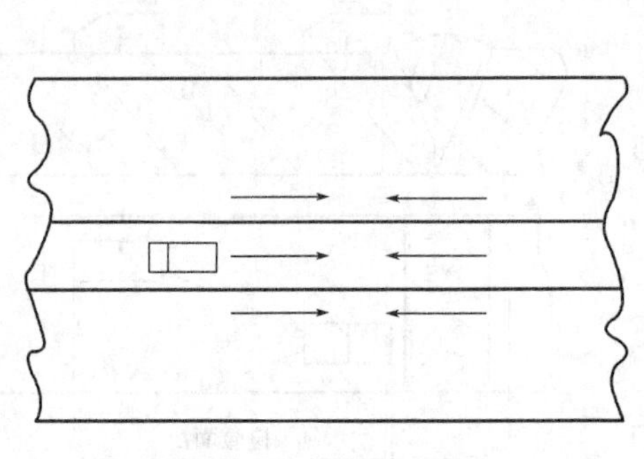

图 2.48　平行扫查

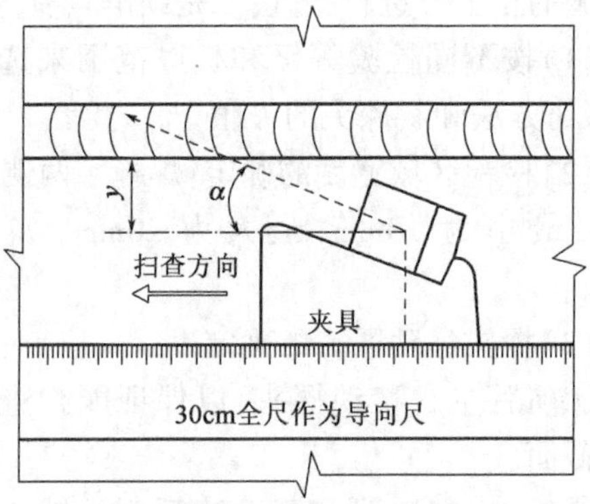

图 2.49　斜平行扫查和扫查夹具

在电渣焊接头的探伤中，增加 $\alpha=45°$ 的斜平行扫查，可避免焊缝中“八”字形裂纹的漏检。

2.7.6　缺陷测定

1. 缺陷位置的确定

测定缺陷在工件或焊接接头中的位置称为定位。一般根据示波屏上缺陷波的水平刻度值与扫描速度来对缺陷定位。

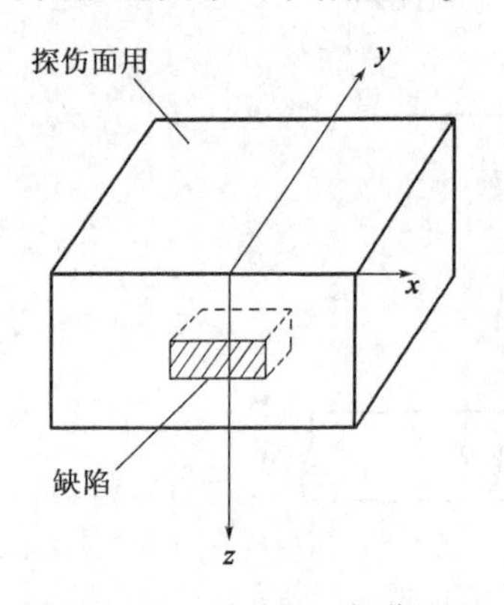

图 2.50　缺陷的坐标位置

1) 垂直入射法时缺陷定位

x、y 坐标直接量出，z 坐标则需要计算，如图 2.50 所示。

探伤仪按 1:n 调节纵波扫描速度，则

$$Z_f = n\tau_f \tag{2.63}$$

式中　Z_f——缺陷深度；

n——调节比例系数；

τ_f——缺陷波前沿所对水平刻度值。

[**例 2.13**]　仪器按 1:2 调节纵波扫描速度，探伤中示波屏上水平刻度 75 处出现一缺陷波，缺陷至探头的距离是多少？

解：　$Z_f = n\tau_f = 2\times 75 = 150(\text{mm})$

2) 横波探伤时缺陷定位

探伤仪横波扫描速度分为声程、水平和深度三种调节方法，目前常用深度和水平两种调节方法。

(1) 深度 1:1 调节定位法

第一步：利用 CSK－ⅠA 试块，先计算 $R50$、$R100$ 圆弧反射波 B_1、B_2 对应的深度 Z_1、Z_2：

$$Z_1 = \frac{50}{\sqrt{1+K^2}} \tag{2.64}$$

$$Z_2 = \frac{100}{\sqrt{1+K^2}} = 2Z_1 \tag{2.65}$$

式中　K——斜探头 K 值(实测值)。

第二步:探头入射点对准圆心。

第三步:调节探伤仪使 B_1、B_2 前沿分别对准示波屏上相应水平刻度值,注意 $Z_2=2Z_1$,此时深度 1:1 即调好。水平距离可用式(2.66) ~ 式(2.69)进行计算。

$$l_f = Kn\tau_f \tag{2.66}$$

$$Z_f = n\tau_f \tag{2.67}$$

式中　l_f——一次波探伤时,缺陷在工件中的水平距离;

Z_f——一次波探伤时,缺陷在工件中的深度。

$$l'_f = Kn\tau_f \tag{2.68}$$

$$Z'_f = 2\delta - n\tau_f \tag{2.69}$$

式中　l'_f——二次波探伤时,缺陷在工件中的水平距离;

Z'_f——二次波探伤时,缺陷在工件中的深度。

[例 2.14]　用 K1.5 横波斜探头探伤厚度 $\delta=30$mm 的钢板焊缝,仪器按深度 1:1 调节横波扫描速度,探伤中在水平刻度 $\tau_f=40$ 处出现一缺陷波,求此缺陷位置。

解:由于 $\delta<\tau_f<2\delta$,可以判定是二次波发现的,因此

$$l'_f = Kn\tau_f = 1.5\times1\times40 = 60(\text{mm})$$

$$Z'_f = 2\delta - n\tau_f = (2\times30-1\times40) = 20(\text{mm})$$

(2)水平 1:1 调节定位法。

第一步:利用 CSK - ⅠA 试块,先计算 $R50$、$R100$ 圆弧反射波 B_1、B_2 对应的水平距离 l_1、l_2:

$$l_1 = \frac{50K}{\sqrt{1+K^2}} \tag{2.70}$$

$$l_2 = \frac{100K}{\sqrt{1+K^2}} = 2l_1 \tag{2.71}$$

第二步:探头入射点对准圆心。

第三步:调节探伤仪使 B_1、B_2 前沿分别对准示波屏上相应水平刻度值,注意 $B_2=2B_1$,此时水平距离 1:1 即调好。深度可用式(2.72) ~ 式(2.75)进行计算。

$$l_f = n\tau_f \tag{2.72}$$

$$Z_f = \frac{n\tau_f}{K} \tag{2.73}$$

$$l'_f = n\tau_f \tag{2.74}$$

$$Z'_f = 2\delta - \frac{n\tau_f}{K} \tag{2.75}$$

[例 2.15]　用 K2 横波斜探头探伤厚度 $\delta=15$mm 的钢板焊缝,仪器按水平 1:1 调节横波扫描速度,探伤中在水平刻度 $\tau_f=45$ 处出现一缺陷波,求此缺陷位置?

解:由于 $K\delta=2\times15=30$,$2K\delta=60$,$K\delta<\tau_f<2K\delta$

可以判断此缺陷是二次波发现的,因此

$$l'_f = n\tau_f = 1\times45 = 45(\text{mm})$$

$$Z'_f = 2\delta - \frac{n\tau_f}{K} = 2\times15 - \frac{1\times45}{2} = 7.5(\text{mm})$$

2. 缺陷大小的测定

测定工件或焊接接头中缺陷的大小和数量称为缺陷定量。缺陷的大小包括缺陷的面积和长度。缺陷定量方法包括当量法和探头移动法(又称扫描或测长法)。

1) 当量法

当量法适用条件:当缺陷尺寸小于声束截面时,一般采用当量法来确定缺陷大小。当量是相对于已知的人工缺陷尺寸而言(平底孔或横孔直径)。当量概念仅表示缺陷与该尺寸人工反射体对声波的反射能量相等,并非缺陷尺寸与人工反射体尺寸相等。

当量法包括当量曲线法和当量计算法。

当量法即 DGS 法,是指为现场探伤使用而预先制定的距离—波幅曲线。

目前,国内外的焊缝探伤标准大都规定采用具有同一孔径、不同距离的横孔试块制作距离—波幅曲线(DAC 曲线)。

以 CSK－ⅢA 试块为例,手工制作 DAC 曲线的步骤如下:

(1)测定探头入射点和折射角,对时基线进行调节,然后在试块上探测孔深为 $A_1=10$mm 的 $\phi1$ 短横孔,使回波达到最高,再将其调到基准波高(一般为满刻度的 40%),并记下此时的 dB 数 V_1,根据 V_1,A_1 在等格坐标纸上作出点 1(V_1,A_1)。

(2)在试块上探测孔深为 $A_2=20$mm 的 $\phi1$ 短横孔,使回波达到最高。由于声程增加,回波将有所下降,即低于基准波高,这时只动仪器的增益,将回波调至基准高度,记下此时的 dB 数,根据 V_2、A_2 在坐标纸上作出点 2(V_2,A_2)。

(3)按上述方法依次探测孔深为 $A=30$mm,40mm,…的 $\phi1$ 短横孔,记下相应的 dB 读数 V_3,V_4,…,在坐标纸上依次作出点 3(V_3,A_3),4 点(V_4,A_4)等。

(4)将上述各点连接起来,就得到 $\phi1$ 短横孔的 DAC 曲线,如图 2.51 所示。

参照一定标准制作出的评定线、定量线和判废线如图 2.52 所示。

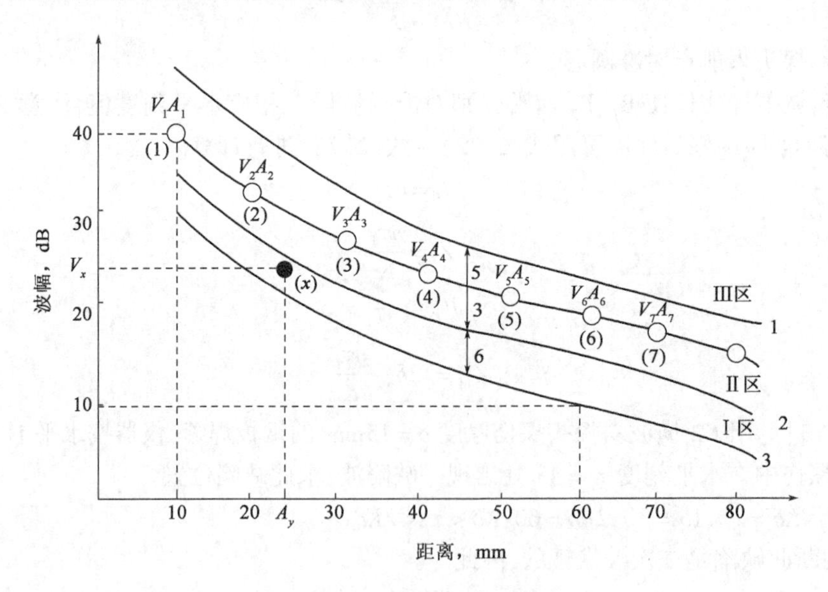

图 2.51　距离波幅曲线

距离波幅曲线的灵敏度(GB/T 11345)如表 2.5 所示。

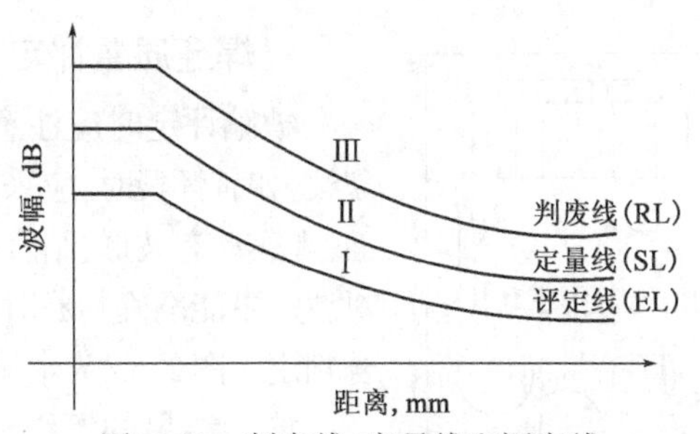

图 2.52　判定线、定量线和评定线

表 2.5　距离波幅曲线的灵敏度

检测等级/板厚,mm	A	B	C
判废线	DAC	DAC - 4dB	DAC - 2dB
定量线	DAC - 10dB	DAC - 10dB	DAC - 8dB
评定线	DAC - 16dB	DAC - 16dB	DAC - 14dB

灵敏度调节:GB/T 11345 标准规定,探伤灵敏度不得低于定量线。

方法:先在 DAC 曲线上查出距离为 2δ 时定量线的 dB 数,然后再把仪器调到该 dB 数即可进行探伤。

实际探伤时,还应该考虑表面粗糙度和材质的补偿。

若探伤中在深度为 $A_y = 24$mm 处有一缺陷回波,应先找到回波的最大值,再调到基准波高。此时 dB 读数为 $V_x = 25$dB,这时过 $A = 24$mm 和纵坐标 $V_x = 25$dB 分别作相应坐标的垂线,交于图中的 x 点,据此,即可求得该缺陷的区域和当量。

2)探头移动法

尺寸或面积大于声束直径或断面的缺陷,一般用探头移动法来测定其指示长度或范围。测定方法为 6dB 相对灵敏度法和端点峰值法。

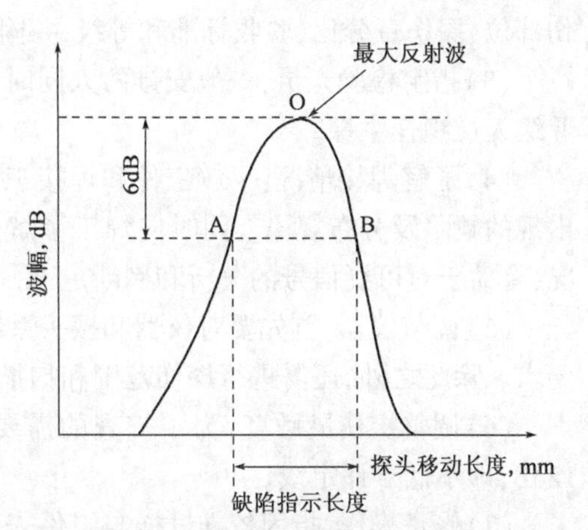

图 2.53　相对灵敏度测长法

(1)6dB 相对灵敏度法。

适用条件:当缺陷反射波只有一个高点时,用降低 6dB 相对灵敏度法测长,如图 2.53 所示。

测试方法:

①找到缺陷的最高波,再调到基准波高的 80%,此时对应的点记为 O 点;

②将增益增加 6dB;

③将探头平行左移,直至波高恢复到之前的基准波高 80%,此时对应的点记为 A 点;

④再从 O 点右移,直至波高恢复到基准波高 80%,此时对应的点记为 B 点;

⑤|AB|对应的长度即为缺陷长度。

(2)端点峰值法。

在扫查过程中,如发现缺陷反射波峰值起伏变化,有多个高点,则以缺陷两端反射波极大值之间探头移动的长度作为缺陷指示长度,即为端点峰值法,如图 2.54 所示。

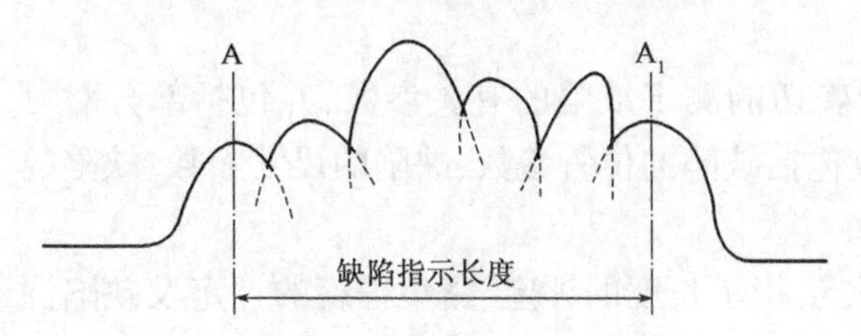

图 2.54　端点峰值测长法

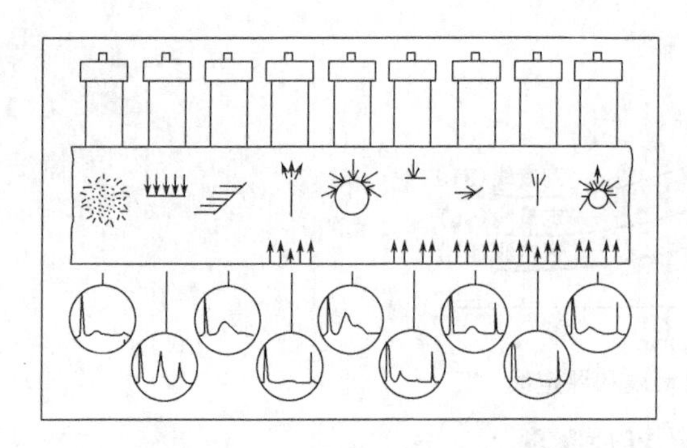

图 2.55　常见缺陷的波形示意图

3. 焊缝质量评定

缺陷评定时应注意是否有超过评定线的裂纹,如有怀疑时,应采取改变探头角度,增加探伤面,观察动态波形,结合结构工艺特征进行判定;若对波形不能准确判断时,应辅以其他探伤方法作综合判定。图 2.55 为常见缺陷的波形示意图。

检验结果的等级分类:

(1)最大反射波幅位于Ⅱ区的缺陷,根据缺陷的指示长度按标准规定予以评级;

(2)最大反射波幅不超过评定线的缺陷,均评为Ⅰ级;

(3)最大反射波幅超过评定线的缺陷,检验者判定为裂纹等危害性缺陷时,无论其波幅和尺寸如何,均评为Ⅳ级;

(4)反射波幅位于Ⅰ区的非裂纹缺陷,均评为Ⅰ级;

(5)反射波幅位于Ⅲ区的缺陷,无论其指示长度如何,均评定为Ⅳ级。

2.7.7　焊缝超声波探伤的一般程序

(1)工件准备:指探伤面的选择、表面准备、探头移动区的确定,以及对修磨好的焊缝进行编号。

(2)委托检验:委托单内容包括工件编号、材料、尺寸、规格、焊接种类、坡口形式,注明探伤部位、探伤百分比、验收标准和等级,并附工件简图。

(3)指定检验人员:一般安排两人同时工作,由于要当即给出探伤结果,故至少应有一名Ⅱ级人员担任主探。

(4)了解焊接情况:了解工件和焊接工艺情况,以便根据材质和工艺特征,预先清楚可能出现的缺陷及分布规律。同时向焊工了解焊接过程中偶然出现的一些问题及修补等详细情况,有助于对可疑信号的分析和判断。

(5)调节仪器:首先要对仪器和探头系统性能进行校验,确保满足检验对象和探伤标准的要求。除此之外,还需进行探伤范围和扫描速度的调节。

(6)调整探伤灵敏度:为了扫查的需要,探伤灵敏度要高于起始灵敏度。一般提高 6 ~ 12dB,即不低于评定线。

(7)修正操作:指因校准试样与工件表面状态不一致或材质不同而造成耦合损耗差异或衰减损失。为了给予补偿,需要找出差异而采取的一些实际测量程序,即为修正操作。所获得的修正量应计入 DAC 曲线。

(8)粗探伤:以发现缺陷为主要目的,包括纵向缺陷的探测、横向缺陷的探测、其他取向缺陷的探测、鉴别结构的假信号。

(9)精探伤:以发现的缺陷为核心,进一步确切的测定缺陷的有关参数,并包括部分对可疑部位的更细致的鉴别工作。缺陷的有关参数包括缺陷的位置参数、缺陷的尺寸参数、缺陷的形状、取向参数。

(10)评定缺陷:包括对缺陷反射波幅的评定、指示长度的评定、密集程度的评定及缺陷性质的估判。根据评定结果给出受检焊缝的质量等级。

(11)记录与报告。

2.7.8 液浸法超声波探伤

将工件和探头头部浸在耦合液体中,探头不接触工件的探伤方法称为液浸法超声波探伤,如图 2.56 所示。液浸法超声波探伤波形图与直接接触法超声波探伤有较大区别,图 2.57 为液浸法超声波探伤的缺陷显示示意图。

液浸法超声波探伤的优点为声波的发射和接收比较稳定,易于实现探伤过程自动化,并可显著提高检查速度。缺点是需要辅助设备;声能损失较大。

液浸法超声波探伤时需要辅助设备,常见的辅助设备有液槽、探头桥架、探头操纵器等。当用水作耦合介质时,称作水浸法,常用聚焦探头进行探伤。

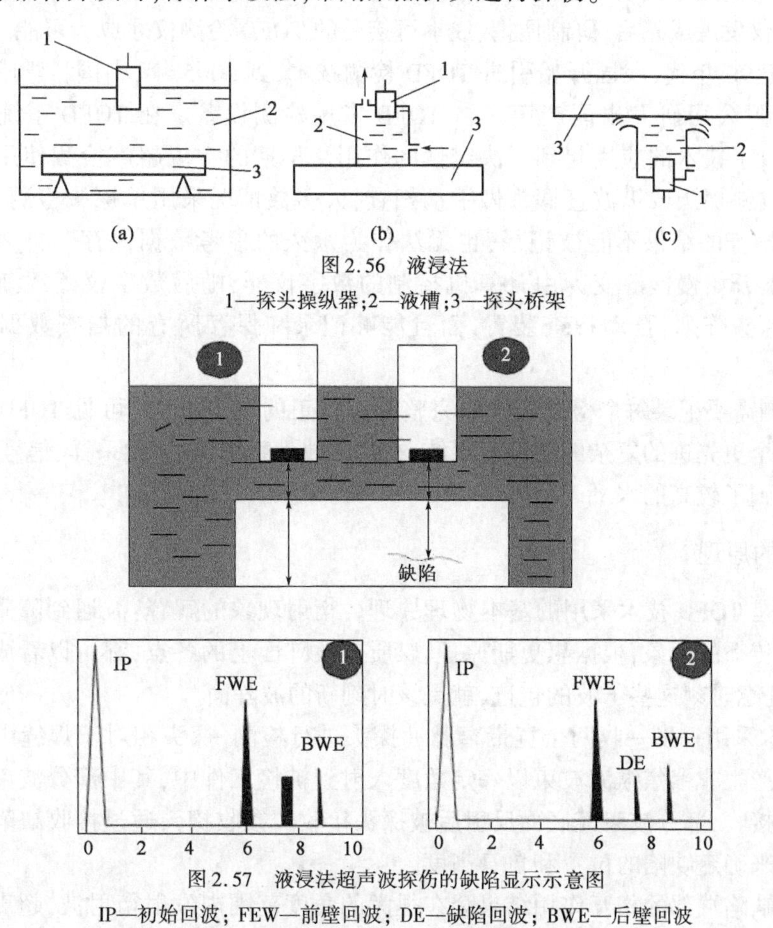

图 2.56 液浸法

1—探头操纵器;2—液槽;3—探头桥架

图 2.57 液浸法超声波探伤的缺陷显示示意图

IP—初始回波;FEW—前壁回波;DE—缺陷回波;BWE—后壁回波

2.8 新型超声波检测方法

2.8.1 TOFD 超声波检测方法

1. TOFD 的定义及其发展

超声波衍射时差法(Time Of Flight Diffraction,TOFD),是一种依靠从待检试件内部结构

(主要是指缺陷)的“端角”和“端点”处得到的衍射能量来检测缺陷的方法,用于缺陷的检测、定量和定位。

TOFD技术于20世纪70年代由英国哈威尔的国家无损检测中心Silk博士首先提出,其原理源于Silk博士对裂纹尖端衍射信号的研究。在同一时期中国科学院也检测出了裂纹尖端衍射信号,发展出一套裂纹测试的工艺方法,但并未发展成现在通行的TOFD检测技术。

TOFD技术首先是一种检测方法,但能满足这种检测方法要求的仪器却迟迟未能问世。TOFD要求探头接收微弱的衍射波时达到足够的信噪比,仪器可全程记录A扫波形、形成D扫描图谱,并且可用解三角形的方法将A扫时间值换算成深度值。而同一时期工业探伤的技术水平没能达到可满足这些技术要求的水平。直到20世纪90年代,计算机技术的发展使得数字化超声探伤仪发展成熟后,研制便携、成本可接受的TOFD检测仪才成为可能。

自20世纪90年代,我国开始引进TOFD检测技术,到2005年,中国科学院武汉中科创新技术股份有限公司研发出国产第一台TOFD专用检测设备。在TOFD系统的发展过程中,计算机和数字技术的应用起到了决定性的作用。早期的常规超声检测使用的都是模拟探伤仪,用横波斜探头或纵波直探头做手动扫查,大多数情况采用单探头检测,仪器显示的是A扫波型,扫查的结果不能被记录,也无法作为永久的参考数据保存。自20世纪90年代起,模拟仪器开始慢慢演变为由计算机控制的数字仪器,随后数字仪器逐渐完善和复杂化,可以配置探头阵列,自动扫查装置,而且能够记录和保存所有的扫查数据用于归档和分析。

TOFD检测需要记录每个检测位置的完整的未校正的A扫信号,可见TOFD检测的数据采集系统是一个更先进的复杂的数字化系统,在接收放大系统、数字化采样、信号处理、信息存储等方面都达到了较高的水平。

2. TOFD的原理

衍射现象是TOFD技术采用的基本物理原理。衍射现象的解释:波遇到障碍物或小孔后通过散射继续传播的现象,根据惠更斯原理,媒质上波阵面上的各点,都可以看成是发射子波的波源,其后任意时刻这些子波的包迹,就是该时刻新的波阵面。

TOFD技术采用一发一收两个宽带窄脉冲探头进行检测,探头相对于焊缝中心线对称布置。发射探头产生非聚焦纵波波束以一定角度入射到被检工件中,其中部分波束沿近表面传播被接收探头接收,部分波束经底面反射后被探头接收。接收探头通过接收缺陷尖端的衍射信号及其时差来确定缺陷的位置和自身高度。

超声波与缺陷端部的相互作用结果会在很大的角度范围内发射衍射波,超声TOFD法正是基于接收这种衍射波进行检测的。衍射波的检出能判断缺陷的存在,而记录的信号传播时差能度量缺陷的埋藏深度及自身的高度,从而实施定位定量测量。超声TOFD法探头的布置如图2.58(a)所示。该方法采用双探头的一发一收形式,为了使缺陷端部能产生利于接收的衍射信号,通常使用指向角度较大的纵波发射探头,这样可以通过一次检测覆盖尽可能大的焊缝空间。在超声TOFD法检测的时域信号中,第一个信号通常是沿试件表面向下传播的侧向波,在没有缺陷的情况下,第二个到达的信号为底面反射波,这两个接收波作为参考信号。如果忽略波型转换,焊缝中缺陷产生的信号均在侧向波与底面反射波之间到达。典型的A扫描信号如图2.58(b)所示,图中包括侧向波、缺陷的上端衍射波、缺陷的下端衍射波、底面反射波。侧向波和底面反射波的相位相反,缺陷上、下端部衍射波的相位相反。

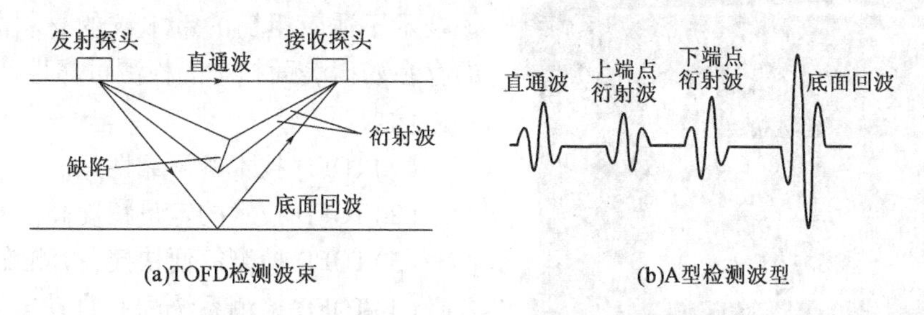

图 2.58　超声 TOFD 法的探头布置及检测信号

超声 TOFD 法可以产生两种类型的图像,即 D 扫描图像和 B 扫描图像,其检测方式如图 2.59 所示。当两探头相向布置,相对位置保持不变且沿着焊缝长度方向做扫描—采样—扫描的同步运动时,检测所得为 D 扫描图像。通过一次 D 扫查能够检测一定体积的焊缝空间。当两探头沿垂直焊缝长度方向作同步移动扫查时,检测所得为 B 扫描图像。采用 D 扫描方式检测到缺陷后,如需对其进行更加精确的定位时,需使用 B 扫描方式。D、B 图像均由一系列 A 扫描信号依次排列而成,A 扫描信号可以从图像中读取。

超声 TOFD 法探头辐射的声波穿越楔块,经由楔块和试件之间的固—固界面,以一定折射角度进入被检测试件。入射声波在被检测试件中传播时,一旦遇到缺陷体,将激发衍射波。缺陷衍射波经由固—固界面和楔块,被接收探头接收,其传播过程如图 2.60 所示。在超声 TOFD 法检测模式中,在被检测试件中存在多种类型的声场,其中包括侧向波声场、纵波声场、横波声场,以及在时间上延迟于上述声场的波型转换声场。因此,对被检测体内全部声场的描述是一项烦冗而又困难的工作。

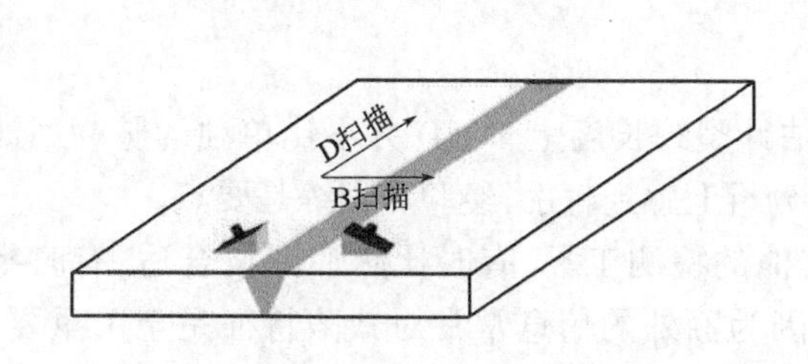

图 2.59　超声 TOFD 法的扫描方式

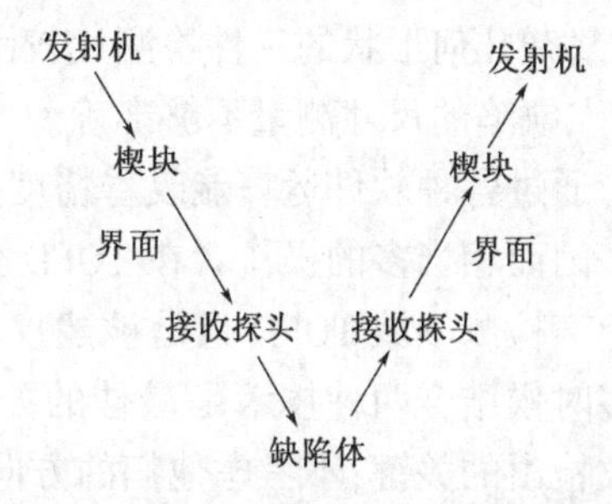

图 2.60　超声 TOFD 法的声波传播过程

3. TOFD 检测使用的设备及其优缺点

TOFD 超声波探伤仪,是一种用来检测金属缺陷的仪器。

国外制造商主要有 Phasor XS 、USM Vision(GE 美国通用电气)、ISONIC 系列(以色列 SONOTRONNDT)、OMniScan MX 系列(日本奥林巴斯)、PocketUT(美国物理声学)等。

国内自主研发的公司主要有南通友联 PXUT - 900 系列(南通友联数码技术开发有限公司)、北极星辰 BSN800 系列(北京北极星辰科技有限公司)、汉威 HS 810 系列(中国科学院武汉中科创新技术股份有限公司)等,如图 2.61 所示。

工业规范的标准和重要性和 NDT 的本质是焊缝缺陷接受/返修的程序和标准。最初任何新技术出现问题的接受往往基于实践。因此 TOFD 标准和 TOFD 的独特性协调发展很重要,例如映像缺陷边缘位置。

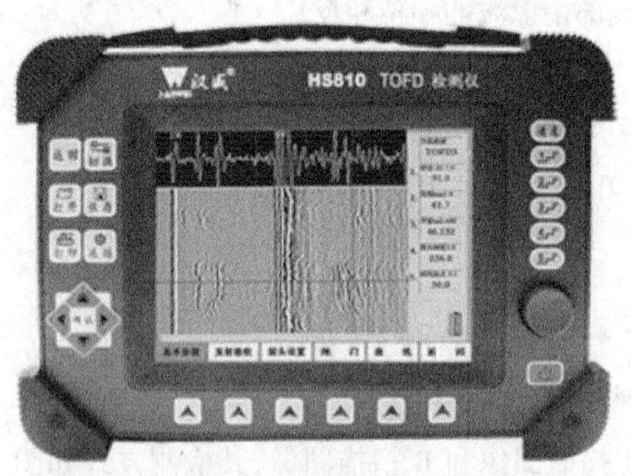

图 2.61　汉威 HS 810 系列(中国科学院武汉中科创新技术股份有限公司)

TOFD 像其他技术一样具有局限性。通常该技术不适应粗糙的带木纹的材料并且横向波的存在妨碍表面扫查的检测可靠性。

优点:

(1)TOFD 技术的可靠性好。

(2)TOFD 技术的定量精度高。

(3)TOFD 检测简便快捷,检测效率高。

(4)TOFD 检测系统配有自动或半自动扫查装置,能够确定缺陷与探头的相对位置,TOFD 图像更有利于缺陷的识别和分析。

(5)TOFD 仪器能全过程记录信号,长久保存数据,能高速进行大批量信号处理。

(6)TOFD 技术除了用于检测外,还可用于缺陷扩展的监控,对裂纹高度扩展的测量精度可高达 0.1mm。

(7)相对于射线检测而言,TOFD 检测技术更环保,无辐射。

局限性:

(1)工件上、下表面存在盲区。

(2)难以准确判断缺陷性质。

(3)TOFD 图像识别和判读比较难,数据分析需要丰富的经验。

(4)对粗晶材料检测比较困难,其信噪比较低。

(5)横向缺陷检测比较困难。

(6)复杂几何形状的工件检测比较困难。

(7)点缺陷的尺寸测量不够准确。

尽管通过各种软件运算能改善精度,在估计裂纹长度上 TOFD 并不比单独的脉冲回波技术精确。因而相当多的操作者在 TOFD 数据分析上感到棘手,经验和训练是要点。

在超声检测领域 TOFD 只是被建议为其他的检测工具,有时比脉冲回波合适,有时则不然。很多时候结合两种技术是最佳的方案,因为额外的信息常常对缺陷特征是至关重要的。作为裂纹检出的关键,不考虑他们的方向性,TOFD 扫查能检测出波束覆盖内的所有裂纹。

4. TOFD 的应用及展望

截至目前,超声波衍射时差法技术在国外已经开始由实验研究向现场应用过渡,关于这种技术在理论上的可行性论证已经完成。但国内对该技术的研究尚处于起步阶段,理论研究并不成熟,特别是一些有关实际情况的计算,例如,入射超声波在缺陷尖端发生衍射时,衍射波的强弱与入射波的关系、与缺陷尖端尺寸的关系;在给定探头参数的情况下,检测盲区究竟有多大;各种检测参数、探头性能、耦合效果等因素对检测结果影响的理论计算。这些理论问题不解决,必然会对该技术的应用带来障碍,而这些问题的研究、讨论以及不断地提出与解决,必然会推动该技术的发展。

这里讲的应用研究是指为了顺利、快捷、准确地完成现场检测而进行的研究,主要内容应包括操作中的各种实际问题,如对检测结果的评判,对缺陷的定性、定量以及准确的评级,检测中容易发生的问题以及应对措施。TOFD 技术代表着无损检测更快(自动化)、更直观(图像化)、更可靠(高可靠性)的发展方向。从长远来看,我国在引进、消化和吸收这一技术的同时,还应大力开展对 TOFD 技术的基础性研究,如研究影响 TOFD 检测结果的各个因素间的定量关系、缺陷的定性问题及开发适合国内应用的数据分析评判软件等。这就要求研究人员做大量的现场检测工作,但此时所做的现场检测不是为了对该检测对象进行质量评定,而是以实验室研究的态度和方法分析在检测中遇到的各种问题,通过与其他检测方法的对比和检测结果的相互印证,不断发现并努力解决该技术在应用中可能出现的各种问题。

5. 结语

该技术融合了普通超声波检测和射线检测的优点,既可以检测较大厚度的焊缝,也可以得到比较直观的检测结果,TOFD 检测技术比常规脉冲回波超声检测具有更高的缺陷检出率和更高的定量精度,实现对缺陷准确的定量,因此可以断定这种技术将获得广泛的应用和长远的发展。

任何一种检测技术都不可能完全替代另外一种技术,必然有其最佳范围和局限之处。像其他无损检测技术一样,TOFD 技术也有其局限之处,检测盲区即使通过改变检测参数,仍然不可能完全消除,为防止根部缺陷的漏检,应与普通超声波检测配合使用;被检测工件厚度较小时,或者焊缝形状复杂、材料为粗晶材料等情况下,其检测效果不如射线检测;如果要求对工件内部质量和表面质量的综合检测,TOFD 技术必须与其他表面检测技术相互配合,才能完成检测任务。对该技术局限之处的理解与分析,有助于该技术在实践中的正确使用和良性发展。

TOFD 检测技术采用全波射频 RF 信号记录和 TOFD 图像显示,故对缺陷的评价时可利用的信息量大,检测结果更加直观,结果分析更加科学。

TOFD 检测对缺陷定性取决于检测人员的数据分析经验、所掌握的焊接知识和对生产情况、设备运行状况的了解以及相关常识和尽可能多的背景知识等,来推测该缺陷的性质。

2.8.2 相控阵超声波检测方法

1. 超声相控阵技术的背景、定义

超声相控阵技术的基本思想来自雷达电磁波相控阵技术。相控阵雷达是由许多辐射单元排成阵列组成,通过控制阵列天线中各单元的幅度和相位,调整电磁波的辐射方向,在一定空间范围内合成灵活快速的聚焦扫描的雷达波束。超声相控阵换能器由多个独立的压电晶片组成阵列,按一定的规则和时序用电子系统控制激发各个晶片单元,来调节控制焦点的位置和聚焦的方向。

超声相控阵技术已有 20 多年的发展历史。初期主要应用于医疗领域,医学超声成像中用相控阵换能器快速移动声束对被检器官成像,利用其可控聚焦特性局部升温热疗治癌,使目标组织升温并减少非目标组织的功率吸收。最初,系统的复杂性、固体中波动传播的复杂性及成本费用高等原因使其在工业无损检测中的应用受限。然而随着电子技术和计算机技术的快速发展,超声相控阵技术逐渐应用于工业无损检测,特别是在核工业及航空工业等领域,如核电站主泵隔热板的检测,核废料罐电子束环焊缝的全自动检测,薄铝板摩擦焊焊缝热疲劳裂纹的检测。

近几年,超声相控阵技术发展尤为迅速,在相控阵系统设计、系统模拟、生产与测试和应用等方面已取得一系列进展。如采用新的复合材料压电换能器改善电声性能,奥氏体焊缝、混凝土和复合材料等的超声相控阵检测。R/D TECH、SIMENS 及 IMASONIC 等公司已生产超声相控阵检测系统及相控阵换能器。而动态聚焦相控阵系统,二维阵列、自适应聚焦相控阵系统,表面波及板波相控阵换能器和基于相控阵的数字成像系统等的研制、开发、应用及完善已成为研究重点。其中,自适应聚焦相控阵技术尤为突出,它利用接收到的缺陷回波信息调整下一次激发规则,实现声束的优化控制,提高缺陷(如厚大钛锭中的小缺陷或埋藏较深的大缺陷)的检出率。目前,国内在超声相控阵技术上的研究应用尚处于起步阶段,主要集中于医疗领域。

超声相控阵技术的特点及在众多富有挑战性检测中的成功应用,使之成为超声检测的重要方法之一。由于它可以灵活而有效地控制声束使之具有广阔的应用与发展前景,将其同信号分析与处理、数字成像和衍射等技术结合起来是其主要发展方向。显然,超声相控阵技术的应用将有助于改善检测的可达性和适用性,提高检测的精确性、重现性及检测结果的可靠性,增强检测的实时性和直观性,促进无损检测与评价的应用及发展。

2. 超声相控阵检测原理

超声检测时需要对物体内某一区域进行成像,为此必须进行声束扫描。常用的快速扫描方式是机械扫描和电子扫描,两种方式均可获得图像显示,在超声相控阵成像技术中通常结合在一起使用。超声相控阵成像技术是通过控制换能器阵列中各阵元的激励(或接收)脉冲的时间延迟,改变由各阵元发射(或接收)声波到达(或来自)物体内某点时的相位关系,实现聚焦点和声束方位的变化,完成声成像的技术。由于相控阵阵元的延迟时间可动态改变,所以使用超声相控阵探头探伤主要是利用它的声束角度可控和可动态聚焦两大特点。

图 2.62 为超声波束偏转聚焦示意图。超声相控阵中的每个阵元被相同脉冲采用不同延迟时间激发,通过控制延迟时间控制偏转角度和焦点。实际上,焦点的快速偏转使得对试件实施二维成像成为可能。

图 2.63 为超声相控阵系统动态聚焦示意图。为实现快速动态聚焦,超声相控阵系统的发射器按波束聚焦定理向每个阵元发射信号。根据互易原理,相控阵接收时的方向控制也用延迟来达到。各阵元回波信号经延迟后叠加,即可获得某方向上目标的反射回波,由此形成的图像分辨力可显著提高。

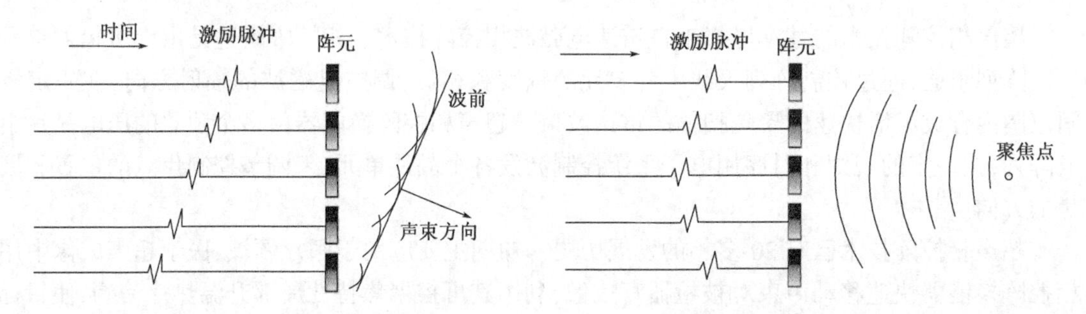

图 2.62 超声相控阵系统波束偏转聚焦示意图　　图 2.63 超声相控阵系统波束动态聚焦示意图

常规的超声波检测通常采用一个压电晶片来产生超声波,只能产生一个固定的波束,其波形是预先设计的且不能更改。相控阵探头由多个小的压电晶片按照一定序列组成,使用时相控阵仪器按照预定的规则和时序对探头中的一组或者全部晶片分别进行激活,即在不同的时间内相继激发探头中的多个晶片,每个激活晶片发射的超声波束相互干涉形成新的波束,波束的形状、偏转角度等可以通过调整激发晶片的数量、时间来控制。常用的相控阵晶片阵列有线阵、矩阵、环阵等。其中一维线型阵列应用最为成熟,如图 2.64(a)所示。从控制的角度来说,它们最容易编程控制，并且费用明显少于更复杂的阵列，目前已经有含256个晶片的探头，可满足多数情况下的应用。

矩阵和环阵为二维阵列，可在三维方向实现聚焦，能大幅提高超声成像质量，然而目前复杂的二维阵列还较少应用，如图2.64(b)、图2.64(c)所示。因为二维阵列制造复杂，对相控阵仪器激发能力要求高且设备昂贵。但是，随着更新型的便携式相控阵仪器的发展，采用复杂的二维阵列将具有更高的速度、更强的数据储存和显示、更小的扫查接触面积以及更大的适应性。可以预期，复杂的二维阵列将得到更多的应用。

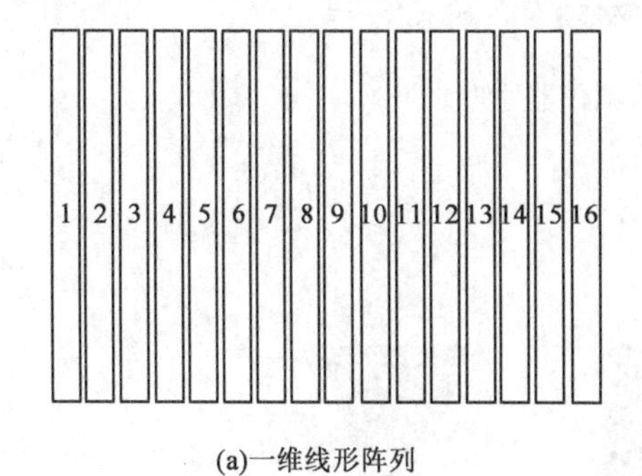

(a)一维线形阵列

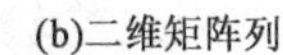
(b)二维矩阵列

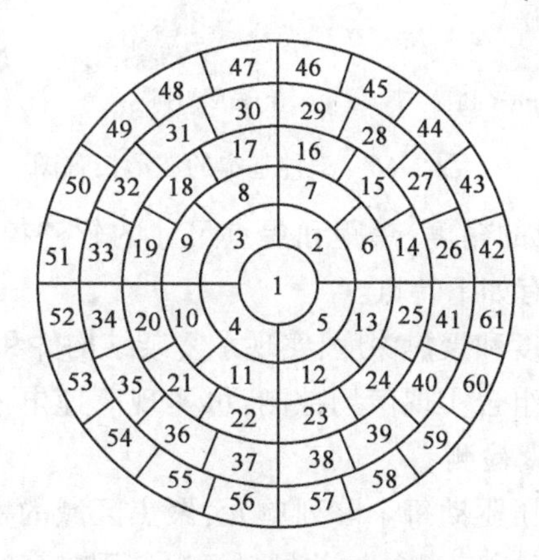

(c)三维环形阵列

图2.64　相控阵晶片阵列图

超声相控阵检测仪器可以认为由脉冲重复频率（单位时间内发出的压电脉冲次数，简称“PRF”）可调的常规超声波检测仪器线路和相控阵模块组成。其中常规超声部分按设置的PRF发出压电脉冲信号并接收返回的脉冲信号，对返回的信号进行处理并显示在面板上。相控阵模块部分则将压电脉冲信号按预置规则分配给将被激发的晶片通道，再给予不同的延时处理后施加到被激活的晶片上，并用电子方式使激活脉冲保持一定时间。对于接收，仪器则有效地完成逆转过程，见图2.65。

操作者按需要对仪器输入波束角度、焦距、激活晶片数量、扫查类型（扇扫、线扫）、扇扫的进步角度等参数进行采集，根据这些参数，利用采集与分析软件计算时间延迟，然后根据计算结果控制硬件模块产生相应的动作，完成完整的相控阵控制。根据以上原理，超声相控阵波能形成三种基本的波形进行扫查，分别是电子扫查、波束偏转扫查和变深度聚焦扫查，如图2.66所示。可以看出相控阵控制的波形特性主要包括焦距深度调整、电子线性扫描、波束偏角等，它除了能有效地控制超声波束的形状和方向外，还可实现复杂的动态聚焦和实时电子扫描。

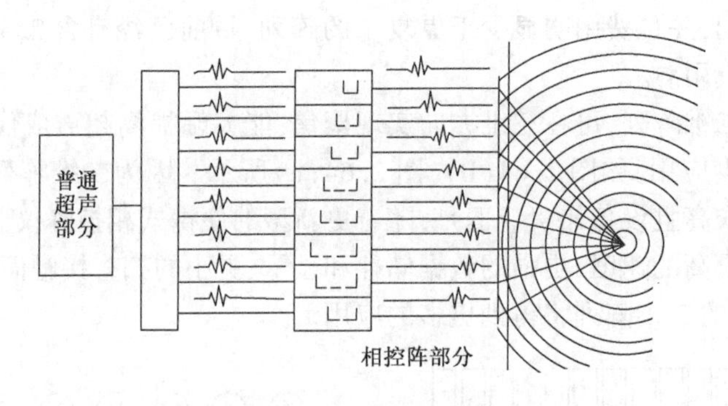

图 2.65　相控阵检测仪器原理

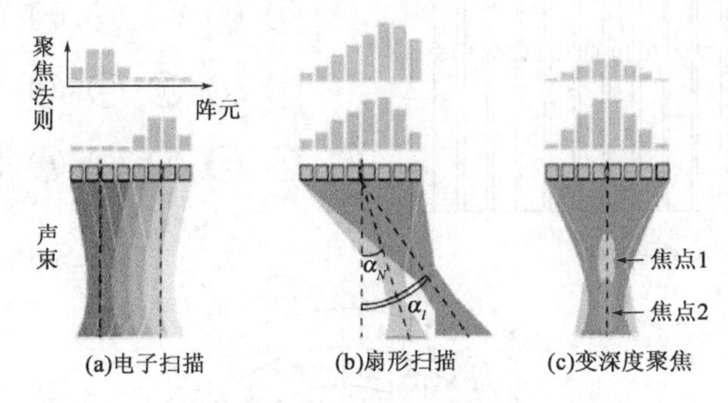

图 2.66　三种基本的波形扫查图

由于实现了超声波声束的角度、焦距和焦点尺寸的软件控制,与常规超声波检测技术相比,超声相控阵检测技术具有如下特点:

(1)生成可控的声束角度和聚焦深度,实现了复杂结构件和盲区位置缺陷的检测。

(2)通过局部晶片单元组合实现声场控制,可实现高速电子扫描;配置机械夹具,可对试件进行高速、全方位和多角度检测。

(3)采用同样的脉冲电压驱动每个阵列单元,聚焦区域的实际声场强度远大于常规的超声波检测技术,从而对于相同声衰减特性的材料可以使用较高的检测频率。

3. 超声相控阵的国内外发展及研究现状

国外研究及应用超声相控阵较为深入的国家主要有法国、加拿大、英国、德国、美国。1959年,第一个超声相控阵检测系统诞生,是由 Tom Brown 研制的环形动态聚焦换能器系统,并注册了相关专利。20 世纪 70 年代初期,市场上出现了第一个医用超声相控阵换能器,可对人体进行横断面成像,此后很长一段时间,超声相控阵仅应用于医疗领域。至 80 年代,第 1 台工业用超声相控阵检测仪研制成功,主要用于核电站相关零部件的检测,但这台检测仪系统非常复杂,体积庞大且价格昂贵,因此其在工业中的应用并不广泛。

近年来,随着微电子、计算机等高新技术的飞速发展,超声相控阵在工业中的应用逐渐推广开来,得到了越来越多的关注。

1992 年,美国通用电气公司(GE)研制成功了数字式超声相控阵实时成像系统,实现完全可编程的数字式声束,可更加灵活地控制声束。1994 年,英国科学家 Hatfield 研制了可手持式操作的高集成度超声相控阵系统。1998 年,法国原子能委员会(CEA) 研制了自适应聚焦超声成像系统(即 FAUST 系统),实现了更灵活,适应性更强的检测。2000 年,CEA 又成功研发了曲率半径为15mm的曲面换能器,用于曲表面零件的检测。同年,柔性相控阵探头于法国研制成功,用于不规则表面零件的检测;加拿大的R/DTECH公司致力于管道环焊缝的检测系统研究,于2002年研制了PipeWIZARD超声相控阵管道检测系统。2005年,CE研发的超声相控阵油气管道检测系统正式投入使用,如图2.67所示,得到良好的检测效果;同时,CE与联邦材料试验研究所(BAM)、德国铁路(DB)联合研发了用于检测火车轮轴关键部位横向裂纹的超声相控阵系统。

图2.67　美国CE研发的超声相控阵油气管道检测系统

目前,国外研发的一些小型便携式超声相控阵检测仪已经商业化,如Olympus生产的TomoScan系列和OmniScan系列,如图2.68所示。其他类似应用较多的便携式检测仪器还有法国M2M公司的Multi2000系列等。

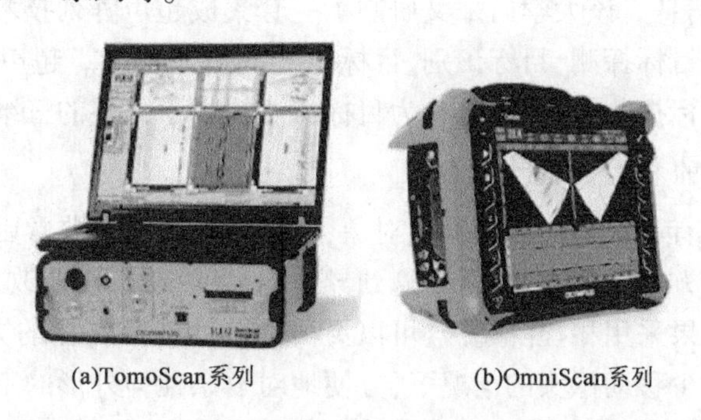

(a)TomoScan系列　　(b)OmniScan系列

图2.68　Olympus研发的便携式超声相控阵检测仪器

与国外相比,国内对于超声相控阵的研究起步较晚,但也已有部分高校和研究机构做出了较为深入的研究,并取得显著成果。清华大学基于DDS技术提出了高精度相控发射电路,相位分辨率达到了1.14°;对混频相控阵的聚焦特性进行了研究,设计了二维矩阵相控阵,对检测区域进行了三维成像;成功研制了一维柔性探头,并对曲面进行了检测。天津大学研制了超声相控阵管道环焊缝检测系统,并对环焊缝的相关检测方法进行了研究,获得很好的缺陷分析结果。应用超声相控阵对飞机复合材料进行了检测,并对缺陷进行定性分析。哈尔滨工业大学研制了用于海洋平台结构探伤的超声相控阵检测系统。上海交通大学也做了关于超声相控阵海洋平台结构检测的相关研究,并对相控阵列进行了优化设计,研究了动态聚焦算法。声学所研制了8通道环形阵列,实现了轴向的动态聚焦。中北大学研制了16通道超声相控阵高精度触发系统,可实现10ns的延时分辨率,并对相控阵的声场特性进行了一系列研究。西南交通大学研制了车轮轮轴相控阵检测系统,对火车轮轴进行在线检测。

4. 超声相控阵应用领域及评价

1）焊缝检测

超声相控阵检测技术已被成功应用于各种焊缝探伤，如航空薄铝板摩擦焊缝的微小缺陷探测、核工业和化工领域中的奥氏体焊缝缺陷检测，以及最广泛应用的管道环焊缝检测领域。用超声相控阵探头对焊缝进行横波斜探伤时，无需像普通单探头那样在焊缝两侧频繁地前后来回移动，焊缝长度方向的全体积扫查可借助于装有超声相控阵探头的机械扫查器，沿着精确定位的轨道滑动完成，以实现高速探伤。

2）高效可视化的相控阵超声检测

相控阵超声检测的一个重要用途是进行超声成像，这得益于它很好的声束扫描特性，通过电子控制方式进行发射声束聚焦、偏转，使超声波照射到被检物体的各个区域，然后通过相控接收的方式对回波信号进行聚焦、变孔径、变迹等多种关键技术，就可以得到物体的清晰均匀的高分辨率声成像，能提供直观的缺陷图像。

3）相控阵目标定位

随着计算机硬件处理速度的提高和功能的不断完善，对由传感器接收的数据处理也变得越来越快。因而超声技术开始广泛应用于移动机器人的导航设备和防撞系统中。这些系统的一个最简单的表现就是发现声束范围内的障碍物，并给出障碍物离移动机器人的距离等信息。

英国 Nottingham 大学研制了一套相控阵目标定位系统，这套系统能更准确地测出多个目标的距离信息和方位信息。该大学后来又研制了一套集成超声阵列技术和视觉传感器超声探测系统，该系统能实现目标探测、目标识别、目标位置测量等功能。超声阵列和视觉传感器的结合，克服了各自在目标探测方面的缺点，为目标探测提供了完整的三维信息。

4）复杂几何外形的相控阵超声检测

对于外形复杂、具有不规则曲面的被检对象，传统的超声检测非常困难。在单探头的情况下，发射的超声波束的方向无法控制，常常遇到异质界面的反射，需要改变探头的位置方向，定位困难，可行性差。如果采用相控阵超声，可以灵活地改变波束传播的方向，调节焦点的深度和位置，在不移动或者少移动探头的情况下，方便地对复杂几何外形的工件进行扫查检测。

例如检测火车轮子的车轴。这种大型车轴内部没有空洞，如果不把它分解开，用常规的超声方法很难检测。把相控阵探头放置在车轴不同的连接处的表面，便可以监测到一个很大的范围，而且不需把整个轮轴拆分开来。

5. 超声相控阵未来发展

在世界“工业 4.0”等新工业革命背景的推动下，我国制造业战略升级，推出了“中国制造 2025”战略计划。在此背景下，也对无损检测相关技术提出了更高的要求。2015 年全国无损检测协会组织全行业制定了《中国无损检测 2025 技术发展路线图》，为我国无损检测的健康发展和尽早整体达到国际先进水平打下坚实基础，并指明了发展道路。对于超声相控阵这一时下炙手可热的无损检测新技术而言，既是机遇也是挑战。为了满足工业装备智能化、高质量制造和高可靠性应用的检测需求，我国超声相控阵技术应向着如下方面发展：

1）自动化、智能化检测系统

自动化、智能化检测已成为无损检测技术的重要发展方向。由于超声相控阵技术的参数众多、算法复杂,无法采用通用参数和算法适应所有检测条件。针对上述问题,需要开发自动化、智能化的检测系统,建立智能化识别算法,实现超声相控阵检测参量设置、激励控制、探测控制、扫描成像控制、数据管理和检测结果分析与评定过程的全自动化。

2)自主创新

超声相控阵技术的工业应用已有十余年,但我国对于关键器件和高端设备仍主要依赖进口,核心算法的开发和创新也相对滞后,自主知识产权的缺失严重限制了超声相控阵技术的发展,同时,国外进口设备和技术价格高昂。这些问题都迫切需要通过自主创新解决,只有掌握核心技术,才能不受制于人,才能进一步推动超声相控阵技术向自动化、智能化方向发展。

3)标准及规范

另一阻碍我国超声相控阵技术应用和发展的重要因素是相关标准和规范的不完善。国外正在加快完善超声相控阵标准的步伐,包括 ASME、RCCM、ISO 和 EN 等,对相控阵仪器性能测试、方法评定、验收准则等方面均做出了规定,而国内目前尚无相控阵技术相关的工艺标准。因此,需要尽快建立超声相控阵国家标准以及各行业内的工艺规范。

4)人员培训

无损检测实施的关键在于人,检测人员的职业技能水平直接关系到无损检测结果的可靠性。然而现阶段我国掌握超声相控阵技术的人员数量少,技术培训体系尚不完善。在超声相控阵如火如荼的工业应用环境下,建立健全的相关人员培训体系应成为一个重要的考虑方向。

复习思考题

一、选择题

1. 在流体中可传播(　　)。

A. 纵波　　B. 横波

C. 纵波、横波和表面波　　D. 切变波

2. 超声波直探头中的压电晶片的主要作用是(　　)。

A. 产生和接收超声波　　B. 保护探头,减少磨损

C. 吸收杂波　　D. 使超声波产生绕射

3. 超声波入射到异质界面时,可能发生(　　)。

A. 反射　　B. 折射

C. 波型转换　　D. 以上都有可能

4. 超声表面波又称为(　　)。

A. 兰姆波　　B. 瑞利波

C. 切变波　　D. 疏密波

5. 下列直探头,在钢中指向性最好的是(　　)。

A. 2.5P20Z　　B. 3P14Z　　C. 4P20Z　　D. 5P14Z

6. 纵波以20°入射角自水中入射至钢中,下图中哪个声束路径是正确的?(　　)

(已知钢中 $C_L = 5900\text{m/s}$, $C_S = 3230\text{m/s}$;水中 $C_L = 1480\text{m/s}$)

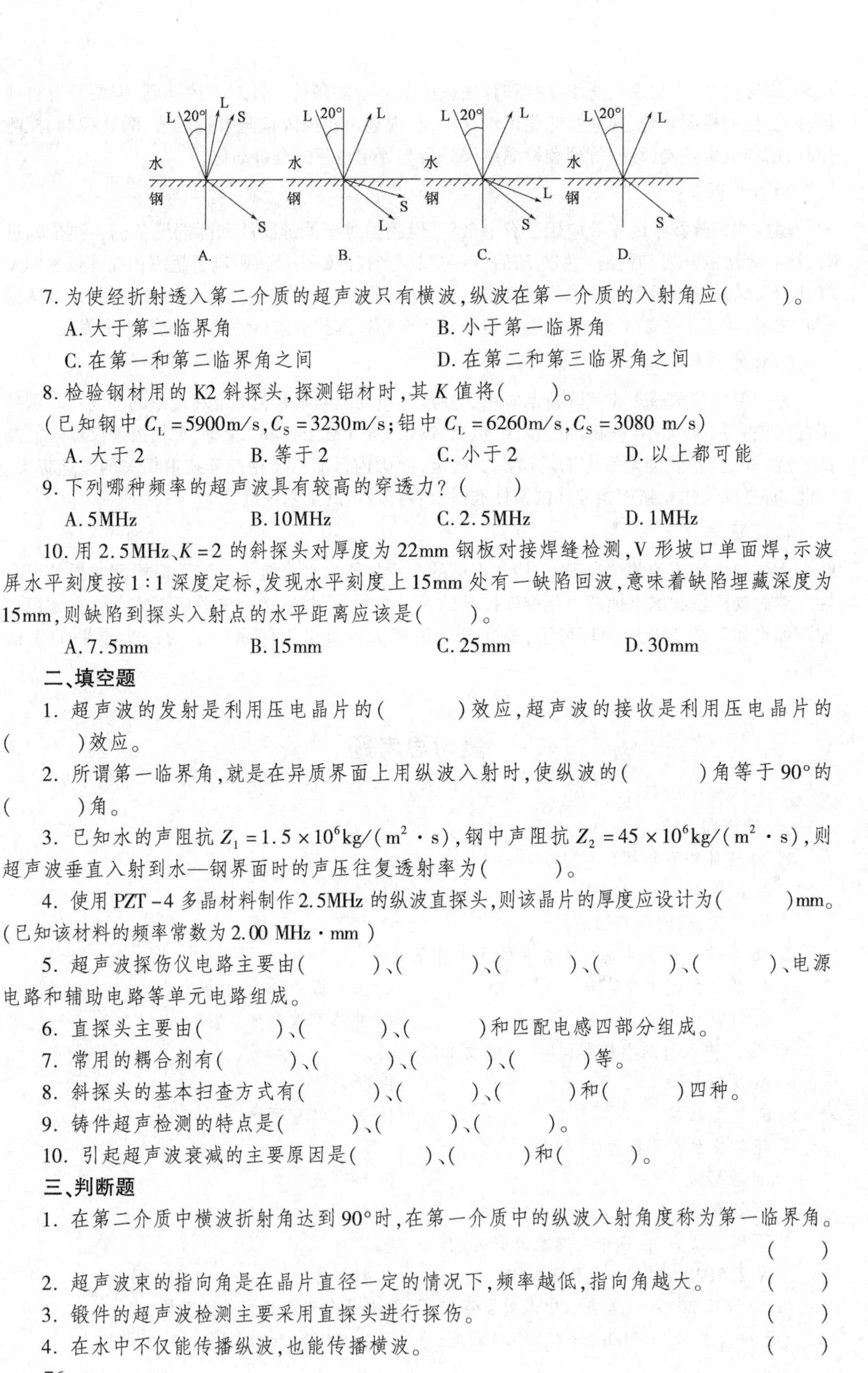

7. 为使经折射透入第二介质的超声波只有横波，纵波在第一介质的入射角应（　　）。

A. 大于第二临界角　　B. 小于第一临界角

C. 在第一和第二临界角之间　　D. 在第二和第三临界角之间

8. 检验钢材用的 K2 斜探头，探测铝材时，其 K 值将（　　）。

（已知钢中 $C_L = 5900\text{m/s}$，$C_S = 3230\text{m/s}$；铝中 $C_L = 6260\text{m/s}$，$C_S = 3080\ \text{m/s}$）

A. 大于2　　B. 等于2　　C. 小于2　　D. 以上都可能

9. 下列哪种频率的超声波具有较高的穿透力？（　　）

A. 5MHz　　B. 10MHz　　C. 2.5MHz　　D. 1MHz

10. 用 2.5MHz、$K=2$ 的斜探头对厚度为 22mm 钢板对接焊缝检测，V 形坡口单面焊，示波屏水平刻度按 1:1 深度定标，发现水平刻度上 15mm 处有一缺陷回波，意味着缺陷埋藏深度为 15mm，则缺陷到探头入射点的水平距离应该是（　　）。

A. 7.5mm　　B. 15mm　　C. 25mm　　D. 30mm

二、填空题

1. 超声波的发射是利用压电晶片的（　　）效应，超声波的接收是利用压电晶片的（　　）效应。

2. 所谓第一临界角，就是在异质界面上用纵波入射时，使纵波的（　　）角等于 90° 的（　　）角。

3. 已知水的声阻抗 $Z_1 = 1.5 \times 10^6 \text{kg/(m}^2 \cdot \text{s)}$，钢中声阻抗 $Z_2 = 45 \times 10^6 \text{kg/(m}^2 \cdot \text{s)}$，则超声波垂直入射到水—钢界面时的声压往复透射率为（　　）。

4. 使用 PZT-4 多晶材料制作 2.5MHz 的纵波直探头，则该晶片的厚度应设计为（　　）mm。（已知该材料的频率常数为 2.00 MHz·mm）

5. 超声波探伤仪电路主要由（　　）、（　　）、（　　）、（　　）、（　　）、电源电路和辅助电路等单元电路组成。

6. 直探头主要由（　　）、（　　）、（　　）和匹配电感四部分组成。

7. 常用的耦合剂有（　　）、（　　）、（　　）、（　　）等。

8. 斜探头的基本扫查方式有（　　）、（　　）、（　　）和（　　）四种。

9. 铸件超声检测的特点是（　　）、（　　）、（　　）。

10. 引起超声波衰减的主要原因是（　　）、（　　）和（　　）。

三、判断题

1. 在第二介质中横波折射角达到 90° 时，在第一介质中的纵波入射角度称为第一临界角。（　　）

2. 超声波束的指向角是在晶片直径一定的情况下，频率越低，指向角越大。（　　）

3. 锻件的超声波检测主要采用直探头进行探伤。（　　）

4. 在水中不仅能传播纵波，也能传播横波。（　　）

5. 超声检测所用耦合剂的主要作用是消除探头与工件之间的空气以利于超声波的透过。（　　）

6. 一台垂直线性理想的超声波检测仪，在线性范围内其回波高度与探头接收到的声压成正比。（　　）

四、简答及计算题

1. 什么是超声波？超声波的性质有哪些？

2. 超声波检测声阻抗为 $45\times10^6 kg/(m^2\cdot s)$ 的钢工件，探头压电晶片的声阻抗为 $33\times10^6 kg/(m^2\cdot s)$，若耦合剂中超声波全透过，且在钢工件底面全反射，求超声波在晶片/工件界面上的声压往复透射率。

3. 计算5P14Z直探头，在水中($C_L=1500m/s$)的指向角和近场长度？

4. 有如下探头5I14SJ10DJ、5P10×10K2、2B20Z，请说明各字母和数字的含义。

5. 如何利用CSK－ⅢA试块($\phi1\times6mm$的短横孔)制作距离—波幅曲线？

6. 什么是耦合剂？

7. 锻件超声波检测时应如何选择探头？

8. 有一尺寸为200mm的锻件，根据工件的最大有效检测范围，确定时基扫描线比例为1∶2，如何用锻件本身尺寸调节时基扫描线成声程1∶2比例？

9. 对焊缝进行超声波检测时，对探头的选择应考虑哪些因素？

10. 用K2横波斜探头探伤厚度 $\delta=15mm$ 的钢板焊缝，仪器按水平1∶1调节横波扫描速度，探伤中在水平刻度 $\tau_f=45$ 处出现一缺陷波，求此缺陷位置？

11. 用2.5MHz、$\phi20mm$的直探头，探测厚度400mm厚的锻钢件，探测灵敏度为$\phi2$。探测过程中发现在200mm处有一个缺陷，当波高达到基准高度时，增益读数为40dB，再把探头移到工件完好部位，使其底面回波达到基准高度，此时增益读数为60dB，请回答以下问题：（钢中$C_L=5900m/s$，不考虑超声波在工件中的衰减）

(1)如何利用锻件的底面调节$\phi2$灵敏度？

(2)求该缺陷的平底孔当量大小。

第3章 射线检测

3.1 引 言

利用射线能穿透物质,且其强度会被物质所衰减的特性检测物质内部损伤的方法称为射线检测。在焊接产品的制造、安装及服役过程中,射线检测是检验焊缝及其热影响区内部是否存在工艺性缺陷的主要方法之一。射线检测具有显示缺陷影像客观准确、重复性好、可靠性高,以及检测结果可以长期保存等主要优点。

与超声检测方法相比较,射线检测方法检出危害较大的面积型缺陷的能力略低;可检测的板材厚度较小(X射线与γ射线一般在200mm以下),且检测成本较高,这是其不足之处。此外,当污染环境、操作不当时易造成人身伤害也是射线检测的主要缺点。

检测焊缝使用的射线主要有X射线、γ射线和高能X射线三种。按显示缺陷方式的不同,射线检测有照相、荧光屏观察和工业电视等主要方法,其中射线照相法的检测灵敏度最高,应用也最广泛,如图3.1所示。

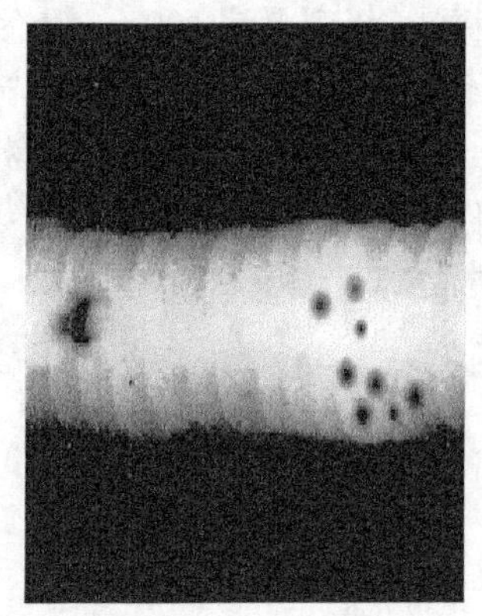

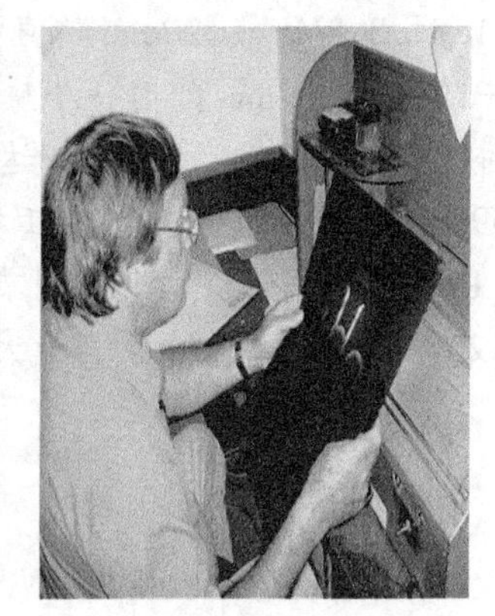

图3.1 射线检测在工业上的应用

3.1.1 射线检测的发展历史

1895年德国渥茨堡大学教授伦琴在研究阴极射线时,发现一种新的不可见射线即X射线。X射线首先在医学上得到应用,X射线透视和拍片是用于检查人体内脏的重要手段。这种手段移植到工业产品检测就是将X射线的荧光屏法和照相法用于工业产品检测,在此基础上又发展了工业电视(ITV)、工业断层摄影(ICT)及计算机射线照相技术(CR和DR),从此,射线检测技术在工业上得到了广泛的应用。

3.1.2 射线检测方法的分类

1. 按射线种类分类

(1)电磁辐射:由电磁波构成的辐射称为电磁辐射,通常用于射线检测的电磁辐射有 X 射线、γ 射线和散射线。

(2)粒子辐射:由物质粒子构成的辐射称为粒子辐射,通常用于射线检测的粒子辐射有中子射线、β 射线等。

2. 按观察方式分类

(1)胶片照相法:是指穿过物体的射线束入射到感光胶片,使感光胶片产生光化作用,经过暗室处理光化作用生成物形成影像,胶片成为底片(负片)的方法。

(2)相纸照相法:是指穿过物体的射线束入射到涂有感光物质的相纸,使相纸产生光化作用,经过暗室在相纸上生成影像成为正片的方法。

(3)荧屏实时法:是指穿过物体的射线束入射到涂有荧光物质的观察屏上,射线激发荧光物质使其发光,屏上立即生成荧光影像的方法。

3. 按能量分类

(1)高能射线法:能量在 1MeV 以上的射线称为高能射线。主要用于检测大厚度工件。

(2)低能射线法:能量在 0.1MeV 以下的射线称为低能射线。主要用于检测很薄的金属材料或非金属材料(塑料、尼龙等)和某些电子器件(芯片、集成电路等)。

4. 按成像方式分类

(1)二维平面成像:常规的照相法获得的是一张二维的平面图形,射线穿过物体时由于投影关系将物体的立体结构压缩成平面图像,因此射线底片上无法区别出缺陷的深度位置。

(2)三维层析摄影:层析摄影(CT)技术可以将物体分层,拍出每层的影像,然后再将这些影像合成一个准三维的物体影像。

5. 按检测功能分类

(1)工业探伤:探测材料或工件内部存在的缺陷为主要目标。

(2)射线测厚:利用穿过工件前后射线强度的变化来测量工件的厚度。如高温状态下的轧制钢板的测厚。

(3)应力分析:利用单色 X 射线测量物体的应力状态,常用于材料的研究。

3.1.3 射线检测的优点、局限性和适用范围

1. 优点

(1)适用范围广。

(2)可检测深层缺陷。

(3)可对缺陷准确定性、定位和定量。

(4)检测结果可长期保存。

(5)检测结果可靠、重复性好。

2. 局限性

(1)只能生成二维图像。

(2)垂直于射线束方向的平面缺陷不能检测(检测有方向性)。

(3)检测周期长,费用高。

(4)对环境和人体有害。

3. 适用范围

(1)适用材料:金属材料、非金属材料、复合材料。

(2)适用的厚度:从理论上讲,能量越大则能穿透的工件越厚,但不同的射线源对不同的材料、不同的检测要求,其适用的透照厚度是不同的。

3.2 射线检测的物理基础

3.2.1 X射线和γ射线

1. X射线的产生

当高速运动的电子流在其运动方向上受阻而被突然遏止时,电子流的动能将大部分转化为热量,同时有大约百分之几的部分转换成X射线能。用这种方法产生的X射线被称为韧致辐射。在技术上,上述过程可在X射线管或电子加速器内实现。

X射线管的基本结构是在一个高真空的玻璃或陶瓷管内安装一个阴极(通常称为灯丝)和一个阳极(又称为靶极)(图3.2)。灯丝变压器产生的灯丝电流可以把阴极灯丝加热到白炽程度,使其发射热电子。这些电子在很高的直流电压(可达420kV)形成的电场的驱动下冲向阳极,直到它们被阳极靶阻止,其能量转换成X射线能和热能为止。受电子流轰击的阳极靶面必须是高熔点金属,常用的材料是1.5~3mm厚的钨片。

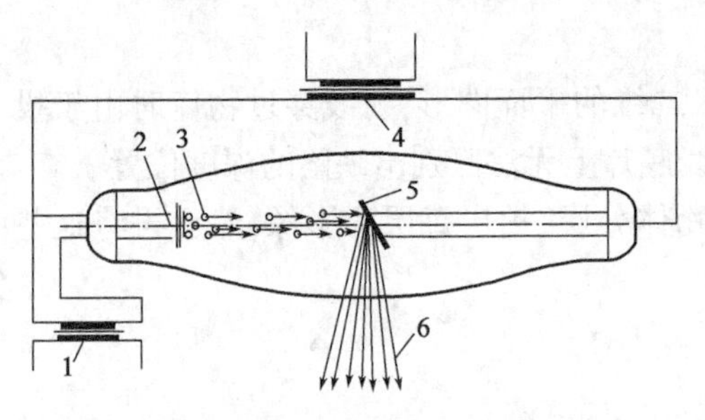

图3.2 X射线管的工作原理

1—灯丝变压器;2—阴极;3—电子;4—高压变压器;5—阳极;6—X射线

X射线管的焦点和特性曲线是直接与X射线检测工艺有关的基本概念。

1) X射线管的焦点

阳极靶面上受电子流轰击的区域称为X射线管的实际焦点或原焦点。实际焦点在射线发射方向上的投影称为光学有效焦点,也即通常所说的焦点,如图3.3所示。在图3.3中,取实际焦点的面积为S_1,阳极靶面相对射线发射方向的倾角为θ;焦点面积为S,则S随θ的减小而减小。一般X射线管阳极靶面的倾角θ约为20°。焦点大小是衡量X射线管光学性能好坏的重要指标。在同样的条件下,焦点越小,缺陷成像越清晰。由图3.3可见,在平行于X射线管轴向的射线场内,焦点尺寸是变化的。靠近阴极一侧的焦点较大,而阳极一侧的焦点则较小。在有效透照范围内,阳极侧与阴极侧的焦点尺寸之比约为1:4。焦点尺寸的这一差异可使阴极和阳极侧影像的几何不清晰度相差20%～40%。此外,焦点尺寸的变化致使在过X射线管轴线的平面内,射线束的强度中心偏向阴极一侧(图3.4)。但比较而言,阴极侧软射线成分较多,阳极侧硬射线的成分较多,因此透过钢板后,一般情况下阳极侧较阴极侧的射线强度大。鉴于上述原因,为了在有效透照范围内能获得强度较均匀的射线和尺寸基本不变的焦点,以求得到较均匀的透照灵敏度,实际检测时应尽量使焊缝垂直于X射线管的轴线。

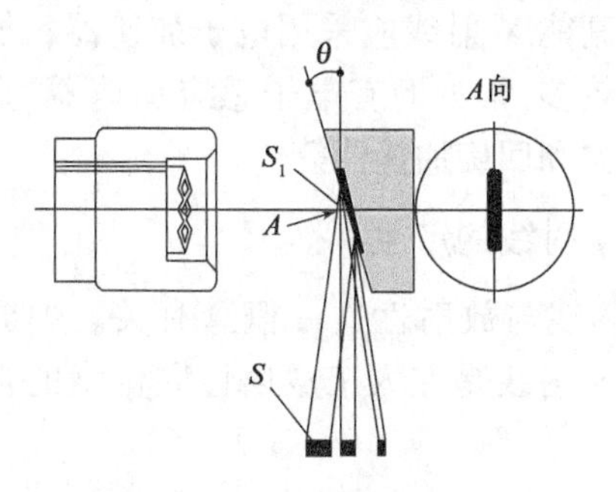

图3.3　X射线管的焦点图

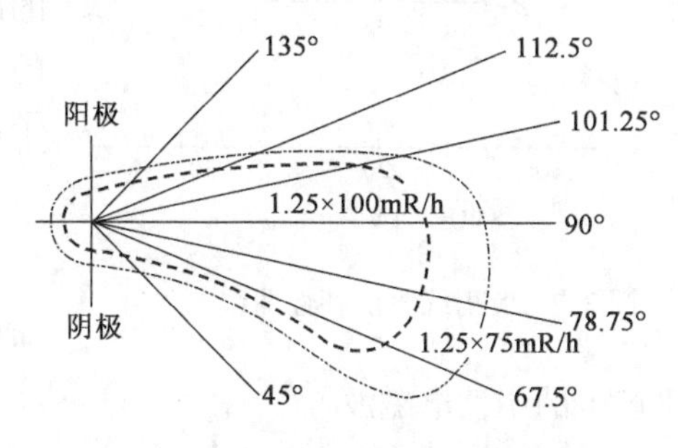

图3.4　某X射线管射线场的等场强分布

X射线管焦点的形状随阴极构造的不同而异,通常可以用图3.5给出的几种理想几何图形近似表示。各种形状焦点的尺寸d可分别按下式计算:

圆形和方形焦点:$d = a$;

椭圆形和长方形焦点:$d = (a + b)/2$。

d的范围一般为0.5～5mm。焦点越小,阳极的局部温度越高。出于对阳极散热方面的考虑,大容量X射线管的焦点相应也较大。

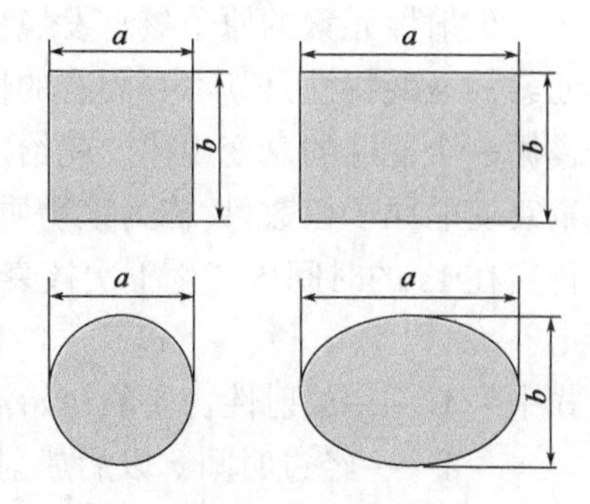

图3.5　焦点形状

2) X射线管的特性曲线

调节X射线管的工作参数可以改变X射线的硬度和辐射强度。所谓辐射强度是指单位时间内垂直于辐射方向的单位面积上的辐射能。提高灯丝的工作温度,可以增加发射的电子量,进而通过增加X射线光子的数目增大辐射强度。而提高阴极和阳极之间的电压(称为管电压),则可使电子运动加速,提高X射线光子的能量和射线硬度。射线能量与硬度之间的关系如图3.6所示。

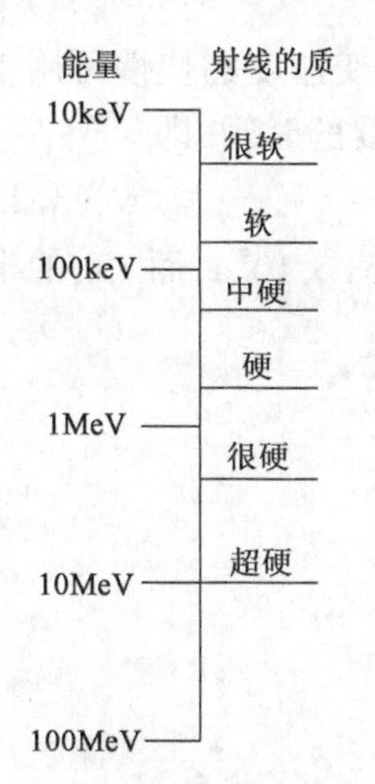

图3.6　射线的能量与"硬度"

在不同的灯丝加热电流下,管电流(即阳极电流)与管电压之间的关系被称为X射线管的特性曲线(图3.7)。由图3.7可见,在一定的管电压下,管电流随灯丝加热电流的增加而增加,这表明到达阳极的电子增加,因此提高了射线强度。而在一定的灯丝加热电流下,管电流开始随管电压的增加而增加,而后当阴极灯丝发出的全部电子都达到阳极以后,管电流即进入饱和状态。

X射线管两端施加的高压称为管电压,单位为V;X射线管内从灯丝高速飞向阳极靶的电子流称为管电流,单位为mA;在灯丝内流动的电子流称为灯丝电流。

管电压越高,射线管内电子运动速度越快,产生的X射线波长越短,能量越高,穿透物体的厚度越大。管电流越大,运动电子的数量越多,单位时间内通过的电子数量越多,射线强度越大。灯丝电流越大,

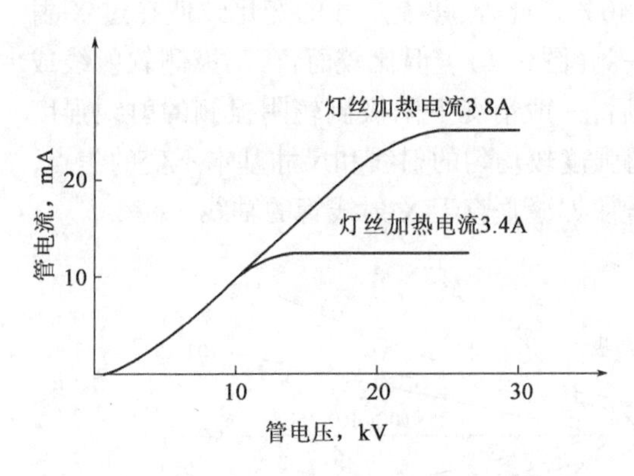

图 3.7　X 射线管的特性曲线

发出的电子数量越多，撞击的阳极概率也越大，因此射线强度越大。

工业用 X 射线机所产生的 X 射线的最大有效能量仅为 400keV 左右，还不能完全满足透照大厚度焊缝的需要。要得到能量在 1MeV 以上的所谓高能 X 射线应采用电子加速器。加速器的种类较多，常见的有电子感应加速器、直线电子加速器和回旋加速器等。

2. γ 射线的产生

γ 射线与放射性这一概念有关。焊缝检测使用的 γ 射线是在人工放射性同位素的自发蜕变过程中产生的中性电磁波。

1）放射性元素的衰变

放射性元素的原子核自发蜕变成为新元素原子核的过程称为放射性元素的衰变。放射性元素的衰变特性是其本身固有的性质，与环境条件无关。大量研究表明，所有的放射性物质都遵循一个普遍的衰变规律。就给定的放射性物质而言，一定量的放射性物质在单位时间内发生衰变的原子核数目，称为该物质的放射性活度（或强度），单位为 Bq。1Bq 的含义是放射性物质在 1s 的时间内产生 1 次核衰变。经过时间 τ 以后，放射性活度按指数规律衰减，即

$$A = A_0 e^{-\lambda\tau} \tag{3.1}$$

式中　A_0——放射性物质的初始活度，Bq；

A——经过时间 τ 以后放射性物质的活度，Bq；

e——自然对数的底；

λ——衰变常数，s^{-1}。

除 Bq 以外，放射性活度的单位还有 Ci，它们之间的换算关系为 $1Ci = 3.7 \times 10^{10}Bq$。此外，单位质量的放射性物质在单位时间内发生衰变的原子核数，称为该放射性物质的比活度，单位为 Bq/kg。

由式（3.1）可知，衰变常数 λ 越大，放射性物质的衰变速度越快。衰变速度的快慢可用半衰期 $\tau_{1/2}$ 反映。所谓半衰期 $\tau_{1/2}$，是指放射性活度从 A_0 衰变到 $A_0/2$ 所需要的时间，即

$$\tau_{1/2} = (\ln 2)/\lambda = 0.693/\lambda \tag{3.2}$$

不同放射性物质半衰期的数值差别很大。例如 U 的半衰期长达 4.51×10^9a，而 He 的半衰期仅为 6×10^{-20}s。

2）工业检测常用的放射性同位素

工业检测使用的放射性同位素应满足下列要求：

（1）产生的 γ 射线应具有能满足检测要求的足够能量。

（2）应有足够长的半衰期。

（3）较小的射线源尺寸，但要有尽可能大的放射性活度。

（4）使用安全，便于处理。

放射性同位素有天然的和人工的两类。天然放射性同位素的开采量小，价格昂贵，因此在工业检测中广泛应用的是人工放射性同位素。人工放射性同位素用给特定物质的原子核注入

中子的办法生成。表3.1中示出了GB 3323—2005中列入的两种人工放射性同位素的基本参数。

表3.1 两种人工放射性同位素的基本参数

γ射线源		射线能量,MeV		半衰期	透照度范围	国产源参数示例	
名称	化学元素符号	线光谱	平均值	$\tau_{1/2}$(年)	mm	放射性活度	射线源尺寸
钴	^{60}Co	1.17:1.33	1.25	5.3a	钢:40~200	1~100	$\phi2\times1$
铱	^{192}Ir	0.136~0.88(15条线)	0.35	74d	钢:20~100	1~100	$\phi2\times2$

由表3.1可见,人工放射性同位素发出的射线具有恒定不变的能量或能量分布。这种能量或能量分布取决于放射性元素本身的衰减类型。只有一种衰变类型的放射性元素发出的γ射线具有一种能量成分。

^{60}Co和^{192}Ir具有两种以上的衰变类型,它们发出的γ射线为具有两种以上能量成分的线状光谱。

γ射线源焦点尺寸(柱体高度)的大小如同就X射线管焦点尺寸大小所作的讨论一样,对缺陷成像的清晰度有十分重要的影响。为使具有一定放射性活度的放射性元素的体积不至很大,要求该元素应具有尽可能大的比活度和密度。

3. 射线的基本性质

就本质而言,X射线和γ射线(简称射线)与所熟知的无线电波、红外线、可见光及紫外线一样,同属于电磁辐射范畴。但与后几种电磁波比较,X射线和γ射线另有一些特性,其中为射线检测所利用的主要有:

(1)不可见,在真空中以光速直线传播,速度与能量无关,具有直线传播的特性;

(2)不带电,不受电场和磁场的影响;

(3)具有可穿透物质和在物质中有衰减的特性;

(4)可使物质电离,能使胶片感光,亦能使某些物质产生荧光;

(5)能杀伤生物细胞,破坏生物组织,具有辐射生物效应。

X射线和γ射线之所以具有上述特性是因为其波长短(表3.2),能量高。众所周知,普通照相机用摄影胶片会因曝光而变黑,而无线电波则不具有这一使摄影胶片感光的特性,这就是射线能量作用的常见例证。习惯上,一般用线质的“软”或“硬”形象地表示射线能量的“低”或“高”(见图3.6)。软质射线的穿透力弱,硬质射线的穿透力强。

表3.2 各种电磁波长的分布范围

电磁波种类	无线电波	红外线	可见光	紫外线	X射线	γ射线
波长	30km~0.3mm	0.3mm~750nm	750~400nm	400~1nm	1~0.002nm	0.002~0.0001nm

3.2.2 射线检测原理

1. 射线与物质相互作用

射线与物质的相互作用主要有吸收效应、散射效应与电子对生成三种形式,作用结果是射线强度被衰减。

1)吸收效应

量子物理理论视X或γ射线为光子流。运动中的光子击中被透照物质原子核外的电子时,若光子具有的全部能量都转换为逸出电子的逸出功和逸出后电子的动能,而入射光子本身已不复存在,则称这一过程为射线的吸收效应。射线被物质吸收是一种能量转换。在1MeV以下的能量范围内,吸收效应是物质对射线主要的作用形式。吸收效应的大小与射线本身能量的高低和被透照物质的性质有关。射线的能量越高,被透照物质的密度和原子序数越小,射线的吸收效应越小。

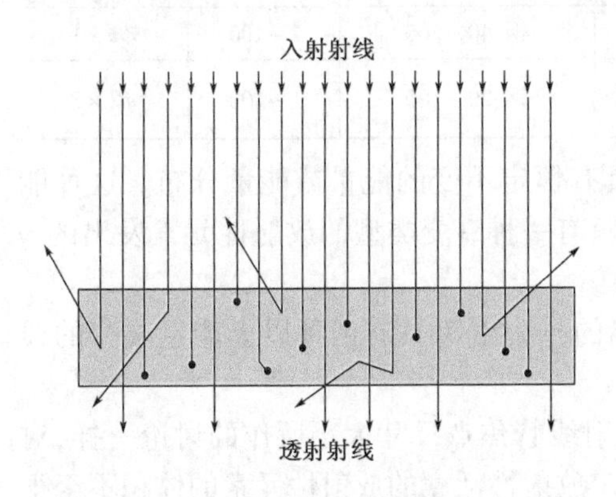

图3.8 射线与物质的相互作用

2)散射效应

射线的散射效应是指入射光子与原子核外的电子碰撞后,其传播方向发生改变导致的射线强度减弱(图3.8)。由图3.8可见,散射线是一些偏离了原射线的入射方向,射向四面八方的射线。射线的能量越低,被透照物质中的电子密度越大,射线的散射效应越显著,散射线的强度越大。

3)电子对生成

能量较高的射线光子与物质相互作用的另一种形式是光子本身消失,同时从物质的原子核中激发出一对粒子(电子和正电子),这一过程称为电子对生成。电子对生成的条件是光子能量要大于1.02MeV。这一能量为电子与正电子的能量之和。在这一能量水平以上,射线的能量越大,因电子对生成造成的射线强度衰减也越大。

2.射线的衰减规律

X射线和γ射线具有穿透一切物质的能力,完全不能被其穿透的物质是没有的。如果用初始强度I_0的单波长射线透照某给定的物质,该物质与射线相互作用的结果使得总有这样一个厚度存在,透过该厚度的物质以后,射线强度I恰为其初始强度I_0的一半,这一厚度称为该物质对应这一射线能量的半价层。设想将几个半价层叠合在一起组成被透照物质的厚度,其中每个半价层让入射的射线透过一半。即假如入射前射线的相对强度为100%,那么透过第一个半价层以后,射线的相对强度降为50%;透过第二个半价层以后,射线的相对强度降为25%。依次类推的这一过程如图3.9所示。由图3.9可见,单波长射线的强度与透照厚度t_A之间应遵循如下的指数衰减规律:

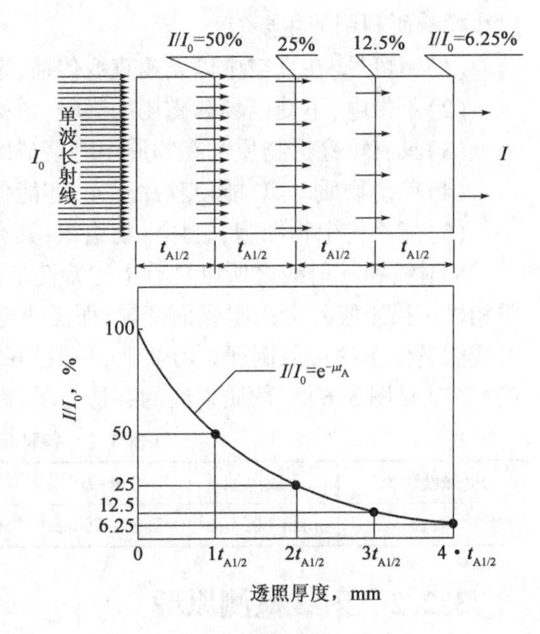

图3.9 射线强度的衰减规律

$$I = I_0 e^{-\mu t} \tag{3.3}$$

式中 μ——射线的线性衰减系数,mm^{-1}。

在式(3.3)中取$I = I_0/2$,可得半价层$t_{A1/2}$的数学表达式:

$$t_{A1/2} = (\ln 2)/\mu = 0.693/\mu \tag{3.4}$$

线性衰减系数 μ 是前述的射线与物质相互作用结果的综合反映,其大小决定着透过单位厚度的物质以后,射线强度相对减弱的程度。在射线能量一定的条件下,被透照物质的密度和原子序数越大,μ 值越大,半价层 $t_{A1/2}$ 越小。这是选用高原子序数材料铅作为射线防护和屏蔽材料的原因之一。另一方面,若被透照的物质一定,那么在一般情况下,射线的能量越低,μ 越大,半价层 $t_{A1/2}$ 也越小。因此,当透照厚度增加时,就要相应提高射线的能量。

式(3.3)和式(3.4)的应用范围仅限于单波长射线。当使用连续 X 射线透照一定厚度的物质时,因为其连续光谱中能量低的射线要比能量高的射线衰减大,因此透过物质以后的射线通常要比入射射线硬。这种在第一节有关 X 射线管的叙述中已经提过的现象称为射线的硬化或过滤。

综上所述,当射线穿透物质时,由于射线与物质的相互作用,将产生一系列极为复杂的物理过程,其中包括光电效应、汤姆逊散射、康普顿效应和电子对(电子偶)效应等,其结果使射线因吸收和散射而失去一部分能量,强度相应减弱,这种现象称为射线的衰减。

3. 射线检测原理

在工业射线检测领域中,射线照相法的应用最广。图 3.10 所示为用射线照相法检测工件内部缺陷的成像原理。当用射线透照被检工件时,如果工件内部存在缺陷(如图 3.10 中的通孔),致使其某部位沿射线透照方向上的厚度减小,那么由式(3.3)可知,从有缺陷部位入射的射线被衰减的程度相对较低,而透射射线的强度 I 则相对较大。在射线照相方法中,这种因透照厚度变化造成的透射射线强度差被射线照相胶片记录下来,经暗室处理以后,再由其底片的黑度差予以反应,也即底片上较大的黑度对应较大的透射射线强度。因此,根据被检工件与其内部缺陷介质对射线能量衰减程度不同,而引起射线透过工件后的强度差异,通过射线照相底片上或 X 光电视屏幕上黑度变化的图像来发现被检工件中存在的缺陷,并据此对其定性定量就是射线检测的基本原理。

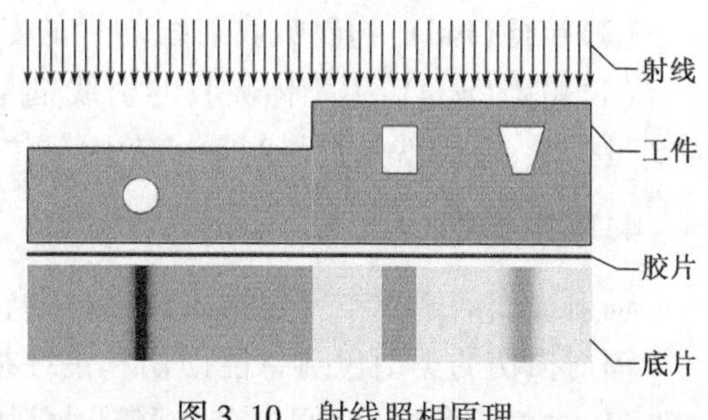

图 3.10　射线照相原理

如果用一套电视系统代替射线照相胶片接收并显示工件背后透射射线的强度变化,即所谓射线检测的工业电视法。

3.2.3　辐射物理学

1. 辐射防护概述

任何与物质直接作用或间接作用可引起物质电离的辐射称为电离辐射。引起电离辐射的粒子有两种:直接致电离粒子和间接致电离粒子。直接致电离粒子如电子、β 射线、质子、α 粒子等带电粒子,他们具有足够的动能,通过碰撞引起物质电离。间接致电离粒子如中子、光子等非带电粒子,与物质作用时能够释放直接致电离粒子或引起原子核变化。

不能引起物质电离的辐射称为非电离辐射,如红外线、微波等,它们能量低,不能引起物质电离。

辐射防护研究的主要内容包括辐射剂量学、辐射防护标准、辐射防护技术、辐射防护评价和辐射的防护管理。

2. 主要辐射量

(1)照射量:X 射线或 γ 射线在单位质量的空气中所能产生的电荷数量,常用 X 来表示,单位为伦琴(R)。

(2)照射量率(照射强度):单位时间的照射量称为照射量率,常用符号 I 来表示,单位为伦琴/小时(R/h)。

(3)吸收剂量:电离辐射传递给单位质量的被辐照物质的能量,常用符号 D 表示,单位为拉德。

(4)剂量当量:吸收剂量与辐射品质因数及修正因子之积,用符号 H 表示,单位为雷姆。

3. 辐射单位

(1)居里(Ci):放射性强度单位。1 克镭所具有的放射强度就是 1 居里。

(2)伦琴(R):X 射线和 γ 射线照射量的量度单位。

(3)拉德(rad):物质吸收射线剂量的专用单位。

(4)雷姆(rem):生物体吸收的射线剂量通常用物质吸收的射线剂量的当量值来表示,称为剂量当量,雷姆就是剂量当量的专用单位。

4. 辐射损伤

辐射损伤的来源主要包括人体之外的辐射照射和吸入体内的放射性物质的照射两种。

辐射损伤的类型包括急性损伤和慢性损伤两种。

(1)急性损伤:短时间内全身受到大剂量的照射所产生的辐射损伤。典型的急性损伤常表现为潜伏期、前驱期和发症期三个阶段。

①潜伏期:一切症状消失,可持续数日或数周。

②前驱期:受照者出现恶心、呕吐等症状,约持续 1 ~2 天。

③发症期:表现出辐射损伤的各种症状,如呕吐、腹泻、出血、嗜睡、毛发脱落等,严重者将导致死亡。

(2)慢性损伤:长时间受到超过容许水平的低剂量的照射时,在受照后数年或数十年后出现的辐射生物效应。对慢性损伤目前难以判定辐射与损伤之间的因果关系。目前认为慢性损伤主要有白血病、癌症(皮肤癌、甲状腺癌、乳腺癌、肺癌、骨癌等)、再生不良性贫血、白内障、寿命缩短等。

3.3 射线检测设备

射线检测设备主要有 X 射线机、γ 射线机和电子直线加速器。学习射线检测设备的主要目的:一是了解其原理、构造、主要性能及用途;二是正确选择设备和有效进行探伤工作。

3.3.1 X 射线机

1. X 射线机的分类和用途

(1)X 射线机按结构形式分为携带式、移动式和固定式三种。图 3.11 为 X 射线探伤机的实物图。

①携带式 X 射线机特性:体积小,重量轻,适用于施工现场和野外作业。

②移动式 X 射线机特性:能在车间或实验室内移动,适用于中厚板焊件的探伤。

③固定式 X 射线机特性:固定在确定的工作环境中,靠移动焊件来完成探伤工作。

(2)按射线束的辐射方向分为周向辐射和定向辐射两种。

①周向辐射:适合于管道、锅炉和压力容器的环焊缝探伤,因为一次曝光可以检查整个焊缝,显著提高了工作效率。

②定向辐射:X 射线按照固定方向进行辐射。

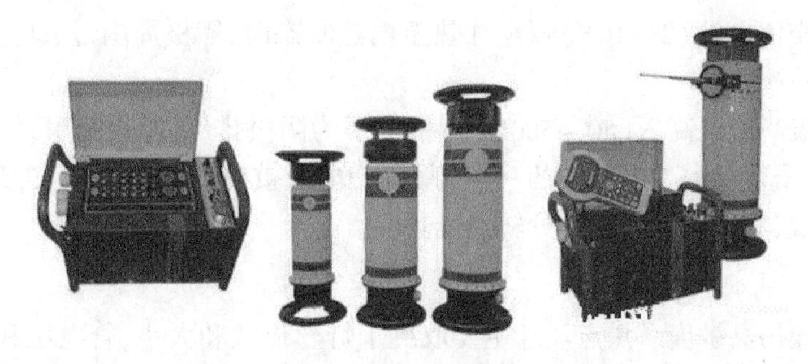

图 3.11　X 射线探伤机

2. X 射线管

X 射线管又称 X 光管,是 X 射线机的核心部件,为一由阴极与阳极等组成的真空电子器件,如图 3.12 所示。

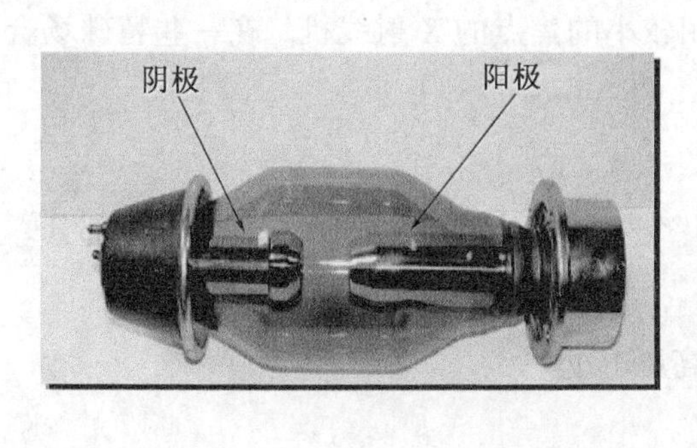

(a)X射线管

(b)X射线的产生

图 3.12　X 射线管及 X 射线产生示意图

1)结构特点

X 射线管主要由阴极构件、阳极构件和管套三部分组成。其中,阴极构件包括阴极、灯丝和聚焦罩三部分;阳极构件包括阳极和靶块。

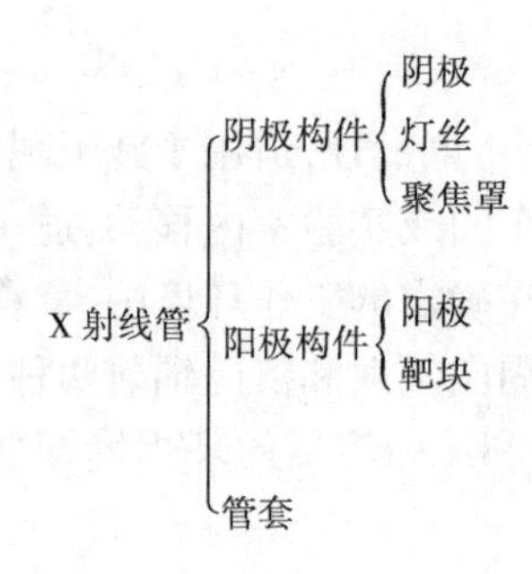

2）工作原理

灯丝接低压交流电源（2～10V）通电加热至白热状态时，阴极周围形成电子云，聚焦罩的凹面使其聚焦。

在阴极和阳极间施以高压（50～500kV）时，电子为阴极排斥，阳极吸引，加速通过真空空间，高速运动的电子束集中轰击靶子的一个小面积，电子被阻挡，减速，吸收，其部分动能（约1%）转换为 x 射线，其余的动能大部分转换成热能。

3）焦点

焦点会影响探伤灵敏度。焦点尺寸主要取决于灯丝形状和大小，管电压和管电流也有一定影响。实际焦点（几何焦点）是靶块被电子轰击的部分。有效焦点是指实际焦点在垂直于电子束轴线的投影。由于 X 射线发射的方向与阳极靶一般成 20°角，因为 sin20° = 0.34，所以有效焦点一般为实际焦点的三分之一左右。

阴极灯丝的形状决定了焦点的形状。焦点的形状主要有正方形、矩形、圆形和椭圆形四种。

焦点的形状决定了辐射的射线束的形状，它对影像的清晰度有很大的影响。焦点越大，发射的射线强度越大，但焦点的大小与发射射线的能量无关。射线能量只与管电压有关。焦点影响照相质量的主要原因是几何投影关系，焦点越大，投影后产生的几何不清晰度越大，即图像越不清晰。因此为了提高图像质量，要选用较小的焦点的 X 射线机。在一些特殊场合下已有微米级焦点的 X 射线机的应用。

3. X 射线机的结构

X 射线机的基本结构主要包括高压部分、冷却部分、控制部分和保护部分等四部分。

1）高压部分

高压部分是指 X 射线管、高压发生器及高压电缆。

（1）高压变压器。

作用：将低电压（几百伏）提升到 X 射线管所需的高电压。

特点：功率不大，但输出电压很高，次级线圈匝数多，线径细，绝缘性能要求高。

（2）灯丝变压器。

作用：将工频 220V 电压降低到 X 射线管灯丝所需要的十几伏电压，提供较大的加热电流（约十几安）。

特点：由于其和高压变压器装在同一个机壳内，其绝缘性能要求很高。另外，有的是单独的一个变压器，有的是在高压变压器绕组外再绕 6～8 匝，作为加热线圈提供灯丝加热电流。

(3)高压整流器。

(4)高压电容。

(5)高压电缆。

(6)电缆头。

2)冷却部分

采取的冷却方式主要有油循环、水循环和辐射散热冷却,也称自冷却。该部分主要由冷却水管(油管)、冷却油箱、搅拌油泵、循环油泵、油泵电机、保护继电器(油压和水压开关)组成。

3)保护部分

(1)电路的短路过流保护:熔断丝。

(2)X 射线管阳极冷却保护:温控开关和水通(油通)开关。

(3)X 射线管的过载保护:过流继电器。

(4)零位保护:零位继电器和时间继电器。

(5)接地保护。

(6)其他保护:绝缘线。

4)控制部分

(1)管电压的调节:通过调节高压变压器的初级侧并联的自耦变压器来实现。

(2)管电流的调节:通过调节灯丝加热电流来实现。

(3)操作指示部分:各种开关、调节旋钮、指示灯和计时器等都集合到控制箱上。

4. X 射线机的操作程序

(1)开机准备。

①连接电源:将控制箱的电源线插入工业电路中,用电缆线连接控制箱和机头。

②接通冷却系统:移动式 X 射线机若带有水冷系统的在开机前必须接上水源,并通水试验,水流顺畅才能开机。

③控制箱可靠接地。

④按下电源开关,控制箱上电源绿灯亮。检查油绝缘机的油泵、气绝缘机的机头风扇是否转动,如果油泵或风扇工作正常则表明设备的电路和控制系统正常可以开机工作。

(2)开机。

①将“KV”“mA”调到零位或规定位置,“时间”调到预定位置按下高压开关,控制箱上红灯亮;

②将“KV”“mA”缓慢调到(或自动升到)规定值曝光开始,“时间”指针在缓慢移动;

③曝光过程中要密切注意仪表、冷却系统是否正常工作,若有不正常现象应立即切断高压。

(3)关机。

①蜂鸣器响表示曝光时间结束,这时应缓慢调节“KV”“mA”到零位,调节速度应与时间走的速度同步,即时间走完“KV”“mA”正好到零位。“KV”“mA”值自动升到规定值的 X 射线机在曝光结束前也能自动降到初始位置,不必人工调节;

②时间走完高压自动切断,如不继续曝光应保持一定时间让机头冷却后再切断电源(此时电源绿灯灭)。

3.3.2　γ射线机

γ射线机又称γ射线探伤仪,如图3.13所示。

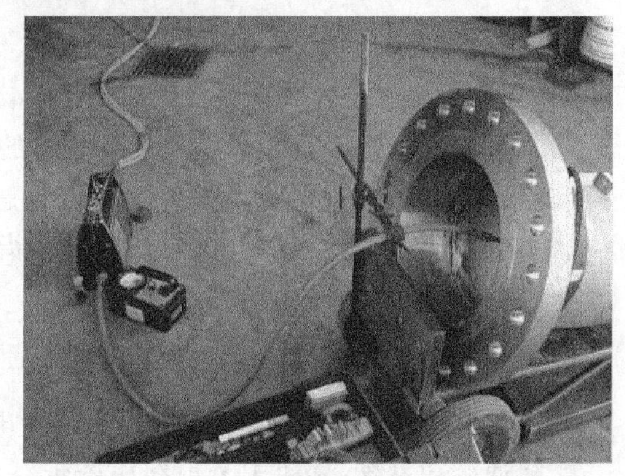

图3.13　γ射线机

1. γ射线探伤的特点

1)优点

(1)穿透力强(最厚可透照300mm钢材);

(2)透照过程中不用水和电(适合于在野外、无电、高空、高温及水下等特殊场合);

(3)设备轻巧、简单、操作方便;

(4)可在X射线机和加速器无法到达的狭小部位工作。

2)缺点

(1)半衰期短的γ源更换频繁;

(2)要求严格的射线防护;

(3)对缺陷发现的灵敏度略低于X射线机。

2. γ射线机的类型

按其结构形式进行分类,可分为携带式、移动式和爬行式三种。

(1)携带式γ射线机特性:^{192}Ir作射线源,适用于较薄件的探伤;

(2)移动式γ射线机特性:^{60}Co 作射线源,适用于厚件的探伤;

(3)爬行式γ射线机特性:适用于野外焊接管线的探伤。

3. γ射线机的组成

典型γ射线机主要由机体、γ射线源、输源导管和驱动机构等部分组成。

1)机体(储源容器)

机体是γ射线源的储存装置,曝光时源被推出机体外,曝光结束后源被收回到机体内;机体材料必须能有效地屏蔽源的辐射,曾经用钢或黄铜铸造的外壳内浇铸铅作机体,目前多用贫化铀作屏蔽材料,钨合金也是很好的屏蔽材料,但由于价格贵而少有应用。

2)γ射线源

γ射线源包括放射性同位素和金属外壳,金属外壳通常由不锈钢制作,能够承受温度、压力、振动、冲击作用而不损坏,裸露的γ射线源将造成极大的辐射污染而发生重大事故。

3)输源导管

输源导管是可以弯曲的软性蛇形管,放射源在驱动机构推动下在管内移动(推出或缩进),输源管的前端有一个准直器窗口,调节该窗口可使放射源定向或周向产生辐射。输源导管的后端连接驱动机构。源被推出后,可通过准直器调节射线的入射方向。

4)驱动机构

驱动机构和可以弯曲的软性输源导管(蛇形管)连接,软性蛇形管内有与放射源连接的金属丝。驱动控制装置包括手摇机构控制金属丝的活动和确保安全使用的闭锁装置。

4. γ射线机的操作程序

1)操作前的准备

(1)操作人员必须具备有政府管理部门颁发的放射人员操作上岗证;

(2)检查设备是否完好,驱动机构、输源管有无损坏;

(3)检查操作现场防护条件是否符合标准要求,操作人员是否配备个人剂量仪;

(4)检查工艺参数是否明确;

(5)危害性较大,涉及公共安全,需要较好的防护条件。

2)γ源—工件—胶片安放

(1)将主机、工件和胶片按工艺卡规定的相对位置摆放;

(2)主机与输源管、驱动器连接。输源管尽可能拉直,不得已必须弯曲时曲率半径应大于500mm,并防止弯曲拐点;

(3)将输源管的照相头固定在工件上方,与工件保持一定的焦距,输源管的另一头插入主机的出口处;

(4)驱动器通过控制电缆与主机连接,控制电缆应有足够的长度保证辐射安全。

3)曝光

(1)根据工艺卡确定曝光时间;

(2)操作人员退至安全防护屏后准备操作;

(3)打开驱动器闭锁装置,转动手摇柄使源从屏蔽容器进入输源管直至照相头开始曝光;

(4)曝光结束后反向转动手摇柄使源从照相头经输源管返回到屏蔽容器,锁紧闭锁装置。曝光完毕后再将胶片进行暗室处理。

4)γ 源的管理

γ 源的保管、运输、使用和保养,必须严格按照规章制度、程序进行,一旦发生事故,应及时按应急程序处理,并立即报告上级,查明原因,问责处理。

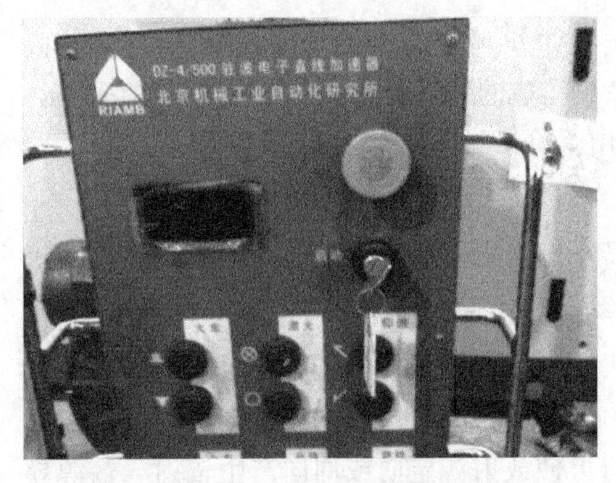

图 3.14　电子直线加速器

3.3.3 加速器

光子能量大于 1MeV 的射线称为高能射线,产生高能 X 射线的常用设备是加速器,加速器的基本原理是利用电磁场使带电粒子获得能量。

按加速电子的方法不同,加速器分为电子感应式、电子直线式和电子回旋式,其中应用最广的是电子直线加速器,如图 3.14 所示。

1. 电子直线加速器

电子直线加速器是因电子在波导管内被直线加速而得名,电子直线加速器由电子源(阴极灯丝产生)、磁控波导管、空心圆片和 X 射线靶等部分组成,如图 3.14 所示。灯丝发出的电子经过聚焦在磁控波导管内行走,波导管内一定距离有一金属圆片,两圆片之间有一定电位差,电子在此得到加速,被加速而高速运动的电子最终轰击靶体而发出高能 X 射线,如图 3.15 所示。电子直线加速器产生的 X 射线能量可达 15MeV。

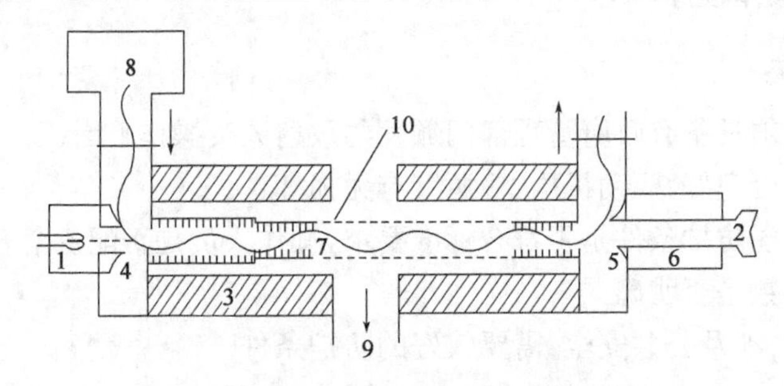

图 3.15　电子直线加速器示意图

1—电子源;2—X 射线靶;3—聚焦磁极;4—微波输入极;
5—微波输出极;6—极式电子聚焦准直仪;7—空心圆片;
8—磁控管;9—真空泵;10—空心金属管

2. 电子回旋加速器

电子回旋加速器是因电子在圆形真空腔内被圆周旋转加速而得名,电子回旋加速器有一个圆形的中空真空腔,它处于一个高频电场和恒定的磁场中。在电磁场作用下,电子在真空腔内做圆周运动,其速度被不断加快、选择半径也逐渐增大。当电子能量达到一定程度时电子轰击靶体产生高能 X 射线。电子回旋加速器产生的 X 射线能量可达 15 ~ 30MeV。

加速器的优点如下:

(1)能量大,穿透力强,钢件穿透厚度可达 400 ~ 500mm;

(2)灵敏度高,金属丝灵敏度可达1%;

(3)强度大,可使用大焦距短时间透照,降低了不清晰度,可使用低速、细粒,高对比度胶片,效率高。

加速器的缺点是价格高,设备庞大。

3.3.4 其他射线检测器材

射线检测除了射线探伤机和底片等主要设备外,还需要观片灯和黑度计等其他射线检测器材。

1. 观片灯

观片灯是底片评定的主要工具,如图3.16所示。常用低电压轻接触式脚踏开关,安全可靠,通常采用四级数字式亮度调节,最高亮度要根据标准而定。

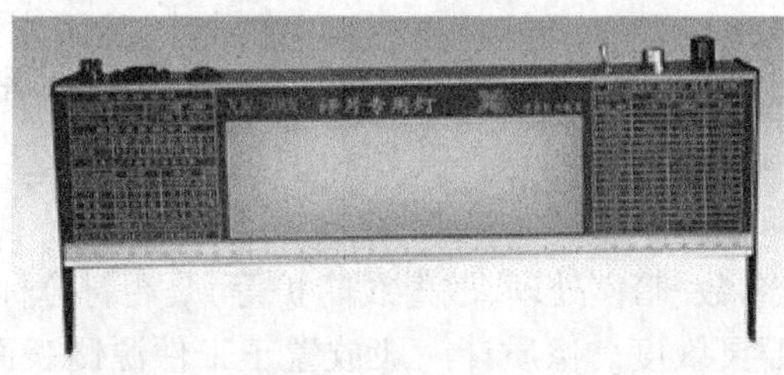

图3.16 观片灯

2. 黑度计

射线照相底片的黑度用黑度计来测量,其主要功能主要是测量底片的黑度。黑度计有一个约2mm的光孔,白光穿过底片前后其光强减弱,根据光强比和黑度的定义式可以计算出底片的黑度。

使用前首先要校正"0"点,然后用标准黑度片校验黑度计。标准黑度片是在一定条件下拍的具有不同黑度阶段的实际底片,它的黑度值是用精密光度计测量的,而且必须经过计量检定才能使用。校准时将标准黑度片放在光孔上,按下光强接收探头调整读数使其与标准黑度片被测区黑度一致。将被测底片对准光孔,按下光强接收探头就能读出底片的黑度值。

对比分析X射线探伤、γ射线探伤和电子直线加速器的区别。
提示:从被检测工件的厚度和灵敏度两个方面去对比分析。

3.4 射线检测通用技术

3.4.1 射线检测系统

射线照相之前,焊缝及其热影响区的表面质量应先经外观检查合格。被检区域和照相底片上均应作出永久性的定位和识别标记作为底片复查和重新定位的依据。底片上应显示的铅质定位标记的影像有中心标记"+"和胶片搭接标记"↑"两种;识别标记一般包括设备编号、

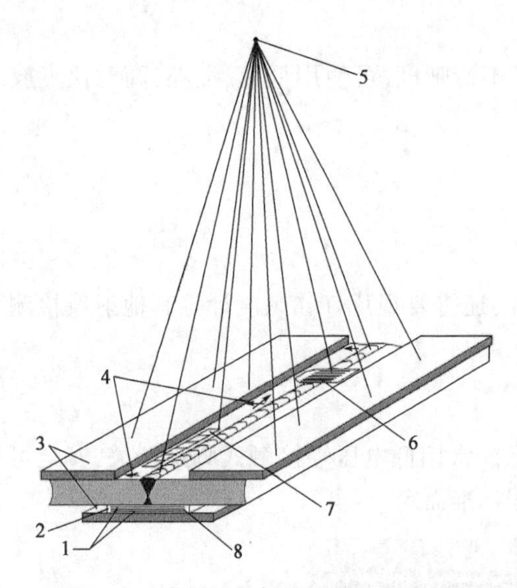

图3.17　直焊缝的射线照相与器材布置

1—增感屏;2—暗盒;3—铅板;4—定位标记;
5—射线源;6—像质计;7—识别标记;8—胶片

部件编号、焊缝编号、焊工编号和透照日期等内容,返修部位还应有返修标记 $R_1, R_2, \cdots$(下标代表返修次数)。这些标记应距焊缝边缘至少5mm。

常见的焊缝射线照相系统与器材布置如图3.17所示。透照技术及图中涉及的一些辅助器材的作用将在下一节中进一步讨论。

(1)射线源:主要包括X射线、γ射线和中子射线三种,用来进行探伤的主要有X射线和γ射线。

(2)胶片。

(3)增感屏。

(4)像质计:是用来定量射线底片影像质量的工具,与被检工件材质相同;类型主要有线型、孔型和槽型;GB/T 3323—2005 规定采用线型像质计,如图3.18所示。像质计主要用来检验射线照相工艺质量(设备、曝光参数、暗室处理、散射线防护等)是否符合标准的要求,像质指数(或应识别的丝号)反映了透照灵敏度。像质计一般放置于工件源侧表面焊接接头的一端(在被检区长度的1/4左右位置),金属丝应横跨焊缝,细丝置于外侧。

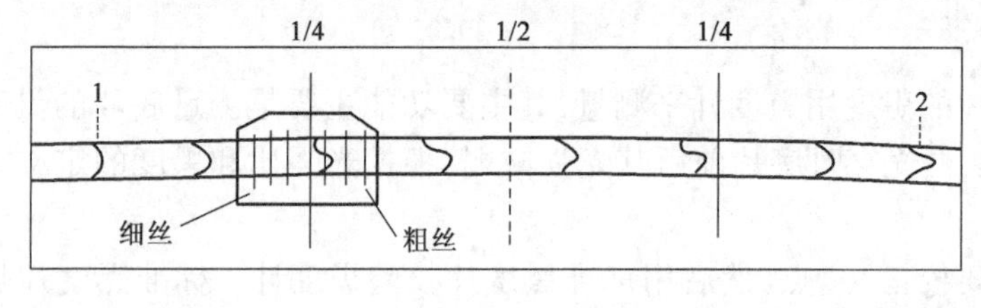

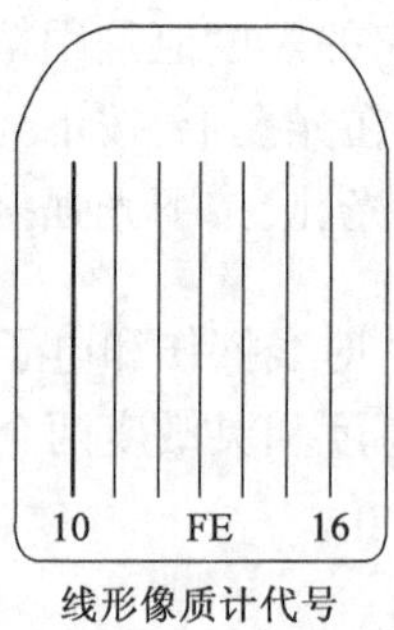

线形像质计代号

图3.18　线型像质计

(5)铅罩、铅光阑:附加在X射线机窗口,主要是为了限制射线照射区域和得到合适的射线量,从而减少来自其他物体如地面、墙壁和工件的非受检区的散射作用,以避免或减少散射线所导致底片灰雾度的增加。

(6)铅遮板:主要固定在工件表面或周围,其作用主要是有效屏蔽前方散射线和工件外缘由散射引起的边蚀效应。

(7)底部铅板:又称后防护铅板,是屏蔽后方散射线(如来自地面)所用。

(8)暗盒:对射线吸收不明显,对影像无影响的柔软塑料袋制成,能很好地弯曲和贴紧工件。

(9)标记带:主要是使每张射线底片与工件被检部位能始终对照。标记带主要包括定位标记(中心标记、搭接标记)、识别标记(工件编号、焊缝编号、部位编号、返修标记)、B 标记等,如图 3.19 所示。

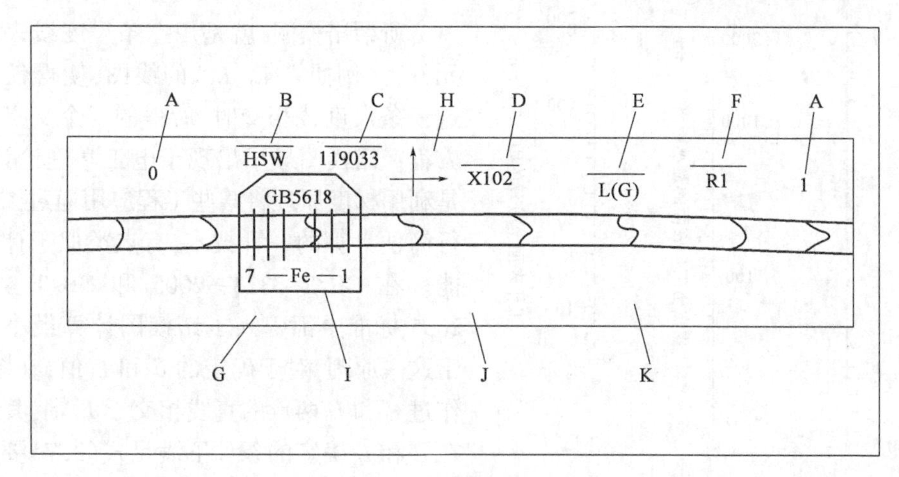

图 3.19 标记带

A—定位及分编号(搭接标记);B—制造厂代号;C—产品令号(合同号);D—工件编号;E—焊缝类别;F—返修次数;G—检验日期;H—中心定位标记;I—像质计;J—B 标记;K—操作者代号

3.4.2 几何投影原理

射线检测时,由于存在射线源、工件和胶片等三者之间的相对位置关系,故存在几何投影关系。

1. 焦距

射线源与胶片之间的距离称为焦距,常用 F 表示,如图 3.20 所示。

焦距的改变直接影响射线照相的几何不清晰度和照射面上的射线强度,进而可影响总的不清晰度值和射线照相对比度。

焦距对射线照射强度的影响符合距离平方反比定律:

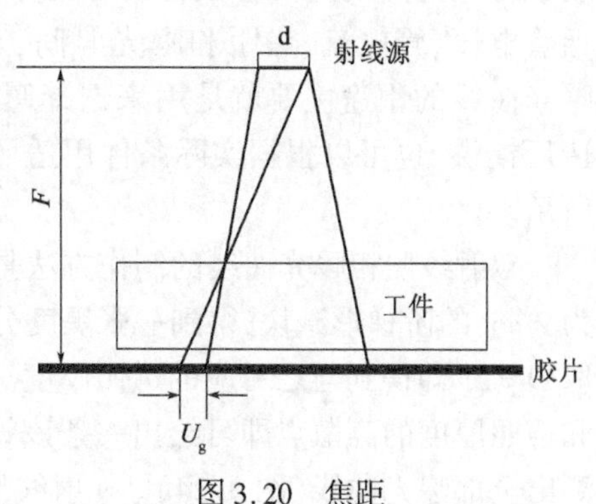

图 3.20 焦距

$$\frac{I_1}{I_2}=\frac{F_2^2}{F_1^2} \tag{3.5}$$

式中　I_1、I_2——焦距 F_1、F_2 处的射线能量。

2. 几何不清晰度

焦点尺寸引起的工件内缺陷在底片上投影图像边界的不清晰称为半影或几何不清晰度，记为 U_g，它与射线源尺寸 d，焦距 F、工件表面到胶片距离（或工件厚度）b 有关。

$$U_g=\frac{d\times b}{F-b} \tag{3.6}$$

满足规定的几何不清晰度条件下的焦距称为最小焦距。焦距大于最小焦距时的几何不清晰度都小于规定的几何不清晰度（即照相时焦距必须大于最小焦距），最小焦距的计算公式为

$$F_{min}=\frac{d\times b}{U_g}+b \tag{3.7}$$

3. 诺模图

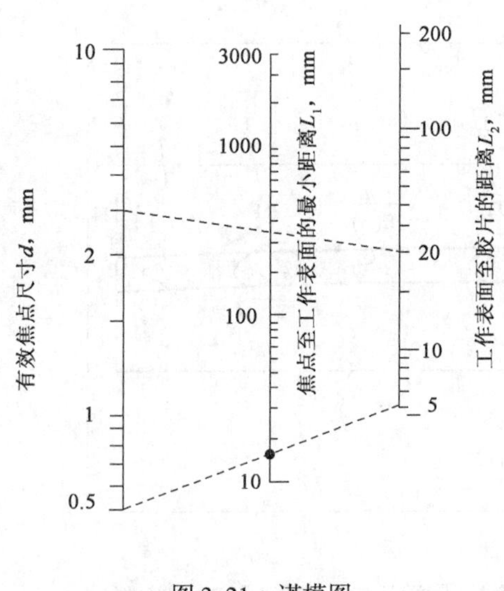

图 3.21　诺模图

所谓诺模图，就是用三条尺度线表示一个三元方程（例如 d、L_2、L_1）的线图，使得任一直线与这三条尺度线相交时，所得的三个交点均满足该方程。诺模图最早出现于电工学理论计算中，它是利用梯度原理将某些工程应用通过图示方法进行简便计算的一种技术，有点类似于计算尺的功能。在 GB/T 3323—2005 和 NB/T 47013. 2—2005 标准中都引入了诺模图计算最小焦距。基于这一原理，对于确定的 d 和 L_2 值，在图 3.21 上作过 d 和 L_2 两点的直线相交于 L_1 轴，其交点即为在 d 和 L_2 确定的条件下满足式（3.7）要求的最小 L_1 值。查出最小 L_1 值后应化整到较大的整数值使 U_g 满足式（3.7）的规定。

3.4.3　曝光曲线

在一定的探伤器材，几何条件和暗室处理等条件下，欲获得规定黑度值的底片，对某一厚度工件应选用的透照参数称为曝光条件，又称曝光规范。对 X 射线探伤，曝光规范主要包括管电压、管电流、焦距和曝光时间，对 γ 射线探伤，曝光规范主要包括焦距和曝光时间。曝光曲线的用途主要就是用来选择曝光规范。曝光曲线一般由胶片制造厂和检测设备制造厂提供，也可以根据实际条件用透照梯形试块的方法测出曝光曲线，如图 3.22 和图 3.23 所示。

X 射线照相曝光曲线的制作方法是：在一定的管电压下，用某曝光量透照各级厚度差通常为 2mm 的阶梯形试块，得到一张黑度分级变化的底片。从该底片上找到预定的黑度区（通常取 $D=2$）即得到与之对应的透照厚度。改变曝光量并重复上述过程，然后由 3 个以上曝光量和透照厚度的离散点即可绘出一条该管电压下的曝光曲线。改变管电压并重复上述过程即可测出全部曝光曲线（图 3.24）。γ 射线照相的曝光曲线可仿此作出。

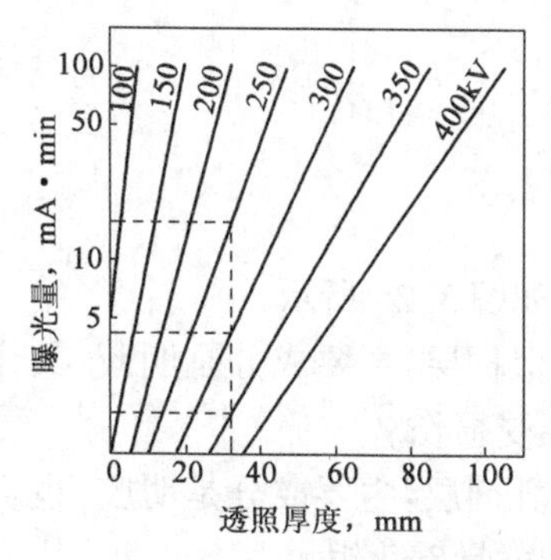

图 3.22　X 射线照相的曝光曲线

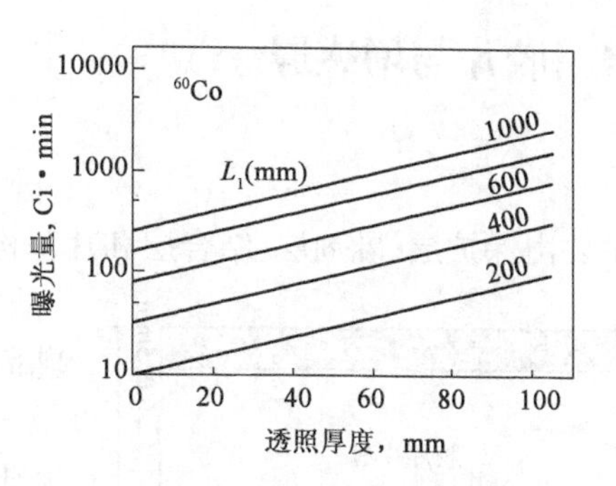

图 3.23　^{60}Co 源的曝光曲线

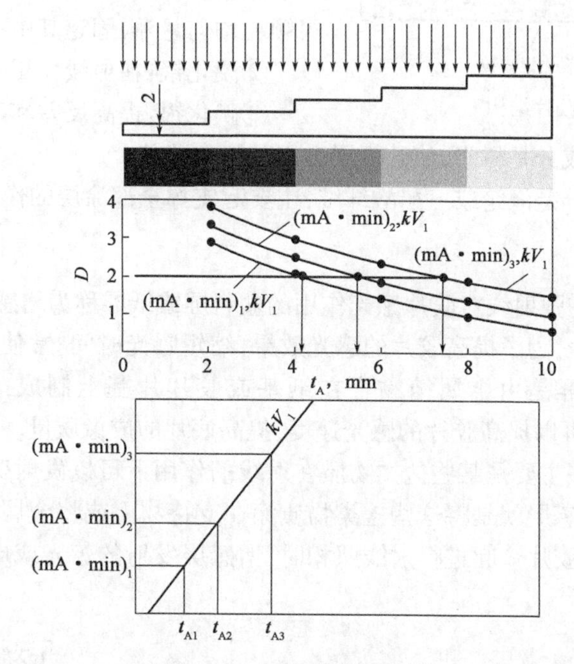

图 3.24　曝光曲线的制作

曝光曲线提供的是特定条件下控制底片黑度的标准规范。当实际透照条件发生变化时，应对这一标准规范作某些相应的调整。

被透照材料改变，可按表 3.3 中提供的系数换算相应的曝光量。

表 3.3　曝光量的相对换算系数

射线		X 射线，kV				^{192}Ir	^{60}Co
		00	150	200	400		
被透照材料	镁	0.05	0.05	0.08	—	—	—
	铝	0.08	0.12	0.18	—	—	—
	钢	1	1	1	1	1	1
	铜	1.6	1.6	1.5	1.5	1.1	1.1
	锌	—	1.4	1.3	1.3	1.1	1.0
	黄铜	—	1.4	1.3	1.3	1.1	1.1
	铅	—	14	12	—	4.0	2.3

3.4.4 胶片与增感屏

1. 胶片

胶片主要由保护层、乳剂层、结合层和片基构成,如图 3.25 所示。

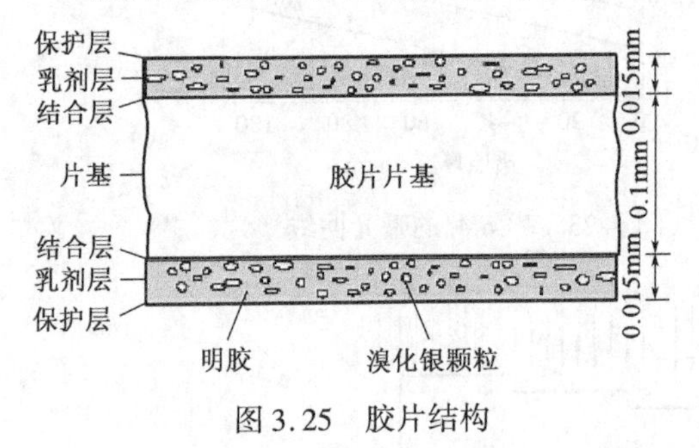

图 3.25 胶片结构

(1)保护层:主要成分是明胶,其作用是保护乳剂层不受损伤。

(2)乳剂层:主要成分是明胶,也含有一定的溴化银和微量碘化银。

①明胶:主要起增感作用,主要作用是使卤化银颗粒均匀悬浮,固定其中;

②溴化银:在射线作用下将产生光化反应;

③碘化银:提高反差和改善感光性能。

(3)结合层:主要成分是树脂,使乳剂层牢固黏附在片基上。

(4)片基:主要成分是涤纶或三醋酸纤维,主要起支撑全部涂层的作用。

2. 增感屏

涂有增感材料能增强射线对胶片感光作用的塑料屏或纸屏称为增感屏。射线胶片吸收到的入射射线的能量很少,为了提高胶片的感光效果,缩短曝光时间,常使用增感屏与胶片一起进行射线照相。增感屏是由金属箔黏合在纸基或胶片片基上制成,分为前屏和后屏,如图 3.26所示。增感屏可以提高胶片的感光速度,提高底片的成像质量。

增感屏的增感原理主要是某些盐类物质在射线的作用下可以发射荧光,金属在射线的作用下可以发射电子,增感屏就是将这些盐类物质涂在支持物上或将金属箔粘接在支持物上制成的屏,当用增感屏与胶片一起进行射线照相时,增感屏发射的荧光或电子也对胶片感光,从而可减少曝光时间。

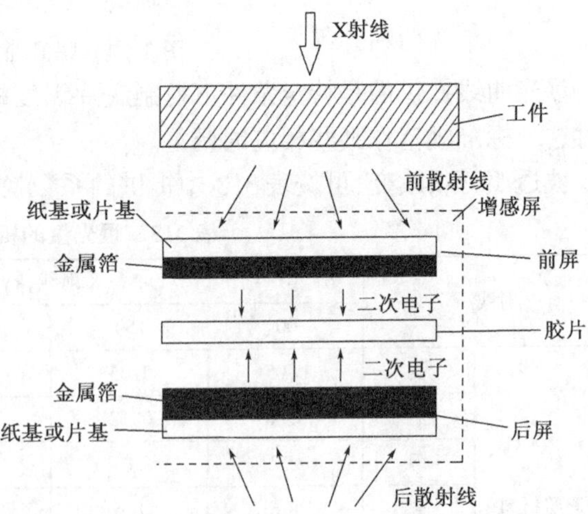

图 3.26 增感屏的构造和作用

增感系数是描述增感屏性能的主要指标。金属增感屏的增感系数较低(2 ~ 7)。荧光增感屏虽增感系数较大,但由于产生荧光扩散,屏斑效应会引起成像质量降低,易造成细小裂纹的漏检,故在透照焊缝时一般不选用。

增感屏主要包括以下几种:

(1)金属增感屏:屏基上粘贴均匀、平整的金属薄片(常用铅箔)。

(2)荧光增感屏:屏基上粘贴均匀、平整的荧光物质(钨酸钙)。

(3)金属荧光增感屏:金属薄片上粘贴均匀、平整的荧光物质。

3.4.5 黑度与灰雾度

受到射线的光化作用后,再经过暗室处理,射线胶片即成为在可见光下观察呈暗黑色的底片。底片的黑度(D)是指曝光并经暗室处理后的底片黑化程度,其大小与该部分含银量的多少有关。强度为 L_0 的可见光沿法向入射到照相底片上的某点,设透过底片的可见光强度为 L,则该点的黑度的计算公式为:

$$D = \lg(L_0/L) \tag{3.8}$$

式中 L/L_0——透光率。

灰雾度 D_0 是指未经曝光的胶片经显影处理后获得的微小黑度,包括了片基本身的不透明度。

黑度的大小可以用专门的黑白密度计进行测量。

照相底片的影像质量与其黑度的大小有直接关系。在某个黑度值以下,底片反差会显著减小。一般而言,在观片灯亮度足够的前提下,随着黑度的增大,底片反差会得到相应的改善。在常用观片灯的亮度范围内,从提高底片影像质量的角度考虑,同时兼顾到透照厚度可能变化较大的实际情况(例如母材较薄而焊缝余高较大的焊缝和热影响区),应控制对接接头射线照相底片有效评片区域内无缺陷部位的黑度满足表 3.4 的规定;管道环焊缝透照底片有效检出范围内焊缝成像区的黑度在 1.5~3.5 之间(包括灰雾度 D_0)。如果透照厚度太大,以致在一次透照的条件下,透照厚度大和透照厚度小的部位不能同时满足表 3.4 的规定,则应分别透照厚度大和厚度小的部位或采用双胶片技术。即在同一暗盒内放入两张胶片进行透照,然后将两张底片重叠起来观察透照厚度大的部位,单张底片观察透照厚度小的部位。

表 3.4 对接接头焊缝射线照相底片的黑度范围(GB/T 3323—2005)

<table>
<tr><th>射线种类</th><th colspan="2">底片黑度 D</th><th>灰雾度 D_0</th></tr>
<tr><td rowspan="3">X 射线</td><td>A 级</td><td rowspan="2">1.2~3.5</td><td rowspan="4">≤0.3</td></tr>
<tr><td>AB 级</td></tr>
<tr><td>B 级</td><td>1.5~3.5</td></tr>
<tr><td>γ 射线</td><td colspan="2">1.8~3.5</td></tr>
</table>

为能观察表 3.4 中最大黑度为 3.5 的底片,观片灯的最大亮度应不小于 $105\mathrm{cd/m^2}$,以保证经观片灯照明后的底片亮度不小于 $30\mathrm{cd/m^2}$。

3.4.6 灵敏度

射线照相底片上能够发现沿射线穿透方向的最小缺陷的能力称为灵敏度,灵敏度分为绝对灵敏度和相对灵敏度。射线照相底片上能够发现沿射线穿透方向上的最小缺陷的实际尺寸称为绝对灵敏度。射线照相底片上能够发现沿射线穿透方向上的最小缺陷的实际尺寸与穿透厚度的百分比称为相对灵敏度。常用像质计测量射线照相灵敏度。

3.4.7 暗室处理

胶片的冲洗加工过程一般由显影、冲洗、定影、冲洗和底片干燥五个阶段组成，其中前三个阶段必须在用微弱红光和绿光照明的暗室内完成。胶片制造厂在提供胶片的特性曲线、感光度和平均斜率的同时还应提供胶片的冲洗加工材料。材料中应规定每一步加工的药品、时间、温度、搅拌、设备和工艺，以及为获得制造厂提供的胶片性能而需要的任何附加说明，以指导用户。应该指出，用不同的冲洗加工方法得到的感光度可能有显著差别。改变冲洗加工过程虽然可以改变胶片的感光度，但同时其他的感光性能和物理性能也会随感光度的改变而变化，结果会影响底片的影像质量。图 3.27 为正在暗室处理胶片。

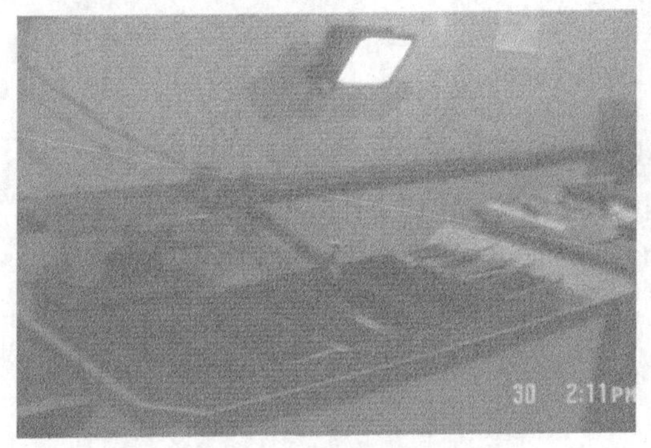

图 3.27　暗室处理胶片

暗室处理是将胶片乳剂层中经光化作用生成的潜象转变为可见的黑色影像的过程。

1. 暗室

尽量靠近工件透照处所，同时要便于辐射防护。

2. 处理程序

(1)显影：显影液中的显影剂将潜像转变为可见影像的过程。显影液主要由显影剂、加速剂、保护剂和抑制剂组成。其中显影剂的主要作用是进行显影，主要成分为米吐尔和海得尔。加速剂的主要作用是加快显影速度，主要成分为碳酸钠。保护剂的主要作用是通过它易于被氧化的特性来保护显影剂不受或少受氧化，使显影剂充分发挥正常的显影作用，主要成分为亚硫酸钠。抑制剂主要起到抑制显影速度，达到防止雾翳产生的作用，主要成分为溴化钾。

(2)停显：停止显影。常用酸性停影液(3%醋酸溶液)，避免显影液对定影液的污染，消除胶片上形成的灰雾。

(3)定影：定影液中的定影剂将底片上未经显影的溴化银溶解掉，并将可见影像固定在底片上的过程。定影剂主要是溶解未经显影的溴化银，主要成分为海波。防污剂主要是中和未除净显影液碱性成分，消除因显影定影两个过程同时进行而产生的污物，保证沿定影一个方向正常进行，主要成分为冰醋酸和硼酸。保护剂与海波分解时产生的硫原子结合，防止海波继续再分解，起“防硫”作用，其主要成分为亚硫酸钠。坚膜剂主要是使乳剂层坚挺而不易划伤和脱落，其主要成分为明矾。

(4)水洗和干燥：采用流水，且水温不能高于25℃，允许在暗室外进行；干燥应在干燥箱中或无尘的干燥室内晾干。暗室处理后的胶片如图 3.28 所示。

图 3.28　暗室处理后的胶片

3.4.8 辐射防护

1.辐射防护的三项原则

1)正当化原则

在任何包含电离辐射照射的实践中,应保证这种实践对人群和环境产生的危害应小于这种实践给人群和环境带来的利益,即获得的利益必须超过付出的代价,否则不应进行这种实践。

2)最优化原则

应避免一切不必要的照射,任何伴随电离辐射照射的实践,在符合正当化原则的前提下,应保持在可以合理达到的最低水平照射。

3)限值化原则

在符合正当化原则和最优化原则下所进行的实践中,应保证个人所接受的照射剂量当量不超过规定的相应限值。

2. 剂量极限的规定

CB 18871—2002《电离辐射防护与辐射源安全基本原则》规定的个人容许剂量限值:

(1)职业人员全身均匀照射年当量限值:

5rem = 0.05Sv = 50mSv = 5000mrem

(2)职业人员每周容许(每年 50 周):

5rem/50 = 0.1rem/周 = 0.001Sv/周 = 1mSv/周

(3)职业人员每天容许(每周 5 天):

0.1rem/5 = 0.02rem/天 = 20mrem/天 = 0.2mSv/天

3.辐射防护管理

1)辐射防护管理的一般规定

(1)国家对放射工作实行许可登记制度,许可登记证由卫生、公安部门办理。

(2)伴有辐射照射的实践及设施的新建、扩建、改建、退役必须向主管部门和环保部门提交辐射防护报告,经审查批准方可实施。

(3)在设施的选址、设计、运行、退役阶段均应进行辐射防护评价,运行阶段应定期进行。辐射防护评价包括辐射防护管理、技术措施和人员受照情况。辐射防护评价的基本要求是评价是否符合辐射防护的最优化原则。

(4)从事辐射工作的单位应设置独立于生产运行部门的辐射防护和环境保护机构。

(5)辐射工作单位必须建立辐射防护和环境保护岗位责任制。

(6)从事辐射工作的人员应经过辐射防护的培训和考核,取得合格证方可工作。辐射工作人员应享受劳动保护和相应待遇。

(7)辐射工作场所应设有电离辐射标志。

2)辐射工作人员的健康管理

对辐射工作人员的健康管理,国家卫生部发布的第 55 号部令《放射工作人员健康管理规定》作出了详细的具体规定。它包括六章:总则、放射工作人员证的管理、个人剂量管理、健康管理、罚则、附则。

4. 射线的安全防护

射线防护的方法主要有距离防护、时间防护和屏蔽防护三种,实际生产中可以采用一种或多种方法进行防护。

1) 距离防护

距离 X 射线管阳极靶的距离 R_1 处的射线剂量率为 P_1,在同一径向距离 R_2 处的剂量率为 P_2,则有

$$\frac{P_1}{P_2}=\frac{R_2^2}{R_1^2} \tag{3.9}$$

从式(3.9)可以看出,距离增大将迅速降低受到的照射剂量。

2) 时间防护

减少受到照射的时间可以减少接受的照射剂量。在照射率一定时,由于

$$剂量 = 剂量率 \times 时间$$

因此,针对照射率的大小可以确定容许的受到照射的时间。

3) 屏蔽防护

根据射线的衰减规律,如果在工作人员与源之间设立适当的屏蔽物体,则射线穿过屏蔽物体后其强度将大大降低,也必然减少产生的照射剂量。屏蔽防护就是在射线源与探伤人员及其他邻近人员之间加上有效合理的屏蔽物,来防止射线的一种方法。对 X 射线和 γ 射线来说,常用的屏蔽材料就是铅和混凝土。

5. 防护计算

1) 时间防护计算

安全照射时间的计算公式为

$$安全照射时间\ T=\frac{标准规定某时间内(年或月或周)剂量当量极限 H_{w}}{某点的剂量率(单位时间内的实际剂量) H} \tag{3.10}$$

[例 3.1] 辐射场某点的剂量率为 50×10^{-6}Sv/h,按照标准规定,工作人员一周最多可工作多少小时?

解: 按 GB 18871—2002 规定:年限制值为 50mSv,周限制值为 1mSv,则

$$T=\frac{H_{w}}{H}=\frac{1\times10^{-3}}{50\times10^{-6}}=20(\mathrm{h})$$

答:最多工作 20h。

[例 3.2] 工作人员每周工作 24h,按标准规定,工作人员所处场所最大容许剂量率不能超过多少?

解:

$$安全容许剂量率\ H=\frac{标准规定某时间内(年或月或周)剂量当量极限 H_{w}}{实际工作时间(如每周 24 小时) T}$$

$$H=\frac{H_w}{T}=\frac{1\times10^{-3}}{24}=41.6\times10^{-6}(\text{Sv/h})$$

答:工作人员所处场所最大容许剂量率不能超过 41.6×10^{-6}Sv/h。

2)距离安全防护

[例3.3] 辐射场中距源2m处的剂量率是 90×10^{-6}SV/h,若工作人员每周工作25h,按照标准规定,工作人员与源的最小距离是多少?

分析:作图,设辐射场中已知距离 R_0 处的剂量率为 H_0,该工作人员在符合每小时的安全剂量情况下的安全距离为 R。

该题分两步计算:(1)题目给出每周工作时间为25h,所以必须算出每小时的安全剂量(标准给出每周的安全剂量 H_w 为1mSv/周);(2)根据强度的平方反比定律,计算出在保证每小时安全剂量情况下的安全距离。

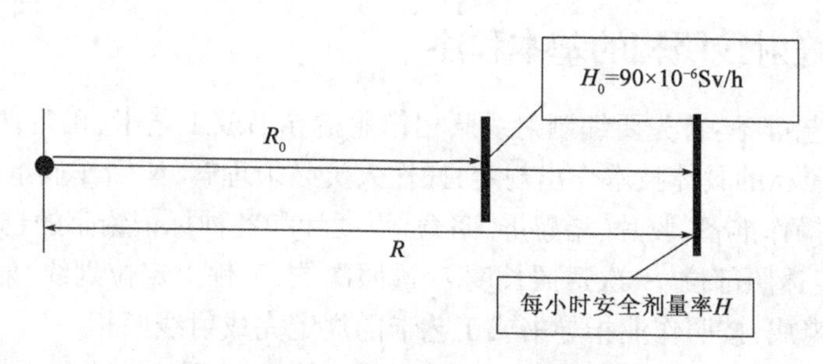

解:

$$\frac{H_0}{H}=\frac{R^2}{R_0^2}$$

但
$$H=\frac{H_w}{25}=\frac{1\times10^{-3}}{25}=40\times10^{-6}(\text{Sv/h})$$

所以
$$R=R_0\sqrt{\frac{H_0}{H}}=2\times\sqrt{\frac{90}{40}}=3(\text{m})$$

答:工作人员与源的安全距离为3m。

[例3.4] 辐射场中距源2m处的剂量率为 180×10^{-6}Sv/h,若工作人员在3m处工作,按照保证规定,工作人员每周工作时间应不超过多少小时?

分析:作图,设辐射场中已知距离 R_0 处的剂量率为 H_0,该工作人员在符合每小时的安全剂量情况下的安全距离为 R。

该题分两步计算:(1)首先计算出3m处的每小时实际剂量率 H;(2)根据标准规定的每周安全剂量 H_w,计算出每周安全工作小时数。

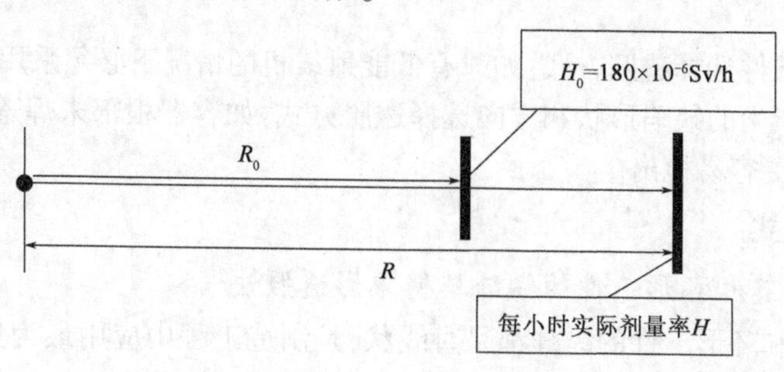

解：

$$\frac{H_0}{H}=\frac{R^2}{R_0^2}$$

但 $$H=H_0\frac{R_0^2}{R^2}=180\times10^{-6}\times\frac{2^2}{3^2}=80\times10^{-6}(\mathrm{Sv/h})$$

所以 $$T=\frac{H_w}{H}=\frac{1\times10^{-3}}{80\times10^{-6}}=12.5(\mathrm{h})$$

答：该工作人员每周安全工作时间为12.5h。

3.5 焊缝射线照相法检测

3.5.1 焊缝射线照相的基本程序

(1)技术和工艺准备：首先要编制射线照相作业指导书或工艺卡，确定使用设备后要准备曝光曲线，对射线照相的具体技术作出规定，操作人员必须理解、读懂作业指导书或工艺卡。

(2)透照前的操作准备：胶片、增感屏、暗盒、黑度计和各种标记铅字的选用和摆放。

(3)照相：确定透照部位、一次透照长度 L、透照次数、工件上定位划线、射线源—工件—胶片摆放、环境安全警戒，按照作业指导书或工艺卡的规定完成射线照相。

(4)暗室处理：对已曝光的胶片在暗室进行显影、停显、定影、水洗和干燥等处理，得到射线底片显示被透照物体的射线照相影像。

(5)评片：在观片灯上观察射线底片，按照标准对被检验的工件的质量进行评定和定级。

(6)签发检测报告：依据评片结果签发检测结论报告，签发人员必须具有2级或3级资格证书。

(7)整理文件、报告和底片归档。

3.5.2 透照方式

1. 选择透照方式的原则

(1)根据检测对象选择透照方式：如大型容器采用源在内一次周向曝光，小口径管子采用双壁单影或双壁双影法。

(2)根据环境条件选择透照方式：如果在用设备检测环境条件恶劣，多数情况下只能采用双壁透照法，甚至采用上下焊缝垂直透照法。

(3)根据质量要求选择透照方式：如对质量要求高的工件采用单壁透照以取得较好的清晰度和灵敏度。

(4)根据设备条件选择透照方式：如只有低能射线机的情况下必须采用单壁透照。

(5)根据可能产生的缺陷形状和方向选择透照方式：如容器根部未焊透、内壁表面裂纹用外透法比用内透法更容易检出。

2. 常用透照方式

1)平板对接焊缝和环形工件的纵缝单壁单影透照法

平板对接焊缝和环形工件的纵缝都呈直线状，是制造工程中应用最为广泛的一种连接形式，焊工考试的焊板通常都是平板对接焊缝。射线只穿过一个壁厚在胶片上成像，这种透照方式称为单壁单影透照法。平板对接焊缝和环形工件的单壁单影透照法是最基本的透照方式，具有较高的清晰度和灵敏度。

射线源应垂直入射到焊缝，焊缝的面状缺陷多数与工件的上下表面垂直或接近垂直，射线源垂直入射时可以使射线入射方向与面状缺陷走向平行，有利于缺陷检出。

纵缝单壁单影透照时应正确选择一次透照长度。射线源发出的射线束是一个锥体，在平面中是一个等腰三角形，如图 3.29 所示。

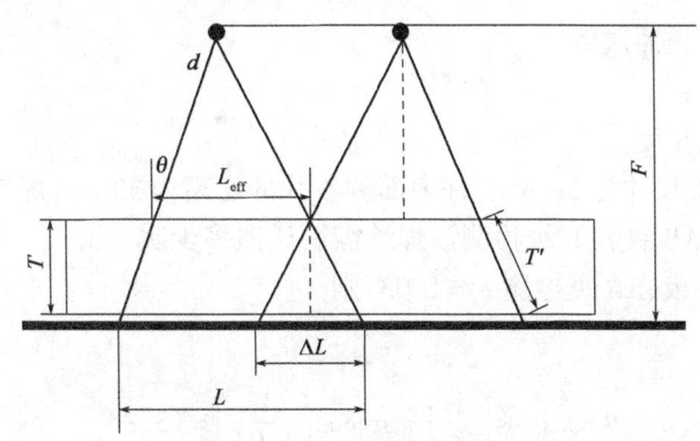

图 3.29　纵缝单壁单影透照

图中 3.29 有 7 个重要参数：

(1) T：工件厚度。

(2) T'：射线束最外沿的入射线在工件内的长度。

(3) K：透照厚度比，其计算公式为 $K = T'/T$。

透照厚度是指透照时射线穿过工件的路径长度。显然，在透照区内不同的位置其透照厚度是不相同的。在一次透照范围内，如果不同点的透照厚度相差过大，将造成射线底片上不同点的黑度相差过大，这必然导致不同点影像质量明显不同，使得底片的质量难以控制，因此，必须控制一次透照范围，也就是透照厚度比 K 值。NB/T 47013.2—2015 标准对 K 值规定如表 3.5 所示。

表 3.5　允许的透照厚度比 K

射线检测技术级别	A 级、AB 级	B 级
纵向焊接接头	$K \leqslant 1.03$	$K \leqslant 1.01$
环向焊接接头	$K \leqslant 1.1$	$K \leqslant 1.06$
对 100mm < D_0 ≤ 400mm 的环向对接焊接接头，A 级、AB 级允许采用 $K \leqslant 1.2$		

(4) θ：射线束最外沿的入射方向与垂直入射方向之间的夹角，它影响横向裂纹的检出，称为横向裂纹检出角。θ 越大检出横向裂纹的可能性越小。

(5) L_{eff}：等腰三角形与工件上表面的交接线，是射线束的入射长度，称为一次透照长度，它是确定透照次数和透照划线的依据。一次透照长度内底片上黑度和灵敏度必须满足标准规定。

(6) L：等腰三角形与工件下表面的交接线，是射线束的出射长度（或出射面的直径），因为从这里开始射线离开工件进入到胶片成像，成像区也是评定区，所以称为有效评定长度。

(7) ΔL：底片上两次透照的重叠部分，称为搭接长度，其计算公式为 $\Delta L = L - L_{\text{eff}}$。

由图 3.29 可得：

因为 $K = \dfrac{T'}{T}$，$\cos\theta = \dfrac{T}{T'}$，所以

$$\theta = \cos^{-1}\left(\frac{T}{T'}\right) = \cos^{-1}\left(\frac{1}{K}\right)$$

又因为 $\tan\theta = \frac{L/2}{F}$，$\frac{L}{2} = F\tan\theta$，所以

$$L = 2F\tan\theta$$

合理的透照次数为

$$n = \frac{S}{L}$$

式中　n——平板焊缝透照次数；

S——焊缝长度；

L——一次透照长度。

［**例 3.5**］　射线源尺寸为 2mm，工件表面到胶片的距离为 30mm，焊缝总长为 2000mm，焦距为 600mm，做 A 级、AB 级和 B 级检测该焊缝需要透照多少次？

解：根据表 3.5，A 级、AB 级检测 $K = 1.03$，则

A 级、AB 级：

$$\theta = \arccos\left(\frac{1}{K}\right) = \arccos\left(\frac{1}{1.03}\right) = 13.8°$$

$$L = 2F\tan\theta = 2 \times 600 \times \tan 13.8° = 294(\text{mm})$$

$$n = \frac{S}{L} = \frac{2000}{294} = 6.8$$

B 级：

$$\theta = \arccos\left(\frac{1}{K}\right) = \arccos\left(\frac{1}{1.01}\right) = 8.1°$$

$$L = 2F\tan\theta = 2 \times 600 \times \tan 8.1° = 170(\text{mm})$$

$$n = \frac{S}{L} = \frac{2000}{170} = 11.7$$

答：A 级、AB 级透照需拍 7 次，B 级透照需拍 12 次。

2）环缝源在外单壁单影透照法

环形工件的环缝透照如果可以在内壁贴片，应采用源在外单壁单影透照法，源在外易于操作，如图 3.30 所示。环形焊缝由于焊缝呈弧形，所以几何关系比较复杂。

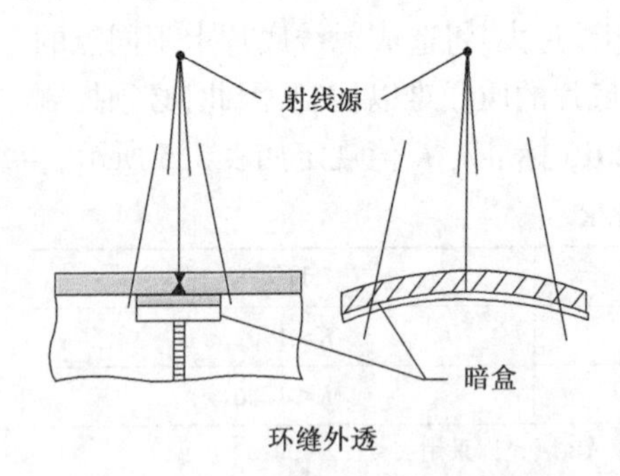

图 3.30　环缝源在外单壁单影透照

3）环缝源在内单壁单影透照法

环形工件的环缝透照如果可以把射线源放在工件内部，则可以采用源在内单壁单影透照法，源在内透照根据大小可分两种情况：源在中心透照法［图 3.31(a)］和源偏离中心透照法［图 3.31(b)］。

4）双壁透照法

小口径管子对接焊缝作射线照相检测时射线穿过两个壁厚，称为双壁透照法。如果底片上生成上、下焊缝的影像称为双壁双影法；如果生成单壁焊缝（下焊缝）的影像则称为双壁单影法。双壁透照必须注意射线源与焊缝所在面的相对位置，如图 3.32 所示。

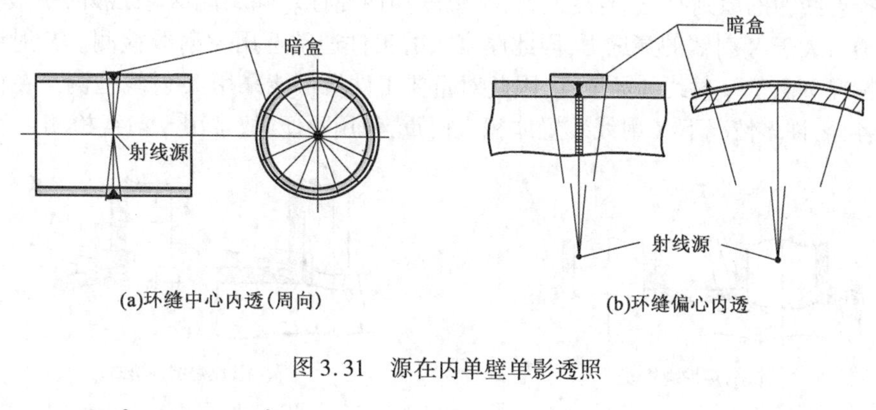

(a)环缝中心内透(周向)　　(b)环缝偏心内透

图 3.31　源在内单壁单影透照

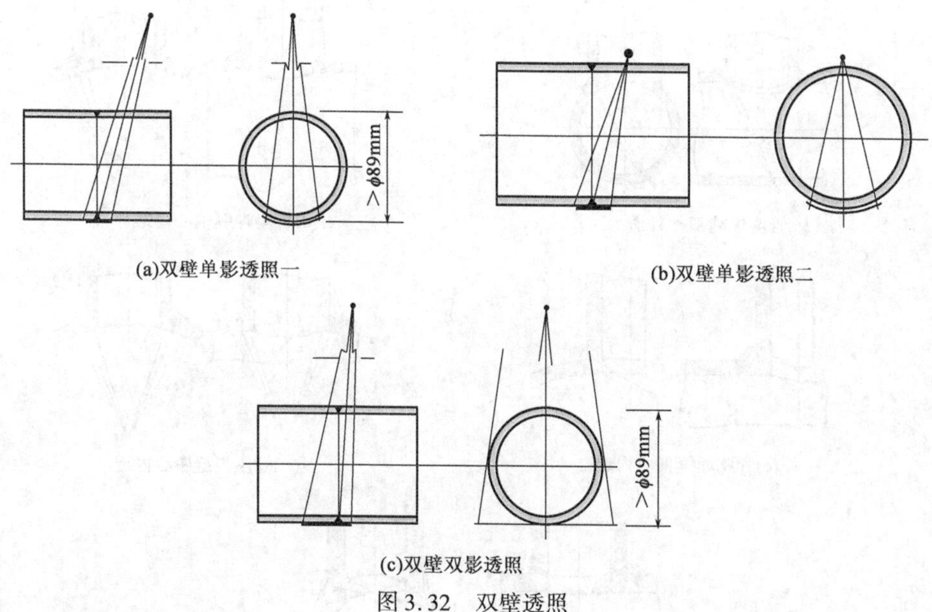

(a)双壁单影透照一　　(b)双壁单影透照二

(c)双壁双影透照

图 3.32　双壁透照

5)垂直透照法

检验小直径管对接焊缝的根部未焊透缺陷或不满足椭圆成像透照布置条件时,则应采用垂直透照布置。此时射线源应布置在环焊缝的中心面上,中心射线束应垂直指向焊缝的中心轴线。垂直透照上下焊缝将重叠在一起,通过不同位置的透照区别上下焊缝并确定缺陷的位置。

压力容器与管道焊缝的透照可根据实际情况进行。在单壁透照的情况下,应首先考虑使射线束的中心尽可能垂直于被透照的焊缝和胶片。倾斜透照射线的入射角度也要尽可能小。用双壁双影法透照管道焊缝时,应使焊缝的影像在底片上成椭圆显示,椭圆的短轴(又称开度)以控制在 3 ~10mm 之间为宜。其他焊缝的透照方法如图 3.33 所示。

3.5.3　透照工艺参数的确定

1. 射线源和能量的选择

1)射线源的选择

能够用于工业检测的射线源有 X 射线、γ 射线和中子射线,无损检测常用 X 射线和 γ 射线源。选择射线源的原则有三个:穿透力、灵敏度和便捷性。除高能 X 射线外,一般情况下 γ 射线的穿透力大于 X 射线的穿透力,因此厚度大的工件通常选用 γ 射线检测。X 射线检测灵敏度一般情况下高于 γ 射线的灵敏度,因此对重要工件尽可能采用 X 射线检测。在役检测的环境条件各异,许多情况下 X 射线装置体积大而重,使用不便,故常用 γ 射线检测。

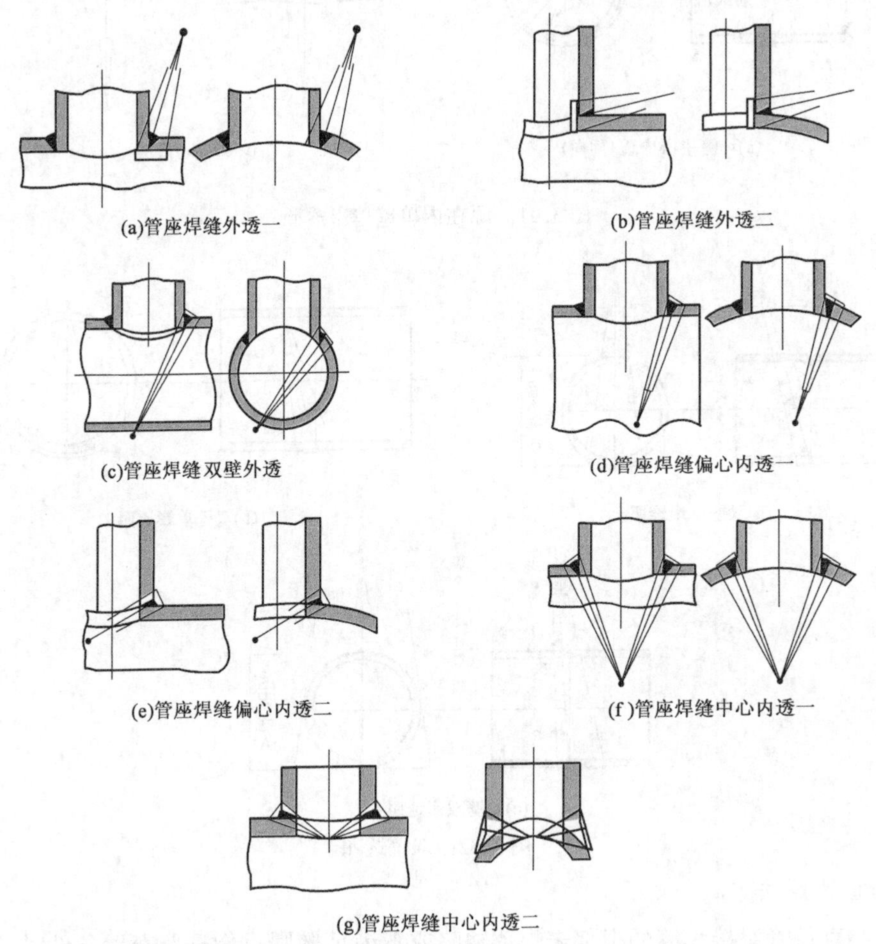

图 3.33　其他焊缝的透照方法

2)射线能量的选择

射线能量选择原则有两个:穿透力和对比度。从理论上讲,软射线对比度高,因此底片成像清晰,所以在能穿透工件的前提下,尽可能选用较低能量的射线源。

2. 焦距的选择

焦距在射线检测中直接影响几何不清晰度,因此直接影响成像质量。焦距大,几何不清晰度小,影像清晰,反之,焦距小,几何不清晰度大,影像清晰度差,但是它间接地影响射线的能量的选择,例如,为了减小几何不清晰度而提高焦距,但焦距增大需要提高能量或强度,能量提高会降低对比度反而降低了影像质量。曝光量(强度)增加会延长作业时间,降低检测效率。所以焦距的选择要综合考虑利弊关系,目前习惯上选择的焦距值为 600 ~ 900mm。

3. 几何不清晰度的控制

几何不清晰度的控制在各个国家的标准规定中都不相同。我国 GB/T 3323—2005 和

NB/T 47013.2—2015 标准规定，几何不清晰度控制值随检测级别和工件厚度而改变，具体体现在最小焦距的选择上。按标准所附的诺模图选择最小焦距，即控制了几何不清晰度。

照相底片上的透照反差 ΔD 源于透照厚度的变化 Δt_A。为了提高底片的透照灵敏度，在 Δt_A 一定的条件下，除应设法提高 G 和 μ 值以求获得较大的 ΔD 以外，还希望 ΔD 是突变的，[图 3.34(a)]，使得底片上出现的高黑度区域(一般为缺陷影像)有一个清晰的轮廓。但实测结果表明，底片上高低黑度区的交界部位有一黑度渐变的过渡区[见图 3.34(b)]，这个过渡区的宽度 U 称为半影，又称为影像的"不清晰度"。U 的存在导致的视觉上的"模糊"直接影响到检测人员对 ΔD_{min} 辨别，因而降低了底片的影像质量。按形成原因的不同，不清晰度 U 主要由以下几部分组成。

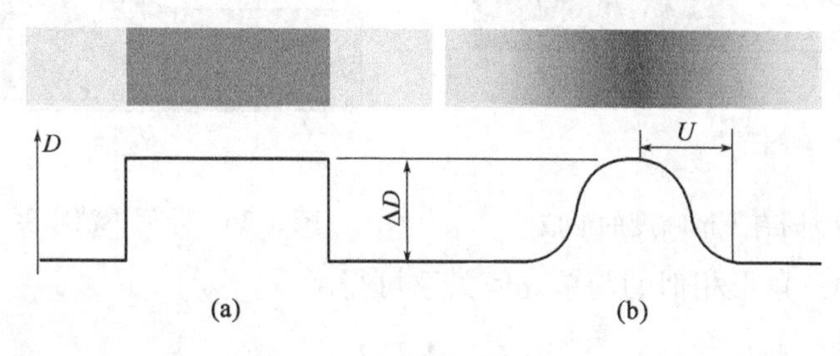

图 3.34　底片上黑度的变化

1)固有不清晰度 U_i

固有不清晰度 U_i 的形成如图 3.35 所示。平行射线直接作用到胶片上产生的黑度为 D_2，透射过工件以后产生的黑度为 D_1。D_1 与 D_2 的交界处由于刃边效应的存在产生了一个黑度渐变区，这个区域的宽度就是固有不清晰度 U_i。由于射线能量对胶片乳剂的激发作用，造成工件(缺陷)边界形成的半影即为固有不清晰度。

出现固有不清晰度的原因是通过透照厚度较薄部位的射线在胶片乳剂层内产生的电离，不仅使胶片上相应的区域感光，而且还因为电子的扩散，使黑色影像的周围区域也被不同程度地感光，以致在影像周围形成了这个黑度渐变区。

U_i 的大小取决于电子在胶片乳剂层内行程的长短，因此实质上取决于射线能量的高低。实验表明，射线的能量越高，U_i 越大。不同射线能量下的 U_i 值见表 3.6。由表 3.6 可见，U_i 的大小不仅与射线能量的高低，而且还与下文将讨论的增感屏的类型有关。在可能的情况下，使用能量较低的射线有利于减小 U_i，获得较清晰的缺陷影像。这与前文讨论的选取射线能量的原则一致。

表 3.6　不同射线能量下的固有不清晰度 U_i 值

射线源	X 射线，kV				γ 射线		
	100～250		250～420		^{192}Ir	^{60}Co	
增感屏类型	无	铅	铅	荧光	铅	铅	钢
U_i，mm	0.43	0.08	0.13	0.15	0.3－0.4	0.23	0.63

2)几何不清晰度 U_g

几何不清晰度的形成如图 3.36 所示。由图 3.36 可见，从焦点尺寸为 d 的射线源上任一点发出的射线都将把工件的棱边显现在底片上。由于这些射线来自焦点上的不同部位，因此工件的棱边也分别在胶片上的不同部位同时成像，以致在底片上形成宽度为 U_g 的半影，即射线照相的几何不清晰度。由于射线源焦点的几何尺寸、焦距和工件厚度的影响，造成工件（缺陷）边界产生的不清晰度称为几何不清晰度。

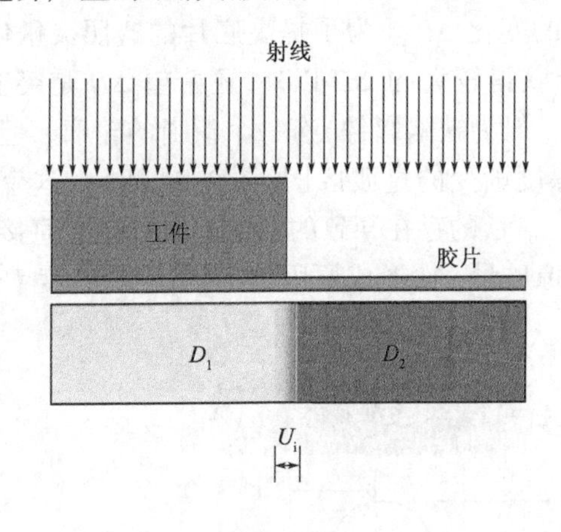

图 3.35　固有不清晰度的形成

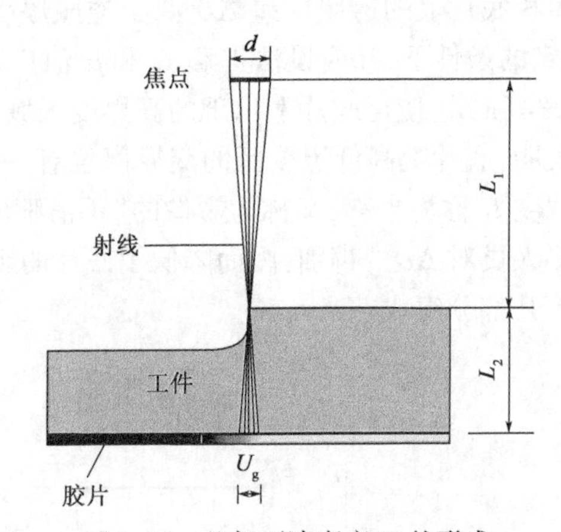

图 3.36　几何不清晰度 U_g 的形成

利用图 3.36 中三角形相似的简单几何关系可得：

$$U_g = L_2 d / L_1 \tag{3.11}$$

式中　d——焦点尺寸，mm；

L_2——胶片至工件上表面的距离，mm；

L_1——射线源到工件上表面的距离，mm。

由式(3.11)可知，d/L_1越小，底片上的影像就越清晰。因此在可能的条件下，应首先考虑选用小焦点的射线源，并适当增加射线源至工件上表面的距离。与此同时，让胶片紧贴被检工件也是提高影像清晰度的主要措施之一。另由图 3.36 可见，在 d/L_1一定的条件下，U_g随工件厚度的增加而增大。

图 3.36 的描述和式(3.11)给出的 U_g实际上是不同埋藏深度缺陷的影像中的最大情况。可以想象到，埋藏缺陷的位置越靠近胶片，其影像的轮廓就会越清晰。这是规定用以衡量透照灵敏度的像质计应放在靠近射线源一侧的焊缝表面上的原因，以保证在整个透照厚度范围内都能达到像质计所显示的透照灵敏度。

3）运动不清晰度 U_m

在焊缝射线照相的大多数情况下，射线源、焊缝和胶片是相对静止的。但在某些特殊情况下，例如透照延伸管道的纵焊缝，也可能采用射线源沿焊缝连续移动的方式进行透照。这相当于增大了射线源的焦点尺寸，因而影像的几何不清晰度将明显增大，增大的部分称为运动不清晰度 U_m。

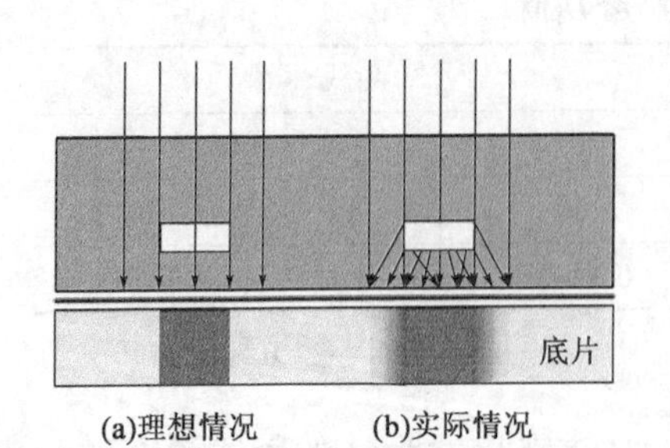

图 3.37　散射线对缺陷影像清晰度的影响

除 U_i、U_g、和 U_m这三个主要的不清晰度之外，造成底片上影像轮廓不清晰的因素还有散射线、胶片粒度、底片灰雾度及显影条件等多种因素。方向杂乱的散射线会使影像的轮廓变得模糊不清（图 3.37）。胶片的粒度和底片的灰雾度越大，影像的边界越不清晰，而显影时间过长则会增加底片的灰雾度。

4)不清晰度的叠加

在静止照相的条件下,影像的不清晰度 U 可用式(3.12)进行计算。

$$U = \sqrt{U_i^2 + U_g^2} \tag{3.12}$$

由于固有不清晰度 U_i 的大小基本上由射线源的种类、X 射线的能量范围及增感屏的类型所决定,因此在射线照相过程中采取的绝大部分工艺措施都是为了增强透照反差 ΔD 和减小几何不清晰度 U_g。

5)几何不清晰度 U_g 的控制

对 U_g 值影响较大的参数是射线照相的焦距 $L_1 + L_2$(图 3.36)。实践中经常使用的焦距范围为 500 ~ 1000mm。在欧美国家,700mm 是射线照相的标准焦距。

在世界上主要工业国家的射线照相标准中,控制 U_g 的方法主要有两种:一种是区别不同的底片级别或对不同的透照厚度范围分别规定允许的 U_g 值;另一种则将 U_g 的允许值视为变量,其值随透照厚度的增加而增大,随底片级别的改变而改变。我国(GB/T 3323—2005)、德国(DIN 54111—1988)和国际标准(ENISO 5579—2013)均对此有规定,目前采用后一种办法控制 U_g。

4. 曝光量的选择与修正

曝光量的选择与修正是射线照相环节中重要的一环,只有正确选择了曝光量,才有可能获得合格的底片。

(1)曝光量的选择:曝光量的选择原则是确保底片黑度达到标准规定值,但也必须考虑到检测效率。曝光量一般从曝光曲线中选定。

(2)曝光量的最低值:为防止短焦距和高电压,同时确保底片的黑度,有关标准规定 X 射线曝光量不得低于 15mA · min。

(3)曝光量的修正:当曝光条件或参数(如焦距、管电压、胶片类型等)与曝光曲线上规定的曝光条件或参数有所变化时,必须对曝光量进行修正。焦距改变时用平方正比定律修正,管电压改变时用曝光曲线修正,胶片类型改变时用胶片特性曲线进行修正。

5. 缺陷位置的确定

缺陷位置是指平面位置和埋藏深度,其中平面位置可直接从底片上测定,埋藏深度的测定必须采用特殊的透照方法(立体摄影法和断层摄影法),目前主要采用立体摄影法,立体摄影法包括双重曝光法和放置标记的双重曝光法,如图 3.38 ~ 图 3.40 所示,具体计算公式如式式(3.13) ~ 式(3.15)所示。缺陷位置的确定主要是为了进一步判断焊缝中缺陷的大小和返修的方便。

1)双重曝光法

$$h = \frac{s(L-l) - al}{a + s} \tag{3.13}$$

式中 h——缺陷距工件下表面的距离,mm;

S——二次曝光时缺陷在底片上的移动距离,mm;

L——焦距,mm;

l——工件与胶片的距离,mm;

a——射线源焦点从 A_1 到 A_2 的移动距离,mm;

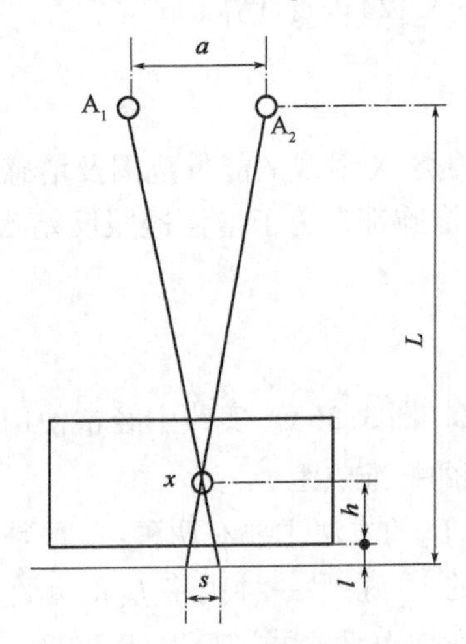

图 3.38　双重曝光法原理

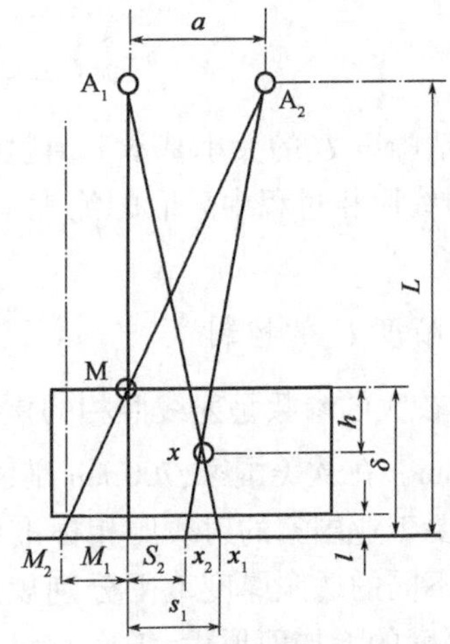

图 3.39　上表面放置标记的双重曝光法原理

2)放置标记的双重曝光法

在工件上表面放置标记 M(铅丝或钨丝),则

$$h = \frac{(L - \delta - l)^2 \Delta s}{aL - (L - \delta - l)\Delta s} \tag{3.14}$$

其中

$$\Delta s = |s_1 - s_2|$$

式中　h——缺陷距工件上表面的距离,mm

δ——工件厚度,mm

其中,$s_1(M_1s_1)$ 和 $s_2(M_2x_2)$ 可在底片上直接量出。在工件上,下表面分别放置标记 M、K (铅丝或钨丝),则

$$h = \delta \frac{k_1x_1 \pm k_2x_2}{k_1M_1 \pm k_2M_2} \tag{3.15}$$

式中　h——缺陷距工件下表面的距离(mm)

其中,k_1x_1、k_2x_2、k_1M_1、k_2M_2 直接在底片上量出。当缺陷 x,上标记点 M 两次透照的影像均处于下标记点 K 影像的同一侧时,取"－"号;处于两侧时,取"＋"号;若计算结果 h 为负数,则应取其绝对值。

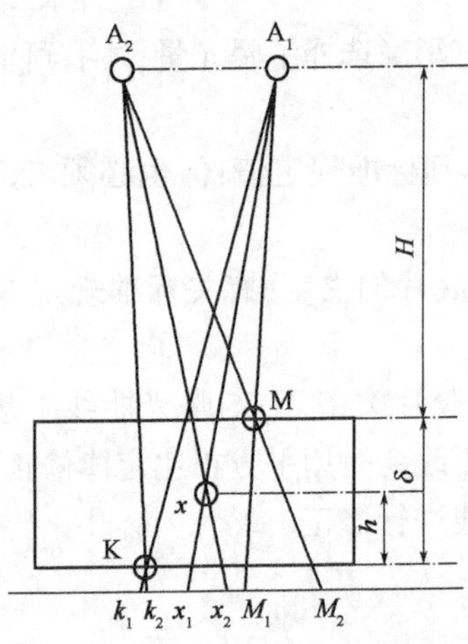

图 3.40　上、下表面放置标记的双重曝光法原理

3.5.4　作业指导书(或工艺卡)

为使用方便,常以文件形式表示射线照相工艺参数的技术文件称为作业指导书,或以表格形式表示射线照相工艺参数的技术文件称为工艺卡。

作业指导书或工艺卡是由Ⅱ级或Ⅱ级以上人员根据工艺规程及检测对象编制,并由无损检测责任人员批准在本单位执行的带有强制性的技术文件,有资质的射线检测人员必须按作业指导书或工艺卡操作。

操作人员按作业指导书或工艺卡操作发生的技术质量事故由作业指导书或工艺卡编制人员负责,操作人员不按作业指导书或工艺卡操作发生的技术质量事故由操作人员负责。

3.6 底片评定及焊缝缺陷评定

在射线照相方法中,根据底片上显现的缺陷影像用视觉对焊缝的内在质量作出合理评价的前提,是射线照相的底片必须具有合格的影像质量。一般而言,缺陷影像的轮廓越清晰,相对于背景的黑度反差越大,底片的影像质量越好。根据要求达到的底片影像质量的不同,GB/T 3323—2005 将对接接头射线照相方法分为 A(普通)、AB(较高)和 B (高)三级。B 级照相时,要求磨平焊缝的余高。

在难于分辨出底片上的缺陷影像时,首先需要确认的是焊缝内部确实没有缺陷,还是由于底片的影像质量太差,以致不能有效地显示出缺陷。为了解决这样的问题,同时也是为了有效地控制影响底片影像质量的透照工艺条件,就要在一个统一的标准上对射线照相底片的影像质量作出评价,主要的评价指标是底片的像质指数(GB/T 3323—2005)或像质计灵敏度(ENISO 5579—2013)和黑度。得到合格的射线照相底片以后,就可以根据底片上显现缺陷的性质和数量评定焊缝的质量等级。

3.6.1 评片工作基本要求

1. 对评片人员的要求

评片人员应持有Ⅱ级或Ⅱ级以上射线检测人员资格证书,了解被评定焊缝的焊接工艺特点及其缺陷的产生机理,对实际采用的透照工艺过程也要较为熟悉。除此之外,评片人员应每年检查视力,矫正视力不得低于 1.0,并要求在 400mm 距离上能读出高为 5mm、间隔为 0.5mm 的一组印刷体字母。

2. 对被评定底片的要求

除被评定底片的像质指数和黑度必须符合有关标准的规定外,还要求底片上显现的像质计位置正确,定位标记和识别标记齐全,且不掩盖焊缝影像。底片有效评定区域内不应有因胶片冲洗加工不当而致的缺陷,或其他妨碍底片评定的伪缺陷。几种常见伪缺陷影像的形状及成因见表 3.7。

表 3.7 几种常见伪缺陷影像的形态及成因

外观	形态分类	形成原因
暗斑	边缘不清的云状或光线状斑	胶片包装不严
	圆形或水滴状斑	显影前干燥的胶片上溅上显影液或水
	指痕	用不干净的手指拿胶片
暗线	直线	铅增感屏上有折痕或划痕
	弯月形或其他	曝光以后手指或折皱造成压痕
亮斑 亮线 亮点	指痕	有油污的手指拿干燥的胶片
	弯月形或其他	曝光以前手指或折皱造成压痕
	细小,数量多而分散	灰尘

3. 对评片环境的要求

评片应在光线暗淡的专用评片室内进行,室内亮度应大致与底片上被观察部位的亮度相等。照明用光不得在底片表面产生反射。

观片灯应发出亮度可调均匀的漫散射光，其最大亮度应不小于105cd/m²，照明后底片的亮度应不小于30cd/m²。底片上不需要观察或透光过强的部分应用适当的遮光板予以屏蔽。

3.6.2 评片工作的主要步骤

(1)依据委托单和原始透照记录，按部件、按焊缝将底片按顺序排列。

(2)通过观察底片上黑度、像质计摆放位置与像质指数和定位、识别标记是否符合有关标准规定，底片上是否出现衡量背散射水平的"B"标记和伪缺陷，剔除影像质量不合格的底片，并作好记录，然后通知操作人员返工重照。

(3)依据相应标准，按底片顺序号逐张评定焊缝的质量等级并填写评片记录。

(4)发现质量不合格的焊缝，用适当的色笔在底片上圈出焊缝上需要返修的部位，与返修通知单一起转送施焊部门返修。返修底片要登记并及时收回存档。焊缝返修后复照的底片上应带有返修标记R_1，R_2，…。复照底片评定合格后与需返修的底片一起存档。

(5)整个部件的焊缝均评定合格后，应及时填写射线检测报告。检测报告通常一式两份，一份作为产品质量证明书的原始资料，另一份与底片一起存档备查。

3.6.3 对接接头焊缝质量分级(GB/T 3323—2005)

1. 按缺陷的性质和数量分级

根据缺陷的性质和数量将焊缝质量分为四级

(1)Ⅰ级焊缝内应无裂纹、未熔合、未焊透和条状夹渣；

(2)Ⅱ级焊缝内应无裂纹、未熔合和未焊透；

(3)Ⅲ焊缝内应无裂纹、未熔合以及双面焊和加垫板单面焊中的未焊透。不加垫板单面焊中的未焊透允许长度按表3.12中条状缺陷长度的Ⅲ级评定；

(4)焊缝缺陷超过Ⅲ 级者为Ⅳ级。

1)圆形缺陷分级

长宽比小于或等于3的缺陷定义为圆形缺陷，包括气孔、夹渣和夹钨的圆形缺陷，用表3.8所示的评定区评定。评定区应选在焊缝缺陷最密集的部位，然后将其中的圆形缺陷尺寸按表3.9换算成缺陷点数。不计点数缺陷的尺寸见表3.10。与评定区边界相接触的缺陷应划入评定区内计算点数。当评定区附近缺陷较少，且确认只用该评定区大小划分级别不适当时，经合同双方协商，可将评定区尺寸沿焊缝方向扩大3倍求出缺陷的总点数，然后用此值的1/3评定圆形缺陷的级别。

表3.8 缺陷评定区

单位：mm

母材厚度 t	≤25	>25~100	>100
评定区尺寸	10×10	10×20	10×30

表3.9 缺陷点数换算表

缺陷长径，mm	≤1	>1~2	>2~3	>3~4	>4~6	>6~8	>8
点数	1	2	3	6	10	15	25

表 3.10　不计点数缺陷的尺寸

单位:mm

母材厚度 t	≤25	>25～50	>50
缺陷长径	≤0.5	≤0.7	≤1.4%

含圆形缺陷焊缝的质量分级见表3.11。单个圆形缺陷的长径大于1/2母材厚度时,评为Ⅳ级。Ⅰ级焊缝或母材厚度小于或等于5mm的Ⅱ级焊缝的评定区内不计点数的圆形缺陷不得多于10个。

表 3.11　圆形缺陷的分级

评定区尺寸,mm	10×10			10×20		10×30
母材厚度,mm / 点数上限 / 质量级别	≤10	>10～15	>15～25	>25～50	>50～100	>100
Ⅰ	1	2	3	4	5	6
Ⅱ	3	6	9	12	15	18
Ⅲ	6	12	18	24	30	36
Ⅳ	>6	>12	>18	>24	>30	>36

2)条状缺陷评级

长宽比大于3的缺陷定义为条状缺陷,其中包括条状夹渣和长气孔。含条状缺陷焊缝的质量分级见表3.12。

表 3.12　条状缺陷的分级

单位:mm

质量级别	母材厚度 t	条状缺陷总长	
		连续长度	断续总长
Ⅰ		0	0
Ⅱ	t≤12	4	在任意直线上,相邻两缺陷间距均不超过6L的任何一组缺陷,其累计长度在12t焊缝长度内不超过t
	12<t<60	1/3t	
	t≥60	20	
Ⅲ	t≤9	6	在任意直线上,相邻两缺陷间距均不超过3L的任何一组缺陷,其累计长度在6t焊缝长度内不超过t
	9<t<45	2/3t	
	t≥45	30	
Ⅳ	大于Ⅲ级者		

注:①L为该组条状缺陷最长者的长度。

②当被检焊缝长度小于12t(Ⅱ级)或6t(Ⅲ级)时,可按被检长度与12t(Ⅱ级)或6t(Ⅲ级)的比例折算出被检焊缝长度内条状缺陷允许值。当折算的条状缺陷总长小于单个条状缺陷长度时,以单个条状缺陷长度为允许值。

3)综合评级

在圆形缺陷评定区内,同时存在圆形缺陷和条状缺陷(或未焊透)时,应先分别评级,然后将其级别之和减1作为最终级别。

2. 钢管环焊缝的质量分级(GB/T 12605—2008)

(1)裂纹、未熔合缺陷的评级:Ⅰ、Ⅱ、Ⅲ级焊缝内应无裂纹、未熔合;凡焊缝内有裂纹、未熔合即为Ⅳ级,Ⅳ级为通用的判废级。

(2)圆形缺陷的评级:与对接接头焊缝的圆形缺陷分级方法相同。

(3)条状缺陷的评级:与对接接头焊缝的条状缺陷分级方法相同。

(4)未焊透的评级:外径大于 89mm 的钢管环焊缝内未焊透的质量分级见表 3.13。外径小于和等于 89mm 的钢管环焊缝内未焊透的质量分级见表 3.14。

(5)根部内凹的评级:外径大于 89mm 的钢管环焊缝根部内凹缺陷的质量分级见表 3.15。外径小于和等于 89mm 的钢管环焊缝根部内凹缺陷的质量分级见表 3.16。

(6)综合评级:在圆形缺陷评定区内同时存在几种类型的缺陷时,应先分别评级,然后将其级别之和减 1 作为最终级别。

表 3.13 未焊透的分级

质量级别	未焊透深度		未焊透总长(mm)	
	占壁厚百分比,%	极限深度,mm	连续未焊透长度	断续未焊透长度
Ⅰ	0	0	0	0
Ⅱ	≤10	≤1.5	$t\leqslant12$ 时,不大于 4;$12<t<60$ 时,不大于 $1/3t$;$t\geqslant60$ 时,不大于 20	间距小于 $6L$ 时,不超过连续未焊透长度;间距等于或大于 $6L$ 时,在任何 $12t$ 焊缝长度内不大于 t
Ⅲ	≤15	≤2.0	$t\leqslant9$ 时,不大于 6;$9<t<45$ 时,不大于 $2/3t$;$t\geqslant45$ 时,不大于 30	间距小于 $3L$ 时,不超过连续未焊透长度;间距等于或大于 $3L$ 时,在任何 $6t$ 焊缝长度内不大于 t
Ⅳ	大于Ⅲ级者			

注:①L 为断续未焊透中最长者;t 为管壁厚度。

②同一焊缝质量级别中,未焊透深度中占壁厚的百分比和极限深度两个条件需同时满足。

表 3.14 未焊透的分级

质量级别	未焊透深度		连续或断续未焊透总长占焊缝周长的百分比,%
	占壁厚百分比,%	极限深度,mm	
Ⅰ	0	0	0
Ⅱ	≤10	≤1.5	≤10
Ⅲ	≤15	≤2.0	≤15
Ⅳ	大于Ⅲ级者		

表 3.15 根部内凹的评级

质量级别	内凹深度		内凹总长占焊缝总长的百分比,%
	占壁厚百分比,%	极限深度,mm	
Ⅰ	≤10	≤1	
Ⅱ	≤15	≤2	≤25
Ⅲ	≤20	≤3	
Ⅳ	大于Ⅲ级者		

表 3.16 根部内凹的评级

质量级别	内凹深度		内凹总长占焊缝总长的百分比,%
	占壁厚百分比,%	极限深度,mm	
Ⅰ	≤10	≤1	
Ⅱ	≤15	≤2	≤30
Ⅲ	≤20	≤3	
Ⅳ	大于Ⅲ级者		

3. 射线检测报告与底片的保存

在一般情况下，制造厂为其焊接产品出具射线检测报告的目的是证明焊缝质量合格。

射线检测报告及射线照相委托单、原始记录、底片评定记录等文字资料应与底片一起存档，妥善保存至少五年，以备随时核查。

3.7 射线检测典型缺陷

常见焊接缺陷在射线照相底片上的影像特征如表3.17和图3.41所示。

表3.17 常见焊接缺陷在射线照相底片上的影像特征

缺陷名称	在照相底片上的影像特征
横向裂纹	走向与焊缝垂直的黑色条纹
纵向裂纹	走向与焊缝平行的黑色条纹
放射裂纹	有一公共点的星形黑色条纹
弧坑裂纹	弧坑中的纵向、横向及星形黑色条纹
球形气孔	中心黑度较大，边缘黑度较小，均匀过渡的圆形黑色影像
条形气孔	走向与焊缝平行的长条黑色影像
虫形气孔	单个或呈人字分布的带尾黑色影像
均匀及局部密集气孔	均匀分布及局部密集的黑色点状影像
链状气孔	走向与焊缝平行的直线状黑色影像
柱状气孔	黑度很大且均匀的圆形黑色影像
表面气孔	黑度值不大的圆形黑色影像
弧坑缩孔	弧坑内出现的黑色影像
条状夹渣	黑度值较均匀的不规则长条状黑色影像
点状夹渣	点状黑色影像
钨夹渣	点状灰白色影像
未熔合	坡口边缘、焊道之间及焊缝根部等处出现的连续或断续黑色影像
未焊透	焊缝根部出现的直线形黑色影像
咬边	焊缝边缘出现的与焊缝走向一致的黑色条纹
缩沟	单面焊缝背面两侧出现的黑色条纹
内凹	焊缝中部附近出现的宽度较大的黑色条纹
飞溅	灰白色圆点
表面撕裂	黑色条纹
磨痕	黑色影像
凿伤	黑色影像

3.8 射线照相底片的影像质量的影响因素

1. 胶片的类型与感光特性

射线检测用胶片的剖面如图3.25所示。胶片类型如表3.18所示。醋酸纤维片基的两侧粘有由明胶和嵌入其中的银盐（例如AgBr）微晶体构成的乳剂层，明胶表面还附有防止损伤的涂层。

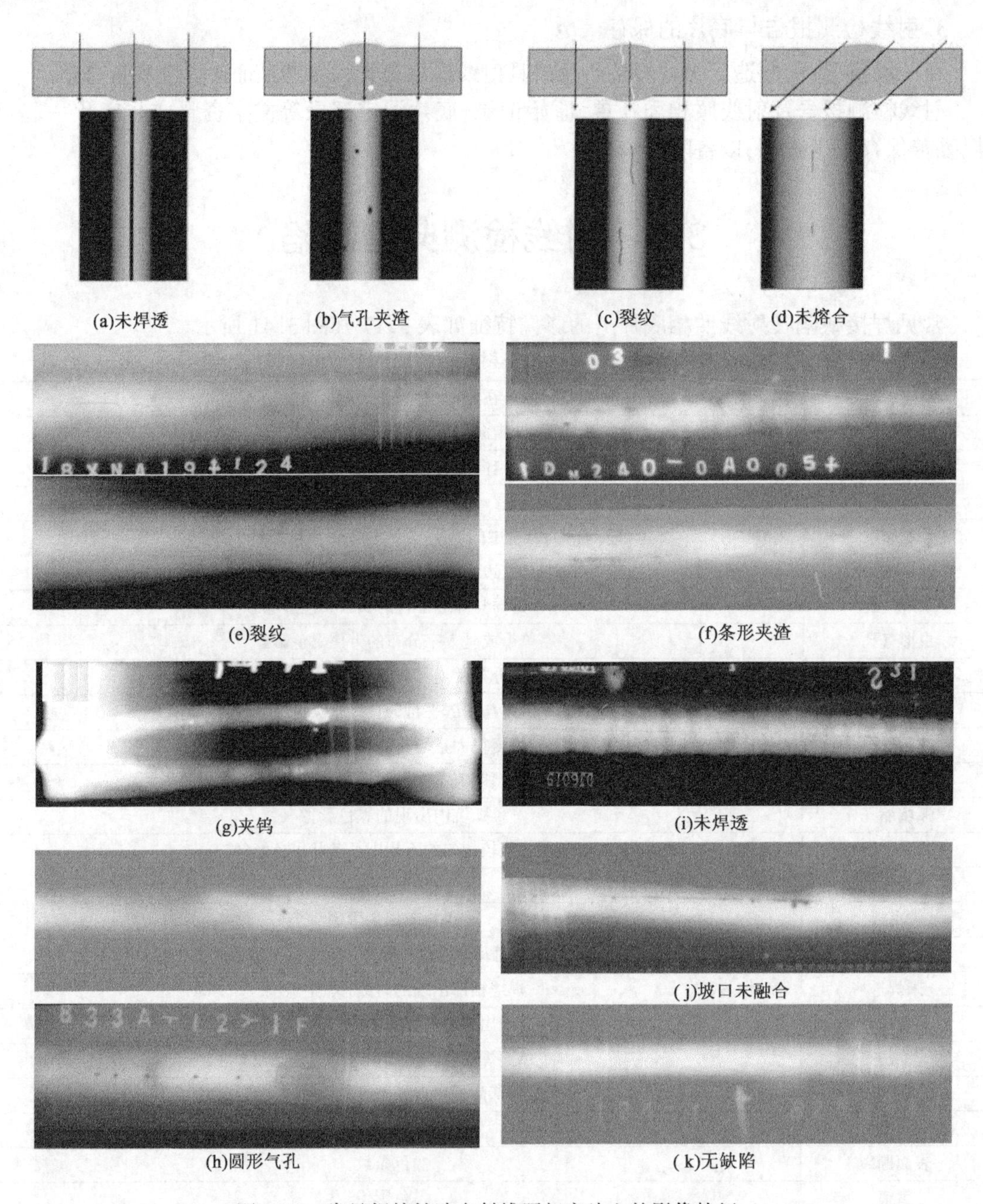

(a)未焊透　(b)气孔夹渣　(c)裂纹　(d)未熔合

(e)裂纹　(f)条形夹渣

(g)夹钨　(i)未焊透

(j)坡口未融合

(h)圆形气孔　(k)无缺陷

图 3.41　常见焊接缺陷在射线照相底片上的影像特征

表 3.18　胶片的类型

胶片类型	感光度	反差	粒度	性能相似的胶片				
				柯达	阿克发	杜邦	富士	天津
J_1	低	高	细	M T	D_2 D_4	45 55	50 80	V
J_2	中	中	中	C AA	D_7	75	100	Ⅲ
J_3	高	低	细	BB	RCF	91	400	Ⅱ

透射到胶片上的射线光子使乳剂电离。电离过程提供的自由电子将银盐晶体中的 Ag 还原,在片基上形成所谓“潜像”,这即胶片在射线下曝光。曝光后的胶片经过暗室内的显影和定影处理,成为片基上只留下金属银的底片。对着可见光源观察底片,银原子聚集的地方因吸收光线而显得黯黑。胶片上接收的射线越多,底片上的银含量也越多,黑度则越大。

2. 射线的硬度

前已述及,线性衰减系数 μ 的大小与被透照物质的种类和射线硬度有关。图 3.42 所示为铁的线性衰减系数 μ 与射线能量的关系。由图 3.42 可见,在常用 X 射线和 γ 射线的能量范围内,μ 随射线能量(硬度)的增加而下降,在 9MeV 左右达到极小值。由此可知,在可能的情况下,使用较软的射线透照焊缝将有利于提高底片的像质指数。这是一般情况下用 X 射线透照的灵敏度比用 γ 射线高的主要原因。

由于 X 射线的硬度随管电压的增加而增加,因此当使用 X 射线透照焊缝时,从保证底片影像质量的角度考虑,GB/T 3323—2005 和 GB/T 12605—2008 均对不同透照厚度所允许使用的最高管电压作了如图 3.43 所示的限制。对于钢管环缝透照厚度变化范围较大的情况(例如用双壁双影法透照钢管的环焊缝),为使底片上对应透照厚度最大部位的黑度也能达到规定值的下限(1.5)以上,允许用提高管电压的方法降低透照反差,但提高的最大增量以不超过图 3.43 中最高管电压 50kV 为限。

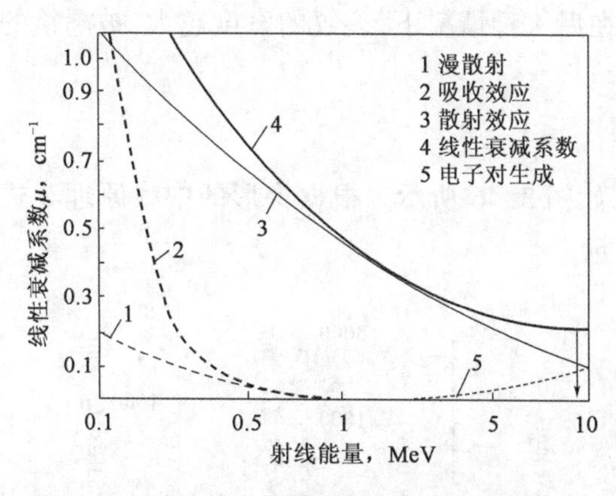

图 3.42 铁的线性衰减系数与射线能量的关系

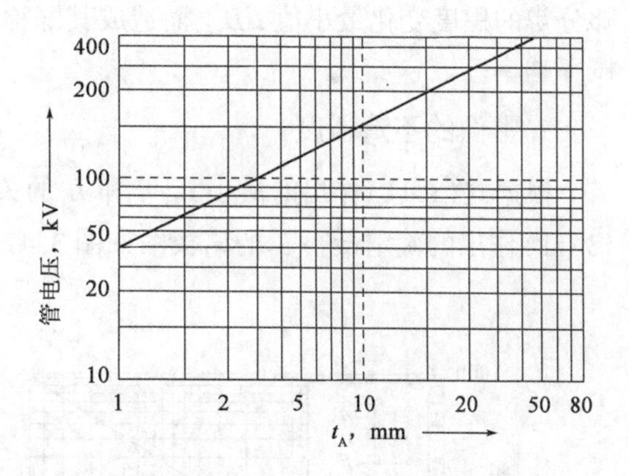

图 3.43 透照厚度和允许使用的最高管电压

3. 被透照物质的种类

由于线性衰减系数 μ 随被透照物质原子序数的增加而增大,因此在射线能量一定的条件下,重金属材料的透照灵敏度相应较高。鉴于这一原因,当透照轻质材料(例如铝)时,应当进一步降低射线能量以提高 μ 值,进而提高透照底片的影像质量。

4. 缺陷的类型、形状和取向

1)缺陷的类型

不同的缺陷类型,$(\mu-\mu')$ 不一样,有的差值还比较大。$(\mu-\mu')$ 越大,透照灵敏度越高。由于孔穴、未焊透等缺陷内含气体的 μ' 近似为零,因此在照相底片上较夹渣类缺陷更容易被发现。

2）缺陷的形状

不同形状的缺陷在照相底片上成像的差别如图 3.44 所示。由于矩形截面缺陷使透照厚度突变，因此相比之下，在照相底片上比使透照厚度渐变的圆形或梯形截面缺陷更容易被发现。鉴于这一原因，断面形状接近矩形的焊缝根部未焊透在底片上的影像比在射线透照方法上尺寸大致相同的球形气孔的清晰。

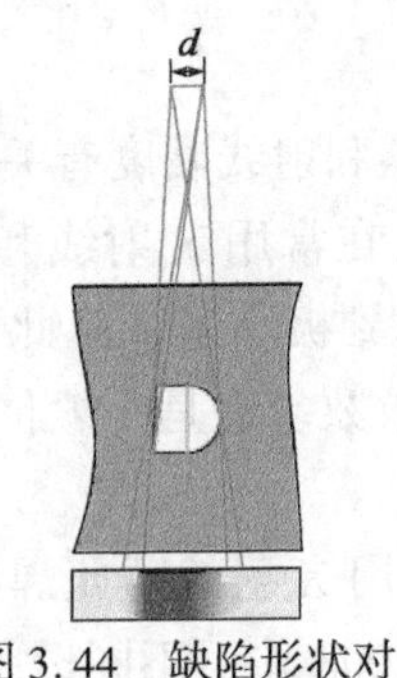

图 3.44　缺陷形状对底片影像的影响

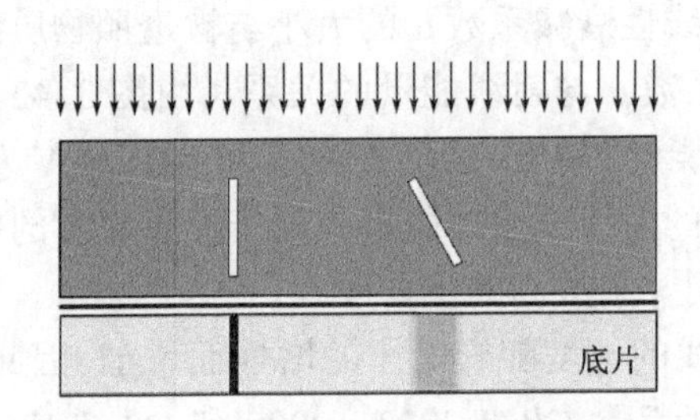

图 3.45　缺陷取向对底片影像的影响

3）缺陷的取向

图 3.45 所示为裂纹类平面型缺陷的取向对透照反差的影响。当裂纹的最大延伸方向与射线的入射方向平行时，因其 Δt_A 大，故底片上的 ΔD 也大。反之若裂纹的最大延伸方向与射线的入射方向斜交或正交时，则有可能因 $\Delta t_A < \Delta t_{Amin}$，而致使底片上其影像的 ΔD 低于目视能够分辨的黑度变化最小值 ΔD_{min} 而造成其漏检。在后一种情况下，裂纹的宽度越大，被漏检的概率越小。

5. 影像的不清晰度

根据式（3.11）作出的最小 L_1/d 和 L_2 的关系如图 3.46 所示。根据梯形的中线原理和式（3.11）作出的确定最小 L_1 的诺模图如图 3.47 所示。

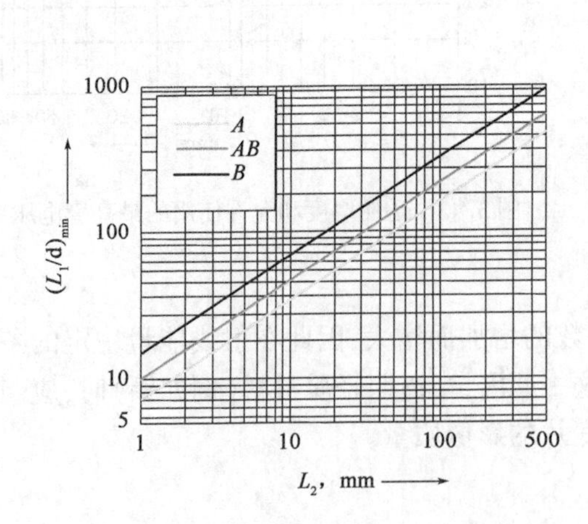

图 3.46　L_2 与最小 L_1/d 值的关系

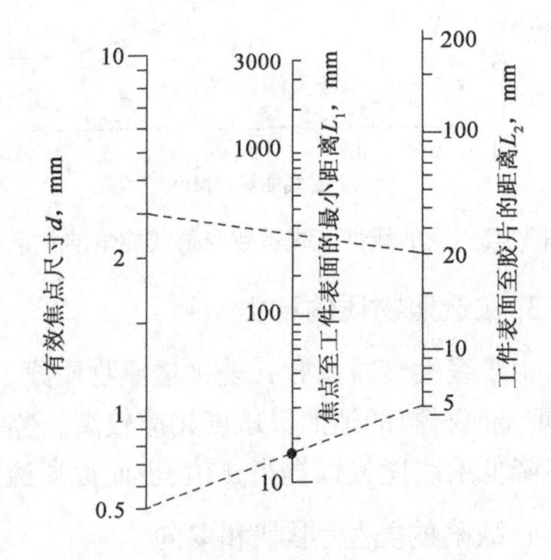

图 3.47　AB 级照相确定 L_1 的诺模图

在控制 U_g 的同时，应注意 U_i 在 U 中的作用。为说明这个问题，将式（3.11）写成：

$$U/U_i = \sqrt{1 + (U_g/U_i)^2} \tag{3.16}$$

由式（3.16）可见，在 $U_g/U_i \approx 1$ 以后，U/U_i 的相对变化率远不如 U_g/U_i 的显著。而射线源

确定以后，减少 U_g 的主要措施是增大 L_1，这意味着要因增加曝光时间而提高成本，因此一般以 $U_g/U_i \approx 1$ 作为 U_g 的最佳控制条件。例如在常见的透照厚度 $t_A = 8 \sim 64$mm 范围内，AB 级底片允许的 U_g 值约在 0.2 ~ 0.4mm 之间，在不使用荧光增感屏的条件下，X 射线照相的 U_i 值较小。在这种情况下合理地确定 U_g 十分重要。若恰当地选择透照的几何条件进一步降低 U_g，使 $U_g/U_i \approx 1$，则可以显著降低不清晰度 U，提高底片的影像质量。而对于 ^{60}Co 的 γ 射线源，由于其 U_i 已大于 U_g 上述的允许范围，因此再设法进一步降低 U_g 也不能明显地改善底片的影像质量。

6. 散射线的比例

射线照相过程中产生的散射线不仅会增加影像的不清晰度，而且还会降低底片的透照反差 ΔD。

散射线比例，即胶片接受的散射线的强度与入射射线强度之比。散射线比例 n 的大小与射线能量和透照厚度有关（图 3.48）。由图 3.48 可见，在射线能量一定的条件下，透照厚度越大，散射线比例 n 越大，因此透照灵敏度越低。而在透照厚度一定的条件下，射线能量越低，散射线比例 n 越大，透照灵敏度也越低。这一规律也适用于管电压大于 200kV 以上的 X 射线。

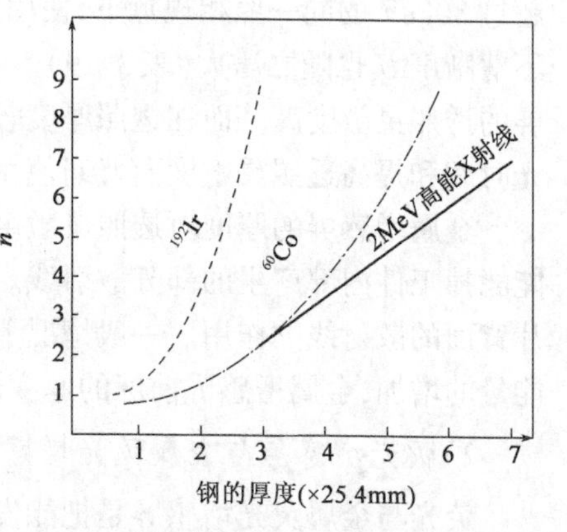

图 3.48　散射线比例 n 与射线能量和透照厚度的关系

射线透照场所中的一些其他物质，如墙壁、地面、桌子等，受到射线照射也会产生散射线并给底片的影像质量带来不良的影响。

散射线是射线与物质相互作用的产物，想要完全消除其不良影响是不可能的。但实践中可以采用如下措施对散射线的不良影响加以限制。

1）限制辐射场

将射线的辐射场限制在检测范围内，能有效地减小散射线的不良影响。具体作法是在射线出口处使用铅集光罩缩小射线束；或用铅板遮挡射线源一侧检测范围以外的其余被检表面。如果胶片尺寸超过了被检焊缝的长度，也应用铅板遮挡暗盒超过焊缝长度的多余部分。暗盒背面 2 ~ 3m 以内如果是钢板、墙壁、地面或其他物体，还要考虑在暗盒背面放一块约 2mm 厚的铅板。上述措施对 X 射线照相尤其重要。由于铅被射线照射后也会产生少量的次级射线，因此如果能在暗盒与铅板之间再衬一块 1mm 厚的锡或铜板，屏蔽散射线的效果会更好。在可能的条件下，最好让胶片背面是开阔的室外空间。

为估计屏蔽背面散射线的效果，射线照相前应在暗盒背面的适当位置贴附一铅质的“B”字标记（B 字高 13mm，厚 1.6mm）。如果在底片较黑的背景上出现了“B”的淡色影像，就表明屏蔽效果不良，该底片应予报废。

2）选择适当的射线能量

由于线性吸收系数 μ 和散射线比例 n 均随射线能量的降低而增大，因此在为提高透照灵敏度而选用低能射线时，应兼顾 n 的增大又有降低透照灵敏度的作用。在 X 射线照相中，相对而言，使用较软的射线可以提高透照灵敏度，但射线能量过低又会使透照灵敏度下降的原因就在于此。

7. 增感屏的类型

在射线照相过程中，为了在保证底片黑度达到规定值的同时缩短曝光时间。常把胶片放在两幅具有一定厚度的“屏”中间使用。靠近射线源一侧的称为“前屏”，另一侧的称为“后屏”，统称增感屏。

增感屏有三种类型：一类为金属屏，如钢、铜、铅、钽和钨屏，其中最常用的是铅屏；一类是荧光屏（也称盐屏）；介于这二者之间的是金属荧光增感屏。

1）金属增感屏

金属增感屏之所以能够在保证底片黑度的前提下缩短曝光时间，是因为其原子核被射线电离后放出的二次电子加速了胶片上银盐的还原。与不用增感屏的情况相比较，在射线能量超过 80keV 的同一照相规范下，使用金属增感屏的曝光时间可缩短 2 ~ 5 倍，但与此同时固有不清晰度 U_i 也随之增大（表 3.19）。在透照厚度较小的情况下，不使用增感屏比使用金属增感屏的透照灵敏度高。而在透照厚度较大的情况下，由于散射线的不良影响增大，因此为缩短曝光时间和提高透照灵敏度而普遍使用铅增感屏。

金属增感屏的厚度对透照灵敏度也有影响。前屏的适宜厚度是应使其既有增感作用，又能滤掉工件内部产生的部分散射线。而后屏除了要有增感作用外，还要求能起到屏蔽射向胶片背面的散射线的作用。一般情况下，与前屏相比，后屏总要略厚一些（表 3.19）。随着射线能量的增加，金属增感屏前屏的厚度也要随之增加，反之亦然。

2）荧光增感屏与金属荧光增感屏

荧光与金属荧光增感屏是把能发出荧光的盐类，例如 $CaWO_4$，涂覆在不同的基底上制成的增感器材。与无增感的情况比较，荧光增感屏可以把曝光时间缩短几十倍之多，金属荧光增感屏的增感效果也远较金属屏显著。但由于受激后的荧光物质以散射的方式发出荧光，因而致使固有不清晰度 U_i 增大，透照灵敏度明显降低。鉴于这一原因，在焊缝射线照相中，仅在个别情况下允许 A 级底片使用荧光增感屏或金属荧光增感屏。

表 3.19　金属增感屏的选用（GB/T 3323—2005）

<table>
<tr><th>射线种类</th><th>增感屏材料</th><th>前屏厚度，mm</th><th>后屏厚度，mm</th></tr>
<tr><td><120keV</td><td rowspan="4">铅</td><td>—</td><td rowspan="3">≥0.10</td></tr>
<tr><td>120 ~ 250keV</td><td>0.025 ~ 0.125</td></tr>
<tr><td>250 ~ 400keV</td><td>0.02 ~ 0.16</td></tr>
<tr><td>1 ~ 3MeV</td><td rowspan="3">1.00 ~ 1.60</td><td rowspan="2">1.00 ~ 1.60</td></tr>
<tr><td>3 ~ 8MeV</td><td>铜、铅</td></tr>
<tr><td>8 ~ 35MeV</td><td>钽、钨、铅</td><td>—</td></tr>
<tr><td>^{192}Ir</td><td>铅</td><td>0.05 ~ 0.16</td><td>≥0.16</td></tr>
<tr><td>^{60}Co</td><td>铜、钢、铅</td><td>0.25 ~ 1.00</td><td>0.50 ~ 2.00</td></tr>
</table>

注：①用钽屏或钨屏的透照灵敏度比铅屏高。

②用铜屏或钢屏能获得最佳透照灵敏度，但比使用铅屏曝光时间长。

不论采用哪种方式增感，都应设法让增感屏与胶片紧贴，否则会额外增加影像的固有不清晰度。

讨论至此，将影响底片影像质量的主要因素汇总如下（“↑”表示增大或提高；“↓”表示减小或降低）：

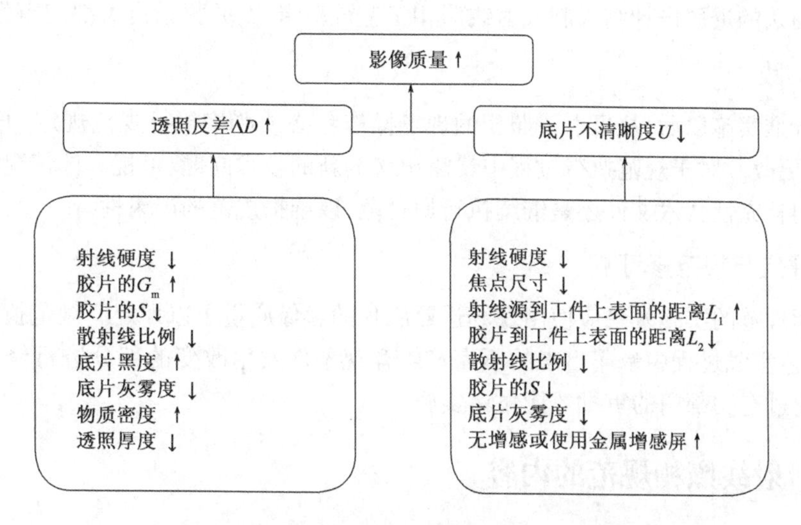

3.9 射线照相规范设计

为获得影像质量优良、稳定的照相底片而编制的指导现场照相操作的含有技术规定和工艺流程的书面文件称为射线照相规范。

3.9.1 射线照相规范的设计过程

1. 了解被透照对象的特点

着手规范设计之前，首先对被透照对象要有所了解。这包括根据设计或委托部门的检测项目，熟悉被检设备制造与检测所涉及的技术规程、技术标准及各种技术文件；熟悉材料的焊接性、采用的焊接方法、坡口与接头形式、焊接位置、焊接材料、焊工的技术水平及焊接工艺流程等基本状况，其次要掌握射线照相设备与器材的性能及诸如衰变曲线、曝光曲线、胶片特性曲线等理论和实验的资料，同时对透照现场的环境也要有充分的了解。

2. 进行透照设计

透照设计通常包括以下内容：

（1）根据被透对象的材质、透照厚度和形状选用符合要求的射线照相设备与器材。

（2）确定透照方式。

（3）通过计算或查阅有关图表确定如透照厚度、射线源至工件上表面的距离、射线入射角度、一次透照长度及曝光规范等参数。

（4）针对透照现场的环境状况，估计散射线对影像质量的影响，并提出防止办法。

（5）提出射线安全防护措施（GB 18871—2002）。

3. 进行试验验证

如有必要，应经试验验证透照设计结果的合理性，评定指标是透照底片的像质指数和黑度必须达到标准规定的相应底片级别的要求。

4. 编写规范

将经过确认的透照设计结果制成射线照相工艺规范卡片,并报请有关部门审批。

5. 工艺实践

规范被批准实施以后,从事射线照相的现场操作者必须严格执行规范规定的透照工艺参数,不得随意更改。对于规范执行过程中暴露出来的新的技术问题,可视具体情况研究决定是签发临时性的补充性技术文件还是继续执行原规范,以维护规范的严肃性。

6. 效果评定与规范修订

射线照相规范的实施效果应使用现场透照底片的影像质量予以评定。规范执行一段时期以后,应对工艺实践过程中暴露出来的不完善或客观条件发生改变的部分进行修订。修订后的规范也应通过有关部门的审批才能付诸实施。

3.9.2 射线照相规范的内容

(1)规范的适用范围。

(2)被透照对象的名称、图号、材质、形状尺寸、透照部位等基本情况。

(3)射线源的种类。

(4)胶片类型与牌号,增感方式与增感屏厚度。

(5)透照技术。例如透照方式、射线源和胶片相对工件的位置、射线入射角度、一次透照长度、像质计类别与摆放位置、射线源至工件表面的距离、曝光参数、某些专门技术(如厚度补偿与多胶片技术等)的应用及特殊工件照相的辅助工夹具等。

(6)防护散射线的措施。

(7)胶片冲洗加工的规定。

(8)制定该规范依据的相关技术标准。

3.9.3 射线照相规范的设计实例

以小直径钢管对接焊缝的射线照相为例,简单说明照相规范设计的要点。

小直径钢管(外径≤76mm)对接接头射线照相的基本技术要求是(GB/T 12605—2008):可以采用双壁双影法使焊缝成椭圆在底片上一次成像,但要求检出范围L不小于焊缝周长的90%。L 的计算公式为

$$L = [L_1 - (L_2 \times 4)]/L_1 \times 100\% \tag{3.17}$$

式中 L_1——管外壁周长,mm;

L_2——底片上不见像质计钢丝区域的一段长度,mm。

在底片的有效检出范围内,像质指数应符合规定;焊缝成像区的黑度应在1.5~3.5之间。

用双壁双影法透照钢管对接焊缝的基本几何关系(图3.49)为

$$\begin{cases} w + b = L_2 \tan\theta \\ X = L_1 \text{an}\theta \end{cases} \tag{3.18}$$

式中 w——焊缝宽度,mm;

b——焊缝椭圆影像的短轴间距,mm;

L_2——胶片至钢管表面的距离,mm;

θ——射线入射角,(°);

X——射线源相对焊缝平面的偏移距离,mm;

L_1——射线源至钢管表面的距离,mm。

一般情况下,胶片均应紧贴焊缝放置,因此

$$L_2 = \phi + h \qquad (3.19)$$

式中 ϕ——钢管外径,mm;

h——焊缝余高,mm。

由式(3.17)和式(3.18)可得:

$$\begin{cases} \theta = \arctan\left(\dfrac{w+b}{\phi h}\right) \\ X = L_1(w+b)/(\phi+h) \end{cases} \qquad (3.20)$$

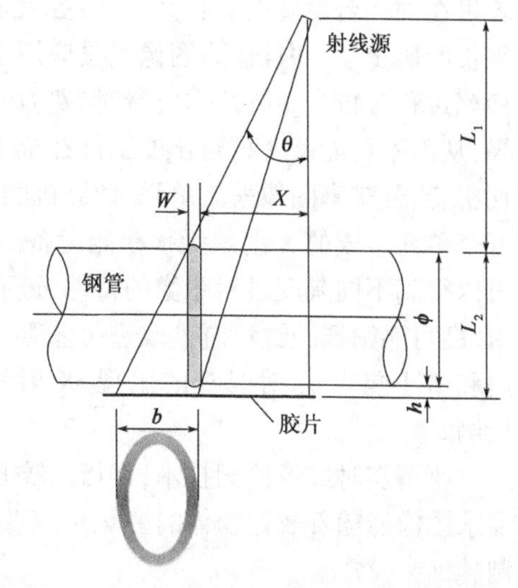

图 3.49 钢管环缝椭圆成像的几何关系

式(3.18)中的 w 可经实测确定。按 GB/T 12605—2008 的规定,b 应控制在 3 ~ 10mm 之间,通常选择 b =5mm 或 $b=w$ 较为适当。h 一般取 2mm。射线源确定以后,根据其焦点尺寸和 L_2 值查阅 GB/T 12605—2008 的诺模图即可确定允许使用的最小 L_1。一般情况下让 L_1+L_2 在 10 ~ 15 倍管径之间,将有利于保证钢管上壁的透照灵敏度。计算出透照厚度 t_A 后,选用相应编号的Ⅱ型专用像质计,在焊缝余高的中心处使用。为评定接头中可能存在的未焊透和内凹缺陷的等级,还要在钢管表面距焊缝 5mm 处平行放置未焊透深度对比试块(GB/T 12605—2008)。由于钢管环缝双壁双影一次成像的透照厚度变化很大,由此为提高底片黑度的均匀性,尽量扩大检出范围1,应考虑适当降低透照反差,使用不超过 50kV 的较高管电压或 γ 源进行透照。根据选定的射线能量,按表 3.20 的规定选用增感屏,同时选用表 3.18 中的 J_1 或 J_2 型胶片,并规定冲洗加工规范,最后根据曝光曲线确定曝光时间。为控制散射线的比例,减少其不良影响,应在射线出口设置铅集光罩,并在暗盒背面放置铅板。

表 3.20 金属增感屏的选用(GB/T 12605—2008)

射线源种类	增感屏材料	前屏厚度,mm	后屏厚度,mm
X 射线 <100keV	铅	—	≥0.10
X 射线 =100 ~ 250keV		0.02 ~ 0.03	
X 射线 >250keV		0.03 ~ 0.05	
^{192}Ir		0.05 ~ 0.16	≥0.16
^{60}Co	钢,铅	0.25 ~ 1.0	0.50 ~ 2.0

3.10 新型射线检测方法

3.10.1 射线检测实时成像技术

X 射线实时成像检测是 20 世纪 80 年代中期以来国际上新兴的一项无损检测技术,随着计算机技术的快速发展,早期应用比较广泛的胶片技术照相法逐步被实时成像所替代,并且二者可在同一台设备上兼容共存，将更大限度的应用到铸造行业基于胶片的射线照相术已经有很长的历史了，并且作为图像工具应用于很多领域，尤其是具有较高的空间分辨率和较快速的检测过程等特点。胶片需要费时、费力的处理过程，同时胶片图像效果折中了对比度和动态效果，从而不可能反映高对比度工件在全范围的影像。X 射线实时成像设备主要是由 X 射线探伤机、高分辨率图像采集单元、计算机图像处理单元、机械传动及电气控制单元、射线防护单元五个单元组成的 X 射线无损检测设备。它主要是依靠 X 射线穿过不同密度、厚度的物体后，可以得到不同灰度显示图像的特性，进而对物体内部进行无损评价，是进行产品研究、失效分析、高可靠筛选、质量评价、改进工艺等工作的有效手段。由于计算机数字图像处理技术的发展和微小焦点 X 射线机的出现，X 射线实时成像检测技术已经能够用于金属材料的无损检测。

所谓实时成像检测技术，是指在曝光的同时就可观察到所产生的图像的检测技术。这就要求图像能随着成像物体的变化迅速改变，一般要求图像的采集速度至少达到 25 帧/s（PAL 制）。

工作原理是将光电转换技术与计算机数字图像处理技术相结合，使用图像增强器把不可见的 X 射线图像转换为可见图像，经摄像机采集输入计算机进行数字处理，提高了检测图像的清晰度和对比度，从而提高了检测图像的灵敏度；经计算机处理后的图像再显示在显示器屏幕上，显示的图像能提供检测材料内部的缺陷性质、大小、位置等信息，在显示器屏幕上直接观察检测结果，从而按照有关标准（GB/T 3323—2005 或 NB/T 47013.2—2015）对检测结果进行缺陷等级评定；图像的产生会有短暂的延迟，这种延迟取决于计算机处理的速度；检测结果储存在计算机内并能转储到 CD 光盘上；借助计算机程序对检测结果进行计算机辅助评定，大大地提高检测的速度，使 X 射线无损检测技术向自动化、电脑化迈进了一大步。

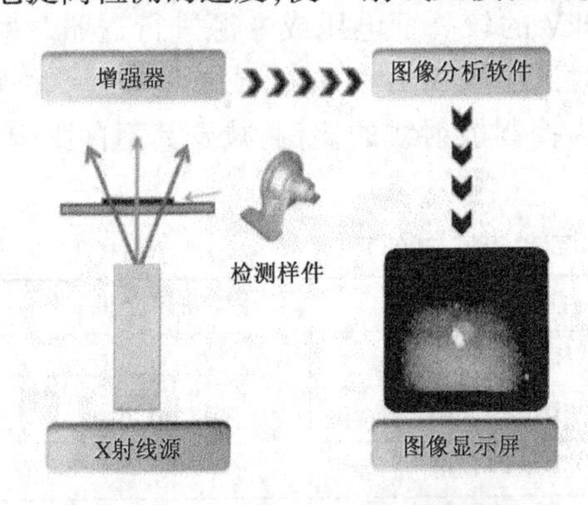

图 3.50 X 射线实时成像组成结构

X 射线实时成像组成结构如图 3.51 所示，发射的 X 射线透照被检测物体后被图像增强器所接收，并转换成模拟信号或数字信号，利用半导体传感技术、计算机图像处理技术和信息处理技术，将检测图像还原在显示器上，再应用计算机程序对检测结果进行缺陷等级评定，最后将静态图像图片或动态录像数据保存到存储介质上。

射线实时成像技术设备主要由 X 射线机、X 射线接收转换装置、数字图像处理单元、图像显示单元、图像储存单元及检测工装等组成。

（1）X 射线机：对于要求连续检测的作业方式，宜选择直流恒压强制冷却 X 射线机。X 射线管的焦点尺寸对检测图像质量有较大的影响，有条件的情况下应尽可能选用小焦点 X 射线管。随着近年来高钢级、大壁厚钢管生产技术的逐渐完善，普遍使用的都是 225kV 以上的恒压式 X 射线系统，焦点尺寸在 0.8mm ×0.8mm 以上，对焦点的要求也不宜过小，如果焦点过小且冷却不好，焦点容易“烧坏”。

（2）图像增强器：X 射线实时成像技术采用图像增强器作为光—电—光转换系统。图像增强器输入屏直径对成像质量有较大的影响，直径较小，则分辨率较高，图像较清晰，且价格较低，焊缝探伤工艺试验表明，直径 150mm 图像增强器的分辨率比直径 230mm 的高。图像增强器的中心分辨率要求不低于 4.51P/mm。目前，国产图像增强器的水平已能满足 X 射线实时成像的技术要求。图像增强器一般都配有光学镜头和电视摄像机。

(3)摄像机和光学镜头:图像增强器输出端配有一组高清晰度的光学镜头,镜头后面配高清晰度的摄像机。试验表明。CCD 集成块式摄像机的效果比电子管式的摄像机好。CCD 摄像机的摄像靶像素阵列要求不低于 768 ×576 。

(4)计算机系统:X 射线实时成像技术之所以能达到目前实用的程度,在很大程度上得益于运用了计算机图像处理技术。如今计算技术发展日新月异,价格几乎每月下跌,为 X 射线实时成像技术的发展带来了全新的机遇。从目前计算机硬件水平来看,其基本配置要求主机应不低于 486 型的微机(推荐使用工业控制用微机)。软件要求在中文 DOS 或 Windows 环境下,支持实时成像系统和图像辅助评定程序运行。

(5)图像评定系统:通常在图像摄像系统之外,另配一台图像评定系统(计算机),用于图像的计算机辅助评定,当然图像摄像系统也可兼做评定用,只是工效低些。

相对于传统 X 射线照相底片法,X 射线实时成像具有以下特点:

(1)易于图像存储:传统胶片保存、管理、查询需要花费大量的人力、物力及时间,另外胶片会随着保存时间的增长而逐渐变质,使图像质量下降。而 X 射线实时成像系统生成数字图像,可利用计算机的海量存储及网络化存储,实现远程集中评片,方便快捷集中管理和应用图像。

(2)便于图像处理:传统的胶片图像不能进行图像后处理,若图像质量由于各种原因达不到评判要求,则只能重复检测。而数字化成像则可进行边缘增强,灰阶变换等后期处理。

(3)环保:X 射线实时成像系统由于不需要利于传统胶片,免去了胶片冲洗中重工业金属的污染与有害废水的产生,有利于企业对环境的保护。

目前,在工业中广泛使用的射线检测技术有:胶片照相检测技术、像增强器实时成像检测技术、线扫描成像检测技术、基于射线转换屏"开放式"成像检测技术、基于平板式探测器的成像检测技术。下面就每种检测技术的优缺点简要介绍一下。

(1)胶片照相检测技术是利用 X 射线照射工件时,部分射线能量被工件吸收,其余的射线能量穿过工件后使胶片感光,并在底片上产生黑度差异的影像,从而达到检测目的。该方法的特点是能够产生永久的清晰地反映自然尺寸的疵病图像,胶片照相空间分辨率高,主要运用在医学诊断等领域;缺点是不能对射线图像直接观察,检测周期长,成本高。此外,要达到最佳的检测,需要仔细地选择照相和冲洗胶片的参数,而且还必须具有熟练的和丰富的检测经验。

(2)图像增强器实时成像检测技术是采用射线—可见光—电子—电子放大—可见光的光放大技术,将射线光子由转换效率较高的主射线转换屏转换为可见光图像,再由可见光转换为电子,对电子进行放大后,再次转换为可见光。与其他系统比较,其优点是成像时间短,能实时地对射线图像进行处理、分析和存储。由于像增强器采用真空管制造技术,图像转换屏不易做得太大,且增强器受射线的能量限制,目前这种系统主要用于 450keV 能量以下的射线成像检测,主要针对中、小构件进行检测,不能对大型构件进行检测。另外,该系统成像检测的空间分辨率和透度灵敏度较低。

(3)基于射线转换屏成像检测技术是将射线图像直接通过转换屏转换为可见光图像,而后由低照度的摄像机获取可见光图像。光屏系统组合的灵活性,可由多屏组合成大视场的检测系统,适合于不同射线能量和不同尺寸构件的成像检测,是高能 X 射线成像检测中广泛使用的系统。但该检测系统有成本高,空间分辨率低的缺点。

(4)基于平板式探测器(Flat Panel Detector)的成像检测技术是最近几年发展起来的一种

射线成像技术,平板探测技术可分为直接和间接两类。间接 FPD 的结构主要是由闪烁体或荧光体层加具有光电二极管作用的非晶硅层(amorphous Silicon, a - Si)再加 TFT 阵列构成闪烁体或荧光体层经 X 射线曝光后,将 X 射线光子转换为可见光,而后由具有光电二极管作用的非晶硅层变为图像电信号,最后获得数字图像。在间接 FPD 的图像采集中,由于有转换为可见光的过程,因此会有光的散射问题,从而导致图像的空间分辨率及对比度解析能力的降低。直接 FPD 的结构主要是由非晶硒层(amorphous Selenium, a - Se)加薄膜半导体阵列(Thin Film Transistor array, TFT)构成的平板检测器。由于非晶硒是一种光电导材料,因此经 X 射线曝光后直接形成电子 - 空穴对,产生电信号,通过 TFT 检测阵列,再经 A/D 转换获得数字化图像。从根本上避免了间接转换方式中可见光的散射导致的图像分辨率下降的问题。由于非晶硒和非晶硅怕冷,怕潮,平板探测器使用一定年限或者经过一定次数曝光,老化损坏是必然的,不可避免的。

(5)线阵探测器(Linear Diode Arrays)成像检测技术是一种用特殊材料制造的新型射线探测器排列成的一个阵列,再利用 CMOS 技术直接与一块大规模集成电路耦合连接在一起,达到同步完成射线接受、光电转化、数字化的全过程。这种射线/数字的直接转换方法,大幅度减小了信号长距离传输和转化过程中由于信噪比降低带来的各种干扰信号,系统在动态检测时噪声很低,每一个像素都是经过精加工而成,成像器可承受高达 450keV 能量的 X 射线直接照射,具有在强磁场中稳定工作的能力,无老化现象,但该检测系统同样存在着缺陷,就是成像检测时需与机械同步。这种成像检测技术已广泛应用于安全检测(如行李、包裹的检查)和大型设备的检测(如集装箱检查等)。

根据检测实际情况,开发检测软件,软件应具有图像采集、图像处理、图像分析、图像测量、图像储存、图像转录、图像打印、辅助评定、打印报告、检测数据库管理等功能。软件在中文程序环境下工作,人机对话,界面友好。应用计算机图像处理技术后,图像质量提高,检测图像能长期保存,图像检索、资料查询、报告打印、资料保管都比胶片照相方法简单、方便、准确,且效率大大提高。

X 射线实时成像检测技术目前已经被广泛地应用到铸铁铸铝、汽车零部件、轮胎轮毂、压力容器、航空航天、锂电池、电子制造业、集成电路、半导体、太阳能光伏、LED、连接器、公共安全等高科技行业。

铸造企业可以依托 X 射线实时成像技术,提高自身的品质把控和质量提升,利用实时成像系统中的图像处理模块对图像灰度等级进行算术运算和处理,将所采集的图像数字化处理,提高图像的清晰度,从而提高缺陷检出灵敏度。同时对检测工件灵活编程,设计计算机自动识别图像,更大程度地提高智能化缺陷判定,减少人工肉眼评片的误差,更加精准高速地实现 X 射线实时成像在检测业中的使用优势,为产品质量保驾护航。

随着计算机技术、图像处理技术、电子技术的飞速发展,实现数字化、图像化、智能化、实时化的 X 射线实时成像系统的普及将成为 X 射线无损检测的必然趋势。X 射线实时成像系统的硬件开发以及图像处理新技术的探索也将成为将来有待研究的重要课题。

3.10.2 射线检测数字化技术

在 20 世纪 70 年代以后,科技的发展使得射线实时成像检测质量得到了很大改进,主要是采用图像增强器代替简单的荧光屏,提高了图像的亮度和对比度;采用微焦点或小焦点射线源,以投影放大方式进行射线照相;引入数字图像处理技术,将模拟图像经过 A/D 转换,改进了图像质量并易于处理;直接采用数字化射线成像技术,从而获得较高灵敏度的射线图像等。

目前,图像增强器射线实时成像检测的灵敏度已基本上满足工业检测的需求,在中等厚度范围其灵敏度已接近胶片射线照相水平。而数字化射线成像检测技术的图像质量比图像增强器射线实时成像系统的图像质量高得多,灵敏度也高很多,基本达到胶片射线照相的水平。

从 20 世纪 20 年代射线照相检验技术进入工业应用以来,射线检测技术的发展已有 90 多年的历史。到现在,在工业应用领域已形成了由射线照相技术(Radiography)、射线实时成像技术(Radios - copy)、射线层析成像技术(Tomography)构成的比较完整的射线无损检测技术系统。现在,从获得的图像角度,又将射线检测技术分为常规射线检测技术和数字射线检测技术。常规射线检测技术主要是指采用胶片完成的射线照相检验技术。

数字射线检测技术在最初比较强调直接获得数字化图像的射线检测技术。但现在,已演变成可获得数字化图像的全部射线检测技术。当使用缩写"DR"时,通常表示的是直接数字化射线检测技术(Direct radiography)。数字射线检测技术目前可分成三个部分:直接数字化射线检测技术、间接数字化射线检测技术、后数字化射线检测技术。此外,可认为 CT 技术、CST 技术(康普顿散射层析成像技术)是特殊的数字化射线检测技术,可称为层析数字化射线检测技术,是特殊的直接数字化射线检测技术。

直接数字化射线检测技术主要是指采用分立辐射探测器完成的射线检测技术。它包括平板探测器实时成像检测技术和线阵探测器实时成像检测技术等。这些技术在辐射探测器中完成图像数字化过程。间接数字化射线检测技术是指图像的数字化过程(A/D 转换)需要作为单独技术环节完成的射线检测技术。现在工业应用主要是采用图像增强器完成的实时成像检测技术和 CR 技术。后数字化射线检测技术是特殊的技术,它是采用图像数字化扫描装置将射线照相底片图像转换为数字图像的技术。

运用数字射线检测技术,可以建立射线检测技术工作站。在检验工作现场,完成图像采集,并将图像传输到工作站中心。在工作站中心完成检测后期工作站,并可与其他工作站或有关部门联系,实现信息交换等。

大型高速计算机系统的出现,伴随着功能强大的图像处理软件和固态射线探测器的发展,使得数字图像和实时射线检测更有吸引力和可行性,从而促使数字射线检测方法在航空航天和其他工业领域的应用处于显著的位置。图像对比度的增强、空间滤波和其他的图像处理均通过数字计算的方法来完成,固态射线探测器提供了很宽的动态范围。数字射线检测方法避免了多种胶片照相术中的弊病和不足。数字射线检测结合功能强大而又灵活的图像处理软件提供了值得人们注意甚至超过胶片效果的检测图像质量。

数字射线检测的图像与传统医用 X 射线图像类似,均由内部特征效果叠加而成。正是因为这种图像表现了检测对象内部特征在一平面上的叠加效果,因此将该图像称为透射图像。

数字射线图像具有很高的对比灵敏度,它与实时成像检测图像极其相似。对比灵敏度的高低因射线探测器的类型不同而有所改变,目前检测图像的对比度可高达 65000 种级别的灰度。

除了这些,对某些数字射线检测技术还应考虑检测方式问题。检测方式指的是拾取射线信号过程的类型,它可分为两类:静态方式和动态方式。静态方式是在射线源、工件、辐射探测器处于相对静止的状态下拾取射线信号过程。动态方式是在射线源、工件、辐射探测器处于相对运动的状态下拾取射线信号的过程,实际中主要是射线源、辐射探测器处于静止状态,工件相对它们处于运动状态。检测方式由所使用的数字射线检测技术系统本身决定。

从20世纪90年代后,不断进行了数字射线检测技术工业无损检测应用的研究,已经取得了重要成果,一些有关数字射线检测技术的标准相继制定,为工业无损检测应用提供了基础。数字射线检测技术还在发展中,已经出现了适应数字射线检测技术的新型X射线管。可以期待,数字射线检测技术在无损检测领域获得更广泛的应用。

数字射线检测技术是在计算机和辐射探测器发展的基础上,建立起来的可获得数字化图像的射线检测技术。获得数字射线检测图像是数字射线检测技术的基本特征。DR(digital radiography)技术也称数字射线实时成像技术,数字射线检测技术是可获得数字化图像的射线检测技术因其探测效率高、辐射剂量小、成本低等诸多优点成为未来射线检测技术的发展趋势。

数字射线检测主要有以下五种类型的X射线接收系统:

1. X射线图像增强系统

X射线图像增强器(XII)系统广泛应用于医疗和工业的射线检测等领域。图像增强器系统的真空管利用对X射线敏感的荧光屏将不可见的X射线光子图像转换为可见光光子图像。然后通过光电阴极的作用将可见光光子图像转换为相应的电子,该电子通过几千电子伏特(keV)的电压加速并聚焦于荧光输出屏,从而又形成可见光图像。该图像可通过电视摄像机系统来观察。

2. 线阵扫描系统

该系统主要利用X射线闪烁体材料,如单晶的$CdWO_4$或CsI直接与光电二极管相接触制作而成(LDA)。单晶体被切成很小的小块,形成图像中离散的像素。工件存在于扇形区域内的部分由接收系统进行行扫描,并由计算机重建由行扫描所形成的行—行图像。通过校准扇形/探测器系统能够明显地减少射线的分散程度,并将生成非常精确的图像。

早在20世纪80年代,LDA主要开发用于医疗的目的,同时将为工业领域开辟了一种经济上可行、高分辨率检测的新纪元,如铸造检测、食品中异物的检测、包装箱检测、物料充满程度检测和危险材料的探测等。LDA正在向更高的扫描速度、更宽的动态范围和更小的像素尺寸的方向发展,并且在无损检测的应用领域越来越普遍。

3. 光纤CCD系统

光纤闪烁体FOS(Fiber-optic scintillator)面板被用于检测X射线,它是由若干条发光光纤芯组成。光纤芯在面板直径方向的尺寸为10mm至20mm之间,目前系统的空间分辨率可达到221p/mm以上,动态范围可达65000:1。X射线使光纤前端的闪烁体发光,每根光纤将其导入面板表面,形成非常清晰的整合图像,可直接与CCD阵列相结合来摄取图像,FOS/CCD的组合使其具有很高的射线接收率,与典型的线阵扫描系统相比,大大缩短了射线接收时间。这种系统可制作得非常轻便,可应用于扫描检查凹凸不平的大型飞行器的结构部分。

4. 非晶硅探测器

除以上四种早在几年前已经用于数字射线检测系统中之外,一种新的面板式的图像检测设备已开发成功,并投入到超大型医疗和工业数字成像应用中。这种新技术的主要区别在于,面板本身由amSi(amorphous silicon)或amSe(amorphous Selenium)等非晶材料制作而成,在

X 射线辐射场的作用下,这种材料内部本身可直接激发出电子,该电子可直接被收集和处理,或者利用闪烁体材料进一步加强传感器对 X 射线的感应。

非晶硅探测器,由于薄膜型的晶体管阵列的突破性进展,近年来得到了飞速发展。最新的非晶硅探测器能够生成比特的图像,具有 65000 种以上的灰度级别,可以达到足够的分辨率水平满足广大的工业需求,已经生产的几种尺寸的探测器的分辨率达到了 51p/mm。非晶硅探测器可应用于在线的印刷电路板检查、飞机机身裂纹的检查, 管线和焊接领域的无损检测、核废料检测、中子照相以及 X 射线断层成像(XCT) 等。这种技术主要是基于非晶硅图像阵列,该阵列可以在 $1276in^2$ 的面积上集成大约 100 万个光电二极管传感器,该传感器可直接接收 X 射线并转换为电荷,同时与碘化铯(CsI) 闪烁体相组合可以在 X 射线成像系统中得到很高的分辨率图像,闪烁体材料直接放置在光电二极管传感器阵列的上表面,X 射线光子激发闪烁体发出可见光,并进一步作用于光电二极管积累电荷。每个光电二极管的像素分别接收了不同量的 X 射线照射,其积累的电荷量也不相同。驱动电路扫描并采集每个光电二极管的电荷信号,通过相同非晶硅材料制作的薄膜晶体管实时地读取该数字信号,从而就可再现 X 射线影像。读取和显示的速度可达每秒 5 ~30 帧,为了提高灵敏度,仅需要几秒钟的时间也可将许多帧的数据叠加到同一帧中显示,每种显示几乎都能在瞬间完成,最近开发成功的一种高分辨率 8in × 10in 大小的成像面板,带有其专用的显示器,可承受的射线能量可达 9Mev,并且在多层电路板的检测中取得了极好的效果。

5. X 射线荧光/真空微光摄像系统

这些系统无需图像增强装置,对 X 射线敏感的荧光材料也不需要真空管,而是直接制作成射线探测器。通过 Tb 活化 GaO 材料,使荧光屏对 X 射线具有很高的吸收率,从而利用性能优越的摄像机系统来提高整体的性能。因为非低温的 CCD 摄像机无法达到如此足够高的分辨率,该系统可应用分流直像管摄像机。

无论对何种数字检测方法,图像质量是衡量图像处理和图像记录性能的重要指标。数字射线检测的图像质量可以定义为反映 X 射线在检测工件中衰减的空间分辨能力。实际应用中,多种因素可降低图像质量,主要包括:

(1)射线管的焦点尺寸;

(2)几何和空间分辨率;

(3)散射线;

(4)屏和探测器的吸收和反射效果;

(5)工件的稳定性。

应用数字射线检测进行无损评价有多种方式,包括飞机和飞船系统中的腐蚀情况评价、金属铸造过程控制的评价、先进复合材料的评价、电气及机电部件的失效性评价、火箭发动机的性能评价、盛装军用钚材料容器退化的评价及焊缝质量的评价等。

数字射线检测技术的物理基础没有改变,它仍是以射线吸收规律为基本原理的射线检测技术。对数字射线检测技术,初始检测信号与常规胶片射线照相检验技术相同,仍然是物体对比度。这些关系,构成了数字射线检测技术控制基础。如果希望深入理解数字射线检测技术,特别是从理论上深入讨论“等价性问题”,则需要成像过程。

目前在工业无损检测技术中,实际应用的数字射线检测技术主要是直接数字化射线检测技术和间接数字化射线检测技术。直接数字化射线检测技术是指采用分立辐射探测器完成的射线检测的技术,这种技术在辐射探测器中同时完成射线探测、转换和图像数字化过程,直接给出数字化的射线检测图像。间接数字化射线检测技术是指图像的数字化过程需要作为单独技术环节完成的射线检测技术。

与常规胶片射线照相检测技术比较,数字射线检测技术是:(1)采用辐射探测器代替胶片,完成射线信号的探测和转换。(2)采用图像数字化技术,获得数字检测图像。

由于数字射线检测技术是采用像素尺寸较大的辐射探测器探测和转换射线信号,然后通过图像数字化技术获得数字检测图像,图像的空间分辨率成为必须考虑的质量指标。所以关于图像质量指标必须同时设置对比度与空间分辨率。根据常规线型像质计或阶梯孔型像质计的像质值要求,控制的主要是检测图像的对比度,双丝像质计测定值则要求控制检测图像的空间分辨率(不清晰度)。

在最初,比较强调直接获得数字化图像的射线检测技术,但现在,已演变成可获得数字化图像的全部射线检测技术。目前数字射线检测技术可分成三个部分:直接数字化射线检测技术、间接数字化射线检测技术、后数字化射线检测技术。直接数字化射线检测技术是采用分立辐射探测器(DDA)完成的射线检测技术;间接数字化射线检测技术是指图像的数字化过程需要采用独立单元以单独技术环节完成的数字射线检测技术;后数字化射线检测技术是采用图像数字化扫描装置将射线照相底片图像转换为数字图像的技术。

近年来随着计算机数字图像处理技术及数字平板射线探测技术的发展,X 射线数字成像检测正逐渐运用于容器制造和管道建设工程中。数字图像便于储存,检索、统计快速方便,易于实现远程图像传输、专家评审,结合 GPS 系统可对每道焊口进行精确定位,便于工程质量监督。同时,由于没有了底片暗室处理环节,消除了化学药剂对环境以及人员健康的影响。

随着我国经济的快速发展,对能源的需求越来越大,输油输气管道建设工程也越来越多,众多的能源基础设施建设促进了金属材料焊接技术及检测技术的进步。

目前,市场上颇有竞争力的数字射线产品主要采用非晶硒和非晶硅平板探测器,两者都能在光电导材料中直接吸收射线,并将射线数字化并输入计算机;同时两者都能提供较高的检测效率,在某种程度上已取代了早期的 CR(computedradiography)技术。我国现阶段也已起草了数字射线的相关标准,但目前尚未实施,这在一定程度上影响了数字射线的广泛应用。伴随着相关标准的进一步实施与不断完善,数字射线实时成像技术必然会在市场上占有一定的份额。在管道建设工程中,管道焊接基本实现了自动化和半自动化,而与之配套的射线检测主要采用胶片成像技术,检测周期长、效率低下。随着人们对油气需求的增加,将有更多的油气管道建设工程相继启动,如何将一种可靠的、快速的、“绿色”的射线数字检测技术应用于工程建设中,以替代传统射线胶片检测技术已成为目前管道焊缝射线检测领域亟须解决的问题。

与胶片照相术相比,数字射线检测技术无须胶片的暗室处理,缩短了曝光时间,增大了图像的动态范围并对图像进行数字化,而且在其检测的实时性和对曝光时间的宽容性等方面,都为野外现场作业创造了无比的优越性。近来的应用表明数字射线检测技术发挥着越来越重要的作用。

探测器数据量的快速增长需要更先进的数字硬件设备和软件用来访问和处理数据。新的自动化的硬件设备的功能在越来越复杂的自动控制系统中不是无限度的,那么新的软件应发挥更大的作用。随着这些技术的不断向前发展,数字射线检测技术必将有能力对飞机等运输工具中的譬如裂纹、孔隙、连接失效以及腐蚀等缺陷自动进行检测和有效性的评价。

先进的数字射线检测技术必将在重要零部件的各个生产环节中对零配件射线检测的质量自动评价起到关键性的作用,而这在以前的质量控制方法中是难以想象的,而且数字射线检测技术还能在因受压或腐蚀而造成飞机裂纹的检测中发挥重要作用。数字射线检测技术的其他用途将随着技术的发展在实践中进一步得到证实。

复习思考题

一、选择题

1. 剂量当量的专用单位是(　　)。

A. 居里　　B. 伦琴　　C. 拉德　　D. 雷姆

2. 在五种常规的无损检测方法中,RT 表示(　　)。

A. 超声波检测　　B. 射线检测　　C. 磁粉检测　　D. 涡流检测

3. 射线检测时,焦点尺寸越大,几何不清晰度越(　　)。

A. 大　　B. 小　　C. 不变　　D. 不一定

二、填空题

1. 增感屏的种类有(　　)、(　　)和(　　)。

2. 射线检测时,射线能量的选择主要考虑(　　)和(　　)。

3. γ 射线机的主要结构包括(　　)、(　　)、(　　)和(　　)。

4. 射线检测时,选择射线源的原则主要有(　　)、(　　)和(　　)。

5. 射线检测时,射线防护的主要方法有(　　)、(　　)和(　　)防护三种方法。

6. 某射线检测时,几何不清晰度 U_g 为 0.24mm,固有不清晰度 U_i 为 0.1mm,则总的不清晰度 U 为(　　)mm。

7. 根据观察方式不同,射线检测分为(　　)、(　　)、(　　)三种。

8. X 射线管主要由(　　)、(　　)、(　　)三部分组成。

9. 以 X 光机(有效焦点尺寸为 3mm)检测厚度 10mm 的钢板,若要求几何不清晰度 U_g 为 0.5,则射线源至底片的距离应为(　　)mm。

10. X 射线机的基本结构主要由(　　)、(　　)、(　　)和(　　)组成。

11. 射线检测的灵敏度主要用(　　)来测量。

三、判断题

1. 射线探伤时射线能量越大,其穿透力越强,同时成像质量也越高。(　　)

2. 射线探伤时透照距离越大,其几何不清晰度越小。(　　)

3. X 射线的焦点会影响射线检测的灵敏度。(　　)

4. 像质计一般放置于工件源侧表面焊接接头的一端(在被检区长度的 1/4 左右位置),金属丝应横跨焊缝,细丝置于内侧。(　　)

5. 射线能量越大,其穿透能力越强,因此,在实际探伤中,我们应优先选择射线能量最大的射线源。(　　)

6. 射线检测时的焦点尺寸主要取决于灯丝形状和大小，管电压和管电流也有一定的影响。（　　）

四、简答及计算题

1. 什么是射线检测？射线检测的优点和局限性是什么？

2. 辐射场中距源2m处的剂量率为 180×10^{-6} Sv/h，若工作人员在3m处工作，按照GB 18871—2002规定，工作人员每周工作时间应不超过多少小时？（GB 18871—2002规定，年剂量当量极限值为50mSv，周剂量当量极限值为1 mSv）

3. 什么是暗室处理？显影液的组成和作用是什么？

4. 什么是增感屏？简述增感屏的增感原理。

5. 如何正确选择X射线源和γ射线源？

6. 与X射线探伤相比，γ射线探伤的优点和缺点是什么？

7. 某车间生产的压力容器产品，拟用射线探伤对产品的焊缝进行检验，请回答以下问题：

(1)什么是射线检测？射线检测的优点和局限性是什么？

(2)射线源选择时，应考虑哪些因素？

(3)如何对焊缝的射线底片进行正确的评定？

(4)为减少射线对人体的辐射，可以采取哪些方法进行防护？

第 4 章 磁粉检测

4.1 引 言

利用磁现象来检测工件中缺陷的方法称为磁粉检测。人们发现磁现象比电现象还早，远在春秋战国时期，我国劳动人民就发现磁石吸铁现象，发明了指南针，最早应用于航海。17 世纪法国著名物理学家对磁力作了定量的研究。19 世纪初期，丹麦科学家奥斯特发现了电流周围也存在磁场。与此同时，法国科学家毕奥、沙伐尔及安培，对电流周围磁场进行了系统的研究，得出了一般的规律。生长于英国的法拉第首创了磁力线的概念。这些历史上伟大科学家的发现与研究，在磁学与电磁学史上树立了光辉的里程碑，也给磁粉检测创立了坚实的基础。

1918 年，美国人霍克发现铁粉末聚集于工件表面的裂纹区域，在表面形成一定花样。于是，他第一个提出可以利用磁铁吸引铁屑来进行检测。

1928 年，美国人 Forest 为解决油井钻杆断裂，研制出了周向磁化，使用了尺寸和形状受控的并具有磁性的磁粉，获得了可靠的检测结果。

1934 年，生产磁粉检测设备和材料的美国磁通公司成立，一台用来演示磁粉检测技术的实验性的固定式磁粉探伤设备问世。

1938 年，德国发表了《无损检测论文集》，对磁粉检测的基本原理和装置进行了描述。

1940 年 2 月，美国编写了《磁通检验原理》教科书，1941 年荧光磁粉投入使用。磁粉检测从理论到实践，已初步形成为一种无损检测方法。

前苏联航空材料研究院的学者瑞加德罗，毕生致力于磁粉检测的试验、研究和发展工作，为磁粉检测做出了卓越的贡献。

1949 年后，我国随着工业的发展和科学技术的进步，磁粉检测技术发展很快，在航空、航天、兵器、船舶、火车、汽车、石油化工、承压设备和特种设备上都得到了广泛的应用。

到目前为止，磁粉检测已同渗透检测、涡流检测、射线检测、超声检测一道，成为适用于不同场合的无损检测五大常规方法。

4.1.1 磁粉检测的定义

磁粉检测(Magnetic particle Testing，缩写为 MT)，又称磁粉探伤或磁粉检验，是无损检测五大常规方法之一，如图 4.1 所示。磁粉检测是指利用磁现象来检测工件缺陷的无损检测方法。

4.1.2 磁粉检测的基本原理

铁磁材料或工件被适当磁化后，在表面或近表面缺陷处，磁力线发生局部畸变，逸出工件表面，形成磁极，产生漏磁场，吸附施加在工件表面的磁粉，形成了在合适的观察条件下目视可见的缺陷磁粉图像(磁痕)，根据这些图像，可以发现缺陷的形状、位置、尺寸、取向和严重程度，如图 4.2 所示。

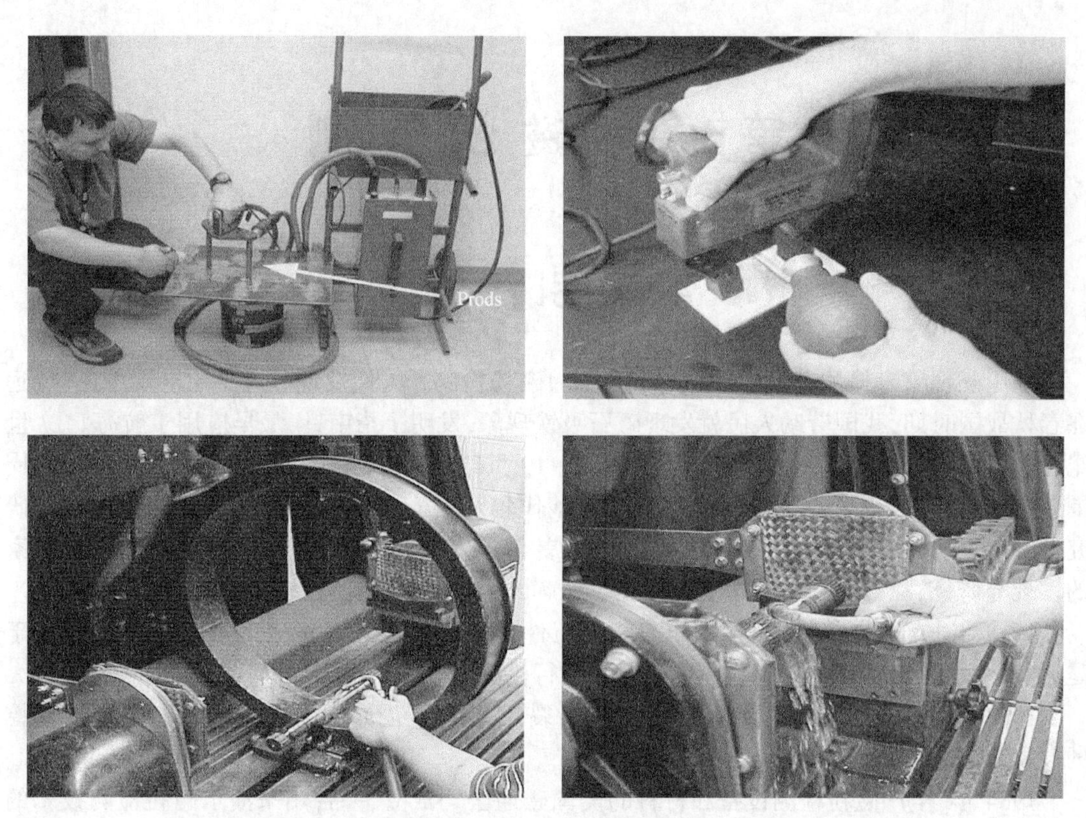

图 4.1　磁粉检测在工业上的应用

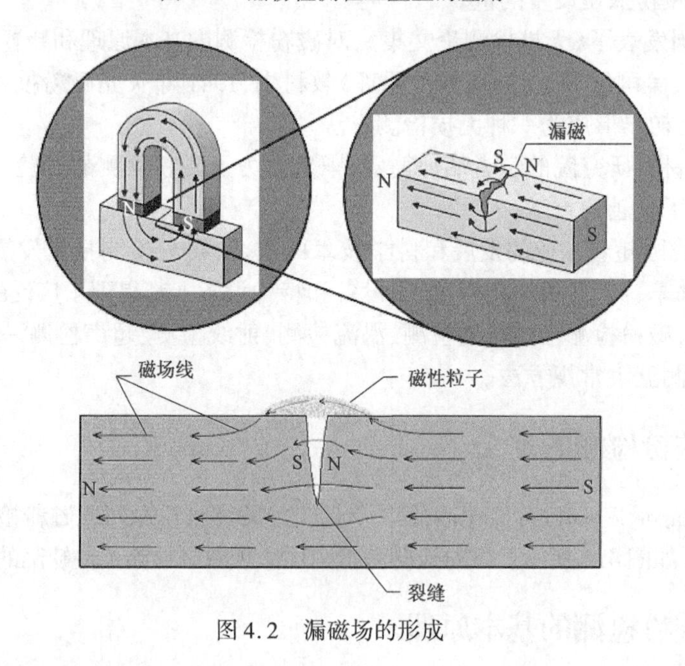

图 4.2　漏磁场的形成

4.1.3　磁粉检测的适用范围

(1)适用材质:适用于检测钢铁类铁磁材料,包括马氏体不锈钢和沉淀硬化不锈钢材料,但不适用于奥氏体不锈钢和用奥氏体不锈钢焊条焊接的焊缝,也不适用于铜、铝、镁、钛合金等非磁性材料。

(2)适用于检测表面和近表面的各种裂纹、折叠、白点、疏松、冷隔、未焊透、气孔等缺陷，但不适用于检测埋藏较深的内部缺陷以及与磁力线夹角小于30°的缺陷。

4.1.4 磁粉检测的检测对象

锻件、铸件、焊件及轧制件(棒材、管材、板材、型材)的验收检验、半成品检验、工序间检验、最终成品检验以及在役件定检,维修件的检测等。

4.1.5 磁粉检测的优点

(1)检测速度快,工艺简单,成本低,污染轻。

(2)几乎不受工件的大小和形状的限制。

(3)线状表面缺陷的检测灵敏度很高。

(4)缺陷显示比较直观(根据经验可以大概定性)。

(5)既能检测铁磁性材料开口于表面的细小缺陷,也能检测近表面的缺陷。

(6)非磁性覆盖层(铬、镉、锌、油漆等)下方的缺陷也可以检出。覆盖层厚度在50μm以下时,对缺陷的显示能力没有影响。

4.1.6 磁粉检测的局限性

(1)只能检测铁磁性材料。

(2)只能检测表面和近表面缺陷,近表面可探测的深度一般为1~2mm。

(3)只能显示缺陷的长度,不能确定缺陷的埋深和自身的高度。

(4)宽而浅的缺陷难检出。

(5)磁化场的方向需与缺陷主平面相交,夹角应在45°~90°。

(6)工件检测后常需要清洗。

4.2 磁粉检测的物理基础

4.2.1 磁现象和磁场

1.磁的基本现象

磁现象与声、光、电等现象一样,是一种基本的自然现象。它的表现是,一个具有磁性的物体能够吸引诸如铁屑一类铁磁性物质。这种能吸引铁屑的性质称为磁性,而具有磁性的物体称为磁体。

把一个磁体靠近原来不具有磁性的铁磁性物体,该物体不仅被磁体吸引,而且自己也具有了吸引其他铁磁性物质的性质,即有了磁性。这种使原来不具有磁性的物体得到磁性的过程称为磁化。铁、钴、镍及其大多数合金磁化现象特别显著。一些物体在磁化后的磁体撤离后仍保持有相当的磁性,这种磁性称为剩磁。常见的永久磁铁就是具有较大剩磁的磁体。

2. 磁场

充满电荷的空间称为电场。

磁场是磁性作用的范围。磁场方向是磁力线在该点切线的方向,也就是小磁针 N 极在该点的方向,如图 4.3 所示。

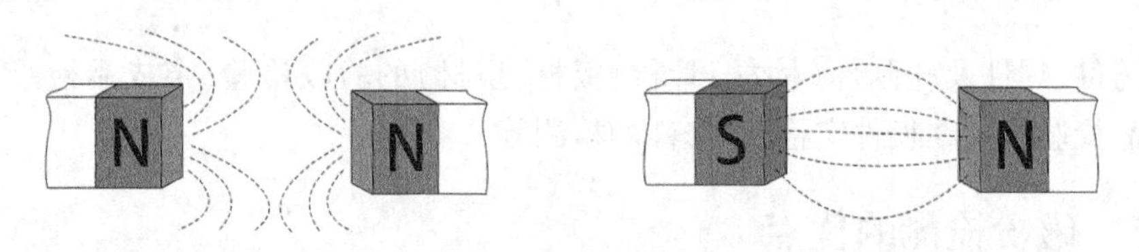

图 4.3　磁化现象

3. 磁力线

为了表示磁场的方向、强弱及分布情况,通常采用磁力线来形象地描述磁场。所谓的磁力线,就是在磁场内的若干条假想的连续曲线。这些曲线不会中断,自行穿过某个行程。曲线的疏密程度表示了磁场的强弱,曲线上任一点的切线方向都表示了该点的磁场方向,如图 4.4 所示。这种磁力线所通过的闭合路径称为磁路。

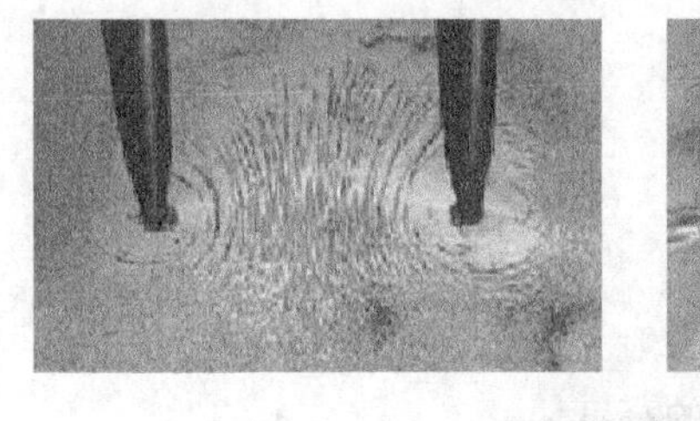
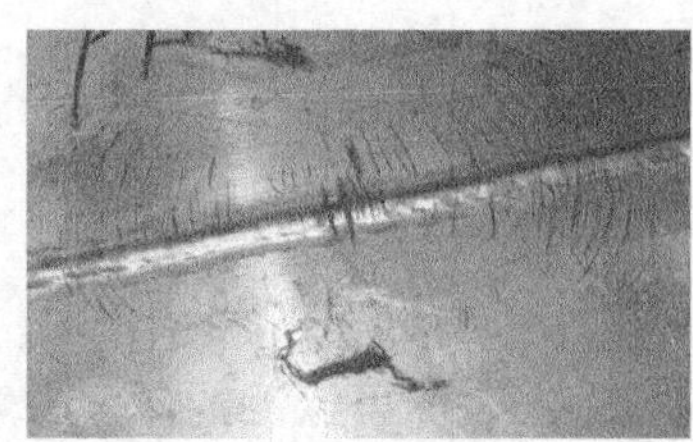
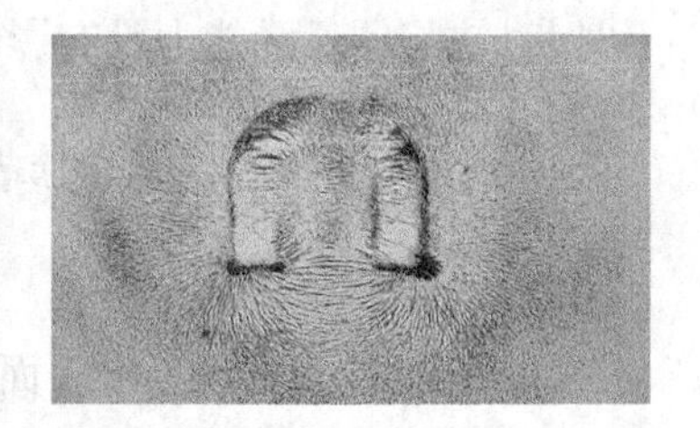
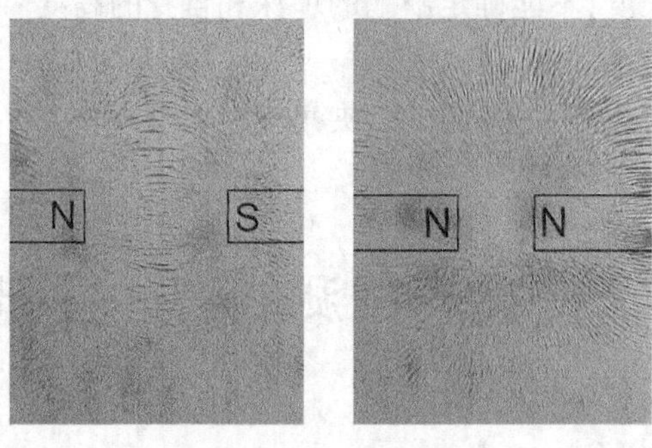

图 4.4　磁力线的显示

磁力线的特点如下:

(1)无头无尾的闭合曲线;

(2)各磁力线不会相交和合并;

(3)磁体外由 N→S 极,内部由 S→N 极;

(4)线条密集程度表示磁场的强弱;

(5)磁力线的方向表示磁场方向,线上任一点的切线方向即为该点的磁场方向;

(6)磁力线总是沿着磁阻最小的路径通过。

4. 磁通量

磁通量就是磁感应通量。为了使磁力线能定量地表示物质中的磁场,人们规定,通过磁场中某一曲面的磁力线条数称为通过该曲面的磁通量,简称磁通,用符号 Φ 表示。磁通量的国际单位是韦伯(Wb)。

5. 磁通密度

不同物质中的磁场是不一样的。为了描述磁化物质的磁场中某点磁场的方向与强弱程度,人们采用了磁感应强度的概念。磁感应强度用符号 B 表示,意义为磁化物质中与磁力线方向垂直的单位面积上的磁力线条数,也即垂直穿过单位面积上的磁通量。

磁感应强度 B 是一个矢量,即具有方向和大小。由于磁感应强度是磁化物质单位面积上的磁通量,所以又称为磁通密度。不同物质在磁场中磁化的情况是不一样的,所得到的磁感应强度也不相同。在采用磁力线来描述物质中的磁场时,其磁力线称为磁感应线。由于铁磁性物质中的磁感应强度较高,为了区别于其他物质,通常将铁磁性物质中的磁力线称为磁感应线,磁感应线的切线方向也表示了磁场的方向。在国际单位制中,磁感应强度的单位为特斯拉(T)。

6. 磁场强度

描述磁场大小和方向的物理量称为磁场强度,用符号 H 表示。磁场强度 H 的单位是用稳定电流在空间产生磁场大小来规定的,国际单位制中磁场强度的单位为安/米(A/m)。它的含义为:一根载有 I 安培直流电流的无限长直导线,在离导线轴线为 r 米远的地方所产生的磁场强度。

$$H = \frac{I}{2\pi r} \tag{4.1}$$

在高斯单位制中,磁场强度的单位是奥斯特(Oe),两种单位之间的换算关系如下:

$$1\text{Oe} = 80\text{A/m} \tag{4.2}$$

7. 磁导率

磁导率又称为导磁系数,表示材料磁化的难易程度,反映了不同物质的磁化特性,常用 μ 表示。磁导率是物质磁化时磁感应强度与磁化该物质所用的磁场强度的比值,反映了物质被磁化的能力。

磁导率与磁场强度、磁感应强度之间的关系如下:

$$\mu = \frac{B}{H} \tag{4.3}$$

$$\mu = \mu_{rel}\mu_0 H \tag{4.4}$$

式中 μ_0——真空磁导率;

μ_{rel}——相对磁导率;

μ——绝对磁导率。

4.2.2 铁磁材料

1. 磁介质

如果在磁场中放入一种物质,这种物质将产生一个附加磁场,使物质所占空间原来的磁场发生变化,即磁场增加或减少。这种能影响磁场的物质称为磁介质。自然界中各种宏观物质对磁场都有不同程度的影响,一般都是磁介质。

磁介质对磁场的影响大致分为以下几种:一是产生的附加磁场与原磁场方向相同,但大小变化很小,仅呈现微弱磁性,这类磁介质称为顺磁质,如铝、钨、钠、氯化铜等都是顺磁质。第二种磁介质所产生的附加磁场方向与原磁场方向相反,而大小变化也很小,这类磁介质称为逆磁质,如铜、铋、氯化钠及石英等都是逆磁质。顺磁质和逆磁质所产生的附加磁场都远小于原来的磁场,对外基本不显示磁性,故把它们统称为非磁性物质。第三种磁介质在磁场中产生的附加磁场不仅方向与原磁场方向相同,而且附加磁场的数值远大于原来磁场的数值,是原来磁场的几十倍到数千倍,它们能被磁体强烈吸引,这一类物质称为铁磁性物质,简称铁磁质,如铁、钴、镍及其合金,通常又称为强磁质或磁性材料。

如果用磁导率来描述磁介质的磁性,非磁质自磁化时的磁导率与真空中的磁导率非常接近,其μ_{rel}近似为1。如顺磁质中的铝$\mu_{rel}=1.000021$,空气的$\mu_{rel}=1.0000036$,而逆磁质中的铜$\mu_{rel}=0.999993$,铋$\mu_{rel}=0.999847$。铁磁质的磁导率远大于真空磁导率,其μ_{rel}值为数十到数千。如铸铁的μ_{rel}数值约为200~400,合金钢的μ_{rel}数值约为100~7000,坡莫合金的μ_{rel}数值可达100000。

2. 磁畴和居里点

1)磁畴

铁磁性物质能被强烈地磁化是由于它的内部存在磁畴。所谓磁畴,是指铁磁性材料中原子磁矩或分子磁矩规则排列的自发区域。产生原因是铁磁质元素是过渡族的金属元素,原子中有着较强的电子自旋磁矩,这些磁矩能在一个小的区域内相互作用,取得一致的排列方向,形成磁畴。磁畴是铁磁性物质特有的。磁畴的大小约在1μm~0.1mm之间,一个磁畴中包含有107~1017个原子。

2)居里温度

磁畴中的自发磁化不是一成不变的,随着温度的升高,铁磁质的磁性将逐步降低,即原子磁矩或分子磁矩规则排列将发生改变,在达到某一临界温度时,铁磁性将完全消失而呈现出顺磁性。这种铁磁性随温度升高而降低的原因是物质内部的热扰动破坏了磁矩的平行排列。达到某一程度时,磁畴将完全消失而呈现出顺磁性。这个使磁性完全消失的临界温度称为铁磁性物质的居里点或居里温度。不同铁磁性物质的居里温度不同,工程纯铁的居里温度为769℃,热轧硅钢的居里温度为690℃,而碳化三铁的居里温度只有210℃。

3. 铁磁材料的磁化过程

铁磁性材料的磁化过程可以用磁畴的排列来进行解释。当材料在未受到外磁场作用时,由于各个磁畴的磁矩取向混乱,相互作用抵消,它们的矢量和为零,因此整体上不显示磁性。当外磁畴作用于铁磁性物质时,物质内的磁畴将迅速改变成与外磁场一致的方向,显示出较强的磁性,这种在外磁场作用下磁畴改变方向的过程,就是铁磁质被磁化的过程。磁化时,磁场力克服阻力做功,通过磁畴壁的位移和磁矩的转动,使各个不同方向的磁畴改变到与外磁场方向接近的方向上来并形成强大的内磁场,强大的内磁场大大地增强了外磁场,使铁磁质对外具有很大的磁性,变成了一个磁体,如图4.5所示。

并不是所有的磁性材料磁畴的磁矩都是一样的,有些材料在外加磁场作用下,它们很容易通过畴壁的扩张和转动实现磁矩方向的一致;另外一些材料则要在较强的外磁场作用下才能实现这一过程。

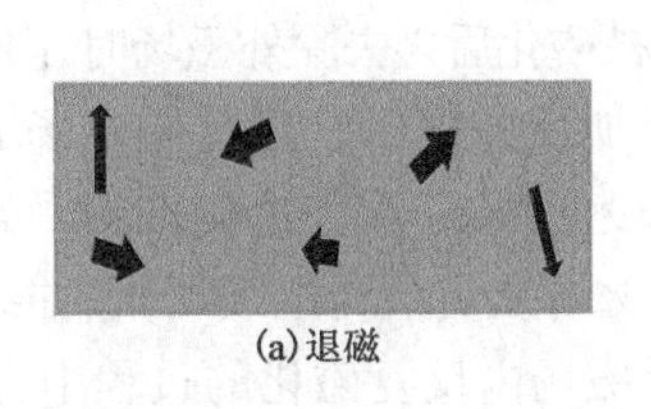

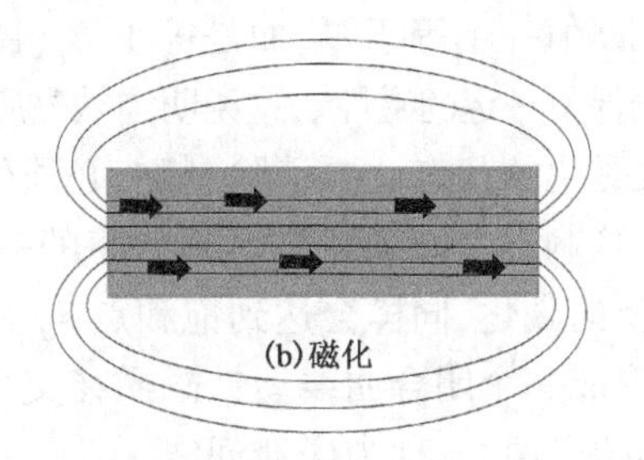

图 4.5 磁化过程

铁磁性材料的磁化过程，就是磁畴中的磁矩方向整齐排列的过程，可以用材料的磁化曲线来描述。当把铁磁性材料及其制品直接通电或置于外加磁场 H 中时，其磁感应强度 B 将明显增大，产生比原来磁场大得多的磁场。H 和 B 的关系可通过实验测定。实验中 H 和 B 都是从零开始，逐渐增大 H 的数值并进行测定，就得到一组对应的 B 和 H 值，从而画出 B 和 H 的关系曲线。这种反映铁磁性材料磁感应强度 B 随外加磁场强度 H 变化规律的曲线，称为材料的磁化曲线，又称为 $B-H$ 曲线。它反映了铁磁质的磁化程度随外磁场变化的规律。铁磁质的磁化曲线是非线性的，各类铁磁质的磁化曲线都具有类似的形状，如图 4.6所示。

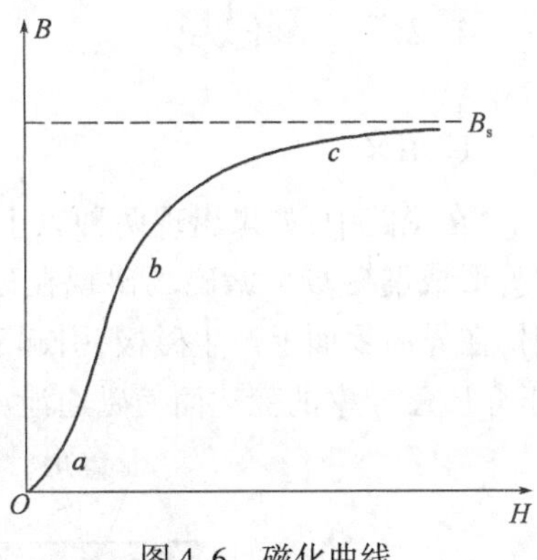

图 4.6 磁化曲线

从曲线中可以看出，铁磁性材料磁化分为三个部分：(1) 初始磁化阶段(Oa 段)。H 增加时，B 增加比较缓慢，说明此时磁畴刚刚开始扩张，磁化缓慢，磁化很不充分。(2) 急剧磁化阶段(ab 段)。H 增加时，B 增加得很快，此时磁畴壁位移加速，材料得到急剧磁化。(3) 近饱和磁化阶段(bc 段)。H 增加时，B 增加又缓慢下来，产生了一个转折，这是磁畴壁扩张已接近尾声，代之以磁畴磁矩转动为主。b 点通常称为膝点。(4) 饱和磁化阶段。过了 c 点以后，H 增加时 B 几乎不再增加，磁畴平行排列的过程已基本结束，这时铁磁质的磁化已经达到饱和。

磁粉检测中是利用试件磁化后的漏磁场来进行探伤的，而漏磁场能否在材料不连续处出现，决定于试件能否得到必要的磁化。磁化曲线反映了试件在外磁场作用下得到磁化的过程。磁化规范选择时要决定外加磁场的方向和大小，实际上就是选择试件磁化的最佳状态。

选择磁化规范时，主要是确定试件上能产生有足够漏磁通时的外加磁场强度 H 的值，而漏磁通的产生与材料的磁感应强度 B 有关，可以通过确定磁感应强度 B 来确定 H 的大小。一般 B 值选在磁化曲线近饱和区域，即膝点附近。

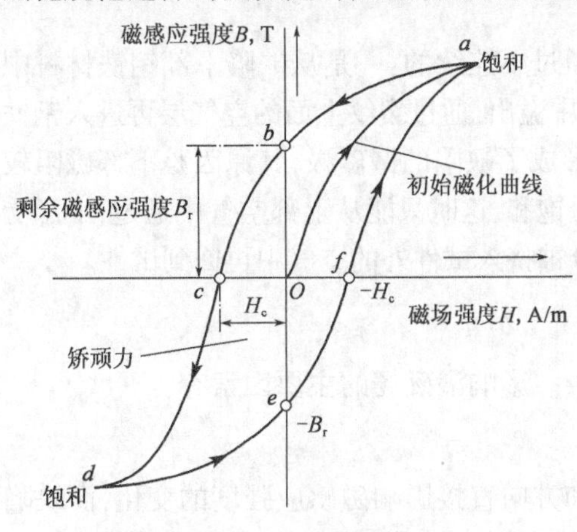

图 4.7 磁滞回线

4. 磁滞回线

磁滞是铁磁质的另一重要性质，是铁磁性材料产生剩磁过程的描述。如果从磁化曲线上饱和点 a 开始减小 H 值，这时的 $B-H$ 关系并非按原曲线 aO 返回，而是沿着在它上面的另一曲线 ab 变化，即 B 值总是滞后于 H 值的变化，如图 4.7 所示。当 $H=0$ 时,B 值并不等于零,而是等于 B_r(图中 Ob 段)。B_r 为剩余磁感应强度,即撤销外磁场后,铁磁质仍保留一定的磁性。这说明当铁磁质被磁化后再去除外磁场时,内部磁畴不会完全恢复到原来未被磁化的状态。要消除剩磁,必须外加反向磁场。当反向磁场 $H=H_c$ 时,$B=0$,H_c 称为矫顽力。从剩磁状态到完全退磁状态的一段曲线 bc 称为退磁曲线。继续增大反向磁场,则铁磁质被反向磁化,同样会达到饱和点 d,如磁场从负值再继续增大,曲线将沿 def 变化,完成一个循环,形成一个闭合曲线。铁磁质在交变磁场内反复磁化的过程中,其磁化曲线是一个具有方向性的闭合曲线,称为磁滞回线。

4.2.3 漏磁场

1. 定义

在磁路中,如果出现两种以上磁导率差异很大的介质时,在两者分界面上将产生磁场畸变,形成漏磁场。漏磁场出现在磁铁的缺陷处或磁路的截面变化处,是一种由于磁力线的折射,在异质界面上产生磁极,引起磁力线离开并进入表面所形成的磁场。因此,漏磁场是指由于介质磁导率的变化而使磁通泄漏到缺陷附近的空气中所形成的磁场,如图 4.8 所示。

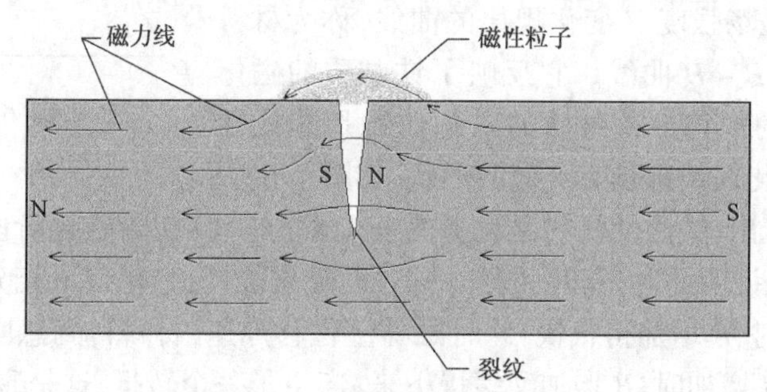

图 4.8　缺陷处漏磁场的形成

磁粉检测时常见的漏磁场主要有以下几种形式:磁体端面产生的漏磁场、试件加工产生的不连续产生的漏磁场、试件中由于组成部分磁性差异较大在界面附近形成的漏磁场、试件中缺陷形成的漏磁场。缺陷处漏磁场形成的原因是空气或其他非磁性材料的磁导率远低于钢铁的磁导率。如果在磁化了的钢铁试件上存在缺陷,则磁力线优先通过磁导率高的试件,从缺陷下部基体材料的磁路中“压缩”通过。另一部分则从缺陷外 N 极进入空气再回到 S 级,形成漏磁场。

从图 4.8 中可以看出,磁感应线是从三个路径通过不连续的:一是从缺陷下部钢铁材料中通过;另一部分是磁感应线折射后从缺陷上方的空气中溢出,通过裂纹上面的空气层再进入钢铁中,形成漏磁场,而裂纹两端磁感应线进出的地方则形成了缺陷的漏磁极,其原因是下部磁阻较小,磁感应线优先从磁阻最小处通过,很快达到局部磁饱和,这时只能从上部空气中通过,由于受到磁极的不同作用,一部分通过气隙回到试件,一部分被挤入试件外的空气中再回到试件。

2. 影响漏磁场的因素

工件中缺陷形状复杂,对漏磁场的影响也很复杂。影响漏磁场的主要因素有:

1)外加磁场的影响

从钢铁材料的磁化曲线可知,外加磁场的大小和方向直接影响磁感应强度的变化,而缺陷的漏磁场大小与工件材料的磁化程度有关。一般说来,外加磁场强度越大,缺陷处的漏磁场也会增大。材料在未达到饱和前,漏磁场的反应是不充分的,这时磁路中的磁导率一般呈上升趋势,磁化不充分,则磁力线多数向下部材料处"压缩",而当材料接近饱和时,磁导率已呈下降趋势,此时漏磁场将迅速增加,如图 4.9 所示。

2)工件材料及状态的影响

不同钢铁材料的磁性是不同的。在同样磁化条件下,它们的磁性各不相同,磁路中的磁阻也不一样,形成漏磁场的条件也不一样。

3)缺陷位置及形状的影响

钢铁材料表面及近表面缺陷都会产生漏磁通。不过随着缺陷埋藏深度的加大,缺陷的漏磁场将急剧减小。这主要是因为同样的缺陷埋藏深度过深时,被弯曲的磁力线难以逸出表面,不容易形成漏磁场。

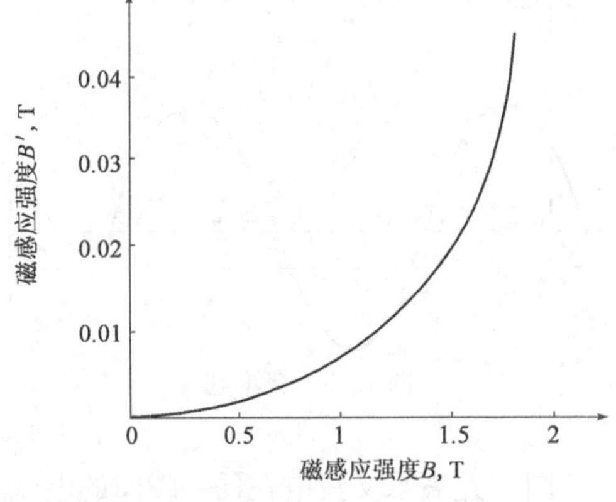

图 4.9 漏磁场与磁感应强度的关系

缺陷延伸方向同样对漏磁场大小有影响。当缺陷倾角方向与磁化方向平行时,所产生的漏磁场最小,当缺陷倾角与磁化方向垂直时,缺陷所阻挡的磁通最多,漏磁场最强,也最有利于缺陷的检出。当缺陷倾角方向与磁化场成某一角度时,漏磁场主要由磁感应强度的法线分量决定。一般说来,缺陷倾角方向如果不小于45°时,对显示的影响不大,但当缺陷倾角小于20°时,缺陷显现将很不可靠或者根本显现不出来,从而没法进行检测。

当缺陷高度确定后,随着缺陷宽度的增加,漏磁场将减小。在表面缺陷开口宽度相同的条件下,如果缺陷高度不同,产生的漏磁场也不一样。高度 h 越大或者 h/b 越大的缺陷会显现更好。缺陷的长度,只要大于 0.5mm,便对线性能力没有影响。深宽比越大,漏磁场越强,缺陷也越容易被发现。

4)工件表面覆盖层的影响

工件表面的非磁性覆盖层会导致漏磁场在表面上的减小。一般情况下,覆盖层厚度在小于 50μm 时没有影响。若工件表面进行了喷丸处理,由于处理层的缺陷被强化处理所掩盖,漏磁场的强度也将大大降低,有时甚至影响缺陷的检出。

5)磁化电流种类的影响

不同种类的电流对工件磁化的效果不同。交流电磁化时,由于趋肤效应的影响,表面磁场最大,表面缺陷反应灵敏。但随着缺陷向里延伸,漏磁场显著减弱。直流电磁化时渗透深度最深,能发现一些埋藏较深的缺陷。因此,对表面下的缺陷,直流电产生的漏磁场比交流电产生的漏磁场要大。

4.2.4 磁化电流

磁粉检测中所需磁场主要是通过电流产生,通过采用不同的电流对工件进行磁化,从而完成磁粉检测。这种为在工件上形成磁化磁场而采用的电流称为磁化电流。磁粉检测所采用的电流有交流电、整流电、直流电和冲击电流等,其中交流电和整流电是最常用的磁化电流,直流电和冲击电流因其使用性能限制而应用较少,仅限于一些特殊场合使用,或已基本淘汰不用。

由于不同电流随时间变化的特性不一样,在磁化时所表现出的性质也不一样,因此在选择磁化设备与确定工艺参数时，应该考虑选择合适的电流种类。当需要发现表面缺陷时，应使用交流电。而当需要发现近表面缺陷时，则可以考虑选用直流电或整流电。

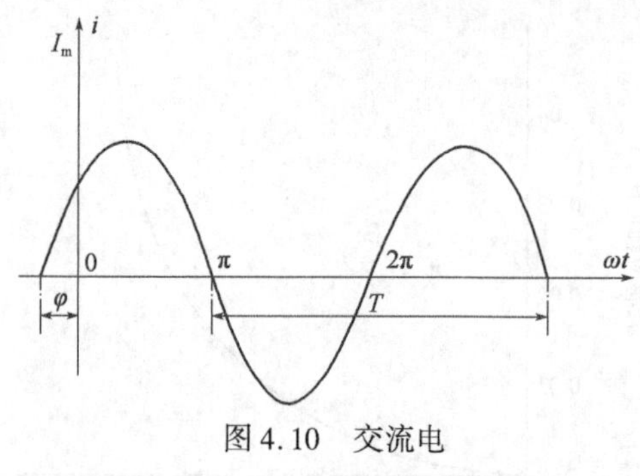

图 4.10　交流电

1. 交流电

电流的大小和方向都随时间的变化而变化，这种电流称为交流电。正弦交流电是一种最简单而又最基本的交流电，如图 4.10 所示。

在一个周期内，各个瞬时的交流电流大小和方向不会完全相同，即存在相位。峰值（I_m）、频率（f）和初相角（φ）是决定一个正弦电流的三个要素，正弦电流的瞬时值 i 的计算公式为

$$i = I_m \sin(2\pi ft + \varphi) \tag{4.5}$$

图中 I_m 表示交流电在任一瞬间的电流最大值，称为峰值。T 为完成一个循环变化所需的时间，称为周期。在 SI 制中，周期的单位为秒。周期的倒数表示电流在单位时间内循环变化的次数，称为频率，频率与周期之间的关系如下：

$$f = \frac{1}{T} \tag{4.6}$$

在 SI 制中，频率的单位是赫兹（Hz）。我国工业上常用的交流频率为 50Hz。

1）交流电的趋肤效应

交流电流过导体时，交变磁场会在导体内部引起涡流，电流在导体横截面上的分布不均匀，越靠近表面，电流密度越大，这些现象称为趋肤效应（或集肤效应）。产生趋肤效应现象是由于导体在变化着的磁场里因电磁感应而产生涡流，在导体表面附近，涡流方向与原来电流方向相同，使电流密度增大，而在导体轴线附近，涡流方向与原电流方向相反，使导体内电流密度减弱。趋肤效应使导体的有效电阻增加，频率越高，趋肤效应越显著。

为了衡量趋肤效应的大小，常用趋肤深度（δ）来表示。趋肤深度是指电流密度下降至其表面最大电流密度的 1/e（36.8%）时距表面的距离。通常 50Hz 交流电的趋肤深度约为 2mm，趋肤深度的计算公式为

$$\delta = \frac{503}{\sqrt{f u_r \sigma}} \tag{4.7}$$

式中　δ——交流电的趋肤深度，m；

f——交流电的频率；

u_r——导体的相对磁导率；

σ——导体的电导率，S/m。

从上式可以看出，交流电的频率越高，趋肤深度越浅。导体的电导率、相对磁导率越高，趋肤深度也越浅。

2）交流电的优点

（1）对表面缺陷检测灵敏度高。由于交流电具有趋肤效应使得工件表面电流密度最大，所以磁通密度也最大，有助于表面缺陷产生漏磁场，从而提高了工件表面缺陷检测的灵敏度。

（2）容易退磁。因为使用交流电磁化的工件，磁场集中于工件表面，所以用交流电容易将工件上的剩磁退掉，而且交流电本身不断变换方向，而使退磁方法变得简单又容易实现。

(3)电源易得,设备简单。由于交流电源能方便地输送到检测场所,交流探伤设备也不需要晶闸管整流装置,结构较简单。

(4)能够实现感应电流法磁化。根据电磁感应规律,交流电可以在磁路里产生交变磁通,而交变磁通又可以在回路产生感应电流,对环形件实现感应电流法磁化。

(5)能够实现多向磁化。多向磁化常用两个交流磁场相互叠加来产生旋转磁场或用一个直流磁场和一个交流磁场矢量合成来产生摆动磁场。

(6)磁化变截面工件磁场分布均匀。用固定式电磁轭磁化变截面工件时,可发现用交流电磁化后,工件表面磁场分布较均匀。若用直流电磁化,工件截面交变处有较多的泄露磁场,会掩盖该部位的缺陷显示。

(7)有利于磁粉迁移。由于交流电的方向在不断变化,所产生的磁场方向也在不断地变化,它有利于搅动磁粉促使磁粉向漏磁场处迁移,使磁痕清晰可见。

(8)用于评价直流电磁化发现的磁痕。由于直流电磁化较交流电磁化发现的缺陷深,所以直流电磁化发现的缺陷显示,若退磁后用交流电磁化发现不了,则说明该缺陷不是表面缺陷,有一定的深度。

(9)适用于在役工件的检验。用交流电磁化,检验在役工件表面疲劳裂纹灵敏度高,设备简单轻便,有利于现场操作。

(10)交流电磁化时,工序间可以不退磁。

3)交流电的缺点

(1)剩磁法检验受交流电断电相位影响。剩磁大小不稳定或偏小,易造成质量隐患,所以使用剩磁法检验的交流探伤设备,应配备断电相位控制器。

(2)探测缺陷深度小。对于钢件 ϕ1mm 人工孔,交流电的探测深度,剩磁法约为 1mm,连续法约为 2mm。

2. 直流电

如果电流的大小和方向都不随时间的变化而变化,这样的电流就是直流电。直流电的平均值、峰值和有效值均相等。直流电被认为是最理想的磁化电流,因为在被检工件中,直流电比交流电可以穿透得更深,可用于对埋藏较深的缺陷进行检测,如对镀铬层下裂纹的检测,对闪光电弧焊中近表面裂纹的检测,以及对焊接件中根部未焊透或未熔合的检测。

3. 整流电流

1)单相半波整流电

单相半波整流电是通过整流将单相正弦交流电的负向去掉,只保留正向电流,形成直流脉冲,每个脉冲持续半周,在各脉冲的时间间隔里没有电流流动。

半波整流电主要用于局部磁化法(如触头法或磁轭法)检验,并与干磁粉结合使用,以达到一定的探测深度。

(1)单相半波整流电用于磁粉检测时具有以下优点:

①兼有直流的渗入性和交流的脉动性。单相半波整流电具有直流电流能渗入工件表面下的性质,因此能检测工件表面下较深缺陷。同时单相半波整流电的交流分量较大,它所产生的磁场具有较强的脉动性,对表面缺陷检测也有一定的灵敏度。

②剩磁稳定。单相半波整流电产生的磁滞回线都位于第一象限内,磁场是同方向的,无论

在何处断电,在工件上总会获得稳定的剩磁 B_r。因此,单相半波整流设备用于剩磁法检验时,不需要加装断电相位控制器。

③能提供较高的灵敏度和对比度。单相半波整流电结合湿法检验能对细小缺陷有一定的灵敏度,但由于它的直流成分的渗入性,即使采用较高的磁化电流,也不会像交流电那样磁场过分集中于表面,缺陷上的磁粉堆积量也不会大量增加。因此,缺陷显示轮廓清晰,本底干净,便于磁痕的分析和评定。

④有利于近表面缺陷的检测。单相半波整流电是单方向的脉冲电流,特别有利于磁粉的迁移,能够搅动干磁粉。因此,单相半波整流电结合干粉法检验,检验近表面气孔、夹杂、裂纹等缺陷效果很好。

(2)单相半波整流电用于磁粉检测时具有以下缺点:

①退磁困难。由于电流渗入深度大于交流电,所以比交流电退磁困难一些。

②检测缺陷深度不如直流电和三相全波整流电。

2)单相全波整流电

单相全波整流电路有变压器次级中心抽头和单相桥式两种方式。在无损检测设备中,采用单相桥式整流方式比较多。

3)三相全波整流电

全波整流电可以使用单相或三相电流并经整流得到。

三相全波整流电的优点如下:

①三相全波整流电已接近于直流电,磁场具有很大的渗透性,可用于检测近表面埋藏较深的缺陷,因此具有很大的渗入性和很小的脉动性。

②用于剩磁法时,剩磁很稳定。

③设备电源线路要求较低,需要输入的功率小,受电网波动影响较小。

④特别适用于检测近表面缺陷。

三相全波整流电的缺点如下:

①退磁困难。

②反磁场大。

③变截面工件磁化不均匀。

④三相全波整流电仅有很小的脉动性,磁粉的流动性明显降低,不适用于干粉法检测。

⑤周向磁化和纵向磁化的工序间一般要退磁。

4.磁化电流的选择

(1)对工件表面开口的要求灵敏度高的细小缺陷,应采用交流湿法检验;

(2)对工件表面下的缺陷检查,由于交流电的渗入深度较低,不如采用整流电或直流电;

(3)应用交流电用于剩磁法检验时,由于断电相位的关系,工件上剩磁不够稳定,应加装断电相位控制器,而整流电和直流电用于剩磁法检验时,剩磁稳定。

(4)交流电磁化,用连续法检验主要与交流电的有效值有关,而剩磁法检验主要与电流的峰值有关;

(5)整流电流中,按单相半波、单相全波、三相半波、三相全波的次序,所含交流分量逐渐递减,直流分量逐渐增加,三相全波也接近于直流。所含交流成分越大,探测近表面缺陷的能力越小,相反,所含直流成分越大,探测近表面缺陷的能力越强。

(6)单相半波整流电结合干粉法检验,对工件近表面缺陷检测灵敏度高;

(7)三相全波整流电可检测工件近表面较深的缺陷;

(8)冲击电流只能用于剩磁法检验。

4.2.5 磁化方法

磁粉检测对缺陷检出能力除与施加的磁化场大小有关外,还与缺陷的大小、形状、延伸方向以及位置有关。当缺陷的方向与磁力线垂直时,检测灵敏度最高,两者夹角小于45°时,缺陷很难检测出来。当工件中缺陷取向未知时或工件有要求时,为了确保任何方向缺陷的检出,每个工件必须至少在两个相互垂直的方向进行磁化。根据工件的几何形状,可采用两个或多个方向的磁化,或采用复合磁化。磁场方向是否合适可采用人工试片来确定。

磁粉探伤必须在被检工件内或在其周围建立一个磁场,磁场建立的过程就是工件的磁化过程。根据工件的几何形状、尺寸大小和欲发现缺陷的方向而在工件上建立的磁场方向,一般将磁化方法分为周向磁化、纵向磁化和复合磁化。

1. 周向磁化

周向磁化是给工件直接通电,或者使电流流过贯穿于工件中心孔的导体,在工件中建立一个环绕工件并且与工件轴线垂直的闭合磁场。这种磁化方法适用于发现与工件轴线平行的缺陷。根据磁场建立的不同,周向磁化又分为通电法、中心导体法、偏置芯棒法、触头法、感应电流法、环形件绕电缆法等。周向磁化的分类如图 4.11 所示。

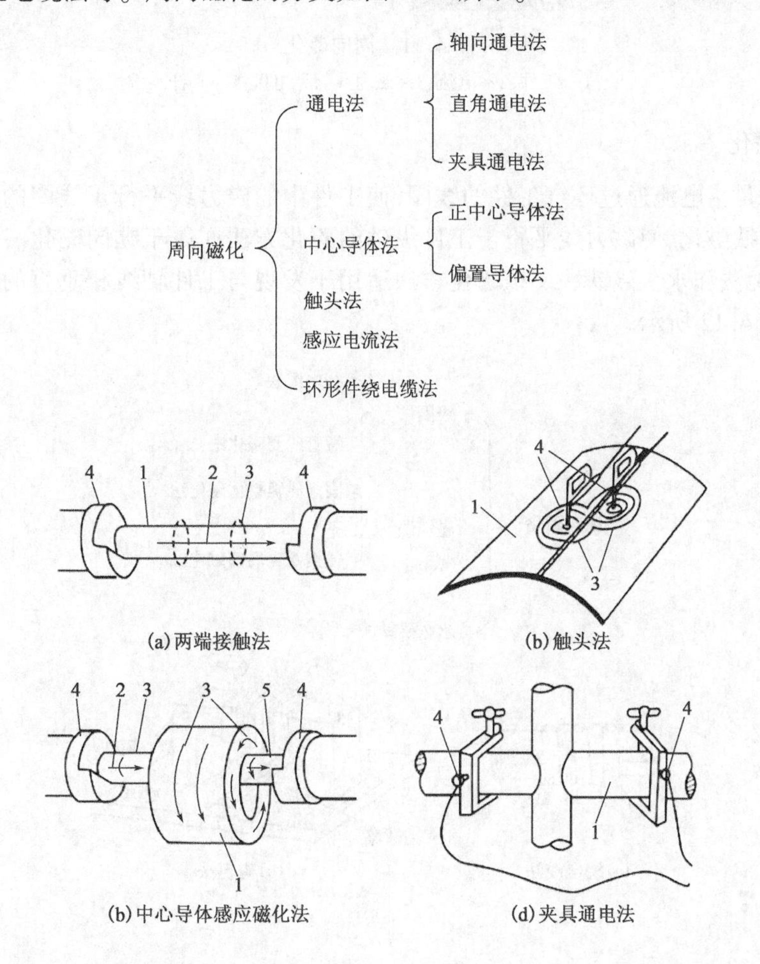

(a)两端接触法　(b)触头法

(b)中心导体感应磁化法　(d)夹具通电法

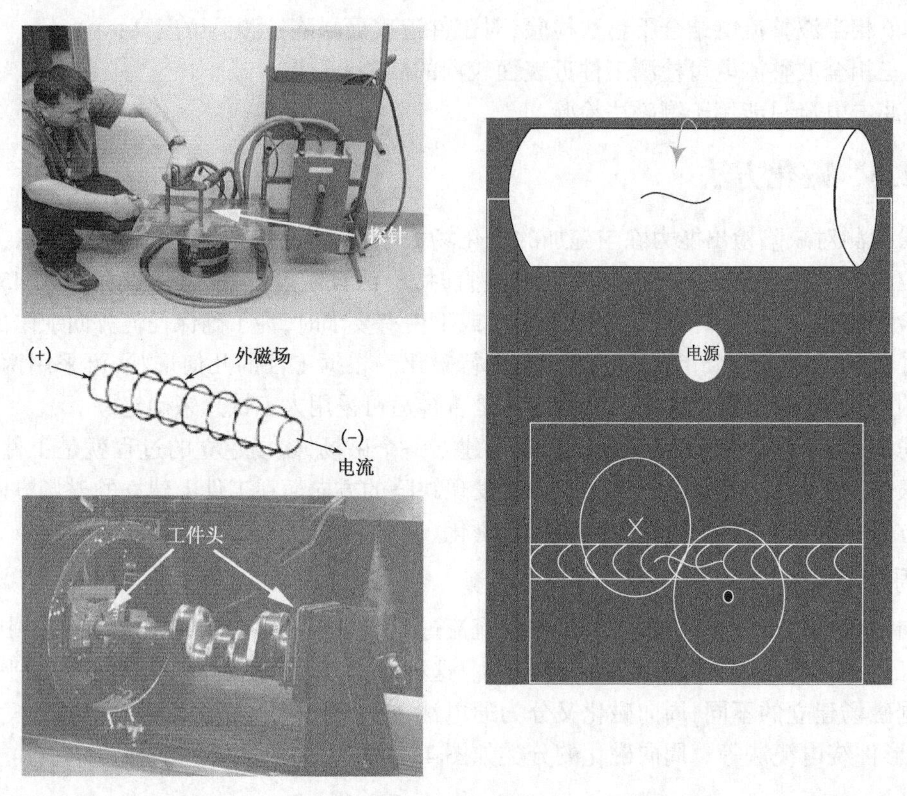

图 4.11　周向磁化

1—工件;2—电流;3—磁力线;4—电极;5—心杆

2. 纵向磁化

纵向磁化是指电流通过环绕工件的线圈,使工件中的磁力线平行于线圈的轴线。利用电磁轭和永久磁铁磁化,使磁力线平行于工件纵轴的磁化方法亦属于纵向磁化。纵向磁化又分为线圈法、磁轭法和永久磁铁法。该磁化方法适用于发现与工件轴线相垂直的缺陷。纵向磁化的分类如图 4.12 所示。

- 纵向磁化
  - 线圈法
    - 绕电缆法
    - 螺管线圈磁化法
  - 磁轭法
    - 固定磁轭整体磁化法
    - 便携磁轭局部磁化法
  - 永久磁铁法

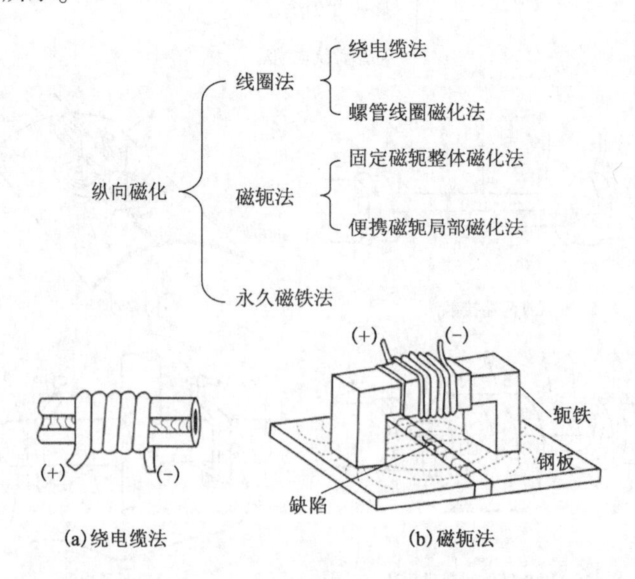

(a)绕电缆法　　(b)磁轭法

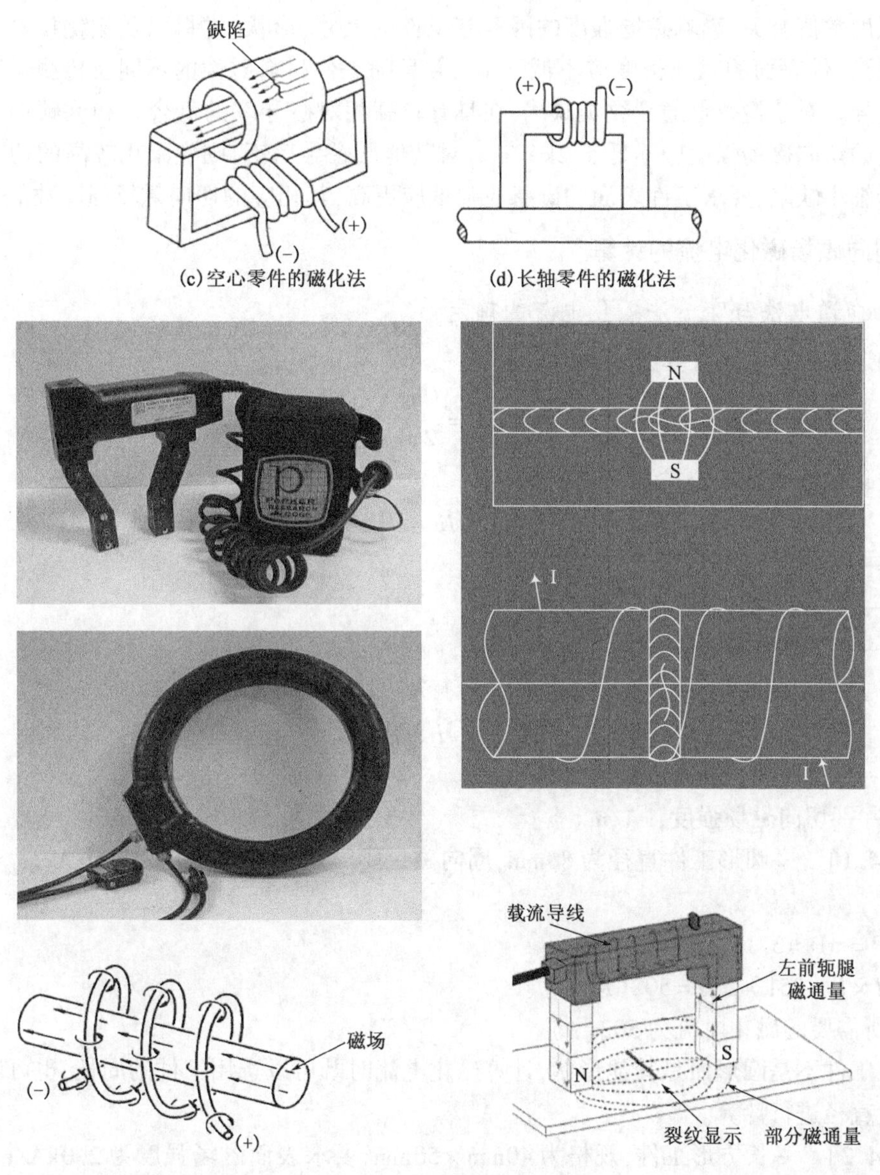

图 4.12 纵向磁化

3. 复合磁化

复合磁化是指将周向磁化和纵向磁化同时作用于工件上,使工件得到由两个互相垂直的磁力线的作用而产生的合成磁场,其指向构成扇形磁场。因为磁场的方向在工件上不断变化着,所以可以检测工件上多种方向的缺陷。复合磁化主要有螺旋形摆动磁场磁化法、十字交叉磁轭旋转磁场磁化法以及线圈交叉旋转磁场磁化法。

4.2.6 磁化规范

为了产生可判断的磁痕所需要的漏磁场,被检工件除了合适的磁场方向外,还必须能够显示该缺陷足够的磁感应强度。为使所检测缺陷磁痕出现具有一致性,工件中的磁感应强度应该被控制在合理的范围之内。众所周知,工件中的磁感应强度的大小与磁化该工件时所使用的磁场强度数值有关，影响磁场强度的因素有工件的尺寸、形状、材料以及磁化技术。一般而言，在被检工件表面的磁通密度应不低于1T，并且随工件材料磁性的不同及检测灵敏度要求而有所差异。对于检查普通裂纹类缺陷，在具有较高相对磁导率的低合金和低碳钢上达到该磁通密度的切向磁场强度应不低于2kA/m。对其他低磁导率钢，则应采用较高的切向磁场强度。对于细小缺陷，要求工件表面的磁感应强度应更高，其相应的切向磁场强度数值也更大。

1. 周向磁场磁化电流的计算

1）轴向通电法与穿棒法磁化电流的确定

轴向通电磁场基本计算公式为

$$H = \frac{I}{2\pi r} \tag{4.8}$$

其磁化电流的计算公式为

$$I = 2\pi r H = D\pi H \tag{4.9}$$

式中 I——电流，A；

r——工件半径，mm；

D——工件直径，mm。

由于 P 为工件周长，故式（4.9）也可以表示为

$$I = H \times P \tag{4.10}$$

式中 P——工件周长，mm；

H——切向磁场强度，kA/m。

［**例4.1**］ 一圆形工件直径为80mm，周向磁化要求表面磁场强度为2.0kA/m，求磁化电流大小。

解：$P = \pi D = 3.14 \times 80 = 25$（mm）

$I = H \times P = 251 \times 2.0 = 502$（A）

答：所需要的磁化电流为502（A）。

如果工件不是圆形而是其他形状，计算磁化电流时既可以选用工件的周长，也可以采用工件的当量直径进行计算。

［**例4.2**］ 一长方形工件，规格为40mm×50mm，要求表面磁场强度为2.0kA/m，求磁化电流大小。

解：工件周长 $P = (40 + 50) \times 2 = 180$（mm）

$I = H \times P = 180 \times 2.0 = 360$（A）

答：所需要的磁化电流为360（A）。

（2）触头法磁化电流的确定

触头法磁化电流的计算公式为

$$I = 2.5H \times d \tag{4.11}$$

式中 I——电流，A；

d——触头间距，mm；

H——切向磁场强度，kA/m。

式（4.11）中所适用的最大 d 值为200mm。

［**例4.3**］ 对一平板焊缝进行触头法磁化，保持两触头间距为150mm，要求表面磁场强度

不小于 4.0kA/m，求所需的磁化电流。

解:

$$I = 2.5H \times d = 2.5 \times 4.0 \times 150 = 1500(\mathrm{A})$$

答:所需磁化电流为 1500A。

2. 纵向磁场磁化电流的计算

按照 GB/T 15822 标准中推荐了以下公式:

当工件截面小于线圈截面的 10%，且工件靠近线圈内壁沿周向放置时，可使用式(4.12)进行计算，每次检测应按线圈长度递进。

线圈磁化电流的计算公式为

$$NI = \frac{0.4H \times K}{\frac{L}{D}} \tag{4.12}$$

式中 N——线圈有效匝数;

I——电流，A;

H——切向磁场强度，kA/m;

L/D——圆形截面工件的长径比(若工件非圆形截面，则 $D = P/\pi$)。

式(4.12)中，K 取 22000，适用于交流电流(有效值)和全波整流电(平均值);K 取 1000，适用于半波整流电(平均值)。

注:若工件的 L/D 的比值大于 20 时，L/D 取 20。对短工件(例如 L/D 值小于 5)，按上式求得的电流偏大，为得到较小的电流值，可使用延长块使工件的有效长度增大。

[**例 4.4**] 某工件尺寸为 ϕ20mm × 140mm，现采用固定式线圈进行磁化，线圈直径为 210mm，匝数为 5 匝，磁化电流为三相全波整流电流，要求工件表面的磁场不小于 3.5kA/m，求所需磁化电流。

解:工件截面积与线圈截面积之比为

$$\eta = \frac{20^2}{210^2} = 0.009 < 10\%$$

因此，可以用公式:

$$NI = \frac{0.4H \times K}{\frac{L}{D}}$$

$$\frac{L}{D} = \frac{140}{20} = 7$$

则

$$I = \frac{(0.4 \times 3.5 \times 22000)}{(5 \times 7)} = 880\mathrm{A}$$

答:所需磁化电流为 880A。

3. 复合磁化磁场强度确定

如果可以证明一次磁化能够检测出所有方向的缺陷，则可以使用复合磁化。复合磁化可以采用人工试片或用户批准的工件来验证各种取向的缺陷检测能力，从而确定每个方向分量磁场强度。采用复合磁化时，必须采用连续法磁化，所有方向上的磁痕应能清晰显示。

4.3　磁粉检测设备

4.3.1　检测介质

磁粉检测用检测介质包括磁粉、有机载液、水基磁悬液、有机基磁悬液、反差增强剂、硅橡胶液等。正确选择检测介质,是磁粉检测的重要一环。

1. 磁粉

磁粉检测用磁粉是一种粉末状的铁磁质物质,有一定的大小、形状、颜色和较高的磁性。磁粉是漏磁场检测材料,同其他传感元件一样,它能够反映出工件上材料不连续的情况,并能直观清晰地显示出缺陷的大小和位置。磁粉质量的优劣直接影响检测效果,应正确地选择和使用磁粉,才能保证检测工作的质量。

1)磁粉的种类

磁粉有很多种,按磁痕观察方式,可分为荧光磁粉和非荧光磁粉;按磁粉的施加方式,可分为干磁粉和湿磁粉,如图 4.13 所示。

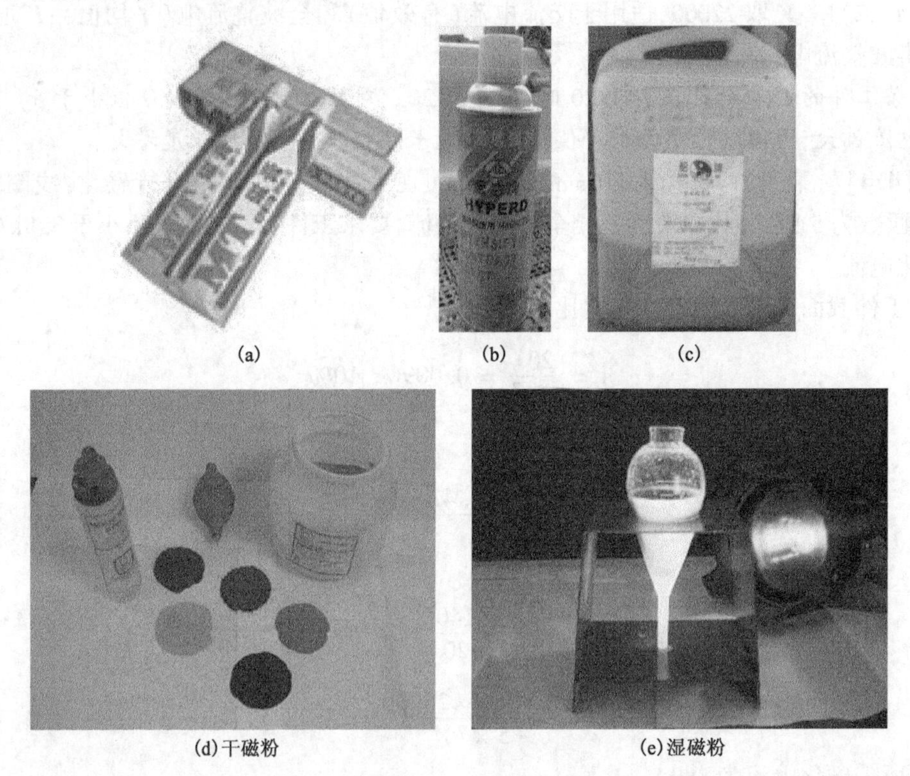

(a)　(b)　(c)

(d)干磁粉　(e)湿磁粉

图 4.13　磁粉

(1)荧光磁粉。

荧光磁粉是以磁性氧化铁粉、工业纯铁粉、羰基铁粉等为核心,外面包覆上一层荧光染料而制成的。荧光磁粉的化学性能远远胜于非荧光磁粉。因为在紫外线照射下,它能发出波长为 510 ~ 550nm、人眼可以接受的最敏感的鲜明的黄绿色荧光,与工件表面颜色形成鲜明的对比。

由于荧光磁粉在紫外光的激发下呈黄绿色荧光,色泽鲜明,容易观察,可见度与对比度好,适用于任何颜色的受检表面。使用荧光磁粉,能提高检验速度,有效降低漏检率。荧光磁粉一般只适用于湿法。

(2)非荧光磁粉。

非荧光磁粉是在白光照射下即能观察到磁痕的磁粉,通常采用黑色的四氧化三铁和红褐色的 γ 三氧化二铁,这两种磁粉既适用于干法,也适用于湿法。

以工业纯铁粉或 $\gamma-Fe_2O_3$ 或 Fe_3O_4 为原料,适合黏合剂或涂料包覆在粉末上制成的白色或其他颜色的非荧光磁粉,一般只适用于干法。

2)磁粉的主要性能

磁粉的性能包括磁性、粒度、颜色、悬浮性等。对于荧光磁粉,还包括磁粉与荧光染料包覆层的剥离度。

(1)磁性。

磁粉被磁场吸引的能力叫磁性,它直接影响缺陷处磁痕的形成。磁粉磁性应该满足以下要求:有高的磁导率、极低的剩磁和矫顽力。具有上述性能的磁粉,能保证在微弱磁场作用下被吸引,保证了探伤中磁粉的移动性。如果矫顽力过高或剩磁过大,磁粉在磁化后会因磁粉间剩磁的吸引而聚集成大的磁粉团,使工件上背景对比度变差及黏附在悬液槽等处造成磁粉损失及阻塞管道油路等。

(2)粒度。

磁粉颗粒的大小即为磁粉的粒度。粒度大小影响磁粉在磁悬液中悬浮性和缺陷处漏磁场对磁粉颗粒吸附能力。选择粒度时应考虑缺陷的性质、尺寸、埋藏深度及磁粉的施加方式。一般来说,检验暴露于工件表面的缺陷时,宜用粒度细的磁粉;检验表面下的缺陷宜用较粗的磁粉,因为粗磁粉的磁导率较细磁粉高。检验小缺陷宜用粒度细的磁粉,细磁粉可使缺陷的磁痕线条清晰,定位准确;检验大的缺陷要用较粗的磁粉,粗磁粉可跨接大的缺陷。采用湿法检验时,宜用粒度细的磁粉,因为细磁粉悬浮性好,采用干法检验时,宜用较粗的磁粉,因为粗磁粉容易在空气中散开,如果用细磁粉,会像粉尘一样滞留在工件表面上,尤其在有油污、潮湿、指纹和凹凸不平处,容易形成过度背景,影响缺陷辨认或掩盖相关显示。

通常湿法用的磁粉粒度要求在 $1.5 \sim 40\mu m$ 之间,干法磁粉一般大于 $40\mu m$,最大不超过 $150\mu m$,空心球形磁粉粉粒直径一般为 $10 \sim 130\mu m$,探伤中最好根据情况使用不同粒度的混合磁粉,以保证磁粉的移动性和大小不同的缺陷显示。

磁粉粒度也用“目”来表示,它是将磁粉在规定面积的不同孔目的筛子上过筛,能通过的则为合格。干法磁粉多用 80 ~ 160 目,而湿法磁粉则用 200 目或 300 目以上。

(3)形状。

磁粉有条形(长锥型)、椭圆形、球形或其他不规则形状。一般说来,条状的磁粉在漏磁场中易于磁化形成磁极,容易在缺陷处聚集,但条形磁粉的自由移动性很差,最好与球状颗粒的磁粉按一定比例混合施用。因为球形磁粉缺乏形成和保持磁极的倾向,移动性较好,当混合使用时,容易跨接漏磁场,形成明显的磁痕。

(4)流动性。

为了能够有效检出缺陷,磁粉必须能在受检工件表面流动,以便被漏磁场吸引形成磁痕显示。磁粉的流动性与磁粉的形状与施加的方式和电流形式有关。

在湿法检验中,利用磁悬液的流动带动磁粉向漏磁场处流动,在干法检验中,利用微风吹动磁粉,并利用交流电方向不断改变或单相半波整流电的强烈脉动性来搅动磁粉,便于磁粉流动。由于直流电不利于磁粉的流动,所有干法不宜采用直流电流进行检验。

(5)密度。

磁粉的密度也是影响磁粉移动性的一个因素,密度大的磁粉难于被弱的磁场吸引,而且在磁悬液中的悬浮性差,沉淀速度快,降低了探伤的灵敏度。一般湿法用的氧化铁粉密度约为 $4.5g/cm^3$,空心球形磁粉密度约为 $0.7 \sim 2.3g/cm^3$。

(6)识别度。

识别度是指磁粉的光学性能,包括磁粉的颜色、荧光亮度与工件表面颜色的对比度。对于非荧光磁粉,磁粉相对于工件颜色对比越明显越好,这样有利于提高缺陷鉴别率。对于荧光磁粉,在紫外光下观察时,工件表面呈暗紫色,只有微弱的可见光本底,磁痕呈黄绿色,色泽鲜明,能提供最大的对比度和亮度。因此它适用于不带荧光背景的任何颜色的工件。在荧光磁粉的检查中,荧光亮度是一个需要重视的参数,在无专业仪器的情况下,通常采用对比法进行检查。

总的说来,影响磁粉使用性能的因素有以上六个方面,但这些因素是相互关联、相互制约的,不能孤立追求单一指标,否则会导致试验的失败。

2. 载液

用来悬浮磁粉的液体称为载液,又称为磁粉分散剂。湿法检验是用油基或水基载液等作分散剂。

1)油基载液

用油配置油悬浮液时,应当选用轻质、经过精炼、含硫量低的石油馏分,如煤油。为了保证使用的安全和载液在试件表面的迅速分散,载液油应当具有高闪点、低黏度、无臭味等。对于荧光磁粉使用的载液,应无荧光。

在实际使用中,推荐使用煤油作为载液,但有时为了适当提高油基载液黏度以利于磁粉悬浮,也可以采用无味煤油与变压器油按一定比例的混合液作为载液使用。

2)水基载液

用水做载液时,可降低成本且无着火的危险。水载液必须添加润湿剂,防锈剂和消泡剂等。润湿剂的作用是降低水和工件表面的张力,使磁粉易于在水中分散,并使工件表面润湿以便于磁粉在上面移动和容易被缺陷所吸引。防锈剂的作用是防止工件在检验中和检验后一定时间内水悬液对它产生的各种腐蚀和生锈。消泡剂主要是用于防止和抑制水悬液在搅拌时产生的泡沫,以便于磁痕的形成和观察。

3)其他载液

除油基和水基载液外,还有用于特殊场合的无水乙醇载液、重油载液等。

3. 磁悬液

1)磁悬液的种类

磁悬液主要分为水基磁悬液和油基磁悬液(或有机基磁悬液)两种。用水基和磁粉配制的磁悬液称为水基磁悬液,用有机载液和磁粉配制的磁悬液称为有机基磁悬液、

2)磁悬液的配制

采用荧光或非荧光磁粉配制有机基磁悬液时最好采用有机载液:无味煤油。配制时,先取

少量油与磁粉混合,让磁粉全部润湿,搅拌成均匀的糊状,然后再加入其他的油。采用非荧光磁粉配制水基磁悬液,水分散剂要严格选择,除了满足水分散剂的各项性能指标外,还不应使荧光磁粉结团、溶解或变质。

4. 反差增强剂

在检查表面粗糙的焊缝及铸钢件时,由于工件表面凹凸不平、颜色发黑等原因,缺陷磁痕与工件表面颜色对比度很低,缺陷难以检出,容易造成漏检。为了提高缺陷磁痕与工件表面颜色的对比度,检测前可在工件表面先涂一层白色薄膜,厚度约为 25 ~ 45μm,干燥后再磁化工件,其磁痕就清晰可见。这一层白色薄膜就叫反差增强剂。

根据制造商的说明书施加反差增强剂,整体工件检查可用浸涂法,局部检查可以刷涂法。

4.3.2 试片和试块

磁粉检测用试片和试块是检测时必备的工具,最常用的试片和试块分为带有自然缺陷的试件(自然试块)和人工制造的标准缺陷试件(人工试块)两种。

1. 自然试块

自然试块不是人工特意制造的,而是在生产制造过程中由于某种原因而形成的。常见的缺陷有各种裂纹、折叠、非金属夹杂等,往往根据检测工作的需要进行选择。对带有自然缺陷的试件按规定的磁化方法和磁场强度进场检验时,如果全部应该显示的缺陷磁痕显示清晰,说明系统综合性能合格,否则应检查影响显示的原因,并调整有关因素使综合性能合乎要求。

自然试块最符合检验要求,因为它的材质、形状都与被检工件一致,最能代表工件检查情况。

2. 标准试片和试块

如果不能获得具有要求类型、位置、尺寸的已知不连续性的实际工件时,或者要获得这样的工件不切实际时,则可以使用含有人工不连续性的标准试片和试块。

标准试片的主要用途如下:

(1)用于检查检测设备、磁粉、磁悬液的综合性能;

(2)用于确定被检工件表面的磁场方向,有效磁化范围和大致的有效磁场强度;

(3)用于考察所用检测工艺规程和操作方法是否恰当;

(4)当无法计算复杂工件的磁化规范时,用小而柔软的试片贴在复杂工件的不同部位,可确定大致较理想的磁化规范。

常用的试块有以下几种:

(1)标准试片。

标准试片是在纯铁薄片上进行单面刻槽作为人工缺陷制成的,刻槽多数是在试片的深度方向为 U 形或近似 U 形,外形为圆、十字线、直线等。我国常用的标准试片有 A 型、C 型、D 型、MI 型等。

国产试片常用规格如表 4.1 所示。试片的标识在有刻槽的一面,左上方是型号的英文字母,右下角是槽深与试片厚度之比的分式。

表 4.1　磁粉检测用标准试片

试片型号	相对槽深/板厚,μm	试片边长,mm	材质	备注
A－7/50	7/50	20×20	电磁软铁	A 型试片又分为 A1、A2、A3 三种形式
A－15/50	15/50			
A－15/100	15/100			
A－30/100	30/100			
C－8/50	8/50	15×5(单片)		
C－15/50	15/50			
D－7/50	7/50	10×10		
D－15/50	15/50			

试片通用名称的分数中,分子表示槽深,分母表示板厚,尺寸单位是 μm。各类板厚为 50μm 和 100μm,槽子的形状有圆形和直线形两种。使用的电磁软铁板,因为是轧制材料,在磁性方面具有方向性,纵横方向的磁性不同,因此,在圆形槽的 A 型试片上不同方向显示的磁痕不一样。退火可以消除这一现象。退火之后的材料与未退火的材料相比,用较小的磁场就可以显示磁痕。通用名称的分数值愈小,就要求用更高的有效磁场才能显示出磁粉痕迹。

使用试片时,应先洗净试片上的防锈油。C 型试片使用前需先沿分割线剪切成 5×5mm 的小片(也可整条片子使用)。用胶带纸或夹具将试片开槽的一面紧贴工件的表面,紧贴时,注意胶带纸应贴在试片的两边缘,不要影响试片背后刻槽的部位,工件如果凹凸不平,要用锉刀或砂轮打磨平,并除去锈蚀和油污。在对工件进行磁化时,对试片浇以磁悬液或喷磁粉,当综合性能合适时,即在试片上显示出磁粉的痕迹。其中,垂直于磁场方向的刻槽磁痕最清晰,平行于磁场方向的刻槽无磁痕。如果继续施加磁化电流,圆弧形磁痕将沿刻槽加长,且磁痕更浓密。在选用试片时,应根据工件的磁性、检测面的大小和形状、要求检查出来的缺陷性质及尺寸,选择合适的试片类型。标准试片通用名称的分数值,在槽深与板厚之比相等时,磁痕显示所需的有效磁场大体上相等。分数值越小,所需的有效磁场强度就越大。标准试片用后必须用溶剂清洗干净,用干净的脱脂棉将溶剂擦干。干燥后涂上防锈油,保存在干燥处。

在连续法中,标准试片的磁痕显示几乎不受工件材料的影响。在剩磁法中,标准试片的磁痕显示与工件剩磁有关,但是受工件材料、试片与工件的接触状态、工件中产生的磁极的影响。所以,标准试片一般不用于剩磁法。

(2)磁场指示器。

磁场指示器又称八角试块,它是用电炉铜焊将八块低碳钢片与铜片焊在一起构成的,有一个非磁性的手柄,如图 4.14 所示。

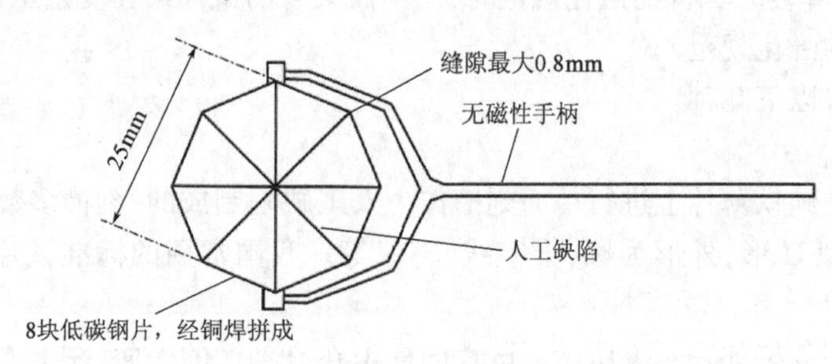

图 4.14　磁粉检测用磁场指示器

使用时将指示器铜面朝上,八块低碳钢面朝下紧贴被检工件,用连续法给指示器铜面上施加磁悬液,观察磁痕显示。欲检测小缺陷,应选用铜片较厚的指示器;欲检测较大的缺陷,应选用铜片较薄的指示器。

4.3.3 磁粉探伤机

1. 磁粉探伤机的命名方法

磁粉探伤机是磁粉检测的主要设备,它是能在试件上产生磁场、分布磁粉和提供观察照明和对磁化试件实施退磁的装置。选择和使用磁粉探伤机时,应根据检测工作的环境和被检查工件的可移动性及复杂情况进行。

我国磁粉探伤机按以下方法命名:

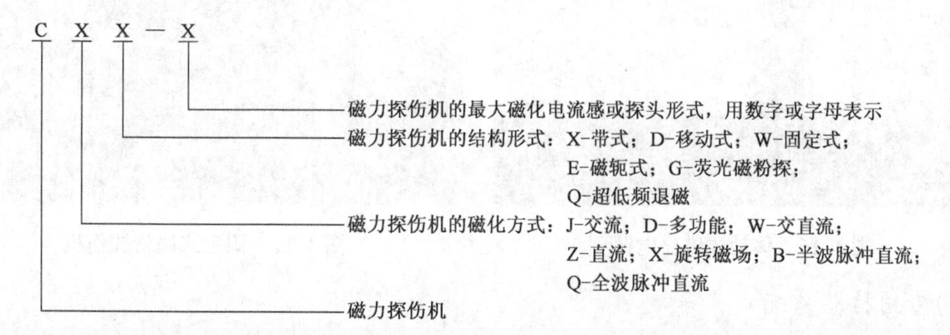

如 CJW-4000 型为交流固定式磁粉探伤机,最大磁化电流为 4000A;又如 CZQ-6000 型为超低频退磁直流磁粉探伤机,最大磁化电流为 6000A。

2. 磁粉探伤机的分类

在通常使用中,一般按照设备的使用和安装环境以及磁粉探伤机的结构和用途,磁粉探伤机一般分为便携式或可移动式的磁化电源、固定式(床式)设备以及专用检测系统等三种。

1)便携式电磁体及可移动的磁化电源

便携式电磁体是一种手持式电磁轭,磁轭采用硅钢片叠制成轭状铁芯,并在铁芯的外面装有磁化线圈。线圈通电后得到磁化,磁化的铁芯具有足够的磁场,去感应磁化试件。便携式磁轭通常有“Π”形磁轭和交叉磁轭两种,如图 4.15 所示。

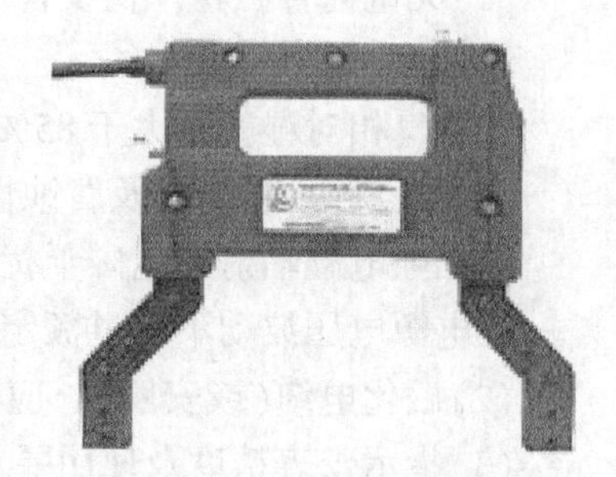

图 4.15 周向磁化

可移动式的磁化电源实际上是一个中小功率的磁化电流发生器。它具有体积小、重量轻,有较大的灵活性和良好的适应性,能在许可范围内自由移动,适应不同检测的需求。通常配有支杆式触头、简易磁化线圈(或电磁轭)、软电缆等附件,并装有滚轮或配有移动小车,主要检查对象为不易移动的大型工件,如锅炉压力容器等,如图 4.16 所示。

2)固定式磁粉探伤机

固定式磁粉探伤机是一种安装在固定场所的探伤装置,又称床式设备,其体积和重量较大,结构形式分为卧式和立式,一般多用卧式,额定周向磁化电流从 1000A 到 15000A 不等。它能提供工件所需的磁化电流或磁化安匝数,能对工件实施周向、纵向或复合磁化。磁化电流可以是交流电流,也可以是整流电流。探伤机上有夹持试件的磁化夹头和放置工件的工作台及格栅,可对中小工件进行整体和批量检查。检查速度较便携式和移动式快。固定式磁粉探伤机所能检测工件的最大截面受最大磁化电流限制,探伤机的夹头距离可以调节,以适应不同长度工件的夹持和检查。固定式磁粉探伤机通常用于湿法检查。探伤机有储存磁悬液的容器、搅拌用的液压泵和可调节压力和流量的喷枪,同时固定式磁粉探伤机一般还安装有观察磁痕用的照明装置和退磁装置,还常常内有触头和电缆,以适应检查工作的需要,如图 4.17 所示。

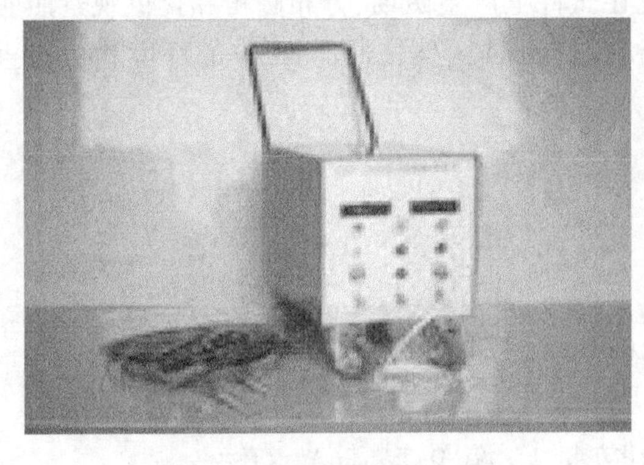

图 4.16　移动式磁化电源

图 4.17　固定式磁粉探伤机

3)专用检测系统

专用检测系统主要用于半自动化或自动化检查,多用于特定工件的批量检查,除人工观察缺陷磁痕外,其余过程全部采用自动化,即工件的送入、传递、缓放、喷液、夹紧并充磁、送出等都是机械化自动处理,其特点是检查速度快,减轻了工人的劳动强度,适合于大批量工件的检查,但检查产品类型较单一,不能适用多种类型的工件。

3. 磁粉探伤设备的通用技术要求

(1)无论何种磁粉探伤设备,都应该满足以下技术要求:

①温度:-10~40℃;

②空气相对湿度不大于 85%;

③无大量尘埃、易燃及腐蚀性气体;

④无强电磁辐射和电磁干扰;

⑤电源电压波动不超过额定电压的 10%。

(2)磁化电缆(或安匝数)应能调节,并有明确指示。

(3)指示仪表精度及使用要求应符合相关标准要求。

(4)检测设备应有可靠的电气安全防护措施。

4. 检测设备的选择

磁粉检测设备应能对工件完成磁化、施加磁悬液、提供观察条件和实现退磁等四道工序,但这些要求,并不一定要求在同一台设备上实现,应根据探伤的具体要求选择磁粉探伤机。一般来说,可从以下几个方面进行考虑:

1)工作环境

若探伤工件是在固定场所(工厂车间或实验室)进行,以选择固定式磁粉探伤机为宜。若在生产现场,且工件品种单一,检测数量较大,应考虑采用专用检测系统,或将磁化与退磁等功能分别设置以提高检查速度;若在实验室内,以探伤实验为主,则应考虑采用功能较为齐全的固定式磁粉探伤机,以适应试验工作的需要。当工作在野外、高空等现场条件下不能采用固定式磁粉探伤机的地方,应选择移动式或便携式探伤机进行工作;若检查现场无电源时,可以考虑用永久磁铁做成的磁轭进行探伤。

2)试件情况

主要看被检试件的可移动性与复杂情况,以及需要检查的数量。若被检工件体积和重量不大,易于搬动,或形状复杂且检查数量多,则应选择具有合适磁化电流且功能较全的固定式磁粉探伤机;若被检工件的外形尺寸较大,重量也较重而不能搬动或不宜采用固定式磁粉探伤机时,应选用移动式或便携式磁粉探伤机进行分段局部磁化;若被检工件表暗黑,与磁粉颜色反差小时,最好采用荧光磁粉探伤机,或采用与工件颜色反差较大的其他磁粉。

3)设备的主要技术数据

选择设备时,考虑的主要技术数据是磁化能力与检测效率。磁化能力重点考虑在满足适当的检测灵敏度时,设备输出的最大电流与磁化安匝数。这里要注意的是设备规定的最大输出是在采用专用试件时实现的,实际试件远远低于这个数值。因此在选择时应注意留有足够的余量。检测效率注意考虑设备使用的暂载率、夹持装置和缺陷观察,一般来说,暂载率越大,设备越不容易发热,抗过载能力较强;夹持装置对上下试件越方便,越有利于观察,检测速度越快。另外,采用固定磁化床时,要注意能否满足试件的长度和中心高,以及是否有利于磁化和观察。从安全角度考虑,设备的电气安装和绝缘应符合国家专业标准要求。

4.3.4 其他磁粉检测器材

1. 磁场测量仪器

1)特斯拉计

特斯拉计是采用霍尔器件做成的一种磁传感器,可用来检测磁场及其变化,磁粉探伤中用于测量工件上磁场强度和退磁后的剩磁大小。霍尔元件是一种半导体磁敏器件,在一块通电的半导体薄片上,加上和片子表面垂直的磁场 B,在薄片的横向两侧会出现一个电压,并与磁场的磁感应强度成正比,这就是特斯拉计的原理。它的探头像一支钢笔,其前沿有一个薄的金属触针,里面装有霍尔元件,测量时要转动探头,使表头指针的指示值最大,这样读数才准确。

2)袖珍式磁强计

袖珍式磁强计是利用力矩原理做成的简易测磁仪。它有两个永久磁铁,一个用于调零,一个是测量指示用的。磁强计用于磁粉探伤后剩磁测量以及使用加工过程中产生的磁测量。当它靠近被测磁场时,动片即受到漏磁场的作用力而发生偏转,偏转程度随该处漏磁大小而决定。

2. 安培表

磁粉检测中安培表有两种,一种是装置在检测设备上的,用来监测磁化过程中的电流大小,一种是用来校验设备上的电流表的,通常称为标准电流表。标准电流表的精度应比设备上的电流表高一级以上,并且应经过国家计量部门的定期检定。使用中有交流和直流两种。

3. 光照度计

光照度计是用光敏器件制作的测光仪器,用于检测工件区域的可见光强度值。使用时探头的光敏面置于待测位置,选定插孔将插头插入读数单元,按下开关窗口显示数值即为照度值。探伤时工件表面白光照度应不低于1000lux(勒克斯)。

4. UV－A 辐射照度计

UV－A 辐射照度计是用来测定紫外线 UV－A 段(波长范围 315～400nm,中心波长为 365nm)辐射能量的仪器。它有一个接收紫外光的硅光电池接收板,通过光电转换,变成电流输出,再经过技术处理后在电表上指示出来,其指示值与光的强度成正比。

4.4 磁粉检测通用技术

磁粉检测工艺主要包括预处理、工件的磁化、施加检测介质、磁痕观察和评定、退磁、后处理等工序。

根据所用的载液或载体不同,磁粉检测分为干法检测和湿法检测;根据工件磁化后施加检测介质的时间不同,分为连续法和剩磁法。

对于检测时机的选择,一般应按照以下要求:

(1)磁粉检测的工序应安排在容易产生缺陷的各道工序(例如锻造、铸造、焊接、热处理、机械加工、磨削和加载实验)之后。

(2)对于有产生延迟裂纹倾向的材料和工序,磁粉检测应安排在 24～36h 之后进行。

(3)磁粉检测工序应安排在涂漆、发蓝、磷化等表面处理之前进行。

(4)磁粉检测可以在电镀工序之后进行。对于镀铬、镀镍层厚度大于 50μm 的超高强度钢,电镀前后均应安排进行磁粉检测。

(5)对滚珠轴承等装配件,如在检测后无法完全去掉磁粉,应在装配前进行检测。

4.4.1 预处理

磁粉检测用于检测铁磁性材料或工件表面不连续,材料或工件的表面状态对操作和灵敏度都有很大影响。表面质量要求取决于被检验不连续的尺寸和方向。表面预处理应使相关显示能清晰明显,与非相关显示、假显示区分开。因此,对于一般的磁粉检测,在检测前工件应做好以下预处理工作。

(1)清除。清除被检区域的污垢、水垢、松散铁锈、焊接飞溅、油脂以及其他能够影响灵敏度的任何外来物。使用水基磁悬液时,工件表面要认真除油;使用有机基磁悬液时,工件表面不应有水分;干法检测时,工件表面应充分干燥。

(2)最大厚度为 50μm 的非磁性覆盖层,例如完整紧贴的油漆层可以不必去除,并不影响灵敏度,对于有非导电覆盖层的工件,必须通电磁化时,应将与电极接触部位的非导电覆盖层打磨掉。

(3)分解。组合装配件一般应分解后检测,仅要求局部检测的除外。因为装配件形状和结构复杂,磁化和退磁都很困难;装配件的动作面(如滚珠轴承)流进磁悬液难以清洗,而且还会造成磨损;交界处可能产生漏磁场形成磁粉显示,容易与缺陷的磁痕混淆,分解探伤容易操作,分解后能观察到所有的探伤面。

(4)封堵。若工件有盲孔和内腔,磁悬液流进后难以清洗者,探伤前应将孔洞用软木、塑料或布封堵上。

(5)涂敷。磁粉显示与被检表面之间应有足够的对比度。当采用非荧光磁粉检测技术时,如果磁痕与工件表面颜色对比度小,或工件表面粗糙度会影响磁粉显示时,可在检验前先给工件施加一层薄而均匀的反差增强剂。

(6)有些工件在加工中带有较大的剩磁,有可能会影响检测结果,对这类工件应先进行退磁。

4.4.2 工件的磁化

工件的磁化是磁粉检测非常重要的一个环节,磁化电流和磁化规范的选择又是这个环节的重要内容。

在具体实施磁化过程中,我们完全依据客户或工程设计部门提供或认可的磁粉检测工艺规范和产品的验收标准,编制的磁粉检测工艺卡来实施磁化操作。

在磁化前,应首先检查设备上各个开关的工作状态,如交流与脉动直流;充磁与退磁;周向与纵向等。在直接通电法磁化工件时,为防止调节电流时工件被烧伤,可以用一根铜棒进行电流的预调节,待电流表指示到位后再装夹上工件,然后向上微调电流值使其达到规定值。其次,还要检查检测介质是否符合要求。

4.4.3 施加检测介质

根据施加检测介质的方法和时间不同,可分为下述检测方法。

1. 干粉法

采用干磁粉检验的方法叫干粉法。这种方法适用于表面粗糙的大型锻件、铸件毛坯和焊接件焊缝的局部检查;常用便携式或移动式设备与球形橡皮喷粉器或机械喷粉器配合使用;适合于检测大的表面缺陷和近表面缺陷。

首先将工件表面干燥,磁粉烘干;应将磁粉吹成云雾状,而且移动要小,悬浮于空气中的磁粉颗粒在漏磁场的作用下,具有三维可移动性;磁化时用喷粉器吹去多余的磁粉,风压、风量和风口与工件之间的距离要掌握适当,并应有顺序地从一个方向吹向另一个方向;不要将磁化了的工件在磁粉中滚动,也不要将磁粉倒在工件上。

干粉法的优点:采用半波直流对检测表面下的不连续性最灵敏;容易用于现场检测;用交流或半波直流对磁粉有极好的移动性;不像湿法那样显得脏;设备不是那么昂贵。

干粉法的缺点:对于检测细小和肤浅的表面裂纹不如湿法;只能进行局部检验或分区检验,不能一次检查全部表面;比湿法检查速度慢;不适合使用短时通电技术;不太适用于自动化、机械化系统。

2. 湿粉法

采用磁悬液检验的方法称为湿粉法。这种方法适用于冶金、航空、航天工件和材料,承压设备和焊缝以及灵敏度要求很高的工件;常与固定式设备、半自动和自动化设备配合使用,也可以与便携式设备一道用于现场检验,适合于检测表面细小缺陷。

采用连续法时宜用浇注法，液流要微弱，以免冲刷掉缺陷显示；剩磁法采用浇注法和浸渍法皆可，浇注法的灵敏度低于浸渍法，但浸渍法的浸渍时间不能过长，时间长了会产生过度背景，磁悬液应保持充分搅拌均匀状态；可根据工件种类的要求，选择不同的磁悬液浓度；仰视检验和水中检验宜用磁膏或磁性涂料法；有时为了改善显示背景，施加磁悬液后，应使工件上的磁悬液充分滴落。

湿粉法的优点：对非常细小的表面裂纹灵敏度高；能够很快地一次检查全部表面；对非常浅的表面裂纹也有足够的灵敏度；可靠、速度快；磁粉移动性好；磁悬液浓度容易控制；非常适合短时通电技术（连续法）；容易实现自动化操作。湿粉法的缺点：不适合于检测位于表面下较深的不连续性；看起来有些脏；要求有磁悬液循环系统；检查后工件需要清洗。

3. 连续法

在外加磁场的同时，将检测介质施加到工件上进行检验的方法叫连续法。这种方法适用于几乎所有的铁磁性材料和工件的检测；工件因材质或形状复杂得不到所需的剩磁时；表面有较厚覆盖层的工件；所有必须使用连续法的磁化技术或检测技术的场合；线圈法磁化 L/D 值太小的工件。

对湿连续法，在通电的同时浇注磁悬液，停止浇磁悬液后，再通电数次，取下工件检查或在通电的同时检查工件；对于干连续法，通电磁化的同时喷洒磁粉，吹去多余磁粉，待磁痕形成和检测完工后再停止通电。

连续法的优点：适用于几乎所有的铁磁性材料；有最高的检测灵敏度；交流电不受断电相位的影响；能发现近表面缺陷；能用于组合磁化。但也有缺点：检测效率低；容易产生非相关显示。

4. 剩磁法

将工件磁化，待切断磁化电流或移去外加磁场后，再进行检验的方法称为剩磁法。这种方法适用于凡经过热处理（淬火、回火、渗碳、渗氮等）的高碳钢和合金结构钢，其矫顽力 $H_c \geq 1000A/m$，剩余磁感应强度 $B_r \geq 0.8T$ 的材料和工件；筒形工件内表面和螺纹根部检查；评价连续法检测出的磁粉显示，是属于表面缺陷还是近表面缺陷；所有必须使用剩磁法的磁化技术或检测技术者。

剩磁法的操作程序为：磁化→施加检测介质→检测。剩磁法的通电时间约为 0.25～1s，浇磁悬液 2～3 遍，应保证工件各个部位充分湿润，若浸入搅拌均匀的磁悬液中，10～20s 后再取出检验，磁化后的工件，在检验完毕前，不要与任何铁磁性材料接触。

剩磁法的优点：检测速度快，效率高；有较高的灵敏度；目视检测可达性好；工件可与磁化装置脱离，拿到最合适的地方观察，筒形件内腔和端面检测特别适用；一般不产生非相关显示，磁痕判别较易，螺纹部位及螺栓根部最宜采用。

剩磁法的缺点：只适用于矫顽力和剩余磁感应强度达到要求的材料和工件；采用交流电磁化时，如断电相位不能可靠地控制，剩磁不稳定，可严重危及检测质量；发现近表面缺陷灵敏度低；不能用于组合磁化，因为剩磁是单方向的。

4.4.4 磁痕观察与评定

1. 磁痕的观察

磁痕的观察应在合适的条件下进行，在磁痕观察时要注意以下几个问题：

(1)工件上的磁痕观察,主要是用肉眼完成的,只有在难以判断的情况下,才能使用2~10倍放大镜;

(2)进行观察时,必须防止把磁粉从缺陷上擦掉,如果磁粉痕迹擦掉了,或者磁粉痕迹不清晰以及存在疑问都要进行复验。某些已被发现又被排除的缺陷也必须进行重新检验,直至缺陷被完全消除,并且坚信无疑才行。

(3)对于低表面粗糙度工件,如果采用白光照射条件观察黑色磁粉显示格外干扰检测工作,采取的措施是,在工件表面涂上一层反差增强剂或采用荧光磁粉检查。反差增强剂的厚度不应超过5~10μm。在对形状比较规则、平直的工件采用反差增强剂是可行的,对形状很复杂的工件,沟槽多,截面变化急剧,往往难达到要求。黑磁粉在浅色零件表面特别醒目,对于银灰色表面和抛光表面红色磁粉比黑色磁粉或灰色磁粉更为明显。荧光磁粉是一种比较理想的方法,荧光磁粉在紫外光的照射下观察能提供最大的对比度和可见度。

(4)荧光磁粉检验需要在暗区内进行。检查人员进入暗区后,在检验前应至少等候5min,以使视力适应暗区工作。

(5)磁粉检查人员经过1h磁痕观察后,应休息10~15min,最好不安排夜班工作。

(6)检测时,检验人员不准戴墨镜或光敏镜片眼镜,但可以戴防护紫外线的眼镜。

2. 磁痕的评定

当试件上出现磁粉堆积的图像(磁痕)时,应对所显示的图像进行分析和解释,确定是否真正的缺陷磁痕。对缺陷磁痕的评定应根据相关标准进行。

3. 磁痕的记录

工件上的缺陷磁痕有时需要保存下来,作为永久记录。磁痕记录一般采用以下办法:

(1)摹绘。在检测报告上或其他表格上摹绘磁痕显示的位置、形状、尺寸和数量,供工程部门或其委托单位处理。

(2)橡胶铸型。MRI法和MT-RC法都可得到有缺陷磁痕显示的橡胶铸型,直观,擦不掉,还可放大并长期保存。

(3)透明胶纸粘贴。将工件表面有缺陷的部位清洗干净,剩磁法后,施加用无水乙醇配制的低浓度黑磁粉磁悬液。待磁痕形成和干燥后,用透明胶纸粘贴复制磁粉显示,然后贴在白色的纸上。

(4)照相。用照相摄影记录缺陷磁痕时,要尽可能拍摄工件的全貌和实际尺寸,也可拍摄工件某一部位,同时把刻度尺拍摄进去。

(5)可剥性涂层。在磁痕所在位置喷涂一层快干的可剥性涂料,干后揭下保存。

(6)视频记录。用一台视频系统可以方便地记录下工件上的缺陷磁痕,还可存储、回放。

4.4.5 退磁

工件进行磁化后,或多或少会带有一定的剩磁。这些剩磁,有的会影响工件的加工或使用。退磁就是将工件中的剩磁减小到规定值以下的过程。

1. 以下情况需要进行退磁

(1)在工件的使用区域,剩磁会影响到某些仪器和仪表的工作精度和功能。

(2)机械加工时,剩磁可导致铁屑黏附在工件表面,破坏表面精度和使刀钝化。

(3)油路系统的剩磁,会吸附铁屑和磁粉,影响油路系统畅通。

(4)滚珠轴承的剩磁,会吸附铁屑和磁粉,造成滚珠轴承磨损。

(5)电镀钢件上的剩磁,会使电镀电流偏离期望流通的区域,影响电镀质量。

(6)当工件尚需电焊时,剩磁会引起电弧偏吹或游离。

(7)可干扰以后的磁粉检测。

(8)工件上的剩磁,会给清洗磁粉带来困难。

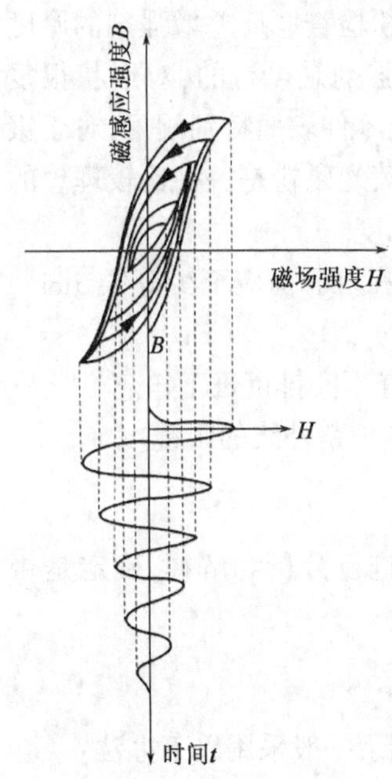

图 4.18　退磁磁滞回线

2. 不需要退磁的情况

(1)后续工序是热处理,工件要被加热到居里温度以上。

(2)磁性低的工件在磁化场移去后,剩磁很微弱。

(3)工件有剩磁但不影响使用。

(4)直流电先后两次磁化,后次磁化用更强的磁场强度,则可对首次磁化不退磁就进行后次磁化。

(5)交流电两次磁化工序之间。

3. 退磁原理

退磁是将工件置于一个方向不断变化,同时强度逐渐降低到零的磁场中,从而使工件的剩余磁感应强度也趋于零,如图 4.18所示。

在退磁过程中,有两个条件必须满足:

(1)退磁过程中磁场方向要不断发生变化;

(2)在磁场方向发生反转的同时,不断降低磁场强度至规定值。

4. 退磁方法

1)交流退磁

用交流磁化的工件一般用交流电退磁。退磁的方法主要有线圈通过法和磁场衰减法。

(1)线圈通过法。

对中小型工件的退磁,最好把工件放在装有轨道和小车的退磁机上退磁。对不能放在退磁机上退磁的大型或重型工件可以将线圈套在工件上,通电时缓慢地将线圈穿过并远离工件 1 ~1.5m 以外处断电。

线圈通过法有下列组合方式:一是线圈通电不动,工件移动,衰减磁场至零;二是工件不动,线圈通电移动,衰减磁场至零。

(2)磁场衰减法。由于交流电的方向不断换向,故可用自动衰减退磁,方法是调节调压可控硅的导通角,或调整自耦变压器输入电压,从而逐渐降低电流为零进行退磁。可将工件放在线圈内,或夹在探伤机两磁化夹头之间,或用支杆触头接触工件后,将电流递减至零进行退磁。

2)交流磁轭退磁

对大型承压设备焊缝,可以用交流磁轭退磁。将电磁轭两极跨在焊缝两侧,接通电源,让磁轭沿焊缝缓慢移动,当远离焊缝 1m 以上再断电。

磁场衰减法有下列组合方式:

(1)(线圈法)工件置于通电线圈中不动,衰减电流至零。

(2)(直接通电法)工件夹持于磁化夹头之间通电,衰减电流至零。

(3)(触头法)两触头接触工件通电,衰减电流至零。

(4)(磁轭法)磁轭通电时离开工件,衰减磁场至零。

3)直流退磁

直流磁化的工件应该采用直流退磁,如果直流磁化的工件用交流退磁,由于交流磁场有明显的趋肤效应,工件深处的剩磁仍可保留,工件直径大于50mm时尤其如此。

直流退磁有换向衰减退磁和超低频电流自动退磁等方法。

(1)直流换向衰减退磁。

通过不断改变直流电的方向,同时使通过工件的磁化电流递减至零进行退磁。

(2)超低频电流自动退磁。

超低频电流通常是指频率为0.5~10Hz电流,可用于对三相全波直流电磁化后工件进行退磁。

(3)振荡电流退磁。

振荡电流是获得退磁用换向衰减电流的一种方法。将一个数值很大的电容器跨接在退磁线圈上,线圈就成为振荡回路的一个元件。用直流电激励线圈,当电流切断时,谐振的电阻—电感—电容电路以自己的谐振频率产生振荡,而这个振荡电流逐渐降低至零。

(4)直流磁轭退磁。

用低频换向直流电来代替交流磁轭中的交流电,对于穿透较大截面更有效。

5. 剩余磁场测量

用剩磁测量仪,也可用一小段未被磁化的钢丝、铁丝(如大头针)去靠近零件的端部,看能否被吸附。一般允许存在剩磁$3\times10^{-4}\sim8\times10^{-4}$T,对精密配合件要求不大于$3\times10^{-4}$T。

4.4.6 后处理

1. 工件的标记和处理

1)标记的注意事项

(1)产品的验收者,应在合格工件或材料上作永久性或半永久性的醒目标记;

(2)标记的方法和部位应符合有关文件和工程图纸;

(3)标记的方法应不影响工件的使用和损伤工件以及后面的检测工作;

(4)标记应经得起运输和装卸的影响;

(5)标记应防止擦掉和沾污。

2)合格件的标记和处理

(1)标记的方法。

①打钢印或盖检印,钢印上应包含无损检测种类、检验者编号,检印上还应有检测日期。检测者的钢印和检印应该在有关部门备案。

②电化学腐蚀。不允许打钢印的工件可使用电化学腐蚀标记,所用的器材应对产品无损害。

③挂标签。表面粗糙的产品,或不允许用上述方法标记时,可以挂标签或装袋,用文字说

明该批工件合格。

工件作好标记后,填好原始检测记录,将合格工件同检测报告或盖好检验印章的工艺路线卡一起,返回委托单位,进行后处理。

3)不合格工件的处理

磁粉检测拒收的工件,应作好明显的标记,由委托单位连同检测报告或故障单送工程部门或其委托单位处理,或者排除、修补,或者报废。检测单位接到处理文件后对返工工件重新进行检验。

2. 检测原始记录和报告

(1)检测原始记录。

检测结果应记录,记录应能追溯到被检测工件的图号、检测日期、生产批次和材料来源等。

(2)检测报告和报告的核查。

3. 后清洗

(1)清洗可用合适的溶剂,采用刷、压缩空气吹或其他方法进行。

(2)清洗工件表面应包括孔内,裂纹和通路中的磁粉。

(3)如果使用了封堵,应去掉封堵后再清洗。

(4)如果涂覆了反差增强剂,应清洗掉。

(5)使用水基磁悬液检验,为防止工件生锈,应用脱水防锈油处理。

4.5 磁痕分析与评定

磁粉检测是利用磁粉聚集来显示工件上的不连续或缺陷的,通常把检测时磁粉聚集而形成的图像称为磁痕。材料均质状态受到的破坏称为不连续,影响工件使用性能的不连续称为缺陷。

磁粉检测的基本任务就是将铁磁性材料工件表面和近表面存在的缺陷以磁痕的形式显示出来,磁痕的特征及分布揭示了缺陷的性质、形状、位置和数量。通常把缺陷产生漏磁场所形成的磁粉显示称为相关显示,而把由于工件截面变化、材料磁导率差异等原因所产生的漏磁场所形成的磁粉显示称为非相关显示,除此之外,还有一些磁痕不是由于漏磁场产生的,称作假显示。它们的区别是:(1)相关显示和非相关显示都是由漏磁场吸附磁粉形成的,而假显示不是由漏磁场吸附磁粉形成的;(2)非相关显示和假显示都不影响工件的使用性能,而只有超过标准规定的相关显示,才影响工件的使用性能。

4.5.1 假显示

出现假显示的情况有以下几种:

(1)工件表面粗糙会滞留磁粉而形成磁痕,其特点是磁粉的堆集很松散,如果将工件在煤油或水分散剂内漂洗可将磁痕去除。

(2)工件表面的氧化皮和锈蚀以及油漆斑点的边缘上会出现磁痕。

(3)工件表面不清洁,存在油、油脂、纤维等污物都会黏附磁粉而形成磁痕。

(4)磁悬液浓度过大,施加磁悬液方式不当,都可能造成假显示。

4.5.2 非相关显示

非相关显示不是来源于缺陷,但却是由于漏磁场而产生的。其形成原因很复杂,一般与工件材料、外形结构、所采用的磁化规范、工件的制造工艺等因素有关。有非相关显示的工件,其强度和使用性能不受影响,对工件不构成危害,但容易与相关显示混淆,不如假显示那么容易区别。

引起非相关显示的原因主要有:

(1)工件截面突变。

工件上的孔洞、键槽、齿条等部位由于截面缩小,迫使一部分磁力线跑出工件表面形成漏磁场,其磁痕松散,不浓密,轮廓不清晰,且具有一定的宽度,有规律地重复出现在同类工件上。

(2)划伤和刀痕。

如果磁化电流过大,划伤和刀痕也会吸附磁粉。

(3)磁化电流过大。

在使用连续法和磁化电流过大的情况下极易显示出沿轧制方向的金属纤维组织,称为金属流线。流线的磁痕呈不连续的线状,成群出现,互相平行,沿金属纤维方向分布,面积大常常遍及整个工件。

(4)加工冷作硬化。

金属在冷加工,例如锤击和矫正后,会产生局部冷作硬化现象。局部冷作硬化,使局部区域磁导率发生变化,产生漏磁场,吸附磁粉。其磁痕宽而松散,呈带状。

4.5.3 相关显示

相关显示是由于缺陷漏磁场而产生的显示。超过验收标准的相关显示,会影响工件的使用性能。材料和工件中的缺陷可分为热加工过程中产生的缺陷,冷加工过程中的缺陷以及使用过程中产生的缺陷等几大类,而按照缺陷的表现形式又可分为各种不同形式的裂纹、发纹、气孔、夹杂或夹渣、疏松、冷隔、分层、未焊透等多种。

4.5.4 显示的评定

磁粉检测显示的解释就是确定所发现的显示是假显示、非相关显示还是相关显示。显示的评定就是对材料或工件的相关显示进行分析,按照既定的验收标准确定工件验收,还是拒收。

焊缝磁痕根据其所处位置、外观形状与焊件材质等因素,一般可分为表面、近表面、伪缺陷三类。根据磁痕的长轴和短轴之比,小于等于 3 的缺陷磁痕为非线性,大于 3 的缺陷磁痕为线性。

4.6 漏磁检测方法

漏磁检测方法通常与涡流、微波、金属磁记忆一起被列为电磁(Electromagnetic)无损检测方法。该方法主要应用于诸如输油气管、储油罐底板、钢丝绳、钢板、钢管、钢棒、链条、钢结构件、焊缝、埋地管道等铁磁性材料表面和近表面的腐蚀、裂纹、气孔、凹坑、夹杂等缺陷的检测,也可用于铁磁性材料的测厚。漏磁无损检测技术在钢铁、石油、石化等领域应用较广泛。我国各工业领域对漏磁检测技术尚处于了解、认识、引用的初级阶段,在工业上实用探伤设备的开发制造才刚刚起步。随着质量控制技术的发展与进步,我国对于漏磁探伤设备的市场需求将越来越大。因此,缩小同国外先进的无损检测设备制造水平的差距是当前我国无损检测业界同人的重要且紧迫的任务。

国外对漏磁检测技术的研究很早,Zuschlug 于 1933 年首先提出应用磁敏传感器测量漏磁场的思想,但直至 1947 年 Hastings 设计了第一套漏磁检测系统,漏磁检测才开始受到普遍的承认。20 世纪 50 年代,西德 Forster 研制出产品化的漏磁探伤装置。1965 年,美国 Tubecope Vetco 国际公司采用漏磁检测装置 Linalog 首次进行了管内检测,开发了 Wellcheck 井口探测系统,能可靠地探测到管材内外径上的腐蚀坑、横向伤痕和其他类型的缺陷。1973 年,英国天然气公司采用漏磁法对其所管辖的一条直径为 600mm 的天然气管道的管壁腐蚀减薄状况进行了在役检测,首次引入了定量分析方法。ICO 公司的 EMI 漏磁探伤系统通过漏磁探伤部分来检测管体的横向和纵向缺陷,壁厚测量结合超声技术进行,提供完整的现场探伤。

对于缺陷漏磁场的计算始于 1966 年,Shcherbinin 和 Zatsepin 两人采用磁偶极子模型计算表面开口的无限长裂纹,前苏联也于同年发表了第一篇定量分析缺陷漏磁场的论文,提出用磁偶极子、无限长磁偶极线和无限长磁偶带来模拟工件表面的点状缺陷、浅裂纹和深裂缝。之后,苏、日、美、德、英等国相继对这一领域开展研究,形成了两大学派,主要为研究磁偶极子法和有限元法两大学派。Shcherbinnin 和 Poshagin 用磁偶极子模型计算了有限长表面开口裂纹的磁场分布。1975 年, Hwang 和 Lord 采用有限元方法对漏磁场进行分析,首次把材料内部场强和磁导率与漏磁场幅值联系起来。Atherton 把管壁坑状缺陷漏磁场的计算和实验测量结果联系起来,得到了较为一致的结论。Edwards 和 Palaer 推出了有限长开口裂纹的三维表达式,从中得出当材料的相对磁导率远大于缺陷深宽比时,漏磁场强度与缺陷深度呈近似线性关系的结论。

我国从 90 年代初对漏磁检测技术进行了研究,于 2002 年研制出管道和钢板腐蚀漏磁检测仪,其总体技术水平落后于欧美等发达国家。近年来,在国内无损检测工作者的共同努力下,目前已有许多高校和研究单位在这方面取得了可喜的成果,逐步缩小了与国际水平的差距。国内研究漏磁检测技术的高校主要有清华大学、华中科技大学、上海交通大学、沈阳工业大学等。其中华中科技大学的杨叔子、康宜华、武新军等,在储罐底板漏磁检测研究和管道漏磁无损检测传感器的研制、钢丝绳的漏磁检测等方面进行了大量的实验研究工作,利用 ANSYS 软件分析了传感器励磁装置的参数对钢板局部磁化的影响,设计了相应的漏磁检测传感器等;清华大学的李路明、黄松龄等研究了管道的漏磁探伤,铁铸件的漏磁探伤方法,采用有限元分析法研究永磁体几何参数对管道磁化效果的影响,分析漏磁探伤中各种量之间的数值关系,如表面裂纹宽度对漏磁场分量影响的问题,交直流磁化问题,针对漏磁检测交流磁化的磁化电流频率选择问题,分析了磁化频率的选取原则等等;沈阳工业大学的杨理践等,研究了基于单片机控制系统的管道漏磁在线检测系统,分析了小波在管道漏磁信号分析中的应用,通过时域分析理论对管道漏磁信号进行处理; 合肥工业大学的何辅云对漏磁探伤采用多路缺陷信号的滑环传送方法并研制了在役管线漏磁无损检测设备; 上海交通大学的阙沛文、金建华等对海底管道缺陷漏磁检测进行研究,通过小波分析对漏磁检测信号进行去噪实验,同时将巨磁阻传感器应用于漏磁检测系统,研制了适用于输油、输气管道专用漏磁检测传感器;中原油田钻井机械仪器研究所开发出了抽油杆井口漏磁无损检测装置;军械工程学院研制的智能漏磁裂纹检测仪,能对钢质构件的表面和内部的裂纹进行定量检测;中国科学院金属研究所的蔡桂喜对磁粉和漏磁探伤对裂纹缺陷检出能力进行了研究,用环电流模型计算了各种矩形槽形状人工及自然缺陷产生的漏磁场,提出磁粉和漏磁两种方法不适合开裂缝隙很窄的疲劳裂纹的检测的结论。爱德森公司采用多信息融合技术研制成集涡流、漏磁、磁记忆、低频电磁场于一体的便携式检测仪器,该仪器能同时获取多种检测信号,适用于流动现场的检测。

漏磁检测从磁粉检测中演变而来,是建立在铁磁材料的高磁导率这一特性之上。其基本原理是:被测材料在外加磁场作用下被磁化,当材料中无缺陷时,磁力线绝大部分通过被测材料,磁力线均匀分布,无磁力线穿出或进入被测材料表面;当材料内部有缺陷时,缺陷切割磁力线,由于缺陷的磁导率小,磁阻很大,使磁力线在被测材料中改变路径。大部分改变路径的磁通将优先从磁阻较小的缺陷底部的被测材料中通过,使这部分被测材料趋于饱和,不能接受更多的磁力线。此时,有一部分磁力线就会泄漏出材料表面,当越过缺陷后进入被测材料中,因而形成缺陷漏磁场。用磁敏元件检测被磁化材料表面逸出的漏磁场,就可判断缺陷是否存在。同样尺寸的缺陷,位于表面上和表面下形成的漏磁场不同:表面上缺陷产生的漏磁场大;缺陷在表面下时,形成的漏磁场将显著变小。

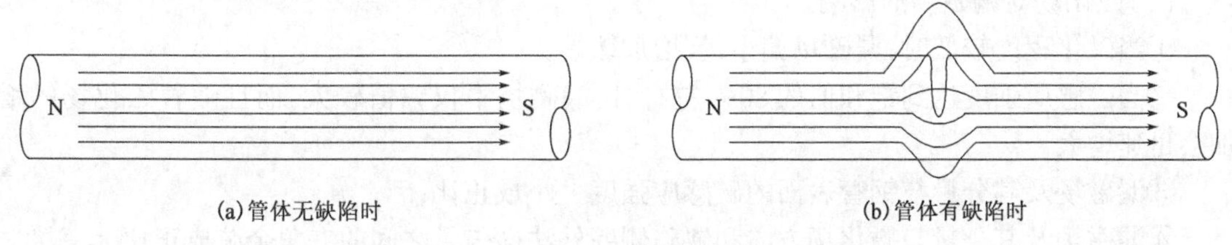

图 4.19　钢管中的磁场

漏磁检测法的主要特点:

(1)对各种损伤均具有较高的检测速度;

(2)对铁磁性材料表面、近表面、内部裂纹以及锈蚀等均可获得满意的检测效果;

(3)探头装置结构简单、易于实现、成本低且操作简单;

(4)由于磁性的变化易于非接触测量和实现在线实时检测,磁场信号不受被测材料表面污染状态的影响,进行检测时被测材料表面就不需清洗,因此将大大提高检测的效率,减小工作量;

(5)可以实现全自动化检测,非常适合在流水线上进行质量检测和生产过程控制。

随着现代科学技术的发展,尤其是计算机技术的发展,仪器的体积越来越小、处理速度越来越快、功能越来越强大。漏磁检测理论研究及探伤系统的传感器性能、数据处理等方面也都有很大的进步。下面就漏磁场的理论计算、各种因素和缺陷漏磁场之间的关系、漏磁检测的磁化方法、采用的传感器种类、检测方式和信号处理技术分别作简要的归纳。

漏磁场分布的计算主要采用解析法和数值法。解析法的实质为解方程的解。磁偶极子模型是漏磁场简单的解析方程。国内仲维畅采用磁偶极子模型研究了有限长、无限长带偶极子的漏磁场分布问题。但磁偶极子模型在缺损形状复杂的情况下无法确定偶极子的分布。漏磁理论分析的数值法主要是采用了有限元法,可以对非线性的、具有复杂边界和形状的缺陷漏磁场问题进行求解。

麦克斯韦方程是电磁场的理论基础,也是有限元分析的理论依据,用解析法解出在三维空间内麦克斯韦方程时变问题,几乎不可能,而采用数值法可以通过不同单元的划分,容易给出边界条件,所得的代数方程组具有对称正定的系数矩阵,线性方程组的求解过程得以简化。

ANSYS 软件是集热、电磁、流体、声学于一体的大型通用有限元分析软件。采用 ANSYS 有限元分析软件中相关电磁计算方法,可以对被检测的构件和漏磁检测方法,建立漏磁检测的有限元分析模型,从计算结果中分析研究检测的机理,为检测传感器的设计和结果分析提供理论指导。通过 ANSYS 软件可以模拟各种缺陷试验,分析过程可以分为三个阶段。(1)前处理阶段,此阶段先建立实体模型、定义出材料相关参数(有限单元的划分,有限单元的输入和输出结果参数);(2)求解阶段,施加载荷,通过求解器求解,(3)为处理阶段,查看模拟计算的结果,根据它的输出结果,可以产生试验模型的磁力线图、矢量磁位、磁感应强度、磁场强度的等值图、矢量图等。计算时间的多少和模拟的近似程度,主要取决于模型的维数、单元的多少。在目前最快的台式 PC 机上,漏磁检测模型的二维有限元计算已经能较快地给出结果。

真实的缺陷具有比模拟缺陷复杂得多的几何形状,况且它们千差万别地存在于不同的工件中,要计算其漏磁场是很难的。在检测中,要使它们的漏磁场达到足以形成明确显示的程度是很有意义的,这里,必须考虑影响缺陷漏磁场强弱的各种因素。影响缺陷漏磁场的因素主要来自以下三个方面:

(1)磁化场对漏磁场的影响。

①当磁化程度较低时,漏磁场偏小,且增加缓慢;

②当磁感应强度达到饱和值的 80% 左右时,漏磁场不仅幅值较大,而且随着磁化场的增加会迅速增大;

③漏磁场及其分量与钢管表面的磁感应强度大小成正比;

④漏磁场及其分量与磁化场方向和缺陷侧壁外法向矢量之间的夹角余弦成正比。

(2)缺陷方向、大小和位置对漏磁场的影响。

①缺陷与磁化场方向垂直时,漏磁场最强;

②缺陷与磁化场方向平行时,漏磁场几乎为零;

③缺陷在工件表面的漏磁场最大,随着离开表面中心水平距离的增加漏磁场迅速减小;

④缺陷深度较小时,随着深度的增加漏磁场增加较快,当深度增大到一定值后漏磁场增加缓慢;

⑤缺陷信号的幅值与缺陷宽度对应,缺陷长度对漏磁信号几乎没有影响;

⑥缺陷宽度相同时,随深度的增加,漏磁场随之增大。

(3)工件材质及工况对漏磁场的影响。

钢材的磁特性是随其合金成分(尤其是含碳量)、热处理状态而变化的,相同的磁化强度、相同的缺陷对不同的磁性材料,缺陷漏磁场不一样,主要表现为以下几点:

①对于几何形状不同的被测物体,如果表面的磁场相同而被测物体磁性不同,则缺陷处的漏磁场不同,磁导率低的材料漏磁场小;

②被测材料相同,如果热处理状态不同,则磁导率不一样,缺陷处的漏磁场也不同;

③当工件表面有覆盖层(涂层、镀层)时,随着覆盖层厚度的增加,漏磁场将减弱。

漏磁检测采用的传感器种类有线圈、霍尔器件、磁敏二极管、磁敏电阻、磁通门、巨磁阻传感器等,目前比较常用的传感器元件为线圈和霍尔器件。因为线圈缠绕的匝数、几何形状和尺寸较为灵活,根据测量目的的不同,线圈可以做成多种形式。线圈的匝数和相对运动速度、截面积决定测量的灵敏度。霍尔元件的优点是较宽的响应频带、制造工艺成熟、温度特性和稳定性较好等。漏磁检测主要采用的方式有:

单传感器检测一般用在受检面较小或效率要求不高的场合,这种检测电路相对简单,但不适合于需要大面积快速扫查的检测任务,且较易漏检。

采用传感器阵列进行检测,可以提高检测覆盖范围、空间分辨力和有效地降低漏检率,同时可以提高检测效率。有多通道实时检测方式和采用模拟开关进行通道切换的分时检测方式,前者实现起来较复杂,但检测效率高,后者电路相对较简单,效率较低,并且检测速度上限随着通道数的增加而下降。

聚磁技术是通过聚磁器来实现缺陷漏磁场的检测。聚磁器采用高导磁材料, 用聚磁材料来集中空间分布的漏磁场, 并引入磁敏感器件,如此收集漏磁场, 可提高信噪比, 增加检测扫查面积。外界磁场对漏磁检测会产生干扰, 形成噪声, 影响检测效果。采用该技术可以屏蔽外界磁场的干扰,减弱杂散磁场的影响, 保证检测结果的可靠性, 尤其对弱磁场信号的检测, 需要采用高导磁材料做磁屏蔽外壳,以最大程度减小外界磁场的干扰。

目前, 由美国、英国、德国生产的产品几乎垄断着整个国际市场。近几年, 我国油田和无缝钢管生产企业主要从美国和德国引进一些大型的机电一体化检测设备,如无缝管、抽油杆在线漏磁探伤,智能管道爬行器等。进口的设备价格较昂贵, 如智能管道爬行器就需要上千万人民币。国内生产的漏磁检测设备相对较少,大部分国内工矿企业主要采用进口的检测设备进行检测。

漏磁检测大量地应用于钢厂,对钢管、钢棒、钢构、钢坯、圆钢、钢缆的检测,以及储罐底板、管材、棒材、长距离输送和埋地管道、钢丝绳、铁轨及车轮的检测等。

在进行漏磁检测时,信噪比与下列因素有关:

第一个是磁路设计必须能使被测材料得到近饱和磁化,以便增大漏磁,提高信噪比。由于漏磁量随提离值(探头和测试表面之间的距离)增大迅速下降,所以支架的设计必须使探头在被扫查物体表面上扫查时提离值保持恒定,一般小于 2mm。磁化方式常选用直流电磁化,其好处是磁化强度可以根据材料的厚度以及不同的提离值来进行调整。

第二个是传感器类型的选择和布局。通常使用的传感器有两种:一类是线圈(coil)感应器,线圈感应器通过切割磁力线来产生信号电压,它是漏磁场磁场强度和探头扫描的速度以及线圈匝数的函数。因此线圈感应器对扫描速度敏感,在设计时也应该考虑到这个因素。为便于信号的处理和提高信噪比,一般采用匀速扫描和提高线圈的匝数。另一类是霍尔(Hall)感应器,霍尔传感器是根据霍尔效应将漏磁信号转换成电信号,其灵敏度较高,但受温度变化敏感,线性较差,单个传感器覆盖范围小,而线圈传感器就不受此影响,这就影响信号的滤波处理。综上所述,一般选用线圈传感器。

第三个是扫描速度的控制。适当的速度控制对于各种传感器都是必需的,对于线圈传感器,速度增大会提高信噪比。进行扫描时实际上是在进行时空转换,因此信号的频谱结构和速度有关,提高速度就是时域压缩,在频域上就进行了扩展,这就影响信号的频谱结构,对滤波器的工作会产生影响,所以滤波器一定时,速度控制的范围比较小。

第四个是噪声的去除。噪声的来源主要有以下原因:一是外部干扰,对这类干扰,我们可以采用屏蔽加以去除,可以根据信号的相关性通过时宽、幅度的判别来加以去除,二是由于检测对象表面不平滑导致探头震动形成的高频干扰,还有由于电源的不稳定造成的低频干扰。这类干扰我们可以用带通滤波加以去除,在结构上采取消震措施。

第五个是被测物体材料的属性。对于漏磁检测来说,首先必须保证被测物体是铁质材料。铁质材料对于磁的渗透性会影响检测结果。用于检测的样管必须和被测钢管在材质上保持同一级别,否则会造成误判。

第六个是缺陷深度。缺陷深度是影响漏磁信号幅度的一个重要因素,缺陷的数量和形状也影响漏磁信号的幅度。

随着现代科学、社会的进步,漏磁检测技术有着愈来愈大的发展和应用空间,尤其是处于飞速发展的我国工业应用领域,随着市场需求的进一步扩大和全民安全意识的提高,给漏磁检测技术的发展及无损检测工作者提供了一次难得的机遇和挑战。

目前,漏磁检测技术理论需要进一步研究开展的工作有:漏磁场信号与缺陷特征之间的对应关系,不同类型的缺陷漏磁场理论模型,复合材料的漏磁场形成机理研究等。

随着现代各领域技术的相互交叉融入,各种技术相互促进发展,漏磁检测技术的应用研究也必将朝着更趋于成熟、完善的方向发展。其发展趋势有以下几个方面:

(1)更高的处理速度;

(2)高性能传感器及智能传感器;

(3)传感器的智能化、小型化;

(4)专家系统的融入;

(5)多信息融合技术;

(6)高可靠性和稳定性;

(7)界面更为友好直观;

(8)操作更为简易、快捷;

(9)在线、离线检测的机电一体化;

(10)网络技术的融入;

(11)在役设备检测信息管理跟踪分析的研究。

复习思考题

一、选择题

1. 下列关于漏磁场的叙述,正确的是(　　)。

A. 缺陷方向与磁力线平行时,漏磁场最大

B. 漏磁场的大小与工件的磁化程度无关

C. 漏磁场的大小与缺陷的深宽比有关

D. 工件表层下缺陷所产生的漏磁场随缺陷的埋藏深度增加而增大

2. 磁粉检测技术利用的是(　　)现象。

A. 磁　　B. 电磁感应　　C. 涡流　　D. 电感

3. 在五种常规的无损检测方法中,MT 表示(　　)。

A. 超声波检测　　B. 射线检测　　C. 磁粉检测　　D. 涡流检测

4. 磁粉探伤时,周向磁化方法主要用于发现与工件轴向(　　)的缺陷。

A. 垂直　　B. 任意方向均可以　　C. 垂直和平行　　D. 平行

5. 下列(　　)材料能用磁粉检测的方法进行检测。

A. 高碳工具钢　　B. 铁素体不锈钢　　C. 马氏体不锈钢　　D. 以上都是

6. 下列(　　)材料能用磁粉检测的方法进行检测。

A. 碳钢　　　　　　B. 奥氏体不锈钢　　C. 黄铜　　　　　　D. 铝

二、填空题

1. 磁粉检测时磁化方法主要包括(　　　)、(　　　)和(　　　)三种。

2. 磁粉检测方法根据磁化工件和施加磁粉、磁悬液的时机，分为(　　　)和(　　　)。

三、判断题

1. 奥氏体不锈钢和黄铜都能用磁粉检测的方法进行检测。　(　)

2. 剩磁法检验效率高，磁痕判读容易，所以只要是铁磁性材料都可以用剩磁法检测。　(　)

3. 磁粉检测方法既能检测试件表面缺陷，又能检测近表面缺陷。　(　)

4. 磁粉是磁粉探伤的显示介质，由铁磁性金属微粒组成。　(　)

四、简答及计算题

1. 磁粉检测的原理是什么？常用的磁化方法有哪些？

2. 什么是退磁？常用的退磁方法有哪些？

3. 什么是磁粉检测？磁粉检测的优点和缺点是什么？

4. 简要叙述磁粉探伤的检验流程。

5. 什么是漏磁场？影响漏磁场的因素有哪些？

6. 一长方形工件，规格为 40×50mm，要求表面磁场强度为 4.0kA/m，求磁化电流大小。

7. 某工件尺寸为 ϕ20mm×140mm，现采用固定式线圈进行磁化，线圈直径为 210mm，匝数为 5 匝，磁化电流为三相全波整流电流，要求工件表面的磁场不小于 5kA/m，求所需磁化电流。

第5章　涡流检测

5.1　引　言

涡流检测技术的应用可追溯到1879年。当时英国人休斯利用感应生涡流的方法对不同的合金进行了判断实验。20世纪50年代，德国的福斯特等人提出了利用阻抗分析法来鉴别涡流实验中的各个影响因素的新见解，为涡流检测技术的结果分析和设备研制提供了新的理论依据，涡流检测技术的发展得到了实质性的突破，并步入实用化的阶段。迄今为止，涡流仪器的发展经历了三代：模拟类机器→数字式仪器→智能仪器。

涡流检测是指利用电磁感应原理，通过测量被检工件内感生涡流的变化来无损地评定导电材料及其工件的某些性能，或发现缺陷的无损检测方法。在工业生产中，涡流检测是控制各种金属材料及少数石墨、碳纤维复合材料等非金属导电材料及其产品品质的主要手段之一，在无损检测技术领域占有重要的地位。

涡流是指能导电的试件，在周围交变磁场的作用下，在导电试件中感应出旋涡状的电流，如图5.1所示。

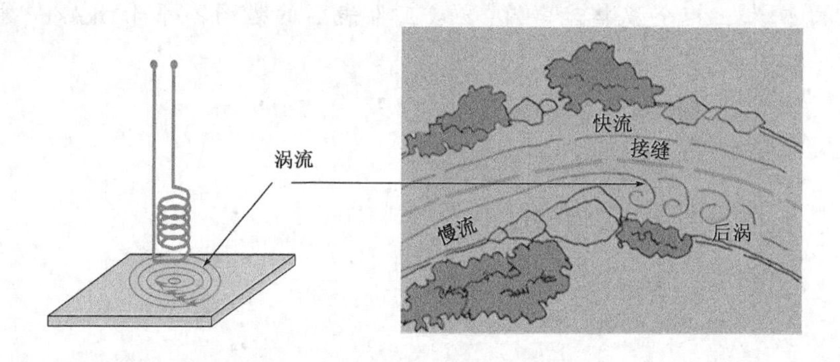

图5.1　涡流

当交流电流过圆柱导体时，横截面上的电流密度分布不均，表面的电流密度最大，越到圆柱体中心就越小，这种现象称为集肤效应，也称为趋肤效应，如图5.2所示。

涡流检测具有以下特点：

(1)涡流检测只适用于导电材料。

(2)涡流检测适用于表面和近表面缺陷的检测。

(3)涡流检测不需要耦合剂。电磁波是粒子流，可非接触进行检测，探头和试件之间也无须加入耦合剂。

(4)涡流检测速度极快，易于实现自动化。由于涡流检测不需要耦合剂，可以实现非接触检测，因而其检测速度极快。检测速度可达每分钟几百米甚至上千米。

(5)涡流检测特别适合于高温环境下检测以及异型材和小零件的检测。

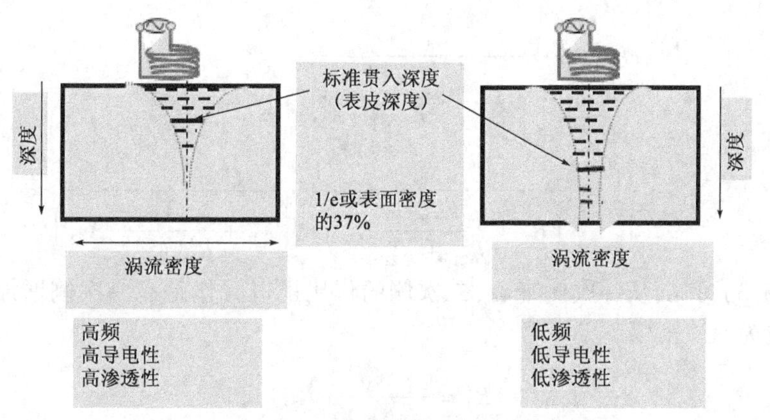

图 5.2　电流的集肤效应

5.2　涡流检测的基本原理

5.2.1　耦合线圈的阻抗

图 5.3 是具有互感 M 的空心线圈（或绕在非铁磁性材料制成的芯子上）所组成的电路。在正弦电压 $\dot{U}_1$ 的作用下，电流 $\dot{I}_1$、$\dot{I}_2$ 按正弦规律变化。根据电流和电压的参考方向及线圈的同名端，可写出如下方程：

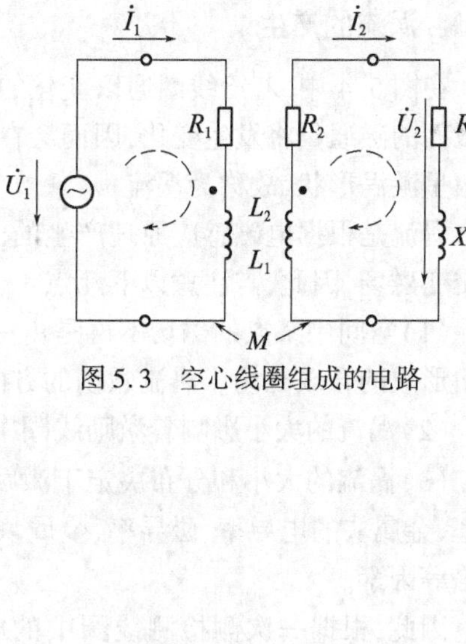

$$\begin{cases} R_1\dot{I}_1 + \mathrm{j}\omega L_1\dot{I}_1 - \mathrm{j}\omega_M\dot{I}_2 = \dot{U}_1 \\ -\mathrm{j}\omega_M\dot{I}_1 + R_2\dot{I}_2 + \mathrm{j}\omega L_2\dot{I}_2 + (R_z + \mathrm{j}X_z)\dot{I}_2 = 0 \end{cases} \tag{5.1}$$

图 5.3　空心线圈组成的电路

式中　R_1——一次侧线圈电阻，Ω；

L_1——一次侧线圈电感，H；

R_2——二次侧线圈电阻，Ω；

L_2——二次侧线圈电感，H；

R_z——负载阻抗的电阻，Ω；

X_z——负载阻抗的电抗，Ω。

令 $\omega L_1 = X_1, \omega L_2 = X_2, \omega_M = X_M, R_{22} = R_2 + R_z, X_{22} = X_2 + X_z$，则式(5.1) 可简化为

$$\begin{cases} (R_1 + \mathrm{j}X_1)\dot{I}_1 - \mathrm{j}X_M\dot{I}_2 = \dot{U}_1 \\ -\mathrm{j}X_M\dot{I}_1 + (R_{22} + \mathrm{j}X_{22})\dot{I}_2 = 0 \end{cases} \tag{5.2}$$

由式(5.2)可见，二次侧的电流可做由电压为 $JX_M\dot{I}_1$ 的电压源所激发，这个电源是提供二次侧能量来源的等效电压。由式(5.2)可解出。

$$\dot{I}_2 = \frac{\mathrm{j}X_M\dot{I}_1}{R_{22} + \mathrm{j}X_{22}}$$

$$\dot{I}_1 = \frac{\dot{U}_1}{R_1 + jX_1 + \dfrac{X_M^2}{R_{22} + jX_{22}}}$$

$$= \frac{\dot{U}_1}{\left(R_1 + \dfrac{X_M^2}{R_{22}^2 + X_{22}^2} R_{22}\right) + j\left(X_1 + \dfrac{X_M^2}{R_{22}^2 + X_{22}^2} X_{22}\right)} \tag{5.3}$$

分析式(5.3)可见,从一次侧来看,二次侧的作用可以看作是在一次侧增加了一个阻抗,其电阻和电抗为

$$R_1' = \frac{X_M^2}{R_{22}^2 + X_{22}^2} R_{22} \tag{5.4}$$

$$X_1' = \frac{X_M^2}{R_{22}^2 + X_{22}^2} X_{22} \tag{5.5}$$

R_1'和 X_1' 分别称为引入电阻和引入电抗。虽然一、二次没有直接的电的连接,但由于互感作用使闭合的二次侧电阻电路中产生了二次侧电流,此电流又影响了一次侧电压和一次电流的关系。这种影响可以等效看成是一次线圈阻抗发生了变化。

5.2.2 涡流及集肤效应

1. 涡流的产生

在图 5.4 中,若给线圈通以变化的交流电,根据电磁感应原理,穿过金属块中若干个同心圆截面的磁通量将发生变化,因而会在金属块内感应出交流电。由于这种电流的回路在金属块内呈漩涡形状,故称为涡流。

涡流是根据电磁感应原理产生的,所以涡流是交变的。同样,交变的涡流会在周围空间形成交变磁场,因此,需注意以下几点:

(1)空间中某点的磁场不再是由一次电流产生的磁场,而是一次电流磁场和涡流磁场叠加而形成的合成磁场。涡流磁场的方向由楞次定律确定。

(2)涡流的大小影响着激励线圈中的电流。

(3)涡流的大小和分布决定于激励线圈的形状和尺寸、交流电频率、金属块的电导率、磁导率、金属块与线圈的距离、金属块表层缺陷等因素。

因此,根据一次侧检测线圈中的电流变化情况(或阻抗的变化),就可以取得关于试件材质的情况、有无缺陷以及形状尺寸的变化等信息。

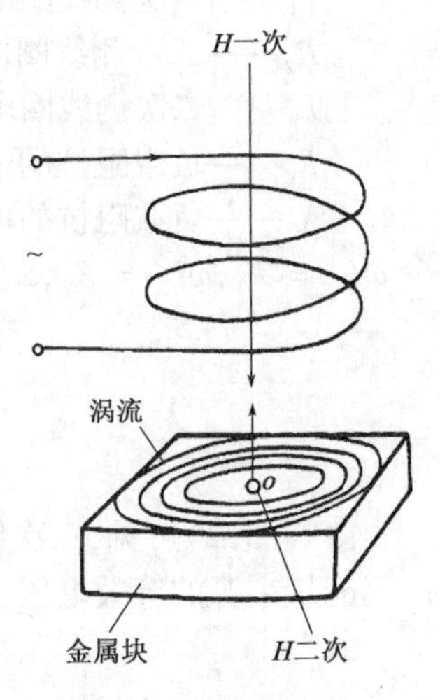

图 5.4 涡流的产生

2. 集肤效应

当直流电通过一圆柱导体时,导体截面上的电流密度均相同,而交流电流过圆柱导体时,横截面上的电流密度就不一样,表面的电流密度最大,越到圆柱体中心就越小,这种现象称为集肤效应。离导体表面某一深度处的电流密度是表面值的 1/e 时(即 36.8%),此深度称为透入深度 h。渗透深度与电流频率、材料的磁

导率和电导率之间的关系可用式 5 - 6 表示。从公式中可以看出，材料的磁导率和电导率越大，渗透深度越小，反之，渗透深度越大。

$$h = \frac{1}{\sqrt{\pi f \mu \sigma}} \tag{5.6}$$

式中 f——交流电流频率，Hz；

μ——材料的磁导率，H/m；

σ——材料的电导率，$1/(\Omega \cdot m)^{-1}$。

由于涡流是交流，同样具有集肤效应，所以金属内涡流的渗透深度与激励电流的频率、金属的电导率和磁导率有直接的关系。它表明涡流检验只能在金属材料的表面或近表面处进行，而对内部缺陷的检测则灵敏度太低。在涡流探伤中，应根据探伤深度的要求来选择试验频率。

5.2.3 探伤基本原理

根据前面的分析，涡流的大小影响到激励线圈的电流使其发生变化。如果施加的交变电压不变，则这种影响可等效于激励线圈的阻抗发生了变化。设 Z_0 为没有试件时线圈的等效阻抗，Z_s 为有试件时反射到激励线圈去的附加阻抗，则线圈的阻抗 Z 可表示为

无试件时 $$Z = Z_0 = R_0 + jX_0$$

有试件时 $$Z = Z_0 - Z_s = Z_0 - (R_s + jX_s)$$

式中 R_0——激励线圈的电阻，Ω；

X_0——激励线圈的电抗，Ω；

R_s——反射电阻，类似于式(5.4)中的引入电阻 R_1'，Ω；

X_s——反射电抗，类似于式(5.5)中的引入电抗 X_1'，Ω。

反射阻抗 Z_s 包含了试件的各种信息，当试件存在着缺陷时，涡流的流动发生了畸变，如果能检测出这种畸变的信息，就能判定试件中有关缺陷的情况。因此，必须合理地设计检验线圈和测试仪器，突出所要测试的信息，而将其他没有用的信息(称为干扰信息)抑制掉。在涡流探伤仪中的信号处理单元电路就是专门用来抑制干扰信息的。而有关缺陷的信息则能顺利地通过它，并被送去显示、记录、触发报警或实现分类控制等。

5.3 涡流检测设备

涡流探伤设备主要有涡流检验线圈和涡流探伤仪等组成。

5.3.1 涡流检验线圈

涡流探伤检验线圈的作用有两个：一是在试件表面及近表面感生涡流；二是测量涡流磁场或合成磁场的变化。检验线圈对缺陷的检出灵敏度及分辨率有很大的影响，是探伤仪的重要组成部分。

1. 涡流检验线圈的分类

实际应用的检验线圈形式多种多样，但常用的是按检验涡流的方式、检验线圈与试件的相

互位置以及比较方式来分类,见表5.1。

表5.1 涡流检验线圈的分类

分类方式		分类	说明
涡流检验线圈	相互位置	穿过式	试件穿过检验线圈
		内插式	检验线圈插在试件孔内或管材内壁
		探头式	检验线圈放置在试件表面
	检测方式	自感式	检验线圈既产生激励磁场,又检验涡流反作用磁场
		互感式	检验线圈有两个绕组,一个产生交变磁场,另一个检验涡流反作用磁场
	比较方式	自比式	检验线圈由两个相距很近(用于检验同一试件)的线圈组成
		他比式	检验线圈由两个参数完全相同的线圈组成,它们分别对标准试件和待测试件检测

2. 涡流检验线圈的形式及应用特点

不同形式的检验线圈有着不同的功能,表5.2列出了他们的形式及特点。

表5.2 检验线圈的形式及使用特点

分类		形式	使用特点
穿过式		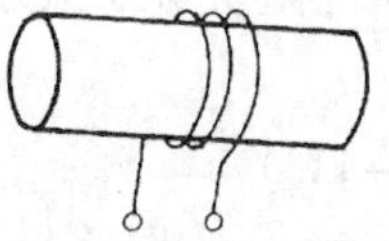	探伤速度快,广泛应用于管、棒、线材的自动探伤
内插式		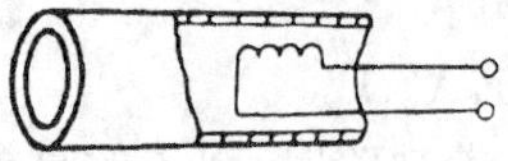	适用于管子内部及深孔部位的探伤,试件中心线应与线圈轴线重合
探头式		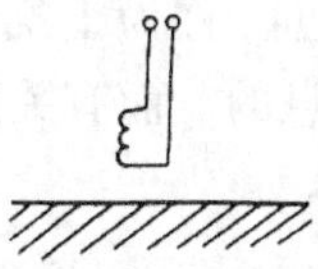	带有磁芯,具有磁场聚焦性质,灵敏度高,但灵敏区小,适合于板材和大直径管材、棒材的表面探伤
自比式	自感式	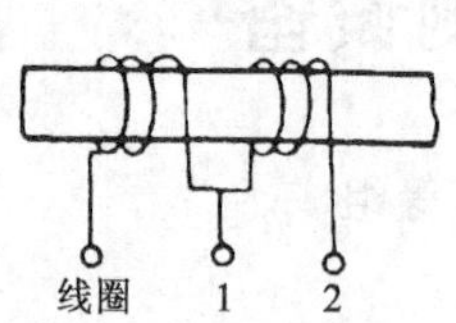 线圈 1 2	采用两个相邻很近的相同线圈,来检验同一试件两个部位的差异,能抑制试件中缓慢变化的信号,能检测缺陷的突然变化。检测时,试件传送时的振动及环境温度对其影响较小。但对试件上一条从头到尾的长裂纹(假定其深度相同)则无法探出
	互感式	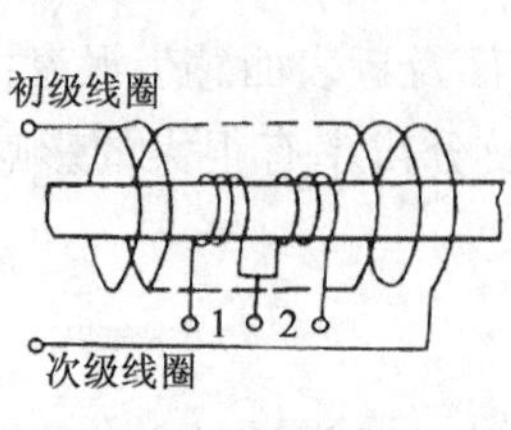 初级线圈 1 2 次级线圈	

续表

分类		形式	使用特点
他比式	自感式	线圈 1 2	检出信号是标准试件与被测试件存在的差异,受试件材质、形状及尺寸变化的影响。但能检出从头到尾深度相等的裂纹,常与自比式线圈结合使用,以弥补其不足。穿过式、内插式、探头式线圈都能接成他比式
	互感式	一次线圈　二次线圈 1 2	

此外,近年来国外研制出各种旋转式探头,检验时,工件沿直线运动,检验线圈沿试件外表面作高速旋转,能以每秒几十米的扫查速度检查出管(棒)材的微小缺陷。

5.3.2　涡流探伤仪

图5.5是自动涡流探伤仪的基本组成方框图,其中的主要单元为电桥电路及信号处理单元。各部分的功能及工作过程如下:振荡器给电桥电路提供电源,作为电桥桥臂的检验线圈探测到试样表面缺陷时会输出电信号,这个微弱的电信号经放大器放大后作为相敏检波器的输入(相敏检波器的控制电压由振荡器经移相器提供),经相敏检波器进行相位分析以后,再经滤波器进行频率分析,最后由幅度鉴别器完成振幅分析,去除了缺陷以外的大部分干扰信号。检出的缺陷信号可以送到显示器显示或控制分选装置等。另外,电表用来指示电桥的平衡情况;阴极射线管用来观察相敏检波器的输出电压;自动平衡器能使电桥电路实现自动调零,克服试件材质、形状和尺寸引起的检验线圈阻抗的变化。

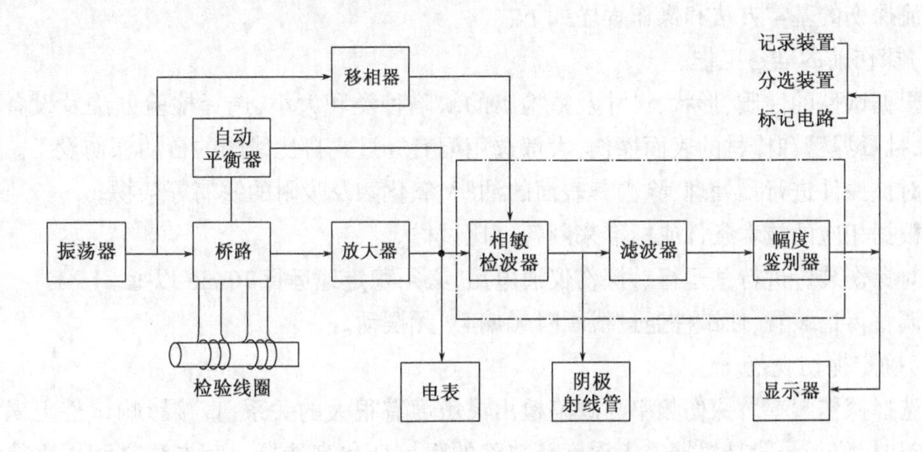

图5.5　自动涡流探伤仪的基本结构

图5.6　新型多功能数字探伤仪

图5.6是新型多功能数字探伤仪。该仪器专用于各种焊管在线或离线探伤,对裂纹、夹渣等缺陷较为敏感。该设备配有外穿过式探头,探头与钢管的间隙为10mm,能防止焊管的毛刺损坏探头。其检测速度0～1.2m/s,备有声光报警及输出接口。

5.3.3　对比试样

1.对比试样及其作用

对比试样是按照一定要求制作的具有人工缺陷的标准试样,用来设定(或调整)探伤装置的灵敏度,确定探伤仪上各旋钮的位置,或者用来定时地校核探伤装置的灵敏度,使其维持在规定的电平上。另外,还用作判废标准。但是对比试样上人工缺陷的大小不表示探伤仪可能检出的最小缺陷,所能检测到的最小缺陷能力取决于探伤装置的综合灵敏度。

2.对比试样的制备

用于制备对比试样的钢管应与被探件的公称尺寸相同,化学成分、表面状况及热处理状态相似,且具有相似的电磁特性。对比试样的表面,应无氧化皮等影响校准的缺陷。在GB/T 7735—2016《无缝和焊接(埋弧焊除外)钢管缺欠的自动涡流检测》中规定:作对比试样的钢管,其弯曲度不应大于1.5∶1000。

一般对比试样的人工缺陷为两种,即穿过管壁并垂直于钢管表面的孔和平行于钢管纵轴且侧边平行的槽口。对比试样上人工缺陷的位置、尺寸和加工要求,应满足相应的标准或其他技术文件的要求。

5.4　涡流检测技术

涡流探伤的基本方法和操作程序如下:

(1)探伤前的准备工作。

①根据试件的性质、形状、尺寸及欲检出的缺陷种类和大小,选择检验方法及设备。对小直径、大批量焊管和棒材的表面探伤,大都选用配有穿过式自比线圈的自动探伤设备。

②对被探件进行预处理,除去其表面的油脂、氧化物及吸附的铁屑等杂物。

③根据相应的技术条件或标准来制备对比试样。

④对探伤装置进行预运行。探伤仪通电后,必须稳定地运行10min以上。

⑤调整传送装置,使试件通过线圈时无偏心、无摆动。

(2)确定探伤规范。

①选择探伤频率。探伤频率与缺陷检出灵敏度有很大的关系,直接影响试件上涡流的大小、分布和相位。一般是根据透入深度及缺陷的阻抗变化来选择。其方法是利用阻抗平面图找出由缺陷引起的阻抗变化最大处的频率(或缺陷与干扰因素阻抗变化之间相位差最大处的

频率)作为探伤频率。

②确定工件的传送速度。

③调整磁饱和程度。在探测铁磁性材料的试件时,由于试件磁导率的不均匀性引起噪声,影响检验结果。为了减小磁导率不均匀性的影响,使被检部位置于直流磁场中,达到磁饱和状态的80%左右。

④相位的调整。装有移相器的探伤仪,要调整其相位角使对比试样上的人工缺陷能够最明显地探测出来,而缺陷以外的杂乱信号应尽可能地排除掉。同时相位的选择也应考虑到使缺陷的种类和位置尽可能地区分开。

⑤滤波器频率的确定。一般说来,由于试件表面缺陷产生的信号频率是高频成分,且受缺陷大小、传送速度的影响,而试件尺寸、材质变化和传送振动所产生的干扰信号是低频,外来噪声及仪器本身的频率则更高。通常滤波器的频率调整应从实验中求得。

⑥幅度鉴别器的调整。振幅小的干扰信号可以通过幅度鉴别器消除,其调整应在相位、滤波器频率调定后进行。应注意,由于幅度鉴别器调定的程度不同,对同一缺陷会有不同的指示。为此,若仪器的相位、滤波器频率、灵敏度一经变动,则应重新调节幅度鉴别器。

⑦平衡电路的调定。桥路的平衡调整是指将没有缺陷的对比试样,通过检验线圈把桥路的输出调节到零。调节时仪器灵敏度应处在最低位置上,依次反复调节两个平衡旋钮直到电表或阴极射线管的输出等于零,然后逐步提高仪器灵敏度,再依次反复地调节这两个旋钮,直至到达所规定的灵敏度为止。

⑧灵敏度的调定。灵敏度调节是指将对比试样上人工缺陷信号的大小调节到所规定的电平。仪器灵敏度的选择一般是将规定的人工缺陷在记录仪上的指示高度调整到记录仪满刻度的50%~60%。在调节灵敏度之前,必须先确定试件传送速度、磁饱和装置的磁化电流、检验频率和振荡器的输出,并且在相位、滤波器频率、振幅鉴别器的调节完成后进行。

(3)探伤。在选定的探伤规范下进行探伤,应尽量保持固定的传送速度,同时使线圈与试件的距离保持不变。在连续探伤过程中,应每隔2h或在每批检验完毕后,用对比试样校验仪器。

(4)探伤结果分析。根据仪器的指示和记录器、报警器、缺陷标记器指示出来的缺陷判断检验结果。如果对所得到的探伤结果产生疑点时,则应进行重新探伤或用目视、磁粉、渗透和破坏试验等方法加以验证。

(5)消磁。铁磁材料经饱和磁化后应进行退磁处理。

(6)结果评定。对钢管或焊管的探伤中,若缺陷显示信号小于对比试样人工缺陷信号时,应判定为该钢管或焊管经涡流探伤合格。缺陷显示信号大于或等于对比试样人工缺陷信号时,应认为该钢管和焊管为可疑品。对可疑品进行如下处理。

①重新探伤。重新探伤时若缺陷信号小于人工缺陷信号,则判定为合格。

②对探伤后暴露的可疑部分进行修磨,修磨后重新探伤,并按上述原则评判。

③切去可疑部分或者判为不合格。

④用其他方式的无损探伤方法检查。

(7)编写探伤报告。将探伤条件、探伤结果、人工缺陷级别和形状等编制成文。

5.5 新型涡流检测方法

涡流探伤法是一种利用电磁感应原理,检测构件和金属材料表面缺陷的探伤方法。按探测线圈的形状不同,可分为穿过式(用于线材、棒材和管材的检测)、探头式(用于构件表面的局部检测)和插入式(用于管孔的内部检测)三种。

涡流检测是把导体接近通有交流电的线圈,由线圈建立交变磁场,该交变磁场通过导体,并与之发生电磁感应作用,在导体内建立涡流。导体中的涡流也会产生自己的磁场,涡流磁场的作用改变了原磁场的强弱,进而导致线圈电压和阻抗的改变。当导体表面或近表面出现缺陷时,将影响到涡流的强度和分布。

涡流检测以其检测速度快,操作简便,对表面条件要求低的特点,被列为五大常规无损检测方法之一。但是常规涡流检测对于检测面积较大或者检测面形状比较复杂的被检件来说,操作起来工作量比较大,且涡流有效渗入深度不足。

近年来,随着计算机技术、电子扫描技术以及信号处理技术的发展,阵列涡流检测技术逐渐成熟起来。该技术是通过涡流检测线圈结构的特殊设计,并借助于计算机化的涡流仪器强大的分析、计算及处理功能,实现对材料和零件的快速、有效检测。阵列式涡流检测探头在检测过程中,其涡流信号的响应时间极短,只需激励信号的几个周期,而在高频时主要由信号处理系统的响应时间决定。因此,阵列式涡流检测探头的单元切换速度可以很快,这一点是传统探头的手动或机械扫描系统所无法比拟的。此外,传感器阵列的结构形式灵活多样,可以非常方便地对复杂表面形状的零件或者大面积金属表面进行检测,而且这种发射/接收线圈的布局模式成倍地提高了对材料的检测渗透深度,因此,阵列式传感器的研究成为当前传感器技术研究中的重要内容和发展方向。

5.5.1 涡流阵列检测技术

依据有关报道,阵列涡流传感器测试技术的研究始于20世纪80年代中期,在20世纪90年代,出现了一批电涡流阵列测试方面的文献和专利。随着传感器技术的发展以及加工工艺技术水平的提高,电涡流传感器阵列测试的研究和应用得到极大的发展,不仅能够对被检工件展开的或封闭的被检面进行大面积的高速扫描检测,而且能用于扫描检测任何固定形状构成的检测面,如各种异型管、棒、条、板材,以及飞机机体、轮毂、发动机涡轮盘榫齿、外环、涡轮叶片等构件的表面(含近表面)。对被测表面(含近表面)有与传统点探头同样的分辨率,并且不存在对某一走向缺陷和长裂纹的"盲视"问题。目前在美国、德国、加拿大等国,阵列涡流检测技术已成功应用于多个工业领域的无损检测。

我国对于阵列涡流传感器技术的研究始于20世纪末,南昌航空大学、清华大学、吉林大学、国防科技大学、西安交通大学等单位发表了多篇关于涡流传感器阵列测试技术的研究文章,介绍了有关利用有限元法对涡流传感器阵列进行仿真的数值计算结果;国内某涡流设备研发单位,已研制出工作频率为50kHz~2MHz、有效扫描宽度为55mm的双阵列、反射自旋式、用于铝合金板检测的阵列涡流传感器。

目前,国外已经生产出较为成熟的阵列涡流设备,该设备能够电子驱动和读取同一个探头中若干个相邻的涡流感应线圈。通过使用多路技术采集数据,能避免不同线圈之间的互感。

涡流阵列配置在桥式或发射—接收模式下可支持 32 个感应线圈(使用外部多路器能最多支持 64 个)。操作频率范围为 20Hz ~ 6MHz,并能选择在同一采集中使用多频。

借助于计算机强大的信息处理功能,通过检测线圈结构特殊设计的阵列涡流技术在管道和复杂结构零件的检测方面显示出了抗干扰能力强、检测速度快且灵敏度高的优点。

1. 原理

涡流阵列由三部分组成:驱动单元、探头、多路复用器。阵列式涡流检测探头由多个独立工作的线圈构成,这些探头线圈按特定的结构形式密布在平面或曲面上构成阵列,且激励与检测线圈之间形成两种方向相互垂直的电磁场传递方式。工作时不需使用机械式探头扫描,只需按照设定的逻辑程序,对阵列单元进行实时/分时切换,并将各单元获取的涡流响应信号通过多路复用器接入仪器的信号处理系统中去,即可完成一个阵列的巡回检测,通过多路复用技术可以有效避免不同线圈间的互感。阵列式涡流检测探头的一次检测过程相当于传统的单个涡流检测探头对部件受检面的反复往返步进扫描的检测过程,如图 5.7 所示,并且能够达到与单个传感器相同的测量精度和分辨率。

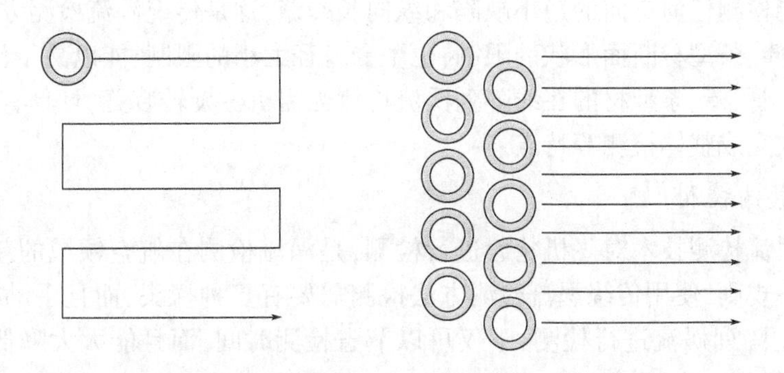

图 5.7　受检面的反复往返步进扫描的检测过程

单个涡流探头与阵列涡流探头一次检测过程对比示意电涡流线圈阵列结构形式的设计,基本上可分为两种类型,一种是基于单线圈检测的电涡流阵列,如图 5.8 所示,一般是直接在基底材料上制作多个敏感线圈,布置成矩阵形式的阵列,而且为了消除线圈之间的干扰,相邻线圈之间要保留足够的空间。这种电涡流阵列大多用于大面积金属表面的接近式测量,检测部件的位置、表面形貌、涂层厚度以及回转体零件的内外径等,也可以用来检测裂纹等表面缺陷。另外一种是基于双线圈方式的电涡流阵列检测,一般设计为一个大的激励线圈加众多小的检测线圈阵列的形式,如图 5.9 所示,它能非常有效地实现大面积金属表面上多个方向缺陷的检测,在无损检测的应用上具有较大的优势。

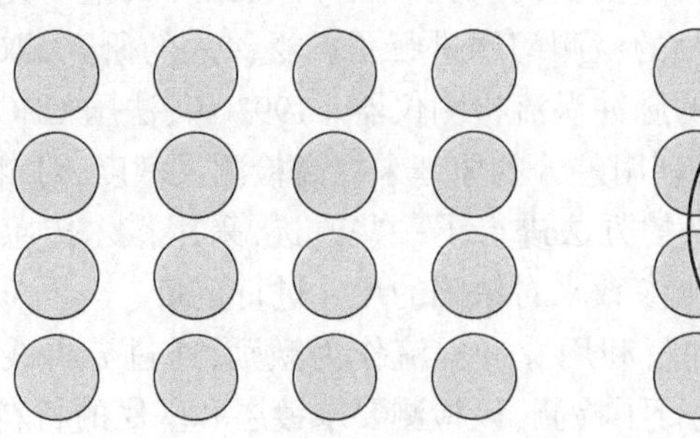

图 5.8　单线圈检测

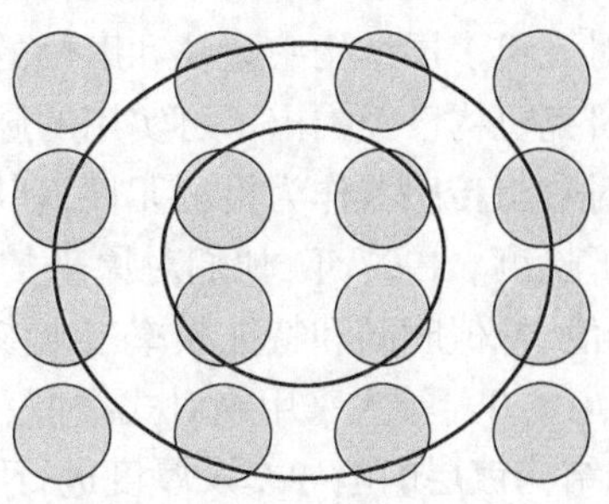

图 5.9　双线圈检测

2. 阵列涡流检测的主要应用领域

1) 焊缝检测

在焊缝质量检测中，采用传统探头检测常因焊区材质变化无法选定参考点，因而，缺陷容易被背景干扰湮没。特殊的单元探头(如采用电扰动法的探头)，虽只对不连续信号敏感，但常因偏离焊道而产生漏检。采用阵列涡流检测，不仅能正确评价焊道中的裂缝，还可清楚地了解受热区金属材质的变化。因为阵列涡流能给出大量有关焊区质量的数据，因而可从图像中清楚地看出在材质变化的同时存在的微小缺陷(如裂纹等)。

2) 平板大面积检测

许多重要结构的金属板材需进行100% 涡流检测，常规的精细扫描需一套昂贵的二维机械扫描驱动系统且费时间；而用阵列涡流检测，手动操作或简单的直线驱动装置即可实现，工作效率可提高许多倍。对许多用渗透方法检测的试件来说更节省费用和时间。

3) 管、棒、条型材的检测

阵列涡流能检测任何走向的短小缺陷和纵向长裂缝，这是传统涡流检测方法不能做到的，而且其不受管、棒、条型材断面形状的限制，也不受直径大小的限制，能以高于传统旋转扫描的速度进行检测。管、棒、条型材的在线阵列涡流检测无需机械旋转装置，且具有灵敏度高、速度快、噪声小、一次完成整体检测等特点。

4) 飞机轮毂的检测

采用阵列涡流检测技术对飞机轮毂进行检测，是涡流检测在航空领域的新应用。因为飞机轮毂形状的不规则，使用传统涡流检测方法检测需要有多种探头，而且手动操作时间长、不可靠。如果采用阵列涡流进行检测，不仅可以节省检测时间，而且能大大降低提离效应的影响，既省时又可靠。

5.5.2 脉冲涡流检测技术

脉冲涡流(简称 PEC)的激励信号通常为具有一定占空比的方波脉冲，施加在探头上的激励方波感应出涡流在被测试件中传播。根据电磁感应原理，该涡流又会感应出一个快速衰减的磁场。随着感生磁场的衰减，检测元件上就会感应出随时间变化的电压。由于脉冲包含很宽的频谱，感应的电压信号中就包含着缺陷很重要的信息。脉冲涡流由于其出众的检测能力，目前在飞机结构的无损评估领域得到了广泛的应用。20 世纪 70 年代在 Review of Progress in Quantitative NDE 国际学术会议上发表了有关脉冲涡流技术方面的文章，对探头的优化设计以及脉冲涡流在裂纹缺陷检测中的应用进行了初步的研究。近年来，国外大量研究机构利用脉冲涡流技术对飞机多层结构中裂纹和腐蚀的检测问题进行了广泛深入的研究，取得了很大的进展。一些研究机构已经推出了可实用的脉冲涡流检测仪器。1993 年，法国 CEGELY 的研究人员采用一对磁阻传感器作为检测元件，利用差分的原理来提高检测灵敏度，对铆接结构周围的缺陷进行了检测。1997 年，他们对原来的方法进行了一些改进，采用霍尔传感器作为检测元件，利用峰值、峰值时间和特征频率三个参数来对缺陷的尺寸进行定量。

1996 年，C C Tai 等人采用绝对式线圈，利用脉冲涡流作为激励，通过分析线圈中电流的变化，对多层结构镀层的电导率及厚度进行了检测，该检测要求镀层和基底的材料都为非磁性金属。2002 年，他们又实现了对镀层或基底之一为磁性材料情况的镀层电导率和厚度的检测。

2001 年,加拿大国防部飞行器研究中心的研究人员发现在腐蚀量一定的情况下,不管提离如何变化,脉冲涡流感应信号会在同一个点相交,提出用提离交叉点(Lift - off Point,LOP)的方法消除提离效应对检测结果的影响,实现了对机身结构中腐蚀缺陷的成像检测。

英国防卫评估与研究中心(DERA)和澳大利亚航空与航海研究实验室合作,于 2001 年研制出对飞机机身进行检测的仪器 TRECSCAN,采用专用的机械扫描装置,用来对飞机多层结构中出现的裂纹和腐蚀缺陷进行定量检测,该仪器目前已经进入实用化阶段。

1. 原理

脉冲涡流检测系统主要由脉冲信号发生器、磁场测量装置和信号采集系统三部分组成。PEC 检测技术是利用一个重复的宽带脉冲(如方波)激励线圈,通过线圈中产生的瞬时电流在被检试样上感应出瞬时涡流,并与快速衰减的磁脉冲一并在材料中传播,形成一个衰减的感应场,测量线圈则输出一系列电压—时间信号。由于产生的脉冲由一列宽带频谱构成,所以响应的信号包含了重要的深度信息,这就为材料的定量评价提供了重要的依据。

脉冲涡流传感器通常使用 Hall 传感器,Hall 传感器能实现对磁场的直接测量,并在低频时具有比检测线圈更好的灵敏度。脉冲涡流检测利用 Hall 传感器来测量与导体表面垂直的响应磁场 ΔB_Y。典型的 ΔB_Y 曲线如图 5.10 中的曲线 b 所示。根据脉冲涡流的检测原理,ΔB_Y 曲线的最大值对应着缺陷的深度信息,缺陷越深,则 ΔB_Y 出现最大值的时间延迟得越多。响应场 ΔB_Y 的变化主要受三个因素的影响:(1)表面电流密度。它取决于感应器的尺寸和形状、频率 f 以及提离高度 a。(2)激励场的指数性衰减。当激励场渗入试样中时,由衰减系数 δ_0/ε 决定。(3)电流密度和裂纹的相互作用过程。通过对 ΔB_Y 曲线进行时域分析可以确定缺陷的位置,脉冲涡流检测正是基于此原理来对材料亚表面缺陷进行无损检测的。

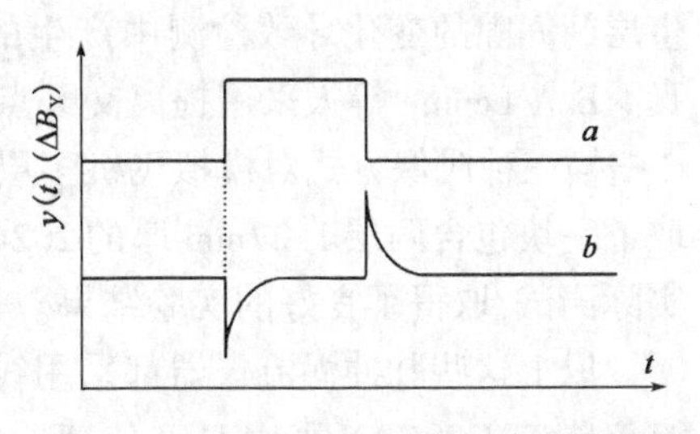

图 5.10　激励电流及测量磁场波形

2. 脉冲涡流理论计算的研究进展

20 世纪 90 年代以来,国际上对脉冲涡流的理论研究进入了一个高潮,理论计算主要有数值解和解析解两种方法。在解析解研究方面,1997 年,C C Tai 等通过分析线圈阻抗变化实现了对脉冲电流变化量的计算。首先在频域对线圈阻抗的差分进行计算,然后在时域对电流的差分进行计算。理论分析和实验结果吻合得很好,误差 $<3\%$。

1993 年,M Tanaka 等人采用边界元(BEM)实现了对脉冲涡流的数值计算,提出了将傅里叶变换的方法应用到边界元的计算中,通过边界元的正弦稳态分析得到频域响应,通过对频域响应的结果进行傅里叶反变换得到瞬态响应,这样就省去了体积积分的计算过程,充分体现了 BEM 方法的优点。2002 年,J Pavo 采用傅里叶变换的方法实现了多层结构中存在缺陷时脉冲涡流响应的计算。

因有限元方法对缺陷的描述严重依赖网格划分和网络节点连接系数的选择。为克服这一缺点,近年来,无网格方法因其在几何形状表示方面的优势而引起了人们极大关注,它可以很好地对缺陷的形状加以描述。2004 年,L Xuan 等采用 Galerkin 无元方法(EFG)实现了对脉冲涡流的计算,并进行了实验验证。2002 年,T V Yioultsis 提出了采用完好匹配层(PML)的方法来解决开域问题。

北京航空航天大学的雷银照等人对线性瞬态涡流场定解问题中的法向边界条件与解的唯一性进行了证明，并将其应用到通有单脉冲电流的单匝圆环线圈平行放置在半无限大导体上方的瞬态涡流问题，用拉普拉斯变换的方法求出了导体中涡流密度向量的解析表达式。南京师范大学的幸玲玲等人应用涡流检测中积分方程法的理想裂纹模型以及有限元－边界元耦合法，在频域中研究了平板导体中含有理想裂纹时的磁场分布，结果表明理想裂纹模型与快速傅里叶变换相结合是一种求解磁场时域激励响应的快速有效方法。

总的来说，脉冲涡流的数值计算方法主要有有限元法（FEM）、边界元法（BEM）和时域有限差分法（FDTD）三种。对于有限元法，一种是瞬态（时间步进）有限元模型，另一种是把激励信号分解成傅里叶级数的谐波有限元模型，两种方法都需要耗费大量的计算时间。对于时域有限差分法，其通常应用在高频电磁场计算中，但由于该方法简单，近年来通过对算法的改进和边界问题的解决，使得该方法也被应用到脉冲涡流的计算中来，进一步扩展了低频涡流的求解途径。

3. 脉冲涡流缺陷成像技术的研究进展

2001 年，美国通用电气公司的研究人员对激励脉冲及其响应进行了傅里叶分析，研究了脉冲涡流在导体中的穿透特性，对激励脉冲的幅值、占空比以及采集频率等参数对成像结果的影响进行了分析，并研究了系统参数的优化设置问题。

对于飞机多层结构中腐蚀缺陷的成像检测，由于探头倾斜、凸出的铆钉帽、黏合剂脱落产生层间间隙的变化导致检测中产生的提离效应，如果不加以消除，则会引起成像结果产生失真。B A Lepine 等人采用提离交叉点（LOP）方法来消除扫描过程中产生的提离，采用 A、B 和 C 扫描三种成像方式对模拟飞机多层结构试件进行了检测，并从退役的波音 727 飞机机身上取下一块包含两层 1.27mm 厚的 2024－T3 铝的试样（其中含有自然产生的腐蚀），对其进行了实际测试，取得了良好的实验结果。

以上这些脉冲涡流仪器都采用线圈作为检测传感器。DERA 和 AMRL 合作研制的脉冲涡流仪器 TRECSCAN 采用 Hall 传感器作为检测元件，其在低频时具有良好的响应特性，可以对深层缺陷进行检测。

近年来，超导量子干涉仪器开始被应用到无损检测领域。SQUID 是一种高灵敏度的磁传感器，可以检测到位于深层的体积很小的腐蚀缺陷。G Panaitov 等采用 SQUID 作为传感器，采用电导率层成像的方法对缺陷进行了成像。其原理是在激励脉冲的关断期间，对磁场的响应信号进行采集，前期和后期的瞬态响应信号分别对应于表层和深层的缺陷信息。为提高信噪比，对几个脉冲周期的响应信号进行平均处理，采用地球物理学中常用的数据解释方法实现了三维电导率成像。

4. 脉冲涡流缺陷识别方法的研究进展

脉冲涡流检测时，如只有腐蚀、提离和层间间隙等缺陷单独存在，则较易进行识别。但是，当这些缺陷同时存在时，对检测结果的解释则容易出现误判和漏判。对此国外研究人员进行了初步的探索。加拿大 B A Lepine 等人研究了存在提离、层间间隙以及厚度变化时的缺陷识别问题，采用过零时间作为分类特征，认为层厚变薄与上述缺陷同时存在时会使得过零时间缩短。

美国的 J C Moulder 等人对腐蚀和多层结构层间间隙进行了分类识别，采用脉冲涡流时域瞬态信号的过零时间作为分类特征量，作出了不同层出现腐蚀以及存在层间间隙时过零时间的曲线。通过理论分析和实验验证,认为腐蚀缺陷引起的脉冲涡流过零时间要长于层间间隙引起的过零时间,因此可以根据过零时间的长短来进行缺陷的分类识别。

2005 年,英国 Huddersfield 大学的 G Y Tian 提出时间上升点的方法来进行表面裂纹、表面下裂纹和腐蚀缺陷的识别,其主要原理是当感应的脉冲涡流在导体中传播时,在没有遇到缺陷和遇到缺陷时的传播差异会引起脉冲感应信号的差别,通过对两感应信号进行差分处理,以差分信号的过零上升点出现时间的先后来进行缺陷的识别。该方法只需对差分信号前面的一小部分进行分析就可以进行识别,同时还能用来对导体的厚度进行在线检测,但存在的问题是当存在提离时,提离引起的上升点和表面缺陷引起的上升点很相近,因此无法实现对两者的识别。

目前,脉冲涡流缺陷分类识别的研究仍处于初级阶段,主要通过在时域寻找合适的特征量来进行分类。但由于时域信号容易受到噪声的影响,这就使得目前分类识别的效果都不是很理想。因此探索新的识别方法已经成为必然的研究趋势。

5. 脉冲涡流检测技术的发展趋势

脉冲涡流检测技术在飞机多层结构缺陷检测中的发展趋势主要表现在以下几个方面:

(1) 提高脉冲涡流探头的检测能力。对于飞机多层结构中缺陷的检测,增加脉冲的穿透深度非常关键。影响脉冲涡流穿透深度的主要因素包括激励脉冲的频率、占空比和功率等,对这些参数进行优化设计,可以使脉冲涡流的穿透深度达到最大。

(2) 提高检测速度。目前的脉冲涡流检测系统一般采用单个探头重复对被测件进行扫描,然后提取特征量实现对缺陷的定量。该扫描方法对于飞机机身这种大面积结构的检测,存在着扫描速度慢的严重缺点,采用阵列传感器可以大大提高扫描的速度和效率。

(3) 消除提离效应的影响。飞机机身由于采用了铆接结构,因此,探头在扫描过程中容易产生提离,这使得检测信号受到严重的干扰,容易导致错检、漏检等情况的发生。采用新的传感器结构或新的信号处理方法来消除提离效应,是脉冲涡流技术从实验室走向实际应用必须解决的问题。

(4) 脉冲涡流腐蚀缺陷成像技术。缺陷成像检测技术具有直观、可视性好等优点,因此,图像化是未来无损检测仪器发展的一个重要趋势。

(5) 缺陷分类识别技术。目前脉冲涡流在缺陷分类识别时,其特征量都是从时域提取,造成分类识别的准确性较低。探求新的识别方法,提高准确性,是目前脉冲涡流研究中的一个热点问题。

(6) 阵列脉冲涡流的数据融合技术。信息融合作为一种信息综合和处理的技术,用以提高检测精度,已被成功地应用于智能仪器系统、目标检测与跟踪、自动目标识别和多源图像复合等领域。近年来,信息融合技术在国内外无损检测领域的研究和应用也取得了一定的成果。

5.5.3 多频涡流技术

采用单频涡流探测某些对象时,由于存在干扰参数,缺陷信号往往被干扰信号所掩盖,使测量结果难以解释。为了解决这类问题,Libby 于 1970 年首先提出了使用几个频率同时工作的方法,取得了单频涡流所不能得到的测试结果。

在涡流探伤中,改变激励电流的频率,也就改变了涡流在工件内的大小和分布。因而同一缺陷或干扰在不同的频率下会对涡流产生不同的反应,利用此点可以消除干扰的影响。

如果对某一确定的探测对象先选用一个最佳频率 f_1 作为主频率(这可按经验公式计算并

通过试验修正确定)，然后根据需要选定第二检测频率 f_2 作为副频，将两种频率作用下的检验结果送入混合器进行实时信号处理，使要抑制的干扰信号调整到在 f_1 和 f_2 作用下具有相同的幅值、相位以及尽可能一致的波形，然后使它们在减法器中互相抵消，仅保留有关缺陷的信息。这就是双频检验法所依据的基本原理。多频涡流探伤原理类似于上述双频检验法。

近年来，最具有代表性的多频涡流技术应用是核电站蒸汽发生器管子的检查。数千根热交换管因腐蚀、磨损、振动和挤压而失效，由于管子外部装有支撑板和管板，检验时必须采用多频混合来消除这些干扰因素。

在多频涡流探伤设备方面，早在 20 世纪 70 年代末，法国 Inlercointrole 公司和美国 Zetec 公司相继推出了商品化的仪器。近年来，美国 ECT 公司也研制成 ECT－3000 多频涡流系统。在国内，近几年也开展了大量的研究工作，已有样机通过鉴定，相当于国外 80 年代初的水平。

5.5.4 远场涡流技术

对铁磁材料进行涡流检验时，必须采取措施抑制试件磁导率和其他因素的影响，而仅仅利用涡流效应来反映试件有关缺陷的信息，这使得常规涡流探伤法在用于铁磁材料的探伤上有时受到一定的限制。利用漏磁检测和霍尔效应传感技术所测出的信号幅度在很大程度上取决于缺陷的体积，很难对缺陷作准确的定量，而且漏磁法的信号幅度还与检测速度有关。因此，为了寻找到一种能够迅速而准确地探测铁磁材料内部缺陷及壁厚变化的方法，国内外做了大量的研究工作，产生了远场涡流技术。

远场涡流技术是采用螺线管激励线圈和接收线圈，线圈的间距为几倍管直径(图 5.11)。给激励线圈施加交流电时，激励线圈和接收线圈之间的电磁耦合有两种路径：第一条路径是管内的直接耦合，直接耦合随着激励线圈与接收线圈的距离增加呈指数衰减；第二条路径是经过管壁的间接耦合，流过激励线圈的交变电流在其附近产生电磁能，电磁能扩散至管外壁并沿着管子做轴向传播，然后分散返回，当电磁场穿透管内壁时，随之衰减并产生相移。

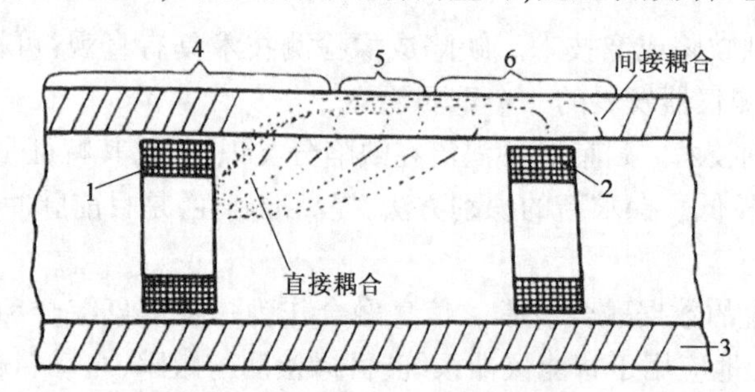

图 5.11　远场涡流探伤

1—激励线圈；2—接收线圈；3—管壁；4—直接耦合区；5—过渡区；6—远场区

两线圈之间有三个不同的相互作用区，即靠近激励线圈的直接耦合区、既有直接耦合又有间接耦合的过渡区和几倍管径以外的远场区。由于沿管壁的间接耦合包含了全部管壁缺陷的信息，故接收线圈必须放在远场区。位于远场区的接收线圈所接收到的信号十分微弱(μV)，必须将信号放大数百万倍才能在输出端得到要检测的信号，信号的相位与电磁场穿透深度呈线性关系，因而与缺陷深度成正比，与缺陷的体积无关，这是远场涡流技术的主要优点。

远场涡流技术广泛用于油井和管道的探测，对诸如蚀坑、裂缝、磨损等内外壁缺陷具有相同的检测灵敏度，还可以用来检测铁磁性和非铁磁性管子的内部缺陷和壁厚减薄情况，其应用前景十分宽广。

除此之外,深层涡流技术,三维涡流技术在涡流检测中也都得到了广泛的应用。随着科学技术的发展,涡流探伤在现代工业生产中越来越发挥重要的作用。

复习思考题

一、选择题

1. 在五种常规的无损检测方法中,ET 表示(　　)。

A. 超声波检测　　B. 磁粉检测　　C. 射线检测　　D. 涡流检测

2. 涡流检测的原理是(　　)。

A. 磁致伸缩　　B. 压电能量转换　　C. 电磁感应　　D. 磁通势

二、填空题

1. 涡流检测检验线圈的作用有两个:一是在试件表面及近表面感应(　　　　);二是测量(　　　)或合成磁场的变化。

三、简答及计算题

1. 什么是涡流检测?简述其特点。

2. 比较涡流检测和磁粉检测的异同。

第6章 渗透检测

6.1 引 言

6.1.1 渗透检测简介

渗透检测始于20世纪初,它是目视检查以外应用最早的无损检测方法。在早期的机械工业中人们发现,有裂纹的钢板若接触过水,由于水渗入裂纹造成电化学腐蚀,则裂纹处将出现比别处更多的铁锈。因此,有经验的检验人员能根据铁锈的分布状态来判断钢板表面是否存在裂纹。20世纪30年代,磁粉检测出现于机车维修中,该方法检测灵敏度高、效率高而得到广泛使用。30年代以后,随着航空工业的发展,有色金属和非铁磁性材料的大量使用,又促进了渗透检测的发展。六七十年代人们对高灵敏度、无毒的渗透检测材料的研究引发了渗透检测的快速发展,国外成功研制出多种渗透检测材料,逐渐形成了多个具有不同灵敏度等级的渗透检测材料体系。20世纪50年代,我国的渗透检测基本沿用了前苏联工业的检测方法和主导材料,60年代中期,我国许多大型企业和科研单位为满足自己的需求使用,纷纷自行研制渗透液,产品达数十种之多,目前,渗透检测使用的工艺设备,以及从简单的刷刷涂涂的手动设备发展到采用各种压力喷涂、静电喷涂或浸涂等不同施加方式的专用设备。近年来,一些渗透检测设备生产厂家已将微机技术运用于渗透检测设备,设计和制造出各种通用的或专用的,半自动或全自动化的渗透检测设备或生产线。渗透检测方法在工业上已经得到了广泛的应用,如图6.1所示。

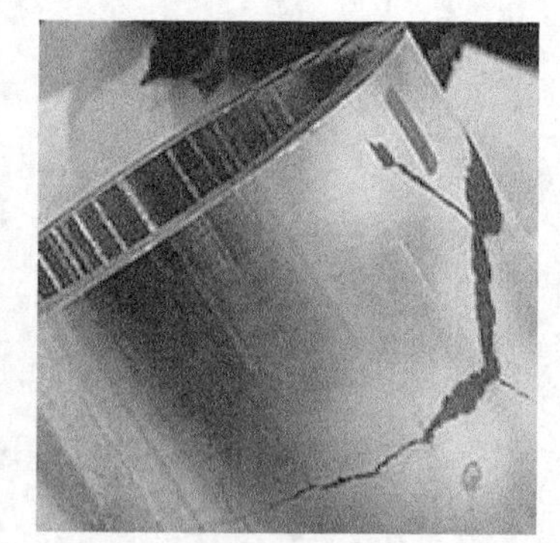

图6.1 渗透检测在工业上的应用

渗透检测是利用带有荧光染料(荧光法)或红色染料(着色法)渗透剂的渗透作用,以液体的毛细现象为基础,检测固体材料表面开口缺陷的无损检测方法。

6.1.2 渗透检测的应用范围

渗透检测主要用于检测各种非多孔性固体材料制件的表面开口缺陷,适用于原材料、在制零件、成品零件和在役零件的表面质量检验。与磁粉检测、涡流检测不同，渗透检测可检测各种金属(包括非铁磁性金属)材料和非金属材料，如铝合金、镁合金、钛合金、钢铁材料(包括奥氏体不锈钢)、玻璃钢、玻璃、塑料和陶瓷等；可检测各种工艺加工的零件，如挤压件、锻造件、铸造件、焊接件、机械加工件及非金属制件等；可检测裂纹、分层、折叠、冷隔、夹杂、气孔、缩孔、疏松等漏出零件表面或与表面相通的各种缺陷。

(1)渗透检测在通用工业中的应用。

在金属原材料生产中，铝、镁和非铁磁性不锈钢制成的最终产品，特别是那些薄板、箔及异形截面的产品，需要应用渗透检测来检查其表面的完好性，使用这些非铁磁性的棒、板材通过锻造或机械加工制成的各种零件需要进行渗透检测。在这类工业生产中，渗透检测有时可以作为目视检查的补充方法。

在轻合金铸造中，一般采用中低或极低灵敏度、水洗型荧光渗透方法，检验各种铸造零件的表面质量。

在切削刀具生产中，应用渗透检查方法，对硬质合金刀具进行检验，包括对刀片、焊缝和支撑材料的检验，检查热处理、钎焊及磨削中出现的问题。

在电力和燃气工业中，应用渗透检验方法，检查冷凝器镍铜管、蒸汽发生器镍铜管、板上的焊缝、高架杆上的滑动接头等。

(2)渗透检测在船舶工业中的应用。

无论是新建各种商用船、军用舰、潜水艇，还是维修各种船舰，渗透检测方法都被广泛使用。如奥氏体钢管道焊接接头，镍铜合金及不锈钢等非铁磁性材料的复合层板，螺旋桨的轮体和叶片，不锈钢压力容器蒸汽罐的接头与管嘴，泵壳与涡轮铸件，非铁磁性材料的反应堆管道系统的焊接接头等。

(3)渗透检测在兵器工业中的应用。

在坦克、装甲车辆、小型战术导弹的制造与维修中，广泛应用了渗透检验方法，用于检验各种非铁磁性材料的零部件，例如铝制发动机活塞与壳体，自动变速铝齿轮箱，铝制轮、盘、连杆、摇臂壳体、排气管及热交换器等。

(4)渗透检测在核工业中的应用。

在电站的整个建造和运行中，从小的阀门到最大的压力容器和系统都要用到渗透检测，检测承压系统、容器和部件中的裂纹、分层及焊接缺陷等，要求检验的零件包括锻件、铸件、紧固件和管件等，要求检验的焊缝包括容器焊缝、管道焊缝、管嘴对接焊缝、管座角焊缝等，用于核工业渗透检验的材料，必须严格控制其中硫、钠、氟、氯等有害元素的含量。

(5)渗透检测在航空航天中的应用。

航空航天是渗透检验应用最为广泛的工业领域，在飞机制造、维修，导弹和其他飞行器制造中，应用渗透检测方法，检查铝合金、镁合金、钛合金、铜合金、奥氏体不锈钢、耐热合金等非铁磁性材料制造的各种铸件、锻件和焊接件。除此之外，还有许多场合需要使用特殊的检测材料进行特殊检测的应用。图6.2为渗透探伤剂及渗透检测。

6.1.3 渗透检测的优点及局限性

1. 渗透检测的优点

(1)不受材料的限制，可广泛应用于金属材料和陶瓷材料、塑料、玻璃制品等非金属材料。

图 6.2 渗透探伤剂级渗透检测

(2)不受缺陷性质、形状、尺寸的影响。

(3)渗透检测可以检查出非常细小的缺陷,最高灵敏度可达 1 ~ 2μm。

(4)缺陷的显示直观,可提供有关缺陷的位置、方向、尺寸及形状等信息。

(5)操作工艺简单、快捷,对批量工件可用自动化检测。

(6)便携式渗透检测设备,更适合于野外检测。

2. 渗透检测的局限性

(1)渗透检测只能检测表面开口缺陷,对被污染物堵塞或经机械处理(如喷丸、抛光和研磨等)后开口被封闭的缺陷不能有效检出,更不能检出埋藏性缺陷。

(2)不能检查多孔性、疏松性材料制件,表面过分粗糙的工件,也易造成假象,降低检测效果。

(3)渗透检测只能检出缺陷在零件表面上的分布和形貌,难以确定缺陷的实际深度,因而很难对缺陷做出定量评价。

(4)荧光法要求在黑光灯下观察,设备条件比较苛刻。

(5)对环境污染较大。

6.1.4 渗透检测与其他常规无损检测方法的比较

渗透检测、磁粉检测、涡流检测、射线检测和超声检测统称为五种常规的无损检测方法。射线检测和超声检测均能检出工件的内部和外部缺陷,但以检测内部缺陷为主。渗透检测只能检测表面开口缺陷,磁粉和涡流检测可检出表面和近表面缺陷。渗透、磁粉、涡流三种表面检测方法的对比如表 6.1 所示。

表 6.1 渗透、磁粉、涡流三种表面检测方法的对比

检测方法	渗透检测(PT)	磁粉检测(MT)	涡流检测(ET)
方法原理	毛细作用	磁力作用	电磁感应作用
方法应用	制件检测(探伤)	制件检测(探伤)	制件检测(探伤)、测厚、材料分选

续表

检测方法	渗透检测(PT)	磁粉检测(MT)	涡流检测(ET)
可检出的材料	任何非松孔性材料	铁磁性材料	导电材料
能检出的缺陷	表面开口缺陷	表面及近表面缺陷受缺陷方向的影响	表面及表层缺陷受缺陷方向的影响
缺陷方向对检出率的影响	不受缺陷方向的影响	易检出垂直于磁场方向的缺陷	易检出垂直于涡流方向的缺陷
工件表面粗糙度对检出率的影响	有影响,表面越粗糙,检测越困难,检出率越低	有影响,但影响较小	有较大影响
缺陷显示方式	渗透液回渗	缺陷处产生漏磁场而有磁粉吸附	检测线圈中电压和相位变化
缺陷显示	直观	直观	不直观(用物理量表示)
缺陷性质判定	大致可以判定	大致可以判定	判定难度较大
缺陷定量评价	缺陷显示会随时间发生一些变化	不受时间影响	不受时间影响
缺陷显示器材	显像剂和渗透液	磁粉	电子仪器
检出灵敏度	高	高	较低
检测速度	慢	快	最快,可实现自动化
污染	重	较轻	无

6.2 渗透检测的物理基础

6.2.1 表面张力与表面张力系数

1. 表面张力的定义

液体的表面张力存在于液体表面,使液体表面收缩的力。表面张力是一种界面张力,界面张力是两个共存相之间出现的一种接触现象,存在于液—气界面、液—液界面、液—固界面和固—气界面,使界面收缩的力。

液体具有流动性,通常液体总会取所在容器的几何形状,而在体积一定的几何形体中,球体的表面积最小,因此,一定量的液体从其他形状变为球形时,就伴随着表面积的减小。日常生活中,我们见到荷叶上的水珠,玻璃板上的水银珠等,如果没有外力作用或外力作用不大时,总是趋向于自由收缩成球状。

液体表面的张力是跟液面相切的,如果液面是平面,表面张力就在这个平面上,如果液面是曲面,表面张力就在这个曲面的切面上。作用到任何一部分液面上的表面张力,总是跟这部分液面的分界线垂直。

2. 表面张力系数

表面张力一般以表面张力系数表示,如图 6.3 所示。在图 6.3 中,EMNF 是金属框,AB 是活动边,AB 边

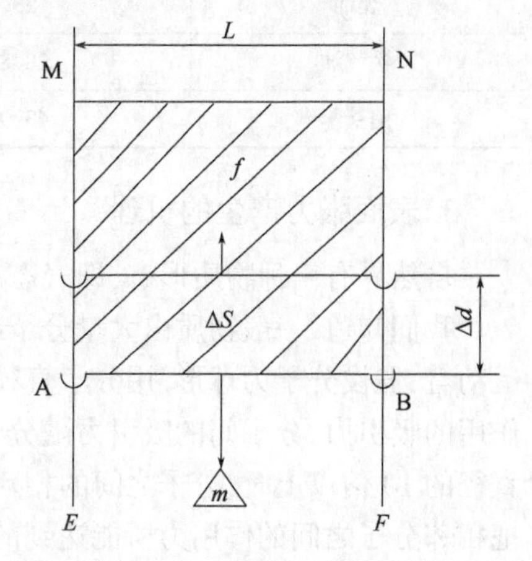

图 6.3　表面张力形成示意图

同相连两边的摩擦力忽略不计。把液体做成液膜(如肥皂膜),框在 AMNB 内。由于液体表面存在张力,而表面张力方向总是与液面相切并指向使液面收缩的方向,因此,AB 边就会在表面张力 f 作用下向使液面缩小的方向(即向上)移动。若液面宽度为 L,L 越大,则表面张力 f 也越大,为保持平衡,就必须在宽度为 L 的液面上施加一适当的与液面相切的力 F,平衡时,这两个力大小相等方向相反,若 AB 为 L,则有

$$F = mg = f = \alpha L \tag{6.1}$$

式中 f——表面张力;

L——液面边界线 AB 的长度;

α——表面张力系数;

F——外作用力;

m——所挂物体质量;

g——重力加速度。

表面张力系数 α 可定义为任一单位长度上的表面张力。它垂直通过液面表面且与液体表面相切,它是液体的基本物理性质之一,法定计量单位为牛顿/米,通常也以达因/厘米等作为单位。

一般而言,表面张力系数与液体种类及温度有关。一定成分的液体,在一定的温度和压力下有一定的表面张力系数 α 值,不同液体其表面张力系数不同;同一液体,表面张力系数随温度上升而下降,但少数熔融液体的表面张力系数随温度的上升而升高,例如铜、镉等金属的熔融液体;容易挥发的液体与不容易挥发的液体相比,其表面张力系数更小;含杂质的液体比纯净液体的表面张力系数要小。

一些常用液体的表面张力系数如表 6.2 所示。

表 6.2 常用液体的表面张力系数(20℃)

液体名称	表面张力系数,10^{-3} N/m	液体名称	表面张力系数,10^{-3} N/m
水	72.3	乙酸乙酯	27.9
乙醇	23	甲苯	28.4
苯	28.9	乙醚	17
油酸	32.5	水杨酸甲酯	48
煤油	23	苯杨酸甲酯	41.5
松节油	28.8	丙酮	23.7
硝基苯	43.9	四氯乙烯	35.6

3. 表面张力产生的机理

自然界有三种物质形态,即气态、液态和固态。

我们知道,一般物质由大量分子组成,分子之间又存在着空隙,而分子之间在永不停息地运动着,假设分子为球形,用分子直径表示其大小。分子具有动能,相邻分子之间还存在相互作用的吸引力,分子间的吸引力随分子之间距离的增大而减小,当分子之间的距离超过其分子直径的 10 倍以上时,分子之间的相互作用力会变得十分脆弱,可以近似地认为等于零。我们把相邻分子之间的作用力所能达到的最大距离称为分子作用半径,用 r 表示。

气体分子之间的平均距离较大,分子之间的相互吸引力小,分子的动能足以克服分子之间

的引力,所以,气体分子能向各个方向扩散并充满整个容积,气体没有一定的形状和体积。

固体分子之间的距离小,分子之间的引力大,分子的动能不足以克服分子之间的引力,所以,它们只能在各自的平衡位置附近振动,因此,固体有一定的形状和体积,分子不易扩散。

液体分子之间的平均距离比空气分子之间的平均距离小,又比固体分子之间的平均距离大,分子的动能不足以克服分子之间的引力,但液体内部存在分子移动的空位,因此,液体具有一定的体积,但没有一定的形状,可以流动。

液体表面层分子和内部分子相互作用示意图如图6.4所示。

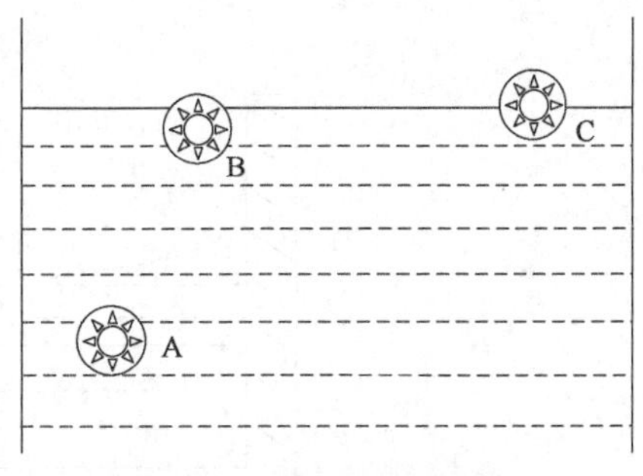

图6.4 表面张力的形成

图中球A代表分子A的作用球,它处于液体内部,相邻分子间作用于分子A的引力指向各个不同的方向,平均地说,这些作用力是相互抵消的,也就是说,在液体内部,其他分子对某一分子的作用力的合力为零。分子B靠近表面,其分子作用球(球B)已有一小部分进入气相,由于气相中分子之间的平均距离大,故吸引力小,而液体分子之间的平均距离小,吸引力大,因此,分子B就受到一种垂直指向液体内部的吸引力,这种力称为内聚力。分子C的作用球,已有大半部分超出液体的表面,因而它所受到的内聚力更大。

综上所述,所有液体表面层上的分子都受到内聚力的作用,这种作用力就是表面层对整个液体施加的压力,该压力在单位面积上的平均值称为分子压强。分子压强的方向总是与液面垂直,指向液体内部,液体的表面越小,则受到这种力的分子的数目就越小,系统的能量相应地就越低,于是,液体表面有自行收缩的趋势,这种液体表面自行收缩的趋势,其实质就是液体分子之间的相互作用的结果,这就是表面张力产生的机理。液体分子之间的相互作用力是表面张力产生的根本原因。

6.2.2 润湿现象

1. 润湿与不润湿

物质有气、液、固三态,又称为三相,物质相与相之间的分界面称为界面,常见的界面有气—液、气—固和液—固等几种,习惯上把气—液、气—固界面称为液体表面和固体表面。

液体和固体接触时,会出现两种不同的情况:一种是润湿现象,把水滴在干净、无油脂的玻璃板上,水滴会沿着玻璃面慢慢散开,即液体与固体表面的接触面有扩大的趋势,且能相互附着,玻璃表面的气体被水所取代,即水能润湿玻璃。固体表面的一种流体(气体或液体)被另一种流体所取代的现象称为润湿现象,如图6.5(a)所示。另一种是不润湿现象,把水银滴在玻璃板表面,水银将收缩成水银珠,液体与固体表面的接触面有缩小的趋势,且相互不附着,即水银不能润湿玻璃,如图6.5(b)所示。

将液体装在它能润湿的容器内,靠近容器壁处的液面与固体表面的接触有扩大的趋势,液面呈上弯的形状,如图6.6(a)所示。将液体装在它不能润湿的容器内,靠近器壁处的液面与固体表面的接触面有缩小的趋势,液面呈下弯的形状,如图6.6(b)所示。对内径很小的容器而言,这种现象尤为显著,整个液面呈弯月形,俗称"弯月面"。

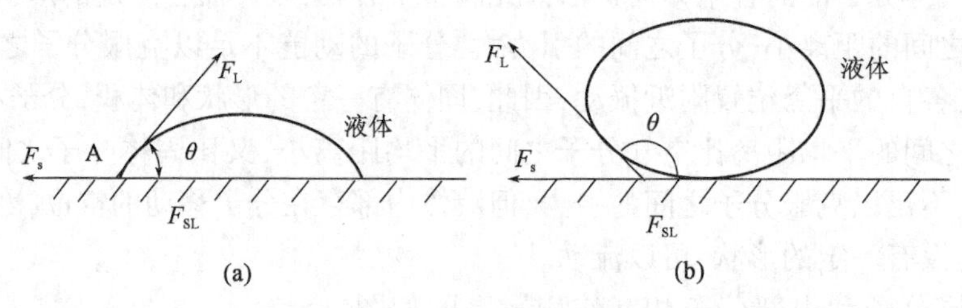

图 6.5　润湿与不润湿

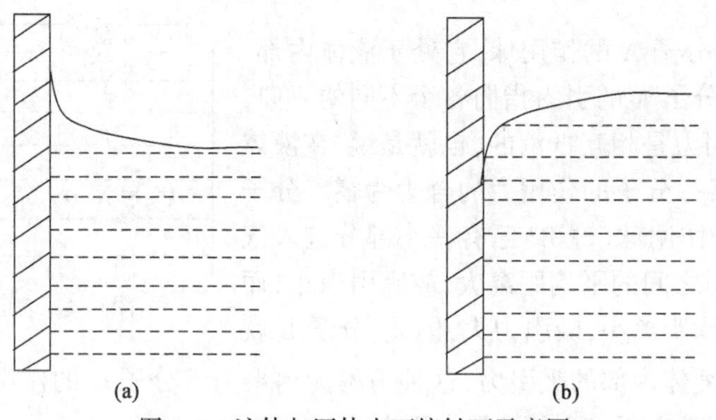

图 6.6　液体与固体表面接触面示意图

2. 润湿能力

液体在固体表面上的润湿能力可通过式(6.2)表示。

$$S_{SL} = \sigma_{SG} - (\sigma_{GL} + \sigma_{SL}) \tag{6.2}$$

式中　S_{SL}——液体对干净的固体表面的润湿能力；

σ_{GL}——液—气界面的表面能；

σ_{SL}——液—固界面的表面能；

σ_{SG}——气—固界面的表面能。

液体润湿固体表面的必要条件如式(6.3)所示。

$$\sigma_{SG} > \sigma_{SL} \tag{6.3}$$

工程上常用完全润湿、润湿、不润湿和完全不润湿四个等级来表示不同的润湿性能。常见润湿形式见图 6.7 所示。

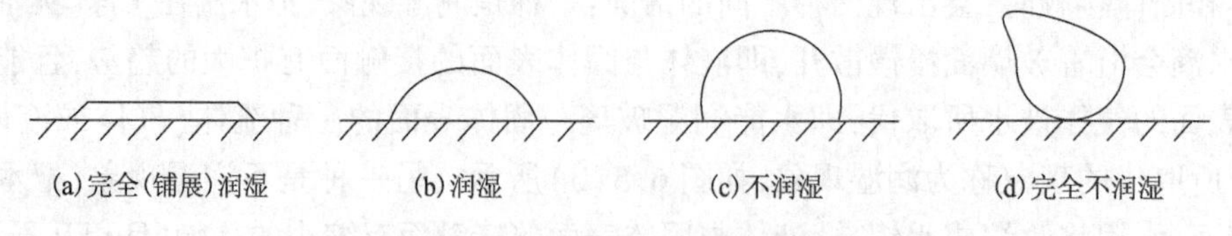

图 6.7　四种不同润湿性能示意图

渗透检测中,对缺陷的检测依赖于渗透液进入缺陷和保留在缺陷中的能力,而渗透液对工件表面的良好润湿是进行渗透检测的先决条件。只有当渗透液能充分润湿工件表面时,渗透液才能向狭窄的缝隙内渗透。此外,还要求渗透液能润湿显像剂,以便能将缺陷内的渗透液吸出,形成缺陷显示。因此,渗透液的润湿性能是渗透液的重要指标,它是表面张力和接触角两种物理性能的综合反映。

3. 润湿现象产生的机理

润湿现象的产生,是分子力作用的结果。液体与固体表面接触时,润湿和不润湿现象,是由液体分子间的引力和液体与固体分子间的引力来决定的。前者为液体中的内聚力,后者为液体与固体间的附着力。附着力大于液体分子间的内聚力时,液体沿固体表面扩散开来,这时液体跟固体的接触面积有扩大的趋势,形成润湿现象。当液体分子间的内聚力大于液体与固体间的附着力时,液体在固体表面收缩成球体,使液体与固体接触的面积趋于缩小,形成不润湿现象,总之,润湿和不润湿现象的产生是分子间力的相互作用的结果。

如果在液体中加入适当的表面活性剂,则液体的表面张力、固体与液体的界面张力和接触角都将发生变化(降低),使液体的润湿性能也随之发生变化。例如水不能润湿石蜡,但在水中加入适当的润湿剂后,水就能润湿石蜡。渗透检测中,要求渗透液能够均匀地润湿并覆盖于工件表面,以使渗透液能进入表面开口缺陷中。

6.2.3 毛细现象

1. 毛细管和毛细现象

若将内径小于1mm的玻璃管(俗称毛细管)插入盛有水的容器中,由于水能润湿玻璃,水在管内形成凹液面,对内部液体产生拉应力,故水会沿着管内壁自动上升,使玻璃管内的液面高出容器的液面。管子的内径越小,它里面上升的水面就越高,如图6.8(a)所示。

若将玻璃管插入装有水银的容器中,则所发生的现象正好相反,由于水银不能润湿玻璃,管内的水银面形成凸液面,对内部液体产生压应力,使玻璃管内的水银液面低于容器里的液面。管子的内径越小,水银面就越低,如图6.8(b)所示。

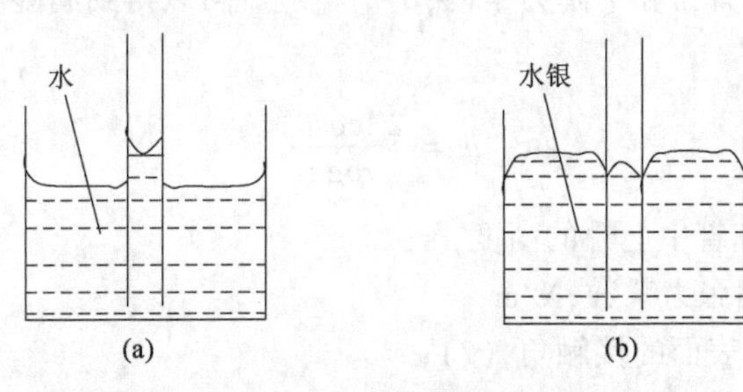

图6.8 毛细现象

润湿液体在毛细管中呈凹面且上升,不润湿液体在毛细管中呈凸面且下降的现象,称为毛细现象。能够发生毛细现象的管子叫毛细管。

毛细现象并不限于一般意义上的毛细管,例如两平行板间的夹缝,各种形状的棒、纤维、颗粒堆积物的空隙都是特殊形式的毛细管,甚至将一片固体插入液体中所发生的边界现象也可作为毛细现象来研究它的规律。

2. 毛细现象产生的机理

毛细现象的发生是由液体的表面张力和液体与固体间的附着力共同作用的结果。

对于润湿液体,由于附着力大于液体分子间的内聚力,使附着层内的液体沿着管壁上升形成弯曲凹液面,液体表面变大;而表面张力的收缩作用要使液面减少,于是,管内液体随着上升,以减少液面的面积,当表面张力向上的拉力作用与管内升高的液柱重量相等时,管内液体停止上升,达到平衡。

反之,对于不润湿液体,由于液体分子间的内聚力大于液体与固体间的附着力,使附着层内的液体沿着管壁下降形成弯曲凸液面,而表面张力的收缩作用产生的附加压强指向液体内部,对液体施加压应力,要使液面减少,于是,管内液体下降,如此循环,使液体下降一定距离,达到平衡。

3. 毛细现象中的液面高度

以润湿液体为例,简单分析毛细管中受力情况,并推导出润湿液体在毛细管中上升的高度。假设毛细管中上升力为 $F_{上}$,来源于毛细管内壁弯曲液面附加压强产生的附加压力如式(6.4)所示。

$$F_{上} = 2\alpha\cos\theta\pi r \tag{6.4}$$

式中 $F_{上}$——毛细管中上升力;

α——液体的表面张力系数;

r——毛细管内壁半径;

θ——接触角。

毛细管中下降力 $F_{下}$,等于液柱重量如式(6.5)所示。

$$F_{下} = \pi r^2\rho g h \tag{6.5}$$

式中 $F_{下}$——毛细管中下降力;

g——重力加速度;

ρ——液体密度;

h——液体在毛细管中上升的高度。

液面停止上升时,上升力和下降力平衡,$F_{上} = F_{下}$,可以得到润湿液体在毛细管中上升的高度为

$$h = \frac{2A\cos\theta}{r\rho g} \tag{6.6}$$

式中 h——液体在毛细管中上升的高度,m;

A——液体的表面张力系数,N/m;

θ——液体对固体表面的接触角,(°);

r——毛细管半径,m;

ρ——液体密度,kg/m^3;

g——重力加速度,m/s^2。

由式(6.6)可知,液体在毛细管中上升的高度与表面张力系数和接触角的余弦的乘积成正比,与毛细管内的内径和液体的密度成反比。

4. 渗透检测中的毛细现象

渗透检测中,可将零件表面开口缺陷看作是毛细管或毛细缝隙,液体渗透液也正是在毛细作用力下自动地渗进表面缺陷中去的,值得注意的是,渗透液进入表面开口缺陷中去的力不是来源于渗透液的重力,因为即使缺陷开口不朝下,渗透液照样能渗进缺陷中去。

渗透过程中,渗透液对待检工件表面开口缺陷的渗透作用,此时缺陷被看作是毛细管,通过毛细作用渗透剂进入缺陷中;显像过程中,显像剂中的颗粒被看作是毛细管,通过毛细作用,渗透液从缺陷中返回显像剂中形成显示缺陷显示的过程,实质上渗透检测过程中两次利用了

毛细作用。

5. 表面活性剂

当将水和油一起倒入容器中，静置一段时间后就会出现分层现象，上层是油，下层是水，形成明显的分界面。若将少量表面活性剂加入容器，如加进肥皂或洗涤剂，再经搅拌混合，则油将变成小粒子分散于水中，呈现乳状液。这种乳状液即使静置后也不会分层，实际上这就是表面活性剂的乳化作用。

将肥皂或洗涤剂加入油水混合液中经搅拌之所以会成为乳状液，是由于所加的肥皂或洗涤剂降低了油水混合液的表面张力，我们把凡能使溶剂的表面张力降低的物质称为表面活性剂，具有表面活性的物质称为表面活性物质。当在溶剂中加入少量某种物质时，就能明显地降低溶剂的表面张力，改变溶剂的表面状态，从而产生润湿、乳化、起泡和增溶等一系列的作用，这种物质称之为表面活性剂。

由于表面活性剂的作用，使本来不能混合在一起的两种液体能均匀地混合在一起的现象，叫乳化现象。具有乳化作用的表面活性剂称为乳化剂。

6.3 渗透检测设备

6.3.1 渗透探伤剂

渗透探伤剂由渗透剂、清洗剂、显像剂和乳化剂组成。

1. 渗透剂

渗透剂是一种能够渗入零件表面开口缺陷内并含有荧光染料或红色染料的溶液或悬浮液。渗透剂是渗透检测中最关键的材料，渗透剂的质量直接影响检测的灵敏度。渗透剂主要包括荧光渗透剂和着色渗透剂两大类，此外，还有一些特殊用途的渗透剂。

1）渗透剂的性能

（1）渗透性能好，容易渗入缺陷中；

（2）易被清洗，容易从零件表面清洗干净；

（3）荧光渗透液要求其荧光辉度高，着色渗透剂要求其色彩艳丽；

（4）酸碱度呈中性，毒性小，对环境污染小；

（5）闪点高，不易着火；

（6）制造原料来源方便，价格低廉。

2）渗透剂的种类

渗透剂种类繁多，有水洗型荧光渗透剂、后乳化型荧光渗透剂、溶剂去除型荧光渗透剂、水洗型着色渗透剂、后乳化型着色渗透剂、溶剂去除型着色渗透剂及一些特殊用途渗透剂。

（1）水洗型荧光渗透剂。

水洗型荧光渗透剂基本成分是荧光染料、油性溶剂、渗透溶剂、互溶剂、乳化剂等。由于自身含有乳化剂，因此也称为“预乳化型”或“自乳化型”渗透剂，可直接用水冲洗，成本较低。

水洗型荧光渗透剂特点是渗透能力强，但配方较复杂。

(2)后乳化型荧光渗透剂。

后乳化型荧光渗透剂基本成分是荧光染料、油性溶剂、渗透溶剂、互溶剂、润湿剂等,互溶剂占比例比水洗型高,目的在于溶解更多的染料,得到更高的荧光强度。由于这种渗透剂中不含乳化剂,需经乳化工序才能用水冲洗,渗透剂保留在缺陷中不被冲洗的能力强。渗透剂的密度比水小,水进入槽液后会沉淀到底部,故抗水污染的能力强,也不易受酸或碱的影响。

后乳化型荧光渗透剂在缺陷中的保留性好,特别适合于检测浅而细微的缺陷,适用于要求较高的工件检测,要求被检工件表面光洁、无盲孔和螺纹。

(3)溶剂去除型荧光渗透剂。

溶剂去除型荧光渗透剂的基本成分与后乳化型荧光渗透剂配方相似,几乎所有的水洗型后乳化型荧光渗透剂都可直接作为溶剂去除型荧光渗透液使用。此类渗透剂用溶剂擦拭去除,灵敏度高,适用于无水场所的渗透检测。

(4)溶剂去除型着色渗透剂。

溶剂去除型着色渗透剂的基本成分主要有红色染料、油性溶剂、互溶剂、润湿剂等。该类着色渗透剂应用最广,且多装在压力喷灌中使用,与清洗剂、显像剂配套出售。溶剂去除型着色渗透剂通常采用低黏度、易挥发的溶剂作为渗透溶剂,故具有很快的渗透速度和较强的渗透能力,用丙酮等有机溶剂直接擦拭去除,检测时常与溶剂悬浮式显像剂配合使用,可达到较高的检测灵敏度。

溶剂去除型着色渗透剂适用于大型工件的局部检测,适用于无水、无电的野外作业,但成本较高,效率较低。总之,着色渗透剂的灵敏度较低,不适于检测细微的疲劳裂纹、应力腐蚀裂纹或晶间腐蚀裂纹。试验表明,着色渗透剂能渗透到细微裂纹中去,但要形成与荧光渗透液所得到的显示相似,则所需的着色渗透剂的容积要比荧光渗透剂大得多。

(5)特殊用途的渗透剂。

2. 清洗剂

渗透检测中,用来去除工件表面多余的渗透剂和显像后的显像剂,一般为有机溶剂。

3. 显像剂

显像剂是一种施加于工件表面,加快缺陷中滞留渗透剂的渗出,增强渗透显示的材料。显像剂是渗透检测中另一个关键性的材料。显像过程与渗透剂渗入缺陷的过程一样,都属于毛细现象。由于显像剂中的显像粉末非常细微,其颗粒度为微米级。当这些颗粒覆盖在工件表面时,微粒之间的间隙类似于毛细管,因此缺陷中的渗透液很容易沿着这些间隙上升,回渗到工件表面,形成显示。

1)显像剂在渗透检测中的主要作用

(1)通过毛细作用将缺陷中的渗透剂吸附到工件表面上,形成缺陷显示。

(2)增加从缺陷中返渗到工件表面的渗透液层的有效厚度,并将形成的缺陷显示在被检件表面上横向扩展,放大到足以用肉眼观察到。显像剂的放大作用,使裂纹显示的宽度可达裂纹实际宽度的几倍,几十倍,有的甚至可达250倍左右。

(3)提供与缺陷显示有较大反差的背景,从而达到提高检测灵敏度的目的。荧光渗透检测时,在紫外线下,显像剂呈蓝紫的白色背景,渗透显示呈黄绿色,着色渗透检测时,在白光下,显像剂呈白色背景,渗透显示呈红色。

此外,显像剂还能减少表面反射光,减轻检测人员视觉疲劳。

2)显像剂的性能

(1)吸湿能力强,吸湿速度快,能容易被缺陷处的渗透液所润湿。

(2)显像粉末颗粒细微均匀,对工件表面有较强的吸附力,能均匀地附着于工件表面形成薄而均匀的覆盖层,有效地盖住金属本色;能将缺陷处微量的渗透液吸附到表面并扩展到足以被肉眼观察到,且能保持显示轮廓清晰。

(3)用于荧光法的显像剂应不发荧光,用于着色法的显像剂应对光有较大的反射率,能与缺陷显示形成较大的色差,以保证最佳的对比度。

(4)具有较好的化学惰性,对盛放的容器和被检工件不产生腐蚀。

(5)无毒、无不良气味、对人体无害。

(6)检测完后容易去除,价格低廉。

3)显像剂的种类

显像剂种类较多,主要有干粉显像剂和湿显像剂两大类。

(1)干粉显像剂。

干粉显像剂一般与荧光渗透剂配合使用,是最常用的显像剂。干粉显像剂是一种白色的混合粉末,常用的无机粉末为氧化镁、碳酸镁、氧化锌及氧化钛等。有时在白色粉末中加进少量的有机颜料或有机纤维素,以减少白色背景对黑光的反射,提高显示对比度和清晰度。干粉显像剂应是白色,粉末直径不超过3μm,干粉显像剂应具有较好的吸水吸油性能,对人体无害。

干粉显像剂的主要优点是操作方便,容易施加,对被检工件无腐蚀,不挥发有害气体,不留下妨碍后续处理的膜层。干粉显像剂的缺点是有严重的粉尘,故需要有净化空气的设备或良好的通风。

(2)水悬浮湿显像剂。

水悬浮湿显像剂是将干粉显像剂按一定的比例加入水中配制而成的,为得到良好的悬浮性,改善水悬浮型湿显像剂的性能,一般在显像剂中还需加入分散剂、润湿剂、限制剂和防锈剂等。

水悬浮湿显像剂适用于表面粗糙度小的工件,显像中的显像粉末含量要适当,用前要充分搅拌均匀。该类显像剂的优点是无毒、无不良气味、对人体健康无害、不可燃、使用安全、价格便宜,缺点是容易沉淀结块,检测灵敏度较低。

(3)水溶性湿显像剂。

水溶性湿显像剂是将显像材料溶解在水中配制而成的,为改善性能,一般在显像剂中还需加入润湿剂、助溶剂、限制剂和防锈剂等。

水溶性湿显像剂的优点有:克服了水悬浮性显像剂容易沉淀、不均匀、可能结块的缺点;能形成与零件表面贴合比较紧密的白色显像剂膜,有利于缺陷的显示;检测后去除方便,而且无毒、不腐蚀工件、不可燃、使用安全等。缺点是水溶性显像剂中的显像材料多为结晶粉末的无机盐类,所以,白色背景不如悬浮型显像剂;不适合于与水洗型荧光渗透检测系统配合使用,也不适合于着色渗透检测系统。

(4)溶剂悬浮型湿显像剂。

溶剂悬浮型湿显像剂是将显像粉末加在具有挥发性的有机溶剂中配置而成。由于有机溶剂挥发快,所以又称为“速干型”显像剂,常用的有机溶剂有丙酮、乙醇、二甲苯等。为改善显像性能,还需添加限制剂和稀释剂。溶剂悬浮型湿显像剂通常采用喷罐式包装,罐中有搅拌球,使用前充分摇动使显像剂均匀。

溶剂悬浮型湿显像剂的优点是显示形成快,灵敏度高。由于溶剂悬浮型湿显像剂中的溶剂具有很好的渗透能力,能渗入缺陷中,在挥发的过程中把缺陷中的渗透液带回到工件表面,提高显像的灵敏度,同时显像剂中的有机溶剂挥发快,扩散小,轮廓清晰,分辨力高也有助于提高显像的灵敏度。溶剂悬浮型湿显像剂的主要缺点是因含有某些有机溶剂,可能有异味,有毒或易燃,安全性差,必须储存在密闭的容器中;去除也比较麻烦。

(5)特殊用途的显像剂。

4. 乳化剂

渗透检测中的乳化剂用于乳化不溶于水的渗透剂,使其便于用水清洗。水洗型渗透剂已经含有乳化剂,可直接用水冲洗;后乳化型渗透剂中不含有乳化剂,需要专门的乳化工序,然后才能用水冲洗。

乳化剂由表面活性剂和添加剂组成,主体是表面活性剂,而添加剂的作用是调节黏度,调整与渗透剂的配比,降低材料费用等。

1)乳化剂的性能

(1)乳化效果好,便于清洗;

(2)稳定性好,在储存或保管中,不受热和温度的影响;

(3)浓度和黏度适中,使乳化时间合理,不致造成乳化操作困难;

(4)具有良好的化学惰性,对盛放的容器和被检工件不产生腐蚀;

(5)无毒、无不良气味、对人体无害,高的闪点和低的蒸发速率。

2)乳化剂的选择原则

后乳化型渗透剂是乳化的对象,由于乳化的目的是要将渗透剂清洗掉,故乳化剂除应具有乳化作用外,还应具有良好的洗涤作用,选择的基本原则如下:

(1)根据 H. L. B 值选择乳化剂。

H. L. B 值是选择乳化剂的依据,应根据乳化对象选择与被乳化物有相近 H. L. B 值的乳化剂。通常选择 H. L. B 值在 11 ~ 15 之间的乳化剂,既具有乳化作用又具有洗涤作用,是比较理想的去除剂。

(2)根据“相似相溶”的原则选择乳化剂。

虽然常用 H. L. B 值作为选择乳化剂的依据,但在实际应用中,应根据被乳化物的具体情况,综合考虑其他因素的影响来选择乳化剂,根据相似相溶的经验法则,当后乳化型渗透液与乳化剂的亲油基化学结构相似时,乳化效果好。

(3)根据渗透检测材料生产厂家提供的配套产品选择乳化剂。

渗透检测用的乳化剂都是由渗透剂厂家根据其渗透剂的特点,配套生产供应的,使用单位应选择与所用渗透剂相同族组成的乳化剂。

此外,选择乳化剂时,还应考虑乳化剂的抗污能力、稳定性、对工件无腐蚀、无毒、无不良气味、废液易处理等。

6.3.2 渗透检测用标准试块

人工缺陷试块(或灵敏度试块)主要用于检查和比较渗透材料的检测能力和灵敏度等级;

检查和监测渗透系统的检测能力与有效性;验证和确定合适的工艺方法和参数,常用的有铝合金淬火裂纹试块、不锈钢板镀铬星形裂纹试块。

1. 铝合金淬火裂纹试块

国内一般按 JB/T 6064 标准将这种试块称为 A 型参考试块,它符合 GJB 2367A—2005 和 ASTME 1417—16 等国内外主要工业标准要求,用于比较沟槽两侧渗透材料或渗透系统的灵敏度和检测能力。

铝合金淬火裂纹试块主要采用 LY-12 铝合金进行淬火处理而得到,这种试块的尺寸为(8~10)mm×50mm×75mm。试块中的裂纹制作方法是先用喷灯在中心部位加热至 510~530℃,然后在冷水中淬火,从而在铝块中产生天然的裂纹,再沿着 75mm 方向的中心位置开一个 1.5mm×1.5mm 的沟槽,即制成铝合金对比试块。

这种试块的优点是人工缺陷为尺寸不同的淬火裂纹,非常接近实际生产中出现的缺陷;试片制作简单,成本低廉,可自行制作。缺点是裂纹的深、宽尺寸不能控制,且裂纹粗大,仅适用于着色渗透系统或中、低灵敏度的荧光渗透系统;裂纹撕裂面容易锈蚀,裂纹容易堵塞,试块的使用寿命短。

2. 不锈钢板镀铬星形裂纹试块

国内一般按 JB/T 6064 标准将这种试块称为 B 型参考试块,它符合国内主要工业标准要求,用于检查渗透检测系统的检测能力和检测的有效性,也可用来粗略地、半定量地确定系统检测的灵敏度等级。"三点式"星形裂纹试块称为"三点式 B 型试块",一般单独使用,仅适用于着色渗透系统和中、低灵敏度的荧光渗透系统。

不锈钢板镀铬星形裂纹试块通常采用 1Cr18Ni9Ti 或其他不锈钢材料制作,其尺寸为 4mm×40mm×130mm。制作时,先单面镀镍 30μm±1.5μm,在镀镍层上再镀铬 0.5μm,镀后进行退火处理。从未镀面以直径 10mm 的钢球,用布什硬度法按 750kf,1000kgf,1250kgf 负荷打三点硬度,使在镀层上形成三处辐射状裂纹,即制成镀铬对比试块。

试块上的每个星形裂纹一般由 3~5 条裂纹组成,各条裂纹的长度不同,开裂宽度不等,但深度可以控制,在正确的清洗和保管条件下,整个试块和裂纹撕裂面都不易锈蚀,裂纹不易堵塞。试块的使用寿命较长。

3. 自然缺陷试块

人工缺陷试块的表面状态和缺陷类型与实际检测的各种零件并不相同,有时相差甚远。采用带有典型的自然缺陷或代表性自然缺陷的零件(或从零件上取下的某个部位)作为试块,用于监测渗透系统对该类零件的检测能力,更有效。这种自然缺陷试块对该类零件渗透检测的验收具有重要的参考价值,所以平日应留意广泛收集自然缺陷试块。

由于自然形成的缺陷的深度和宽度等参数的不可预知性和非标准性,各个自然缺陷试块之间的无同比性,所以不能用自然缺陷试块来监测渗透系统的检测性能,需要将它与标准人工缺陷试块配合使用;由于自然缺陷的非标准性和易锈蚀性,投入使用前必须做好详细的原始数据,编号,备案,并经主管部门认可。

6.3.3 渗透检测设备

1. 便携式渗透检测设备

便携式渗透检测设备主要由便携式的观察光源(黑光灯或白光灯)、渗透检测材料喷罐

(荧光或着色)剂及辅助工具组成。检测材料喷罐主要包括渗透剂、清洗剂和显像剂喷罐,如图6.9所示。

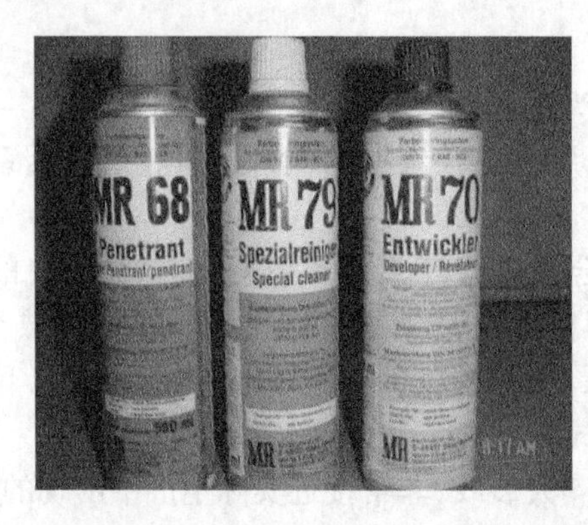

图6.9　便携式渗透探伤剂

目前常用的是一次性气雾剂喷罐,氟利昂曾经是应用最广泛的喷罐气雾剂,因为是耗臭氧的物质,正在被淘汰,取而代之的是二氧化碳和乙烷等环保型气雾材料。

便携式渗透检测设备的优点:设备轻便,使用方便,适应性强,投入少;适用于到现场测固定的或大型产品;适合于水、电、气等条件不充分的检测场所;适用于检测非批量性或临时性产品。缺点是:检测效率低,劳动条件差,安全性差,污染环境;不适用于批量性中小零件的检测;气雾剂喷罐的内部压力随温度的升高而增大,长时间的剧烈震动也能使压力增大,运输、储存和使用时要采取安全措施。

2. 固定式渗透检测设备

固定式渗透检测设备一般包括:预处理、渗透、乳化、水洗、干燥、显像、检验及后处理等工位的装置。设备可以是由多个工序结合的一体化小型装置,也可以是由多个独立的工位装置,按一定形状排列组合成的中型、大型生产检测线。设备可以是手动,也可以半自动或全自动装置。固定式渗透检测设备需要结构紧凑,布置合理,有利于操作和控制。

1)小型一体化式渗透检测设备

小型一体化式渗透检测设备因采用工艺方法的不同而具有不同的工位数,典型的水洗型渗透检测设备,包含有预处理、渗透、水洗、干燥、显像和检查六个工位。小型一体化渗透检测设备一般为手动装置。该设备的优点是结构简单而紧凑,经济而实用;缺点是检测效率低,劳动条件差,仅适用于小型零件或中小型零件的检验,仅适合于产量不高的生产情况。

2)半自动渗透检测系统

半自动渗透检测生产线由独立的预处理、渗透、乳化、水洗、干燥、显像、检验、后处理等工位装置,零件传输装置和电气控制总柜等,按一定的形式排列组合而成的渗透检测设备系统。

半自动化渗透检测系统的特点:检测线的多数工位装置既可自动,也可手动;检测线的零件传输系统是半自动的;时间、压力和温度等工艺参数的设置和显示可以在检测线总电气控制柜上,也可以在各个工位装置的电气控制器上;工艺质量保证和环境保护方面的辅助设施可预先设定,自动完成操作。半自动渗透检测线的优点是适应性强,检测效率高,劳动条件好,环境污染轻,缺点是设备的投资较大。

3)全自动渗透检测系统

全自动渗透检测系统从上料到下料终止,包括零件的传输、各个工位的处理,各种辅助设备的工作,所有的程序和处理参数都可在总控台上预先设置;所有的工艺参数、程序完成度和报警状态都在总控台上显示;只要在总控台上按下启动按钮,所有的程序都自动完成,无需操作人员的任何参与。各个工位位置上只有一个控制按钮——紧急停车按钮。

全自动渗透检测系统的优点是检测质量稳定,检测效率高,劳动条件最好,环境污染轻,缺点是投资大,投资成本高,适应性不强,只适用于大批量的同种或同类零件的检测。

6.3.4 渗透检测设备的选择

选择渗透检测设备时,需要考虑的主要因素:零件的生产量、尺寸、形状、表面状态和检验要求,选定的渗透材料施加方法,选定的渗透剂类型,选定的显像剂形式,检测场所条件等,通常应遵循以下原则:

(1)对于产量大、品种单一的零件应优先选择全自动的检测设备,对于生产量大,但品种和规格多变的零件应优先选择半自动的检测设备。

(2)对于中小型零件应优先选择浸涂的施加方法和设备,对于大型零件应优先选用喷涂的施加方法和设备。

(3)根据零件的检验要求和表面状态选择渗透剂的类型、工艺方法和设备配置,在满足零件检测灵敏度要求的前提下,应优先选择水洗型渗透剂和相应的工艺和设备,不仅简化了工艺,减少了设备配置,降低了检验成本,而且有利于环境保护。

在选定渗透剂后,即可确定多余渗透剂的去除方法、显像方式、各个材料的施加方法等,然后就能确定检测设备的工位数、各工位装置的结构形式,最后根据实验室的面积、形状及其他条件确定设备的布置、工位间的连接和零件的传输方式等。

6.4 渗透检测技术

6.4.1 渗透检测基本步骤

渗透检测主要按使用的检测材料进行分类,按检测中使用的渗透剂类别、多余渗透剂的去除方法和显像方式不同可分为多种渗透检测方法。尽管各种检测方法之间存在诸多差异,但都包含了以下六个基本步骤:预处理、渗透、去除、干燥、显像、检验和后处理等。

1. 预处理

预处理是对被检零件的表面(全部或局部)进行清理,除去妨碍渗透检测和影响检测质量的污染物和多余物,做好检测准备,使其符合洁净和干燥的要求,预处理包括:不同方法的预清洗、机械清理、浸蚀和烘干等步骤。

1)预处理的目的和范围

送检零件表面和缺陷内一般都附着一定量的污染物和多余物,不良的预处理是导致检测失败、引起漏检和误判的主要原因之一。预处理的目的就是去除这些污染物和多余物,因为它们会堵塞缺陷,妨碍渗透液的渗入,降低显示的荧光亮度或着色颜色,甚至可能完全猝灭其荧光性;零件表面的污染物和多余物会形成干扰的背景,虚假的显示,掩盖相关的显示。另外,污染物会污染渗透剂,缩短槽液的使用寿命。

某些经过精加工或机械清理的金属零件,特别是软金属零件,在加工和清理过程中,缺陷会被金属"抹平"。因此,对于某些关键零件,如航空发动机的主要转动部件,不仅需要进行预清洗,还应进行一定的浸蚀,充分暴露缺陷的开口,以达到所要求的检测灵敏度。

水是阻碍渗透剂渗入缺陷内的最常遇到的"污染物",所以预清洗后的零件必须彻底烘干。

局部进行渗透检测的零件,预处理的范围一般为从规定的检测区域边线向外扩展25mm左右。

2)预处理的方法

主要的预处理方法有水基清洗剂清洗、溶剂清洗、化学清洗、机械清理等。一般根据零件表面附着物的种类,零件的材料、加工方法和预期功能等选择合理的预清理方法。正确选择预处理方法要注意以下几点:

①选择的方法对零件所有的污染物的综合去除效果最好,而其他方法都不能达到同样或更好的效果;

②选择的方法对零件无不良影响,对操作人员和环境的不良影响最低;

③选择的方法和该方法的实施设备对于被检零件的实用性好;

④经济性好。

水基清洗剂是一种不可燃的水溶性混合物,多为液态。它含有特殊的表面活性剂,可以选择性地润湿、渗透、乳化和皂化不同类型的污物;溶剂清洗剂常含有煤油、醇类、丙酮、三氯乙烷等,能有效地溶解污染物,去除工件表面的油污、油脂、蜡、油漆和一般的有机物质等污物,也常应用于大工件局部区域的清洗;化学清洗适用于去除涂层、氧化皮、积炭层和其他溶剂清洗不能去除的附着物;机械清理用于去除溶剂、化学清洗都不能去除的表面附着物,如严重的锈蚀、飞溅、毛刺等,常用的方法包括振动光筛、抛光、喷砂、喷丸、钢丝刷、砂轮磨及超声波清洗等。

2. 渗透

渗透是将渗透液施加到洁净干燥的零件待检表面上,让渗透液覆盖待检表面,能够充分渗入到表面开口的缺陷中去。

1)施加渗透剂的方法和适用范围

施加渗透剂的方法有浸涂法、喷涂法、刷涂法等,可根据工件的大小、形状、数量、检查的部位和检测环境来选择。一般来说,对于中小型工件,形状复杂的工件,批量较大的工件宜采用浸涂施加方法;对于大型工件,局部检测工件,现场检测、高空检测的环境,宜采用喷涂、刷涂或浇涂施加方法;当检测环境允许,对于大中型工件,宜采用静电喷涂的方法,可提高喷涂效率、喷涂的均匀性和覆盖性。

(1)浸涂法。把整个工件都浸入渗透液中进行渗透。该方法渗透速度快,渗透充分,渗透效率高,适用于大批量的中小型工件的全面检查。

(2)喷涂法。采用喷罐喷涂、静电喷涂、低压循环泵喷涂等方法将渗透液喷涂在工件被检部位表面上,该方法操作简单,喷涂均匀,适用于大型工件的表面检测。喷罐喷涂对现场检测、高空检测很方便。

(3)刷涂法。用软毛刷将渗透液刷涂到工件表面上。该方法简单方便,适用于大型工件的局部检测和焊缝检测,有时也用于中小型工件小批量检测。

(4)浇涂法(也称为流涂法)。将渗透液直接浇到工件表面上。该方法适用于大型工件的局部检测。

2)渗透温度与渗透时间

(1)渗透温度。

渗透温度是指进行渗透处理时零件的温度和渗透剂的温度,一般情况下,环境温度即为渗透剂的温度。不同的标准对渗透温度的规定有一定的差异,较严的规定是10~40℃,较宽的规定是5~50℃。可根据渗透剂生产厂家提供的说明书控制渗透温度。温度过高,易使渗透剂干涸,去除困难;温度过低,渗透液变稠,影响动态渗透参量,降低渗透速度和能力。

(2)渗透时间。

渗透时间是指渗透剂与零件接触的总时间,即从渗入到去除处理之间的时间。采用浸涂法时,渗透时间包括施加渗透剂时间和滴落时间。渗透时间的长短是根据渗透温度、渗透剂种类、零件种类、表面状态、预期检出的缺陷种类和大小来确定的。渗透时间要适当,时间过短,渗透液渗入不充分,时间过长,不但降低了工作效率,而且渗透剂易干涸,去除困难,检测灵敏度降低。一般规定渗透时间5~15min。当渗透温度低于10℃时,渗透时间不少于20min。检测较大的铸件时,渗透时间可缩短为5~7min,这是因为铸件,尤其是砂型铸件的致密性较差,渗透时间过长,清洗效果会变差,背景过重,造成显示评定的困难,检测紧密的细微裂纹(如应力腐蚀裂纹)时,渗透时间可适当延长,甚至可长达数小时。当渗透温度较低时,渗透时间也应适当延长。应根据具体情况,通过有效的试验来确定渗透时间,也可根据渗透剂生产厂家提供的说明书确定渗透时间。

3)渗透处理的注意事项

(1)工件的待检部位必须被渗透液完全覆盖,并在整个渗透时间内保持润湿状态。

(2)对于具有盲孔或内通孔的工件,当孔内不要求渗透检测时,在渗透前应尽可能将孔洞口堵塞住,屏蔽好,防止渗透剂的进入而造成去除困难。

(3)采用浸涂法时,滴落时间应保证渗透剂充分回收和渗透剂不要干在工件上。充分的滴落时间不仅有利于渗透剂渗入开口缺陷中,而且可回收部分渗透液,降低成本,减少污染。过分的延长滴落时间可能会导致渗透液干涸,影响检测灵敏度。

3.去除

“理想的去除处理”是将工件表面上的多余渗透剂全部去除,使渗入缺陷中的渗透液完全保留。实际上很难做到,检测人员可根据零件的具体情况,做到既不“过去除”,也不“欠去除”,尽力改善工件表面的信噪比,提高显示与背景的对比度。

针对不同类型的渗透剂共有四种去除方法:水洗型渗透剂采用直接水洗法(A法)去除;亲油性后乳化型渗透剂采用先乳化,再水洗的方法(B法);溶剂去除型渗透剂采用溶剂擦拭的方法(C法)去除;亲水性后乳化型渗透剂采用先“预水洗”,再乳化,最后“终水洗”的方法(D法)去除。

1)水洗型渗透剂的去除(A法)

水洗型渗透剂采用直接水洗的方法去除,常采用的水洗方式有:手工水喷洗、自动水喷洗、空气搅拌水浸洗和手工水擦洗。

(1)手工喷洗和自动喷洗。水喷洗时,水温为10~40℃,20℃左右最佳。过低的水温会降低清洗效果,易使背景过重;过高的水温易导致过洗,从而造成漏检的可能,水压不应大于

0.17 ~ 0.28MPa，喷枪嘴与工件之间的距离不得小于300mm。

(2)手工水擦洗。首先用清洁而不起毛的擦拭物(布、纸等)擦去大部分多余的渗透剂，然后用被水润湿的擦拭物擦拭，最后用清洁而干燥的擦拭物将工件表面擦净擦干。

(3)空气搅拌水浸洗。通入浸洗水中的压缩空气产生大量的气泡，气泡不规则运动和爆开，使水产生多向运动和振动，从而将浸没在水中的工件清洗干净。

2)亲油性后乳化型渗透剂的去除(B法)

亲油性后乳化型渗透剂采用先乳化，再水洗的方法(B法)去除。

(1)乳化。亲油性后乳化型渗透剂在渗透、滴落完成之后，直接进行乳化。采用浸涂或浇涂的方法施加亲油性乳化剂；荧光渗透检测的乳化时间一般不大于3min，着色渗透检测的乳化时间一般不大于0.5min；乳化温度一般标准不作规定。

(2)水洗。乳化完成后，应马上将工件浸入温度不超过40℃的水中，以便迅速停止乳化剂的乳化作用，然后再进行最终水洗，终水洗可采用的方法和工艺要求与水洗型渗透剂的去除方法(A法)相同。

(3)亲油性乳化剂的黏度太大，所以施加亲油性乳化剂时不能用喷涂或刷涂的方法；乳化过程中，不应翻动工件或搅拌工件表面的乳化剂；亲油性乳化剂不能用水稀释，而是直接使用；乳化不充分的工件可补充乳化，过乳化的工件应从预处理开始，重新处理。

3)溶剂去除型渗透剂的去除(C法)

溶剂去除型渗透剂采用溶剂擦拭的方法(C法)去除。先用清洁而不脱毛的布或纸巾等擦拭，去除工件表面大部分的渗透剂，然后用沾有去除剂的不脱毛的布或纸巾擦拭，直至将被检表面上多余的渗透液全部擦净。

(1)擦拭时只能顺着一个方向，不得往复擦拭；

(2)擦拭用的布或纸巾，只能用去除剂润湿，不能让去除剂过饱和，更不能用去除剂直接冲洗被检工件表面；

(3)去除时，应在黑光(或白光)下监视荧光(或着色)渗透剂的去除效果。

4)亲水性后乳化型渗透剂的去除(D法)

亲水性后乳化型渗透剂采用先“预水洗”，再乳化，最后“终水洗”的方法去除(D法)。

(1)预水洗。乳化前先用水清洗，尽量更多地去除工件表面上的多余渗透剂。预水洗的目的是减少乳化量，降低渗透剂对乳化剂的污染，延长乳化剂的寿命，有助于渗透污染的解决。预水洗的工艺方法与水洗型渗透液的去除方法(A法)相同。

(2)乳化。预清洗后进行乳化，亲水性乳化剂的施加方式：浸涂、流涂或喷涂。

(3)最终水洗。乳化完成后，应马上将工件浸入温度不超过40℃的水中，以便迅速停止乳化剂的乳化作用，然后再进行最终水洗，终水洗的方法和工艺参数与水洗型渗透剂的去除方法(A法)相同。

4. 干燥

干燥处理是指去除零件表面水分，使保留在缺陷中的渗透剂能回渗到零件表面，被显像剂所吸附。当采用水基显像剂时，显像剂与零件表面同时被干燥。

1)干燥时机

干燥的时机与零件表面多余渗透剂的去除方法和所使用的显像剂的类型有关。采用溶剂去除零件表面多余的渗透剂时，不必进行“专门的干燥”，只需“自然干燥”5～10min。其他用水清洗过的零件均应进行干燥。如果采用干粉显像或非水湿显像（溶剂悬浮液显像），则在显像前必须进行干燥处理；如果采用水基湿显像，水洗后直接施加显像剂，然后再进行干燥处理。

2）干燥的方法

干燥的方法有：用干净的布擦干、压缩空气吹干、热风吹干、热空气循环干燥箱烘干等。应优先选用热空气循环干燥箱烘干的方法。在实际使用中，常将多种干燥方法结合使用。

3）干燥时间和温度

干燥时温度不宜过高，干燥时间也不宜过长，否则会将缺陷中的渗透剂烘干，从而不能形成显示，检测失败。

(1)干燥温度。允许的最高干燥温度与工件的材料和所用的渗透剂有关。多数相关标准规定，干燥箱的温度不超过71℃，金属材料零件的温度不超过52℃，塑料的温度不超过40℃.

(2)干燥时间。允许的最长干燥时间与零件的材料、尺寸、表面粗糙度、工件表面水分多少、零件的初始温度、每批被干燥零件的数量及烘干位置的温度有关。每种零件的干燥时间应通过试验来确定。一般规定干燥时间不超过20min。

5.显像

显像是在工件表面施加显像剂，利用毛细作用原理吸附回渗出的缺陷中的渗透剂，在零件表面上形成清晰可见的缺陷显示的过程。

1）显像方式

常见的显像方式有：干粉（干式）显像、水基湿显像、溶剂悬浮（非水）湿显像、特殊应用显像、自显像等。

(1)干粉显像。在零件清洗并干燥后，立即将干粉显像剂施加到零件表面上。施加干粉显像剂的方法有多种，如显像槽暴粉、静电喷粉、压力喷粉、手工埋粉和掸粉等方法。干粉显像主要适用于荧光渗透检测。优点是易于施加、无腐蚀性、不释放有害气体、检验之后易于去除；缺点是产生粉尘污染，需要除尘设备；对施加前零件的干燥要求比较严格，过度的干燥会降低显像效果，降低检测灵敏度。

(2)水基湿显像。包括水溶性湿显像和水悬浮湿显像，宜采用喷涂、流涂等施加方法，将水溶性或水悬浮性湿显像剂直接涂到清洗干净的零件表面上。水溶性显像剂，不适用于着色渗透检测和水洗型荧光渗透检测；水悬浮性湿显像剂，则适用于荧光、着色两种渗透检测。水溶性和水悬浮性显像的优点是无粉尘污染，不释放有毒或易燃气体，易发现零件表面的漏显像点，显像剂易于去除；缺点是由于干燥较慢，显像剂在零件表面的流动可能产生显像剂堆积的现象，影响检测灵敏度。

(3)溶剂悬浮（非水）湿显像。溶剂悬浮湿显像包括荧光检测和着色检测溶剂悬浮湿显像，一般采用喷涂的方式施加非水湿显像剂；禁止采用浸涂或浇涂的方法施加非水湿显像剂，因为这种类型的显像剂可以溶解、冲洗掉不连续中保留的渗透剂；施加显像剂前，零件必须完全干燥；显像剂必须搅拌均匀，以防显像粉沉淀。非水湿显像的优点是检测灵敏度高，缺点是显像剂有毒、易燃或两者兼有之，施加和去除也不方便。

(4)特殊应用显像。可剥塑料膜一类的特殊应用显像方法与非水湿显像方法相似。

(5)自显像。对一些灵敏度要求不高的检测，如铝、镁合金砂型铸件、陶瓷件等，常采用自显像的检测工艺。该方法是不向零件表面施加显像剂,干燥后,停留 10～120min,待缺陷中的渗透液重新回渗到零件表面后,进行检验。自显像工艺只适用于荧光渗透检测。为保证检测灵敏度,应采用比要求的检测灵敏度高一个级别的渗透剂,并在较强的黑光下进行检验。这种方法的优点是不需要施加显像剂,简化了工艺,节约检测费用,而且观察到的缺陷显示与真实缺陷的尺寸接近,所以测定缺陷尺寸较准确。缺点是灵敏度低。

2)显像的温度和时间

除非显像剂生产厂家有专门规定,显像温度与渗透温度范围相同,一般为环境温度 10～40℃,对于需要在烘箱中专门干燥的水基湿显像零件,零件的温度不得大于 50℃。

显像时间取决于显像剂和渗透剂的种类、缺陷大小以及被检件的温度。所谓显像时间,干粉显像是指从施加显像剂到开始观察的时间,湿式显像是指从显像剂干燥到开始观察的时间。干粉显像时间一般为 10～240min,非水基湿显像的显像时间为 10～60min,水基湿显像的显像时间为 10～120min。

3)注意事项

(1)施加悬浮型显像剂时,一定要使显像剂搅拌均匀。

(2)施加显像剂时,应使显像剂在零件的表面上形成均匀的薄层,以能覆盖零件底色为度,太厚的显像剂覆盖层会掩盖显示,降低检测灵敏度,太薄的显像剂覆盖层,则不易形成显示,不能形成反衬背景,也会降低检测灵敏度。

(3)对于粗糙表面,使用湿式显像时,施加完显像剂后,就应观察检测面,便于发现细小缺陷,若待一段时间后,过度背景可能就掩盖了细小缺陷的显示。

(4)用非水湿显像剂显像时,施加显像剂后应立即观察,20min 后再进行一次观察,这样可避免由于显示的扩散和渗透液的过多渗出引起杂乱显示。显像时间不少于 10min,不超过 60min。

4)显像方式的比较

干式显像时显像剂覆盖层较薄,较松散,显示的扩散能力较小,扩散速度较慢,即使经过一段时间后,缺陷显示的轮廓仍然清晰。因此,干粉显像的分辨率高,可以分辨出相互接近的缺陷,也正因为如此,通过显示的轮廓图形进行缺陷的分类和评级时,误差较小。

湿式显像剂易于吸附在零件表面上,形成较厚、较致密的覆盖层,有利于缺陷的形成和扩展放大,并提供良好的反衬背景。因此,湿法显像时显示的对比度高,检测灵敏度高,也正因如此,湿式显像时间长,缺陷显示图像就会扩展,使形状和大小都发生变化,从而不利于缺陷显示分类和评级。

5)显像方式的选择原则

选择哪种显像方式,使用哪种显像剂,主要取决于渗透剂的类型和被检零件的表面状态。就荧光渗透检测而言,光滑表面的零件应优先选用非水湿式显像;粗糙表面的零件应优先选用干粉显像;其他表面优先选用非水湿式显像,其次是干粉显像,最后考虑水悬浮湿式显像。就着色渗透检测而言,无论什么表面状态都应优先选用非水湿式显像,然后是水悬浮湿式显像,一般不选用干粉显像。

6. 检验

渗透检测中的检验工序需要完成下列工作:首先,在规定的显像时间范围内,在合适的照明条件下,观察被检测的零件表面;对观察到的显示进行解释,判定其真伪性和相关性;对判定为缺陷引起的相关显示进行测量,并记录其形貌、尺寸和位置等信息。然后,根据验收标准的规定进行评定,作出验收或拒收结论;签发检测报告。最后,对检测的零件制作检测标志并进行分理,转入去除零件表面检测残留物的后清理工序。

1)检验时机

缺陷显示的观察,一般应在显像10min之后开始进行,并在尽量短的时间内完成,以确保缺陷显示在其未被扩展得太大之前得到检查。对于致密度差,背景较高的零件,可提前到6min开始进行,最好能进行两次观察;对于预计缺陷细微的零件,开始观察的时间可适当延长,但不得超过显像方式规定的最大显像时间;当采用干粉显像方式时,应在用压力不大于34kPa,干燥、清洁的压缩空气吹拂或振动等方法去除零件表面多余显像剂之后,再开始进行观察。

2)检验要求

(1)检验对照明的要求。

检验工作场所应保持足够的照度,以满足观察微细缺陷的要求。荧光渗透检测时,检验应在暗室内进行,在黑光灯下观察,显示为明亮的黄绿色图像。为确保足够的对比率,要求暗室内的白光照度不应超过20Lx,被检工件表面的黑光辐射照度应不低于1000$\mu W/cm^2$,若采用自显像工艺,被检工件表面的黑光辐照度应不低于1500~1800$\mu W/cm^2$。着色渗透检测时,应在白光下观察,被检工件表面的曝光照度应不低于1000Lx。

(2)对检验人员的要求。

检验人员应具有较高的技术水平和丰富的工作经验。

3)检验的程序

(1)观察。

在合适的光照下,在规定的显像时间内,观察零件的所有待检表面。对于因多余渗透液去除不充分而背景过量的零件,对于因过度去除或显像剂过厚而完全无背景的零件,都应彻底清洗干燥,重新进行渗透检测各个步骤的处理。

(2)显示的解释。

检验人员需对所有发现的渗透显示形成的原因做出解释,判定其真伪性和相关性。

(3)显示的测量和记录。

当确定显示是由不连续性引起的相关显示后,需要进一步确定缺陷的性质、尺寸、分布和方位。渗透检测一般不能确定缺陷的深度,但由于深的缺陷所回渗的渗透液多,故有时可以据此粗略估计缺陷的深度。对所有的相关显示都应做记录,记录可以采用绘制草图、文字描述、粘贴复印、照相等方法进行。

(4)评定。

在对所有的显示做出解释和测量之后,根据相关的验收标准进行评定,对于没有显示或仅有非相关显示的零件应予以验收;对于有相关显示的零件应对照相应的验收标准进行评级、分类,确定零件是验收还是拒收。

解释和评定是检验人员检验能力的集中体现,一个有经验的Ⅱ级和Ⅲ级人员,应能根据验收标准的规定,对被检零件作出正确的验收或拒收判断结论。过松的判断会造成漏检,过严的判断会造成浪费,增大生产成本。

(5)不连续性的去除。

当零件的容差和检验程序允许时,不连续性可以按被批准的程序,采用吹砂或打磨等方法去除,以确定不连续性的深度和大小。

(6)报告和标识。

评定之后,对检测结果应按规定的格式填写、签发检测报告并归档,对检测过的零件应按规定的位置、符号和方法进行标识。

7. 后处理

对于渗透检测验收(合格)的零件,如果残余渗透剂和显像剂会影响后续工艺或不能满足维修保养要求,则必须进行后处理。如果残余渗透检测材料可能与在役的其他部件发生化学反应而产生浸蚀时,后处理就显得格外重要。可从简单水清洗、水喷洗、机械清洗、溶剂浸泡或超声波清洗等方法中选用合适的方法,对零件进行后清洗。

6.4.2 常用的渗透检测方法

常用渗透检测方法主要为水洗型渗透检测法、后乳化型渗透检测法和溶剂去除型渗透检测法,以及一些特殊的渗透检测方法。

1. 水洗型渗透检测方法

1)水洗型渗透检测的操作程序

水洗型渗透检测方法是广泛应用的渗透检测方法之一,零件表面多余渗透液可直接用水冲洗掉,该方法包括荧光(Ⅰ型)和着色(Ⅱ型)两种检测方法。荧光渗透法的显像方式有干式、非水湿式、湿式和自显示等;着色法的显像方式有非水湿式、湿式两种,湿式应用较少,一般不用干式和自显示。图6.10为水洗型荧光渗透检测方法的操作程序框图。

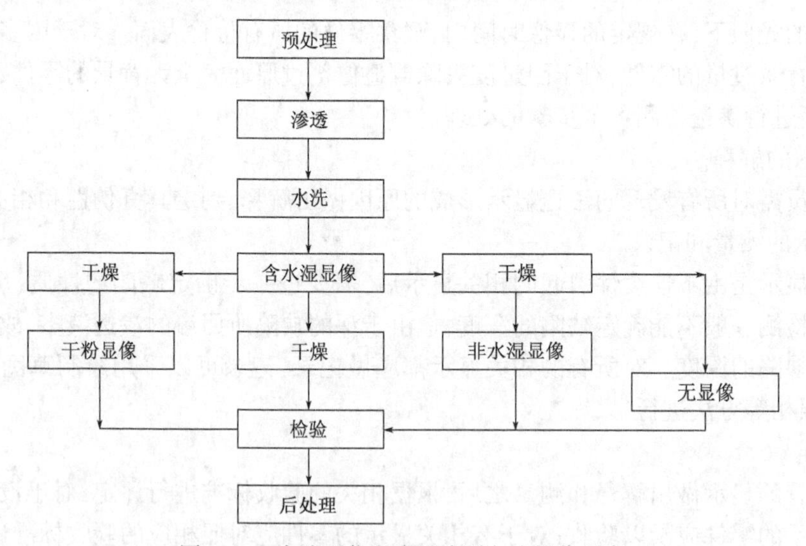

图6.10 水洗型荧光渗透检测方法操作程序

2)水洗型渗透检测方法的应用

水洗型渗透检测法适用于大多数零件的检测,特别适用于表面较粗糙的零件,带有销槽或盲孔的零件和大面积零件的检测,如锻、铸件毛料阶段和焊接件等的检验。

3)水洗型渗透检测法的优点

(1)表面多余的渗透液可以直接用水去除,相对于后乳化型渗透检测方法,具有操作简便、检测周期短、检验费用低等优点。

(2)能适应绝大多数类型的缺陷零件,高、超高灵敏度的荧光渗透液,可检出很细微的缺陷。

(3)较适合于检测表面粗糙的零件,螺纹类零件,适合于检测零件的窄缝、销槽、盲孔内缺陷等。

4)水洗型渗透检测法的缺点

(1)灵敏度相对较低,对浅而宽的缺陷容易漏检。

(2)重复检验时,重现性差,故不宜在复检的场合下使用,也不宜在仲裁检验的场合使用。

(3)容易因清洗的方法不当而造成过清洗,例如水洗时间过长,水温高,水压大,都可能会将缺陷中的渗透液清洗掉,降低缺陷的检出率。

(4)渗透液的配方复杂。

(5)抗水污染能力弱,特别是渗透液中的水量超过容水量时,会出现浑浊、分离、沉淀及灵敏度下降等现象。

(6)酸的污染将影响检验的灵敏度,尤其是铬酸和铬酸盐的影响很大。这是因为酸和铬盐在没有水存在的情况下,不易与渗透液的染料发生化学反应,但当水存在时,易与渗透液的染料发生化学反应,而水洗型渗透液中含有乳化剂,易与水相溶混,故铬酸盐对其影响较大。

2.后乳化型渗透检测方法

1)后乳化型渗透检测方法的操作程序

后乳化型渗透检测方法因其具有较高的检测灵敏度而被广泛地应用,故该方法按多余渗透剂去除方法的不同分为亲水性后乳化型渗透检测方法和亲油性后乳化型渗透检测方法。

亲水性后乳化型的渗透检测方法的操作程序如图6.11所示。该图与6.10相比,亲水性后乳化型渗透检测方法比水洗型渗透检测方法仅增加了一道乳化程序,其余操作程序相同,该方法包括荧光和着色两种检测方法。

亲油性后乳化型渗透检测方法的操作程序与亲水性后乳化型渗透检测方法的不同点是不需要预水洗工序,即渗透后立即进行乳化。亲油性后乳化型渗透检测方法也包括荧光和着色两种检测方法。

2)后乳化型渗透检测方法的应用

后乳化型渗透检测方法,大量应用于检测要求高,表面光洁的精加工零件,如发动机涡轮叶片、气压机叶片、涡轮盘等机械加工零件的检验。这些零件在渗透检测前,最好进行一次浸蚀,去除工件表面0.001~0.005mm的金属层。使机械加工时被堵塞的缺陷重新显露出来。

渗透检测时,对于不同加工方法产生的不同缺陷,需要采用不同的渗透时间,以保证检测的有效性,渗透时间的控制也是不容忽视的关键问题之一。

3)后乳化型渗透检测方法的优点

(1)具有较高的检测灵敏度。一方面因为渗透剂中不含乳化剂,有利于渗透剂渗入表面开口缺陷中去,另一方面因为渗透剂中含染料的浓度高,故显示的荧光亮度比水洗型渗透液高,因此,可发现更细微的缺陷。

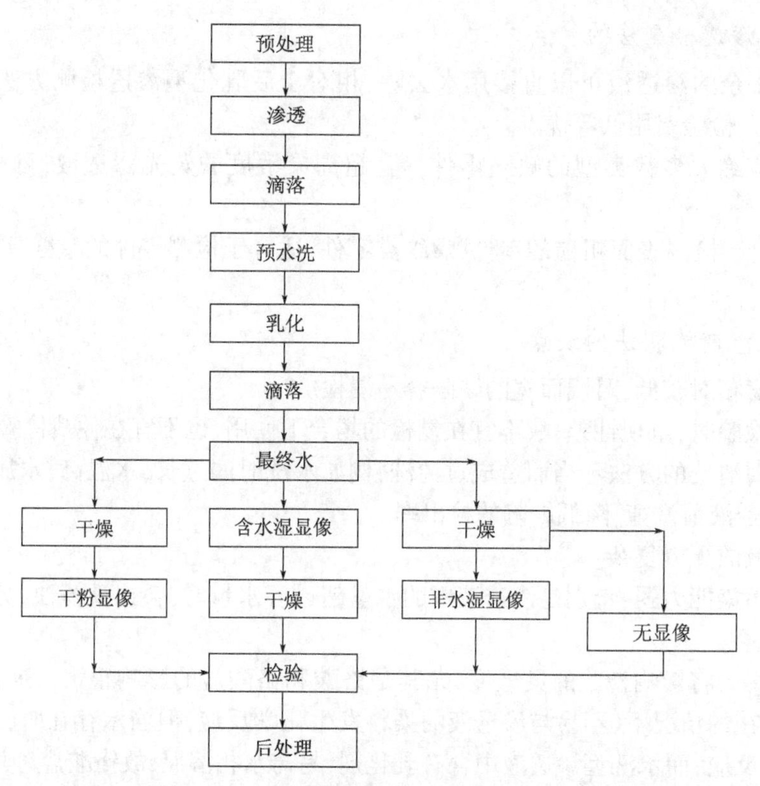

图 6.11　后乳化型渗透检测方法操作程序

(2)能检出浅而宽的表面开口缺陷。这是因为渗透剂中不含乳化剂,在严格控制乳化时间的情况下,已渗入浅而宽的缺陷中的渗透剂不被乳化,因而不会被清洗掉。

(3)渗透时间短。因为渗透剂中不含乳化剂,故渗透速度快,与水洗型相比较,渗透时间短。

(4)复检验的重现性好。这是因为后乳化型渗透液不含乳化剂,第一次检验后残存于缺陷中的渗透剂可以用溶剂全部清洗掉,不影响第二次检验时渗透液的渗入,故缺陷能重复显示。而水洗型渗透剂中含有乳化剂,第一次检验后残存于缺陷中的渗透剂用溶剂不能全部清洗掉,只能去掉其油基组分,仍然残留于缺陷中的乳化剂将阻碍第二次检验时的渗透剂的渗入,这就是水洗型渗透检测法重现性差的主要原因。

(5)检测系统抗污染能力强。因为后乳化型渗透液中不含乳化剂,不吸收水分,水进入后沉于槽底,所以水、酸和铬盐对它的污染影响小。

(6)检测系统较稳定。因为后乳化型渗透液不含乳化剂,所以温度变化时,不会产生分离,沉淀和凝胶等现象。

4)后乳化型渗透检测方法的缺点

(1)增加了乳化工序。单独的乳化工序使操作周期加长,检测费用增加。

(2)可能产生过乳化。单独的乳化工序,必须严格控制乳化时间,谨慎操作,才能保证检验灵敏度。

(3)只适用于检测表面粗糙度较低的零件。对于表面较粗糙的零件,其螺纹、凹槽或键槽或拐角等部位的多余渗透剂不易去除,检测效果不好。

(4)不适用于大型零件的检验。对于大型零件,后乳化型渗透检验方法操作比较困难。

3. 溶剂去除型渗透检测方法

1) 溶剂去除型渗透检测方法的操作程序

溶剂去除型渗透检测方法是广泛应用的渗透检测方法之一。表面多余渗透剂直接用溶剂擦拭去除。零件检验前的预清洗和多余渗透液的去除一般采用同一种溶剂去除剂。溶剂去除型渗透检测方法包括着色法和荧光法。荧光法的显像方式有干式、非水湿式、湿式和自显。着色法的显像方式有非水湿式、湿式两种,不用干式和自显式。图 6. 12 为溶剂去除型着色渗透检测方法的操作程序方框图。

图 6. 12　溶剂去除型着色渗透检测操作程序

2) 溶剂去除型渗透检测方法的应用

溶剂去除型渗透检测方法适用于表面光洁零件的检验,特别是溶剂去除型着色检测方法,它更适用于大零件的局部检验、焊缝的检验和现场检验。

3) 溶剂去除型渗透检测方法的优点

(1) 设备简单。渗透液、清洗剂和显像剂多为喷罐包装,使用操作简便。

(2) 对单个零件检测速度快。

(3) 适合于现场和大工件的局部检测。配合返修或对有怀疑的部位的处理,可随时进行局部检测。

(4) 可在无水、电的场合下进行检测。

(5) 与溶剂悬浮型显像剂配合使用,能检出非常细小的开口缺陷。

4) 溶剂去除型渗透检测方法的缺点

(1) 所用的材料多数是易燃和易挥发的,故不宜在开口槽中使用。

(2) 相对于水洗型和后乳化型而言,不太适合于批量工件的连续检测。

(3) 不适用于表面粗糙零件的检测,特别是对吹砂的零件表面更难应用。

(4) 擦拭去除表面多余渗透液时要细心,否则易将浅而宽的缺陷中的渗透液洗掉,造成漏检。

4. 渗透检测方法的选择

各种渗透检测方法均有自己的优缺点。具体选择检测方法时,首先应满足灵敏度的要求,确保检出预期缺陷的类型和尺寸,然后根据零件的大小、形状、批量、表面粗糙度,根据检测现场的条件,如场地的大小,水电气的供应情况,根据检测费用等因素进行综合考虑,选择合理的检测方法。只有足够的灵敏度才能确保产品的质量,但这并不意味着在任何情况下都选择最高灵敏度的检测方法,例如,对表面粗糙的工件采用高灵敏度的渗透液,会使清洗困难,造成背景过深,甚至会造成虚假显示和掩盖显示等,以致达不到检验的目的,而且,选用高灵敏度的检测方法,检验费用必然增大。

此外,在满足检测灵敏度要求的前提下,应优先选择对检测人员、工件和环境无害或损害较小的渗透检测材料与渗透检测工艺方法,应优先选用易于生物降解的材料,优先选择水基材料,优先选择亲水性后乳化方法。

采用合适的显像方式,对保证检测灵敏度非常重要,例如,特别光洁的零件表面,干粉显像剂不能有效的吸附,因而不利于形成显示,故采用湿式显像比干粉显像好,相反,在粗糙的工件表面则适合于采用干粉显像,如果采用湿式显像,则显像剂可能会在拐角、孔洞、空腔、螺纹根部等部位积聚而掩盖显示。溶剂悬浮显像剂对细微的裂纹的显示很有效,但对浅而宽的缺陷显示效果则较差。

6.4.3 观察与评定

在无损检测工作中,对于观察到的每一个"显示",都需要分析其形成的原因,判断其真伪性和相关性,确定它是相关显示,还是非相关显示,或是假显示,这个分析确定的工作就是解释。

在无损检测工作中,对于材料或零件表面上观察到的所有相关显示,都需要进行测定、统计,根据制定的验收标准进行评级,判定材料或零件是否合格,作出验收或拒收的结论,这个评级、判定的工作过程称为评定。

1.渗透显示的分类

在无损检测中,显示是指实施无损检测方法所获得的响应或痕迹。在渗透检测中,显像之后从零件被检表面上所观察到渗透剂痕迹即为显示,黑光下黄绿色的荧光渗透显示或白光下红色的着色渗透显示。通常,根据显示的真伪性和与验收的相关性,将其分为相关显示、非相关显示和假显示。

相关显示是指由缺陷或与验收有关的"不连续性"所引起的显示,如由裂纹、气孔、夹杂、疏松、冷隔、折叠、分层、未熔合、未焊透等引起的显示;非相关显示是由与验收无关的"不连续性"所引起的显示,该类显示不作为拒收的依据;假显示是因零件表面被渗透剂污染而产生的渗透剂痕迹,并非不连续性引起的显示。

引起非相关显示主要有下列三种情形:

(1)由零件外形结构的间断,如键槽、花键、连接孔、装配结合缝隙和搭接焊缝等所引起的显示。该类不连续性是设计和工艺要求的"间断",引起的显示不影响验收,所以属于非相关显示。

(2)由零部件加工和装配痕迹,如铆接印、装配压印、压痕等所引起的显示,该类加工痕迹是不可避免的,一般不影响零件的使用,设计允许其存在,所以它们引起的显示属于非相关显示。

(3)当零件被检表面上的划伤、刻痕、凹坑、毛刺、焊接飞溅及松散的氧化皮等被设计允许存在时,则它们引起的显示为非相关显示。

非相关显示比较容易解释,目视观察或拭去显像剂后直接观察零件的表面,即可确定其形成的原因。

渗透检测最终关注的是相关显示,相关显示决定零件是被验收还是被拒收。按显示的形状、大小、方位和分布状态。将相关显示分为以下几种:

(1)按显示的形状进行分类。

按形状将相关显示分为线形显示和圆形显示。

线形显示是指长轴和短轴之比大于3的显示,在渗透检测中,裂纹、发纹、分层、折叠、冷隔、未焊透、未熔合等缺陷一般形成线形显示。圆形显示是指缺陷长轴和短轴之比小于3的显示，气孔、针孔，某些夹杂和缩孔一般形成圆形显示。

(2)按显示的分布状态分类。

按分布状态将显示分为单独显示、成组显示和弥散显示。

单独显示是指孤立存在的显示，通常，标准对显示的最小尺寸和最小间距作出规定。尺寸小于规定数值的显示，忽略不计，间距小于规定数值的，则两侧缺陷应作为一个成组缺陷看待。成组显示是指聚集在一起的几个显示，通常标准对显示之间的最大间距做规定，间距大于规定数值时，则不能视为成组显示，两侧显示应视为两个单独显示，多数标准以其包络线的最大尺寸作为“成组显示”的尺寸，用于评定时计算和统计。弥散显示是指弥散分布在一个区域内的大量细小显示，显示多得无法统计，尺寸和间距小得无法逐一测量，只能宏观地根据其形状的长与圆，粒度的粗与细，分布的密与疏，判断其严重的程度。

(3)按显示的方位进行分类。

按显示的方向与零件轴线方向或焊缝方向的取向关系将其分为纵向显示和横向显示，标准除了对显示的尺寸和间距做规定外，还要对显示的取向与轴线或焊缝夹角做规定。

2. 常见缺陷及显示的特征

缺陷是指零件上不符合指定验收标准要求的不连续性，因其性质、形状、尺寸、方位及分布中的某项或某几项不符合验收标准的要求，而影响零件的有效使用，按缺陷产生的时期，可将缺陷分为原材料缺陷、工艺缺陷和使用缺陷。缺陷的种类十分繁多，主要有以下几种：

1)裂纹

裂纹属于工艺缺陷或使用缺陷。裂纹可出现在各种金属零件的内部或表面上，由过高的扩展应力所致。属于工艺缺陷的裂纹包括原材料、铸件、锻压件、焊接件和机加件制作过程中产生的热裂纹、冷裂纹、热处理裂纹、磨削裂纹、氢脆裂纹和焊接裂纹等；属于服役缺陷的裂纹包括疲劳裂纹、应力腐蚀裂纹、磨损裂纹及工作环境引起的氢脆裂纹等。裂纹为扩展型缺陷，危害极大。裂纹的渗透显示一般为线形，其特征是长宽比大，端头尖细。

2)气孔

气孔类缺陷属于工艺缺陷，气孔出现在金属铸件或焊缝的表面和内部，一般呈圆形、椭圆形或梨形，内表面光滑，有单独出现的大孔洞，也有成组出现的小气孔。

3)夹杂

夹杂属于工艺和材料类缺陷。夹杂可出现在铸件、焊接件、锻压件和轧制材料的内部或表面上。夹杂可分为金属和非金属两类，其危害性取决于夹杂的性质、大小、形状、方位和分布。

4)发纹

发纹属于材料缺陷，一般出现在轧制的板材、管材、棒材、型材及其机械加工工件的表面或内部，也可出现在锻件中。

5)折叠

折叠属于工艺缺陷，一般出现在锻压零件和热轧材料的表面上，像重叠的斜切缝，以小角度进入零件的表面，不紧密，呈开口状，内部常伴有污染物。

6)白点

白点也称为发裂，属于工艺缺陷，一般在合金钢的热轧材料或锻压件内部，热加工后的冷却不当时,氢的析出导致材料内部形成小的开裂面,在断口面上观察呈圆形或椭圆形银白色斑点状,故称为白点。白点是危害性较强的扩展性缺陷。

7)分层

分层属于材料缺陷,一般出现在板材、管材、型材及其机械加工零件的内部或表面上。分层是坯料中较大的缩孔、气孔、夹杂或偏析等,在轧压变形过程中被延展而形成的缺陷。分层是危害较大的扩展性缺陷。

8)冷隔

冷隔属于工艺缺陷,一般出现在铸件中,常出现在远离浇口的薄壁处、金属流汇合处、冷贴急冷处。冷隔一般显露于铸件的表面,呈边缘圆滑的缝隙状,有时伴有浇不足类缺陷。

9)未焊透

未焊透属于工艺缺陷,一般出现在熔焊接头的焊道中,是焊接时接头根部未完全熔透的现象。对于单面焊接的对接接头,未焊透出现在底面,是钝边或根部未焊透;对于双面焊的焊接接头,未焊透出现在内部,是钝边未焊透。对于角焊或丁字焊接接头,角顶未熔透或熔深不足,都称为未焊透。未焊透是有扩展倾向的缺陷,出现在底面的未焊透其渗透显示为直线形,有时是断续的,一般目视可直接观察到。

10)未熔合

未熔合属于工艺缺陷,一般出现在焊接接头中。熔焊时,焊道与母材之间,焊道与焊道之间未完全熔化结合的部分称为未熔合。电阻焊时,母材与母材之间未完全熔化结合的部分称为未熔合。未熔合是有扩展倾向的缺陷。熔焊时,焊道与母材之间未熔合的渗透显示为线形,弯曲地沿熔合线分布,或长或短,往往伴有线形夹杂。焊道之间的未熔合很难用渗透的方法检出。电阻焊的未熔合一般用破坏性的方法检验。

3. 验收标准

渗透检测的验收标准,包括不同材质(有色金属和黑色金属)的各种类型的原材料(板、管、棒、型材)的验收标准,不同材质的各种工艺加工的零件(铸、锻、焊、机加、热处理等)的验收标准,以及使用过零件的标准。不同行业标准体系的标准格式又不一致,所以渗透检测标准的类型和形式极其复杂。各种验收标准可以按如下方法进行分类:

(1)按适用范围分为专用验收标准和通用验收标准

①专用验收标准。这类标准只适用于某种工艺缺陷或只适用于某种零部件渗透检测时评定验收。大型的、复杂的、要求严格的零部件一般采用专用验收标准。

②通用验收标准。这类标准适用于某类材料,某种加工工艺制作的各种零件,对可能产生的各种缺陷的评定和验收。

(2)按评级验收对象的不同分为显示评级验收、缺陷评级验收和零件评级验收三种形式。

①显示评级验收标准。这类标准由“显示分类评级标准”和“显示验收文件”两部分组成。其中,“显示分类评级标准”部分是广泛通用的标准,一般来源于检测方法标准,它只关注现实的形状、尺寸和分布,只需按规定将显示分类评级;“显示验收文件”部分是设计部门根据经验与相似零件验收标准,经过少量的试验验证确立,规定整个零件或零件的某个区域各种显示的验收等级。

②缺陷评级验收标准。该类验收标准与上述显示评级验收标准相似,也由两部分组成,但

通用部分是“缺陷分类评级标准”。

③零件评级验收标准。该类标准首先根据零件使用时承载情况的不同:大、中、小载荷,静、动或交变载荷;使用环境的不同:空中、地面或水下,是否接触腐蚀性气、液体;重要性的不同:一旦破坏对人、机和环境造成的危害程度;将零件分类,然后针对不同制造工艺可能产生的每种缺陷,作出关于显示的尺寸和分布的验收规定。

4. 缺陷评定举例

在对所有观察到的显示做出解释,对相关显示进行测量和记录之后,即可根据指定的验收标准进行评定。一般按下列程序进行:

(1)对于没有显示或仅有非相关显示的零件应予以验收。

(2)对于有相关显示的零件,如果验收标准为显示(或缺陷)评级时,则首先按指定的通用评级标准的规定,对显示(或缺陷)进行分类评级,然后,按照零件验收文件规定的显示(或缺陷)等级,判定零件或某区上的显示(或缺陷)等级是否符合规定,符合则验收,不符合则拒收。

(3)对于有相关显示的零件,如果验收标准为零件评级时,则首先按标准确定被检零件或某区域的质量等级。然后按该等级规定的各项验收条件,判断零件上各个相关显示(或缺陷)是否符合规定,符合则验收,不符合则拒收。

[**例 6.1**]　现有一件压气机叶片,要求进行荧光渗透检测(3 级灵敏度),设计文件规定缺陷显示等级不得超过 GJB 2367A—2005 标准附录 A 中的 3 级。渗透检测发现:叶片一端有 1mm × 3mm 显示 1 个;在其延长线方向相距 1.5mm 处,有 ϕ1.5mm 显示一个;在叶片另一端弥散分布 ϕ1mm 显示 3 个,ϕ2mm 显示 3 个。分布区域为 50mm × 40mm,试评定验收。

答:首先按 GJB 2367A—2005 标准附录对发现的显示进行分类评级:

虽有线形显示和圆形显示各 1 个,但由于两个显示大致分布在一条连线上,且间距小于 2mm,按 A2.3 规定,应视为 1 个显示,其尺寸为 3mm + 1.5mm(间距) + 1.5mm = 6mm;按表 A1 的规定,线形和圆形显示评为 3 级。

分散形显示分布区域为 50mm × 40mm = 2000mm^2,小于 2500mm^2,显示的总长度为 1mm × 3 + 2mm × 3 = 9mm,按表 A2 规定分散形显示评为 3 级。

然后,根据验收文件“显示等级不得超过 3 级”的规定,判定质量符合验收标准要求,作出准予验收的结论。

6.5　渗透检测发展趋势

渗透探伤的工业应用始于 21 世纪初,除目视检查外,它是应用最早的无损检测方法。因为渗透探伤最简单易行,其应用遍及现代工业的各个领域。

近年来,由于过滤性微粒型渗透剂的出现,使渗透探伤技术的应用扩展到多孔性材料。国外研究表明,渗透探伤对表面点状和线状缺陷检出概率高于磁粉检验,是一种最有效的表面检验方法。S J OBrucki 认为,在目前的产品质量检测中,渗透探伤可能是应用最普遍的一种无损检测方法。促进渗透检测技术发展的主要是航空工业和原子能工业,这些部门对可靠性要求极高,且大量使用铝合金和奥氏体不锈钢,表面检测非渗透探伤莫属。

渗透检测未来发展趋势主要表现在以下几个方面:

(1)研制新的渗透探伤剂,仍然是今后渗透探伤技术发展的主题,特别是研制开发无污染探伤剂和无公害的喷罐式喷雾剂，继续用氟利昂作喷雾剂是无法接受的。快速渗透探伤剂的研制是其中内容之一，科研工作者已经研究出一种快速渗透探伤剂，液体渗透探伤剂由渗透剂、显像剂和清洗剂组成。其中，渗透剂可在1min之内完成快速渗透，大大缩短了传统渗透探伤剂需要10min以上的渗透时间。现有渗透剂可使用气温为5℃以上，该种新型探伤剂渗透剂可在-18℃的环境中使用，可在室外现场使用。

(2)研制新的渗透探伤器材。随着工业生产中人体工程学兴起以及人们对工作环境舒适化的强烈愿望，使用方便、舒适的探伤器材是今后渗透探伤发展的一个重要目标。

(3)计算机的应用是无损检测的一次革命。微机将使渗透探伤全自动化得以实现，特别是自动识别真假迹痕及缺陷迹痕的评定和分选，最大限度地减少随机误差和人为误差，提高渗透探伤可靠性。

(4)渗透探伤理论涉及零点几微米宽缺陷内毛细现象的极为复杂的过程，是亟待解决的理论问题。毛细现象是分子间作用力的宏观体现，它利用诺维—斯托克斯层流方程式，而该方程式是在液体的宏观间隙情况下得到的，仅适用于均匀介质。当间隙为零点几微米时，液体很难视为均匀介质了，因此，用基于诺维—斯托克斯层流方程式的毛细现象会有很大的偏差。要从理论上彻底解决渗透机理这类问题，不是近期的事。

复习思考题

一、选择题

1. 渗透检测主要用于各种金属和非金属材料构件(　　)缺陷的质量检验。

A. 内部　　B. 表面开口　　C. 近表面　　D. 以上都可以

2. 渗透检测中，VC表示(　　)

A. 溶剂去除型着色渗透探伤　　B. 溶剂去除型荧光渗透探伤

C. 后乳化型着色渗透探伤　　D. 水洗型着色渗透探伤

3. 渗透探伤中，FC表示(　　)

A. 溶剂去除型荧光渗透探伤　　B. 后乳化型渗透探伤

C. 溶剂去除型着色渗透探伤　　D. 水洗型着色渗透探伤

二、填空题

1. 渗透探伤剂由(　　　)、(　　　)、(　　　)和(　　　)组成。

2. 镁合金铸件表面裂纹最适合采用(　　　)检测方法。

三、简答及计算题

1. 什么是渗透检测？渗透检测的主要原理是什么？

2. 渗透探伤剂包括哪些？渗透检测的主要步骤是什么？

3. 常规无损检测方法中，表面缺陷检测方法有哪些？应如何正确选择这些表面检测方法？

4. 渗透检测的优缺点是什么？

5. 渗透剂应具有哪些性能？

第7章　其他无损检测方法

7.1　引　　言

无损检测方法很多,除了常规的超声波检测、射线检测、磁粉检测、涡流检测和渗透检测五种方法外,还有其他无损检测方法,本章重点介绍声发射探伤、红外探伤、液晶探伤和激光全息照相法等新型无损检测方法。

7.2　声发射探伤

7.2.1　声发射探伤原理及特点

1. 声发射现象

材料和结构在外力或内力作用下产生变形和断裂时,以弹性波的形式释放出应变能的现象称为声发射。换句话说,声发射是材料或结构中局部区域快速卸载使弹性波得以释放的结果,是一种常见的物理现象。绝大多数金属材料塑性变形和断裂时都有声发射发生,但声发射信号的强度很弱,人耳不能直接听到,需要借助灵敏的电子仪器才能检测出来。用仪器检测、分析声发射信号,并利用声发射信号来推断声发射源的技术,称为声发射技术。

焊接结构(件)在受载时,在构件内微观组织不均匀处或缺陷处将产生应力集中,特别是在缺陷的尖锐处更为严重。应力集中是一种不稳定的高能状态,这种状态最终将以应力集中区域的塑性变形导致微区硬化,最终形成裂纹并扩展,因而使应力得到松弛而恢复到稳定的低能状态。与此同时,多余的能量将从塑性变形区或裂纹形成扩展区以弹性波形式释放出来,即产生声发射。所有的焊接缺陷都可以成为声发射源。但通过实验发现,平面型缺陷比非平面型缺陷更容易成为声发射源,这是因为平面型缺陷的应力集中系数高,更容易引起局部屈服产生新的开裂。

2. 声发射信号的表征参数

声发射换能器所检测到的信号是经过多次反射和波形变换的复杂信号。目前声发射信号的表征参数是针对仪器输出波形而言的,这些参数主要有声发射事件计数、平均事件计数、振铃计数、平均振铃计数、振铃事件比、幅度分布、能量和能量率等。

1) 事件计数和平均事件计数

一个声发射脉冲激发传感器,使之振荡并产生如图7.1(a)所示的一个突发型信号波形,包括检波后波形超过预置的阈值电压所形成一个矩形脉冲,称为一个事件。在测试中所得到的事件总数称作事件计数。单位时间(通常为每秒)内的事件数称作平均事件计数。

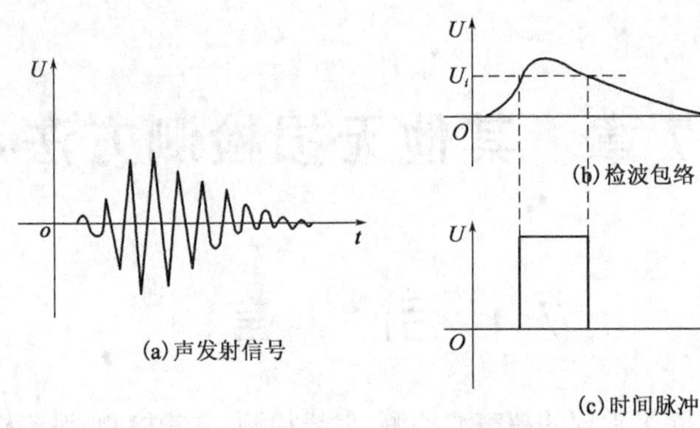

图 7.1　事件计数法

2)振铃计数和平均振铃计数

在所检测到的声发射事件中,超过阈值电压的脉冲状信号称为振铃,例如,图 7.2 中有 4 个振铃。在试验过程中得到的总振铃数称作振铃计数(声发射技术)。单位时间内的振铃数称为平均振铃计数。

3)振铃事件比

每个事件中的振铃数称为振铃事件比。

4)幅度分布

质点振动位移的平方正比于该质点所具有的能量。因此,度量声发射信号的幅度就能反映声发射事件所释放的能量。目前,常用下述两种处理方法进行幅度分布分析。

(1)事件分级幅度分布。

将接收到的若干事件的声发射信号按其振幅大小分成若干等级,然后将事件数绘成直方图,如图 7.3 所示。

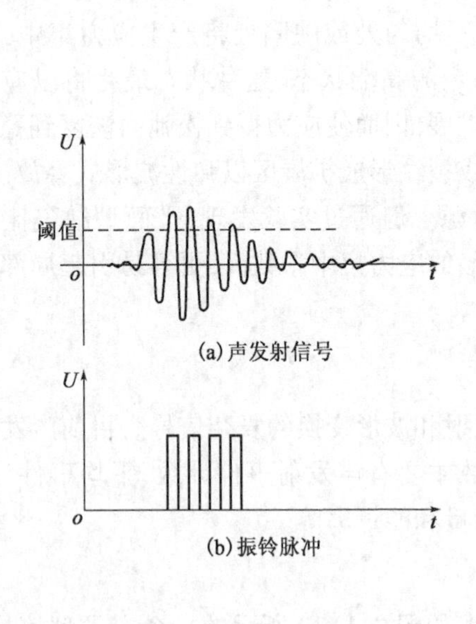

图 7.2　振铃计数法

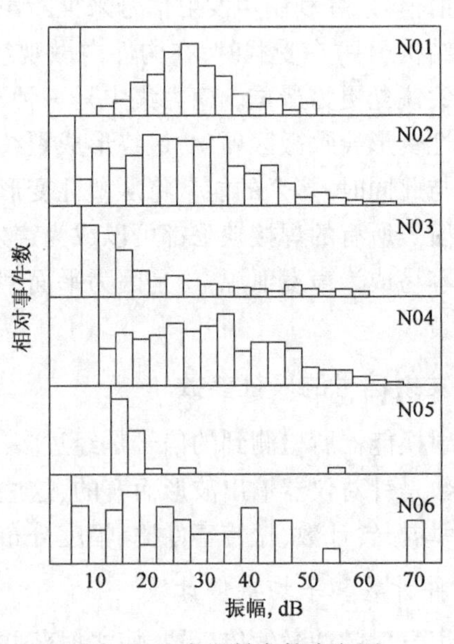

图 7.3　声发射事件直方图

(2)事件累计幅度分布。

声发射检测系统将声发射的幅度分为若干等级,每一等级有一低端电压。将声发射事件按越过各低端电压的数目进行累计，这样所得到的事件数随各等级低电压 U_i 变化。其变化规律可表示为：

$$累计事件数 \propto U_i^{-b}$$

以 X 轴表示 U_i，也就是幅度等级；Y 轴表示累计事件数的对数值，可得一直线如图 7.4 所示。直线的斜率就是上式中的 b 值。

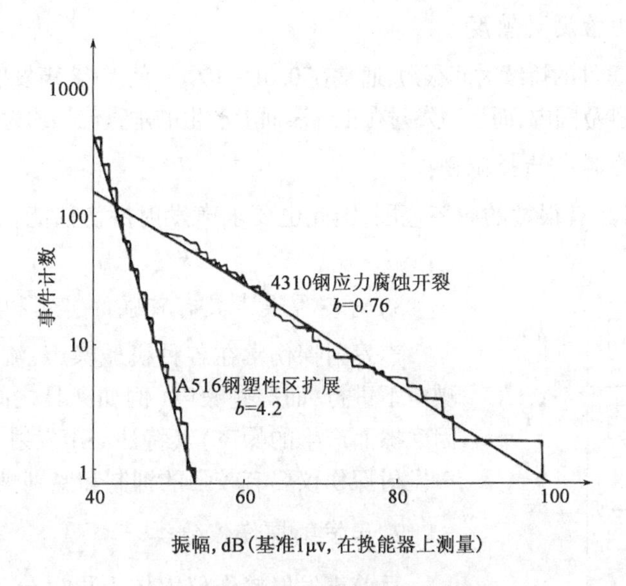

图 7.4　声发射事件累计幅度分布

5）能量和能量率

虽然信号幅度可以代表能量，但在常用的声发射能量测量方法中是把声发射事件所包含的面积作为能量的测量参数。能量参数分为总能量和能量率两种，前者指在试验过程中所测得的累计能量；后者则是单位时间内的声发射能量。

3. 声发射探伤特点

声发射探伤是在不使焊接结构（件）发生破坏的力的作用下进行。在这种力的作用下构件内缺陷发生某些变化（如塑性变形，裂纹的形成和扩展），多余的能量以弹性波的形式释放出来。缺陷在探伤中主动参与了探伤过程，所以它属于一种无损动态探伤方法。它与常规无损探伤方法相比具有以下特点：

(1) 声发射探伤仪显示和记录那些在力的作用下扩展的危险缺陷。这种探伤方法采用了不同于常规无损探伤方法按缺陷尺寸进行评判的做法，而是按其活动性和声发射强度分类评价。

(2) 声发射探伤对扩展中的缺陷有很高的灵敏度，可以探测到零点几微米数量级的裂纹增量。

(3) 可用若干个声发射传感器固定在工件表面构成几个阵列来检测整个工件，不需要将传感器在工件表面移动。因此，声发射探伤过程对工件表面状态和加工质量要求不高。

(4) 缺陷尺寸及在焊缝中的位置和走向不影响声发射探伤结果。

(5) 声发射探伤与射线照相法和超声波探伤相比，受材料的限制比较小。例如奥氏体钢焊缝的凝固组织裂纹，特别是热裂纹，采用 X 射线和超声波探伤都有较大困难，但用声发射探伤就显示出极大优越性。

7.2.2 声发射探伤设备

1. 声发射探伤设备的基本要求

1）应具有较高的检测灵敏度

声发射信号单个事件的持续时间很短，通常在 0.01 ~ 100μs 范围内，声发射脉冲的上升时间一般在几十至几百毫微秒范围内，而且声发射在工件表面上产生的垂直位移约为 $10^{-4} \sim 10^{-10}$mm。

2）应具有较宽的频率选择范围

声发射信号本身具有很宽的频率范围，因此也要求声发射探伤仪能在较宽的频率范围内选择检测的频率窗口。

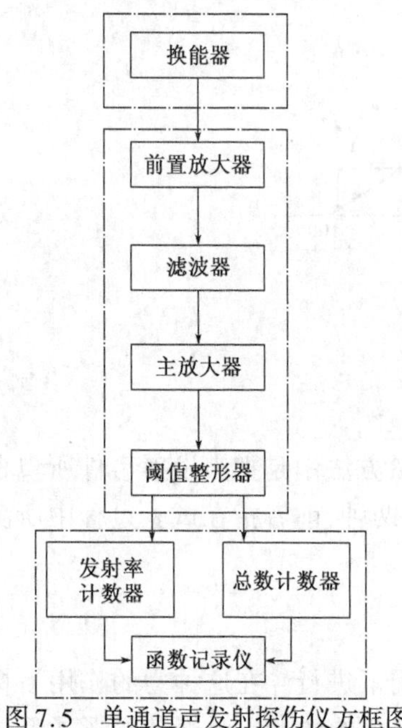

图 7.5 单通道声发射探伤仪方框图

3）对各种噪声具有较强的抑制和鉴别能力

声发射探伤常在各种机械噪声、流体动力噪声及电气噪声下进行，而有些噪声（例如夹具之间、夹具与工件之间因摩擦而产生的噪声）其特性与声发射十分相似，所以要求声发射探伤仪要有较强的抑制和鉴别噪声的能力。

2. 声发射探伤仪分类

目前声发射探伤仪大体上可以分为两类：一类是单通道声发射探伤仪，另一类是多通道声发射探伤仪。

1）单通道声发射探伤仪

一般采用一体式结构，其基本组成见图 7.5。国产 SF1 – 1单通道声发射探伤仪属于此类。

2）多通道声发射探伤仪

这类探伤仪最少通道数不少于两个，目前有双通道、三通道、乃至 72 通道声发射探伤仪。这种探伤仪均采用功能组件组合方式，可根据不同需要组成不同功能系统。图 7.6是多通道声发射探伤仪示意图。它除了包括单通道模拟量检测和处理系统外，还包括数字测定系统、计算机数据处理系统及外围显示系统。这样的系统不仅可以在线实时确定声发射源的位置，而且还可以实时评价它的有害度。为了综合评价声发射源的有害度，往往还设有压力和温度参数测量系统。我国已生产了双通道、四通道、八通道中小型声发射探伤仪和 36 通道大型声发射探伤仪。

3. 声发射换能器

声发射换能器是声发射探伤仪中一个非常重要的器件，它的任务是接收声发射信号并将其转化为电信号。声发射换能器以压电式换能器应用最为广泛，它一般由壳体、压电元件，阻尼块、连接导线和高频插座等组成。图 7.7 为单端谐振式声发射换能器结构简图和差动式换能器的结构图。

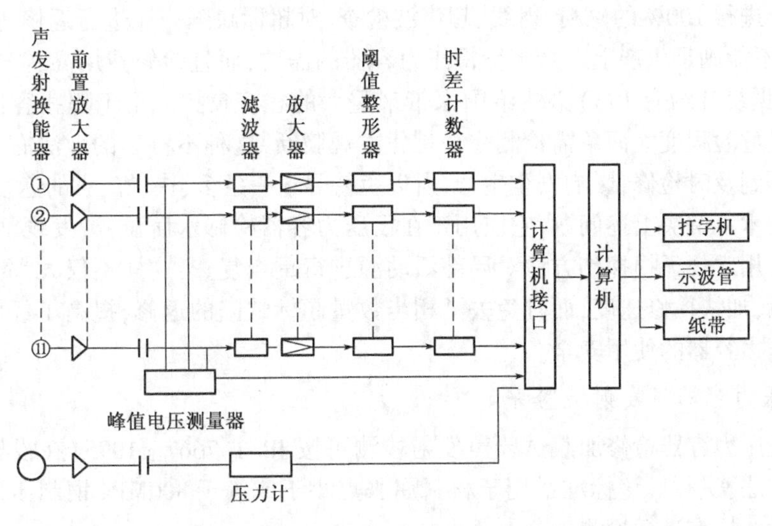

图 7.6　多通道声发射探伤仪组成示意图

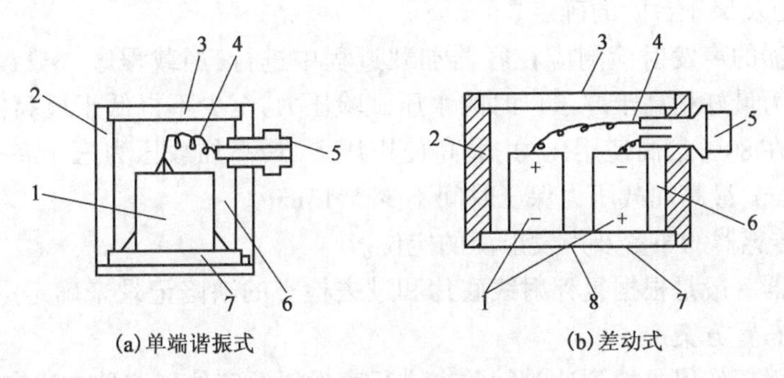

图 7.7　声发射换能器结构图

1—压电元件;2—壳体;3—上盖;4—导线;5—高频插座;6—阻尼块;7—底座;8—保护膜

压电元件是声发射换能器中的关键元件。压电元件的材料常用锆钛酸铅、钛酸钡和铌酸锂等。其中,锆钛酸铅最为常用,因这种材料具有较大的压电模数、高的强度、稳定的性能和较高的居里点(270～400℃)。在更高的温度(>1000℃)下探伤时,可用具有更高居里点(1210℃)的铌酸锂材料。

7.2.3　声发射探伤在焊接中的应用

在焊接领域中声发射技术已成功地应用于役前、在役压力容器结构完整性检测评定上。对焊接过程接头质量的检测也取得了可喜的成果。但由于焊接过程中存在着很强的噪声,使声发射信号往往难以抑制和鉴别,因而使它们的实际应用受到了限制。本节重点介绍已用于工程实际的役前、在役压力容器结构完整性检测评定。

1. 在役压力容器结构完整性检测评定

1)在役压力容器结构完整性检测意义

据统计,除各类气瓶、压力管道外,目前国内拥有的在役锅炉、压力容器约有近百万台。从事故统计和部分容器开罐检查结果来看,有相当数量的在役压力容器,普遍存在着各种先天性(制造中遗留)和后天性(使用中产生)缺陷,未能得到及时检验和处理。若均按照制造验收标准对检修容器进行100%的磁粉、射线、超声波检查,对超标缺陷一律进行返修等处理的,不仅检修速度慢,不能满足生产上对众多待检压力容器的需要,而且检修费用高,需要报废的容器数量也惊人(据统计约有1/3)必然给国家带来重大的经济负担。至于哪些容器应作重点检测?哪些才是危险程度大而急需检测往往是凭主观臆断,这种不科学的做法有可能使真正的危险容器得不到及时检修,影响安全生产,所以亟待寻求一条多、快、好、省的途径。

声发射技术可解决上述问题,它应用于在役压力容器检修水压试验,发现活动性缺陷源,定出位置后再用常规无损探伤方法对局部活动源进行重点复查,这样不仅大大减小了常规无损探伤工作量,加快检修速度,而且免去了相当数量超标缺陷的返修,提高了经济效益。同时也真正确保压力容器的使用安全。

2)在役压力容器声发射检验评定

我国在役压力容器检修加载试验声发射检测可按JB/T 7667—1995《在役压力容器声发射检测评定方法》进行。该标准适用于材料屈服点小于或等于800MPa钢制压力容器。压力管道也可参考此标准进行检测。

(1)加载压力及保压台阶的确定。

在役压力容器的声发射检测应在容器加载过程中进行,加载程序一般包括升压、保压过程。最高加载压力最好稍高于原出厂时的水压试验压力,至少不得低于最高使用压力的1.25倍。保压至少应在80%最高使用压力、最高使用压力、最高加载压力三个台阶进行。保压时间一般不少于5min,最高加载压力保压时间不少于15min。

(2)声发射传感器的布置及声发射源的定位。

声发射传感器一般是根据复评射线底片和过去检查的缺陷记录来确定重点检测部位,决定传感器阵列的布置方案。

早期的声发射探伤仪是按到达时间差来进行声发射源定位。这种方法在实验室的平板上效果很好,但在现场得出的结果却很差。因为它不能处理那些因阵列中某个传感器没有收到信号从而不能定位的事件,这样会漏掉很多真实的声发射数据,使检测结果无效。现场测试数据表明,这种定位方法可定位的事件数是总事件数的0%~20%。

目前在现场实时检测中,常采用区域定位来确定声发射源的近似位置。更精确的声发射源定位方法是按次序冲击方法,即根据一个声发射事件冲击一组传感器的顺序来确定声发射源的位置。

(3)声发射源分类。

声发射源通常根据声发射源的活动和强度分类。声发射源的活动度是指声发射源区事件计数和振铃计数在加载过程中的变化率。按活动度的发射源分类方法如下:

①出现下列情况之一者为强声发射源,为1型:

a. 振铃计数随载荷增加快速增加;

b. 出现超过某定值的高计数、高幅度信号;

c. 在使用压力和验收压力下保压1min后出现2个以上事件者。

②出现下列情况之一者为弱声发射源,为2型:

a. 振铃计数随载荷增加慢速增加;

b. 出现某定值计数和幅度信号;

c. 在使用压力和验收压力下保压1min后出现保压信号。

③出现下列情况之一者为不活动声发射源,为3型:

a. 振铃计数随载荷增加在高压阶段平静；

b. 不出现保压信号。

声源的强度是由经过距离修正的声发射源平均振铃计数和平均幅度分别与总事件的平均振铃计数和平均幅度的比值来决定。设 $\overline{N}_c$、$\overline{p}_c$ 是单声发射源的平均振铃计数与平均幅度，$\overline{N}_t$、$\overline{p}_t$ 是总事件的平均振铃计数和平均幅度。若按强度分类，则有：

$$\overline{N}_c / \overline{N}_t \text{ 和 } \overline{p}_c / \overline{p}_t \begin{cases} > 1 & \text{Ⅰ 类源(很强)} \\ \approx 1 & \text{Ⅱ 类源(强)} \\ < 1 & \text{Ⅲ 类源(不强)} \end{cases}$$

若 $\overline{N}_c/\overline{N}_t$ 和 $\overline{p}_c/\overline{p}_t$ 是一个大于 1，一个小于 1 时，则要视具体数值大小来决定它们的类型。

综合声发射源的活动度和强度，可把声发射源严重性分为 A、B、C、三级，其中 A 级源最严重，B 级源严重，C 级源不严重。具体分级情况如表 7.1 所示。

表 7.1 声发射源严重性分级

强度＼级源＼活动度	1	2	3
Ⅰ	A	A	B
Ⅱ	A	B	C
Ⅲ	B	C	C

(4) 强声发射源的复检。

对于 A 级源和 B 级源，应用常规无损探伤方法按定位点所对应的声源位置进行复验。对复验确认的缺陷，应进一步测定其长度、自身高度、埋藏深度以及性质，并采用 CVDA—1984《压力容器缺陷评定规范》进行缺陷评定，以决定该缺陷是否应该返修。

3) 在役压力容器声发射检测实例

检测的液化气储罐材料为 16MnR，内径 2.2m，壁厚 18mm，长度 5.84m，容积 20.6m^3，设计压力为 1.86MPa，使用压力为 1.67MPa，使用温度 -15 ~ 50℃，投入使用到检测年限为 3 年。

(1) 声发射检测工作步骤。

①对容器进行空罐、清洗，蒸煮，使罐内含氧量和有毒易燃介质残留量达到人能进罐要求。

②查看储罐原来探伤记录，复评 X 射线底片，确定重点检测部位。

③储罐内表面焊缝两侧，用砂纸除锈，磨出金属光泽，100% 磁粉探伤检查，外表面重点部位砂纸打磨，超声波探伤。

④拆除储罐保温层，安装声发射传感器，进行仪器标定和衰减特性、灵敏度试验，并测量声速。

⑤封闭储罐所有开孔，接上压力表进行水压试验，同时进行声发射检测。

⑥根据 1.25$p_{设}$ 加 0.196MPa 水压试验压力，确定升压保压台阶，以观察保压过程中声发射特征。

⑦水压试验后立即进行声发射源定位点的标定，确定可能的噪声源位置。

⑧进行声发射源数据处理，并按规定进行分类、定位。

⑨根据声发射源检测数据决定的类别和位置在储罐上找出对应位置，对 A、B 级源进行超声波探伤复查，确定缺陷类型和尺寸，对无缺陷声发射源找出其噪声源，以便从声发射源中剔除。

(2)声发射传感器的布置。

使用的声发射探伤一共有八个通道,可以组成四个线阵列,每个线定位阵列沿纵缝分布,传感器布置在环缝外侧丁字口处,四个阵列传感器之间距离分别是1710mm、1660mm、1520mm、1690mm,预置声速5000m/s,门槛电平固定40dB,上升时间滤波条件为10~50μs,各阵列互相封锁,即某一阵列首先收到声发射信号后,其余三个阵列不再记录该信号,确保每个阵列就近接收声发射信号。

(3)声发射检验结果评定。

水压试验的加压过程分出几个保压台阶:在0.49MPa、1.18MPa、1.67MPa、1.96MPa、2.25MPa时分别保压3min;升到2.53MPa时保压10min;然后降到1.27MPa进行二次升压,升到1.67、2.06、2.45、2.53MPa各保压3min后卸载。测得5个A级源,6个B级源,7个C级源。A级源和B级源结果见表7.2。

表7.2 声发射源分类表

阵列	声发射源	定位x	事件数	平均计数	$\overline{N}_c/\overline{N}_t$	平均幅度	$\overline{p}_c/\overline{p}_t$	强度	活动度	级源
A	g	803.7	8	465	0.82	61.0	1.10	Ⅰ	3	B
B	l	796.8	9	50	0.088	52.6	0.95	Ⅲ	1	B
B	b	966	14	677	1.19	57.7	1.04	Ⅰ	3	B
C	c	106.4	64	410	0.72	56.1	1.01	Ⅲ	1	B
C	e	228	10	741	1.31	51.2	0.92	Ⅱ	1	A
C	k	775	6	469	0.83	50.5	0.91	Ⅲ	1	B
C	y	380	2	6035	10.6	59.4	1.07	Ⅰ	2	A
C	z	1300	2	11000	19.4	74.5	1.35	Ⅰ	2	A
D	i	912.6	5	3044	5.37	52.2	0.94	Ⅰ	1	A
D	a	1047.8	7	1503	2.65	54.9	0.99	Ⅰ	1	A
D	j	1233.7	6	1052	1.86	53.5	0.97	Ⅰ	3	B
全部			223	567		55.37				

用超声波探伤复查,最后确定声发射源的性质和所测定的缺陷尺寸,结果列于表7.3。由超声波探伤复查结果可知,在5个A级源中有2个环缝缺陷,其中一个长度为11mm,自身高度3mm,埋藏深度16mm;另一个长度为38mm,自身高度2.4mm,埋藏深度6mm。采用CVDA—1984规范对两个缺陷进行安全评定计算,确定他们是允许的,不必返修。这两个缺陷是水压试验声发射检测时找到的,表明声发射检测是有效的,而且定位方法也是正确的。

表7.3 声发射源性质复查

阵列	声发射源	声发射级源	超声波探伤复查		结论
			纵缝	环缝	
A	g	B	无	无	托架噪声
B	l	B	无	无	人孔北部噪声
B	b	B	无	无	人孔北部噪声
C	c	B	无	无	人孔南部噪声
C	e	A	无	无	人孔南东部噪声

续表

阵列	声发射源	声发射级源	超声波探伤复查		结论
			纵缝	环缝	
C	k	B	无	无	平台柱脚噪声
C	y	A	无	5 号下方 1210mm 未熔合	环缝缺陷
C	z	A	无	6 号下方 535mm 未焊透	环缝缺陷
D	i	A	无	无	压力表接口噪声
D	a	A	无	无	压力表接口噪声
D	j	B	无	无	柱脚噪声

2. 役前压力容器结构完整性检测评定

压力容器的使用条件比较恶劣，它不仅要承受各种不同的压力载荷(有时还是脉动的)，而且还要承受如重力、风载、地震等附加载荷，有的容器还工作在高温或低温下，工作介质又往往具有毒性或腐蚀性。加上因选材、结构设计不当、焊接、热处理等工艺过程控制不好和常规无损探伤的漏检等原因，使压力容器存在不少"后生"和"先天"性缺陷，给它的安全运行带来隐患。所以世界各国都非常重视役前压力容器结构完整性的检测评定。用声发射技术对役前水压试验的压力容器进行检测，以做到早期发现压力容器内部存在的各种足以造成性能退化，影响其正常使用的活动性危险缺陷，是评价压力容器结构完整性、避免事故，尤其是灾难性事故发生的有效办法。

役前水压试验声发射检测评定方法与在役压力容器检修声发射检测评定方法相同。

表 7.4 是近年来美国和日本公布的部分民用压力容器出厂水压试验声发射检测实例。

表 7.4　压力容器出厂水压试验实例

国家	容器类别	材料及规格	试验性质	使用通道数	声发射测定	其他无损探伤方法复查	声发射有效性
美国	加氢脱硫容器	A387 – C 钢，$\phi 2m \times 10m \times 84mm$ 内衬 5mm 堆焊层	11.96MPa 水压试验	24	测出 12 个不需返修的声发射源	7 个无害缺陷，1 个缺陷较大，但不需返修，另外 4 个声源无法复查	复查点与声发射测定一致
美国	换热器外壳	$\phi 8.9m \times 6.6m \times 40mm$	10.29MPa 水压试验	24	测出 9 个声发射源，均属不需返修	4 个为衬里未贴紧引起，4 个为外壳夹渣，1 个为接管内套移动	一致
日本	压力容器	$\phi 2.9m \times 18.8m \times 54mm$	5.88MPa 水压试验	28	测出 27 个声发射源，均属非危险性缺陷	25 个证实为焊缝缺陷，1 个为母材缺陷，但都在验收范围内。1 个无缺陷	准确率 92%
日本	氨合成塔	$\phi 4.3m \times 7.7m \times 79mm$	4.80MPa 水压试验	28	测出 5 个声发射源，均属非危险性缺陷。	吊环二处，管子支撑板一处，管子支架一处，缺陷均在角焊缝	一致

3. 在役运行压力容器结构完整性检测评定

对那些工作在高温、高压、有强烈腐蚀性或毒性介质条件下,或带有尚存疑问缺陷的压力容器,采用声发射技术对容器的运行进行监控称作在线检测。这种检测的意义在于监测缺陷的变化,提供停机或检修的最佳时机,避免重大事故的发生。若对在役运行压力容器结构完整性采用连续检测,则人力物力消耗耗费较大,可采用定期检测。

图 7.8 为碳钢氨球罐外形图。容器经停机检查发现球罐焊缝上有应力腐蚀裂纹,打磨返修后又重新运行。球罐上布置 34 个永久性声发射传感器对其进行定期检测。

图 7.9 是定期检测得到的声发射信号发展趋势。1982 年 10 月发现声发射信号有显著的增加,即停机检修,用磁粉探伤方法证实存在大面积严重应力腐蚀裂纹。

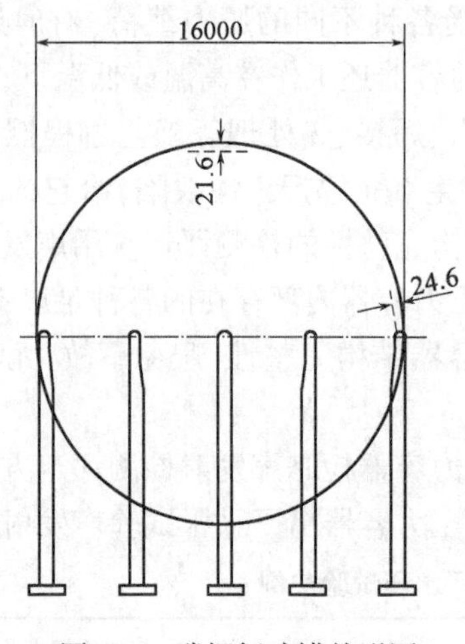

图 7.8　碳钢氨球罐外形图

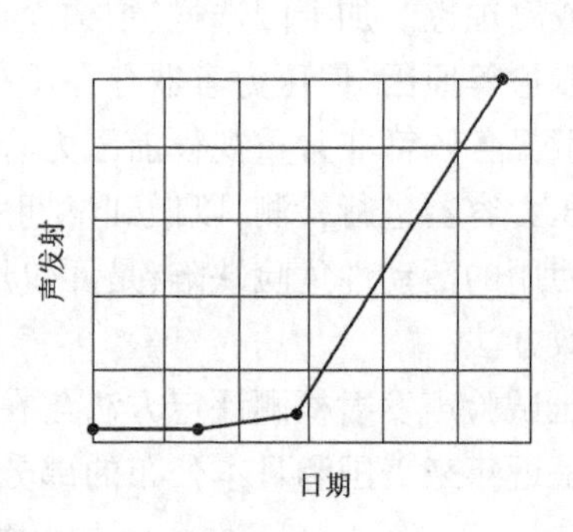

图 7.9　声发射信号发展趋势

7.3　红外线探伤

7.3.1　红外线探伤原理

红外线是一种肉眼看不见的,波长介于可见光和微波(毫米波)之间的光波。由于太阳光的热量主要由红外线传播,所以红外线又称作热辐射。自然界中任何高于绝对零度的物体都具有一定功率的热辐射,即发出红外光波。

红外线探伤是建立在传热学理论上的一种无损探伤方法。在探伤时可将一恒定热流注入工件,如果工件内存在有缺陷,由于缺陷区与无缺陷区的热扩散系数不同,那么在工件表面的温度分布就会有差异,内部有缺陷与无缺陷区所对应的表面温度就不同,由此所发出的红外光波(热辐射)也就不同。利用红外探测器可以响应红外光波(热辐射),并转化成相应大小的电信号的功能。逐点扫描工件表面就可以得知工件表面温度分布状态,从而找出工件表面温度异常区域,确定工件内部缺陷的部位。

7.3.2　红外线探伤仪

1. 红外线探伤仪工作原理

典型的红外线探伤仪工作原理如图7.10所示。来自工件的红外光波经光学系统1的反射、聚焦后，由分光器将其反射至调制盘2，调制盘将来自工件和标准红外光源5的红外光波轮流交替地送入红外探测器6中，由它转换成相应大小的电信号输出，输出的这些信号经窄带放大器7、参考信号发生器8、同步整流器9和信号处理及显示装置10后，得到工件表面被检测点的温度。

2. 红外探伤仪分类

红外线探伤仪有红外线热像仪和辐射计两类。

(1)红外线热像仪可把来自工件表面的温度分布变成直观而形象的热图。红外线热像仪又分为光机扫描型和非机械扫描型两种，其中较成熟的是光机扫描型，瑞典AGA公司生产的AGA－750型热像仪就属这一种。

(2)辐射计就是视场固定的点探测仪。热像仪能提供被检测工件部分和整个表面的温度分布状态，而辐射计仅提供一点和一条线的温度分布状态。我国生产的HT－2型红外线探伤仪属于此类。

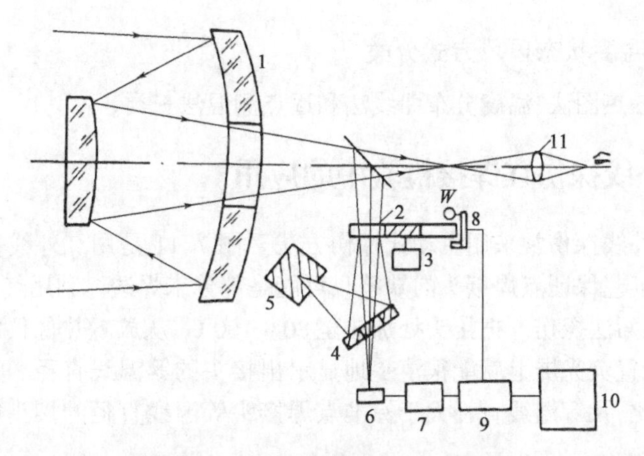

图7.10　红外线探伤仪工作原理

1—光学系统；2—调制盘；3—电动机4—反射镜；5—标准红外光源；6—红外探测器；
7—窄带放大器；8—参考信号发生器；9—同步整流器；
10—信号处理及显示装置；11—目镜；W—灯泡

3. 红外线探测器

红外线探测器是红外线探伤仪中的关键部位，它的质量直接关系到探伤仪性能的优劣。红外线探测器分为热探测器和光探测器两类。

1)热探测器

利用入射的红外线引起探测器材料温度变化，使与温度有关的一些物理参数发生变化，通过这些物理参数的变化来确定所吸收的红外线辐射量。属于这类探测器的有热敏电偶型、热电偶型、高莱气动型和热释电型四种。

2)光电探测器

利用某些半导体材料在入射红外线照射下产生光电效应,致使导电性发生变化,进而反应出所吸收红外辐射的强弱。属于这类探测器的有外光电探测器和内光电探测器两种。

7.3.3 红外线探伤方法分类

1. 按检测方法分类

按检测方法可分为主动式和被动式两类,其中,主动式是在加热被检工件同时或加热后,用红外线探伤仪扫描工件表面进行探伤的方法。主动式又分为单面法和双面法两种。单面法是加热工件和探伤都在工件同一侧进行,特点是能确定缺陷埋藏深度;双面法则是分别在工件的两侧进行加热和探伤,特点是探伤灵敏度高。

2. 按被检工件加热状态分类

按被检工件加热状态,可分为稳态和非稳态加热红外线探伤两类。

(1)稳态加热红外线探伤是将工件加热到内部温度均匀、恒定状态时再探伤。

(2)非稳态加热红外线探伤是指加热时工件内部的温度不均匀,即还有热传导存在时就探伤。主动式探伤多采用非稳态加热方式,该方式非常适合于检验不大的气孔、夹渣和裂纹类缺陷。

3. 按工件表面温度状态显示方式分类

按显示方式可分热图法、温度分布曲线法和逐点测温法三类。

7.3.4 红外线探伤在焊接检验中的应用

焊接接头的红外线探伤常采用主动式探伤方法。图 7.11 是用红外线检查点焊接接头质量的原理图。焊接工艺保证点焊接头的缺陷只可能是部分未焊透。利用红外灯泡 1 非接触加热点焊接头,采用双面法探伤。把接头处加热至 80 - 100℃,从放置热像仪的一侧冷却接头十几秒钟后,在显示装置荧光屏上就能很清楚地显示出接头的等温线直径。将它与标准点焊接头的等温线直径相比,凡等温线直径大于标准点焊接头等温线直径的接头质量合格,否则,存在未焊透。

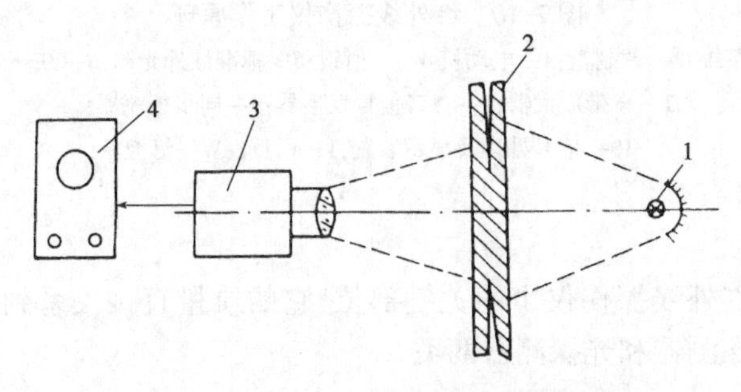

图 7.11 红外线检查点焊接头质量示意图

1—红外灯泡;2—点焊接头;3—红外探测器;4—显示装置

图 7.12 也是采用非接触式加热工件来检查焊接接头质量的例子。用透镜将加热器 1 红外辐射热聚焦在焊接接头一侧的某处 6。在滑动支架上同时固定两个红外线探测器 2,这两个

探测器将分别经透镜后探测焊接接头两侧的温度变化。接头内无缺陷处,探测仪示波屏显示的是两个正脉冲;反之,接头有缺陷处,由于缺陷热阻大,阻碍了热量从热注入点向另一侧的传导,在焊缝两侧测试点之间形成较大的温差。此时,在探伤仪示波屏上可以看到热注入侧仍为一正脉冲,而另一侧仅能看见一个很小或根本看不到正脉冲。

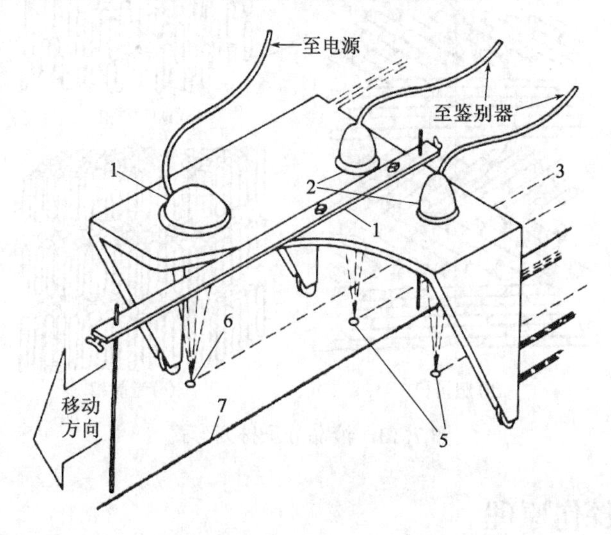

图 7.12　利用红外线检查焊接接头质量

1—加热器;2—红外探测器;3—热注入线;4—观察焊接的导轨;

5—红外探测器观察区域;6—热注入点;7—焊缝

7.4　液晶探伤

7.4.1　液晶

液晶是一种既有光学各向异性,又有流动性的液体。

液晶分为三类,即向列相、胆甾相和近晶相。向列相液晶的分子质心位置是随机分布的,但排列方向一致;胆甾相液晶的分子排列呈螺旋状、分层,每层分子长轴都与层平面平行;近晶相液晶的分子排列方向一致且呈层状。各类液晶的分子排列形式如图 7.13 所示。向列相和胆甾相液晶是具有光学特性的液体;近晶相液晶,则是处于结晶体和液体之间的真正中间状态。

目前,液晶探伤主要用的是胆甾相液晶,它们的温度效应非常显著,有些胆甾相化合物在1℃左右的变化范围内,可以显示从红到蓝之间的各种不同颜色。胆甾相液晶之所以能很灵敏地显示不同颜色,是由于其分子结构为螺旋状排列,它的螺距很容易受温度变化而变化。当它的螺距和某一光波的波长相一致时,就对这种光波产生了强烈的选择性反射。

用于探伤的胆甾相液晶大多是胆醇的衍生物,其中最有代表性的是胆醇和羧酸酯,有时为了扩大液晶的应用范围,可以用几种液晶按一定比例相混合或添加其他物质(主要为油脂类),以调整液晶的温度范围和对温度的灵敏度。例如,胆甾烯基壬酸酯(78 - 95℃)和胆甾烯基油烯基碳酸酯(20℃)以不同的混合比,可获得上述温度范围内具有任意温度范围的混合液晶。

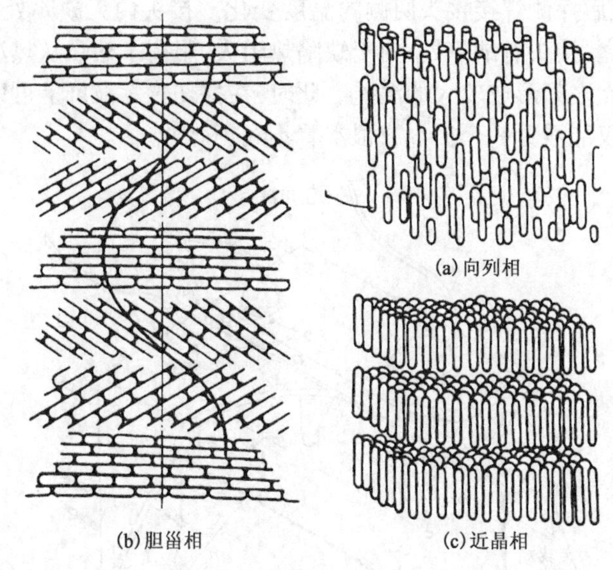

图 7.13　液晶分子排列形式

7.4.2　液晶探伤原理

工件中的缺陷经常是一些非金属和气体之类的热不良导体,它的比热容、导热系数与金属相比低得多。由于这些缺陷的存在,阻碍了工件内热流的正常流动,在工件的表面造成热量的堆积,即内部缺陷所对应的表面区域形成温度异常点。液晶探伤就是利用胆甾相液晶灵敏的温度效应来检测工件表面的温度分布状况,找出温度异常点,发现缺陷的一种无损探伤方法。

7.4.3　液晶探伤方法

1. 液晶探伤特点

液晶探伤具有以下特点:

(1)工件表面温度分布状况以彩色显示,对比度好,便于判断识别。

(2)可进行动态检测。

(3)胆甾相液晶对温度变化很敏感,使液晶探伤具有较高的灵敏度。

(4)液晶探伤对那些埋藏很深、在工件表面不形成温差的缺陷无能为力。

(5)低导热材料液晶探伤效果高于高导热材料。

2. 液晶探伤在焊接检验中应用

液晶探伤一般用于检测工件近表面的缺陷。图 7.14 为用液晶检测铝钎焊蜂窝状工件内部质量的例子。探伤时,用红外灯加热工件,然后在工件表面涂以液晶,并用照相机拍摄下探伤结果。

探伤时,液晶所显示的颜色与温度的关系并不是绝对的,所以在探伤前应加以校对。但是实践中经常仅利用颜色对比度进行缺陷探伤,所以又常不用校对。

液晶探伤时,常遇到工件无法直接涂敷液晶的情况,针对这一情况常可采用下述两种方法:一种办法是在工件上采用聚酯薄膜(约 10μm)进行隔离,再在薄膜上涂以液晶进行探伤;

另一种方法是把液晶按夹层结构夹在两张塑料胶片中，做成如图7.15所示热胶片，贴在工件表面进行探伤。所做成的热胶片既不要使液晶流动，又要厚度均匀。如图所示，在中间一层胶片上开很多几十微米大小的孔2，孔内装液晶，然后用压敏胶合剂从两边覆盖住中间的胶片。

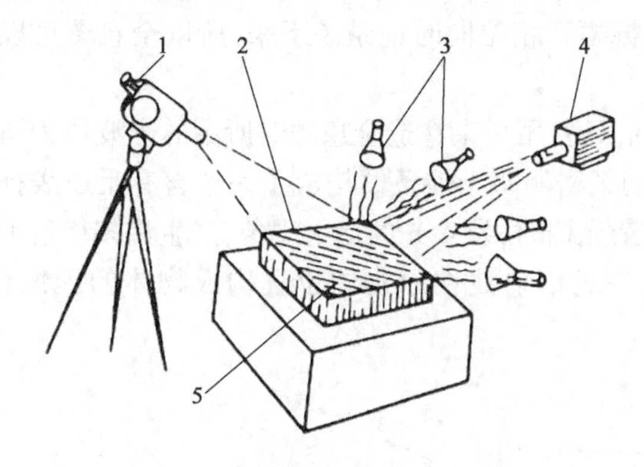

图7.14 液晶探伤蜂窝状工件质量

1—照相机；2—液相膜（底层涂黑色薄膜）；3—加热用灯；4—单色光源；5—铝制蜂窝状工件

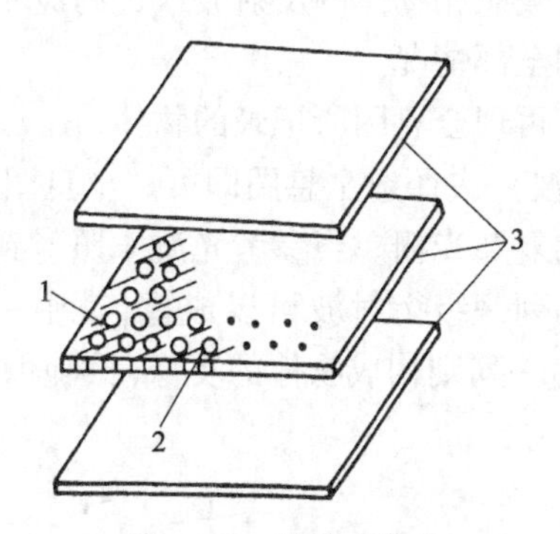

图7.15 热胶片结构

1—压敏胶合剂；2—充填液晶的小孔；3—塑料胶片

3. 液晶涂敷方法

液晶探伤时，将液晶涂敷在工件表面的方法有喷雾法、滚筒法和滴涂法三种。

（1）喷雾法是把液晶溶解在三氯甲烷中，然后用小型喷雾器将其喷涂在工件表面。

（2）滚筒法是用滚筒将液晶直接涂敷在工件表面。

（3）滴涂法针对小面积的涂覆，可以用吸管进行滴涂。为了使涂覆的液晶膜厚度均匀达到10～20μm，可配备浓度为10%的溶液进行滴涂。

7.5 激光全息照相法

7.5.1 全息照相原理

普通的照相只能显示物体的一个平面像，不能反映物体的全部情况，其原因是普通的照相使胶片感光的是光的强度。光的强度与光的振幅的平方成正比，这意味着在普通照相底片上所记录的信息中失掉了光的相位变化，仅记录了振幅的变化，所以普通照相不可能反映出物体的全部情况。

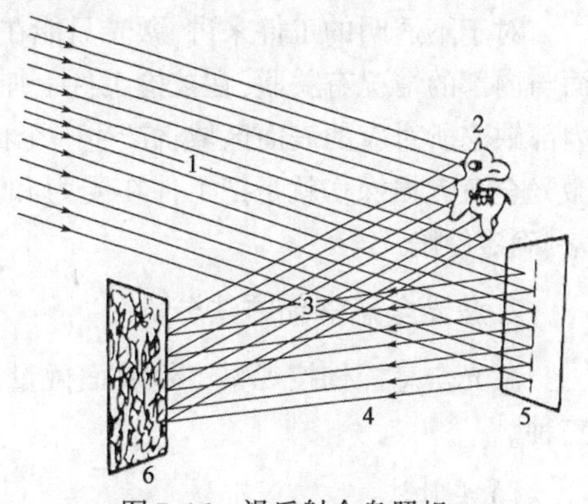

图7.16 漫反射全息照相

1—激光光线；2—被摄物体；3—物体反射波；4—参考光波；5—分光镜；6—感光板

全息照相过程如图7.16所示。将一束单一波长的光1照射在物体上，光被物体2向各个方向反射。物体各点被反射的光波在振幅和相位上各不相同，但它们的振幅和相位关系并不随时间而变化。另将一束与物体反射波波长相同、振动方向一致，且有恒定相位差的光波经过分光镜5与物体反射波在某处（放置胶片处）相遇，则发生光的干涉现象，产生一些极不规则的明暗条纹。这些条纹不但记录了物体波振幅的变化,也记录了它们相位的变化,即记录了物体波所携带的关于物体情况的全部信息。这种摄取全息图的方法,所依据的原理是物体对光的漫反射,所以这种照相方式也叫做漫反射全息照相。把记录干涉条纹的胶片经显影、定影处理,得到的底片叫全息图。全息图把被照相物体的反射波或透射波中的振幅和相位同时记录了下来,所以全息图可以反映物体的全部情况。

若再现全息图所记录的物体(图 7.17),只要用一束在造全息图时所用的光波作为再现波(相干波),去照射全息图即可。全息图上的细密明暗干涉条纹构成了一个含有足以表征物体特征的复杂光栅。当参考光波 4 照射到复杂光栅时,发生光的衍射现象,产生许多衍射波。其中的两列一级衍射波可以成像,其中一列一级衍射波在原物体位置构成物体的虚像(被始像),另一列则构成物体的实像(共轭像)。

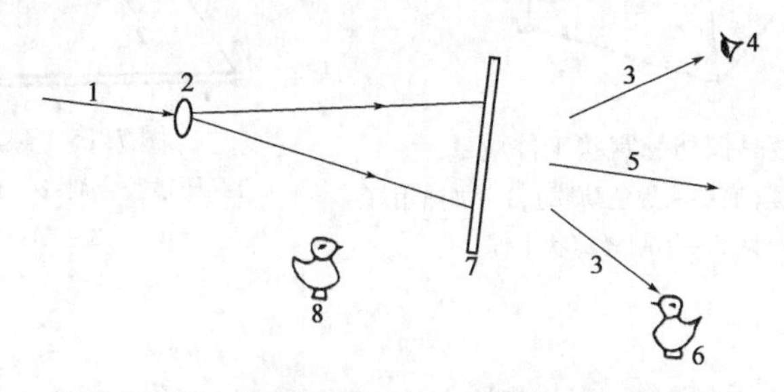

图 7.17　全息图再现

1—参考光;2—扩束镜;3——级衍射波;4—眼睛;

5—零级衍射波;6—实像;7—全息图;8—虚像

产生全息图可以用光波(包括激光、红外线)、X 射线、超声波和微波等。在所有的全息照相法方法中以激光全息照相最为成功。激光全息照相中,两束激光是由同一个激光器所发出的激光分离而得到的,所以他们具有高度的相干性,产生的干涉条纹相当稳定清晰。

7.5.2　激光全息探伤方法

1. 激光全息探伤原理

激光全息探伤是20 世纪 60 年代发展起来的一种无损探伤方法,是全息干涉术的重要应用。

对于不透明的工件来讲,激光只能在它的表面发生反射,反映工件的表面状况。但工件表面与内部的情况有关联,在被检工件上加一个并不使工件受损的机械力、热应力或振动力,在内部缺陷所对应的表面区域将产生一个比周围(无缺陷区所对应的表面)大一些的微量位移。激光全息无损探伤就是把工件在受力和不受力两种状态下所获得的全息图加以比较找出异常,确定缺陷。

2. 激光全息探伤方法分类

激光全息探伤按观察工件表面微量位移的方法,分有实时法、两次曝光法和时间平均法三种。

1)实时法

探伤时,先用激光全息术造一张工件不加载的标准全息图,再精确地把全息图放到原来成像的地方。然后对工件加载,加载后工件的反射光波与标准全息图的虚像发生干涉现象。如有缺陷,则在有缺陷的地方出现突然不连续条纹。由于再现虚像和加载工件反射波之间的干涉度量是在观察时完成的,所以被称为实时法。这种方法的优点是探伤过程只需造一张标准全息图,比较经济,缺点是要将全息图在精度不超过几个激光光波长度的情况下放回原成像处,其难度是较大的。

2)二次曝光法

这种方法是在一张全息照片上进行两次曝光,同时记录下工件加载前后的工件反射波,然后建像观察。如没有缺陷,干涉图像是连续的并与工件外形轮廓的变化同步;如有缺陷,则干涉条纹在有缺陷区域出现异常情况,如裂纹区域的陡峭变化条纹和脱胶区域的"牛眼"条纹。

3)时间平均法

这种方法是在工件振动时摄取全息图,在底片曝光时间内工件要进行振动。由于正弦式的振动把大部分时间都消耗在振动工件的两个端点,所以底片上所摄取的是振动工件两端点振动状态的叠加。当再现全息图时,这两个端点振动状态的像将产生一系列的干涉条纹,把振幅相同的轮廓勾画了出来。如果工件中有缺陷存在,则干涉条纹图样的状态和分布会出现异常。

这种方法显示的缺陷图案比较清晰,但为了使工件产生振动就需要一套激励装置。而且,由于工件内部的缺陷大小和深度不一,其激励频率各不相同,所以要求激烈振源的频带要宽,频率要连续可调,其输出功率大小也有一定要求。同时,还要根据不同的工件对象选择合适的换能器来激励它。

3. 激光全息探伤加载方式

激光全息探伤的加载方式有内部充气法、表面真空法、加热法和声振法四种。

内部充气法比较适合于管道、小型压力容器、蜂窝式结构。表面真空法比较适合于叠层、板状结构。加热法是一种最简单而有效的方法,对工件表面施加一个热脉冲,如用一盏灯扫描被检工件表面几秒钟,就可使其弯曲,而达到探伤的目的。声振法是把一个宽频带的换能器(常用压电晶体)胶接在工件表面上,调节驱动电压来改变激振频率,在工件振动期间摄取全息图。

7.5.3 激光全息探伤在焊接中的应用

激光全息探伤在焊接检验中主要应用于小型压力容器、蜂窝状夹层和叠层胶接结构件的探伤。

图7.18是利用激光全息探伤小型压力容器的光路布置图,容器7长度为360mm,外径为44mm,壁厚为3mm,材质为1Cr18Ni9Ti,筒体纵缝和与封头环缝均采用钨极氩弧焊。探伤时,容器的一端用虎钳6夹持,呈水平悬臂状态。另一端封头接一挠性进水管。加载时以每0.98MPa为一台阶。每次升压,均等待1min左右以待状态稳定,加载压力最高为14.7MPa。容器外表面涂一层白粉以增加漫反射效果。采用降压方式进行两次曝光拍摄全息图。通过对全息图上畸变干涉条纹的分析,可以得知容器筒体有两条环向裂纹。

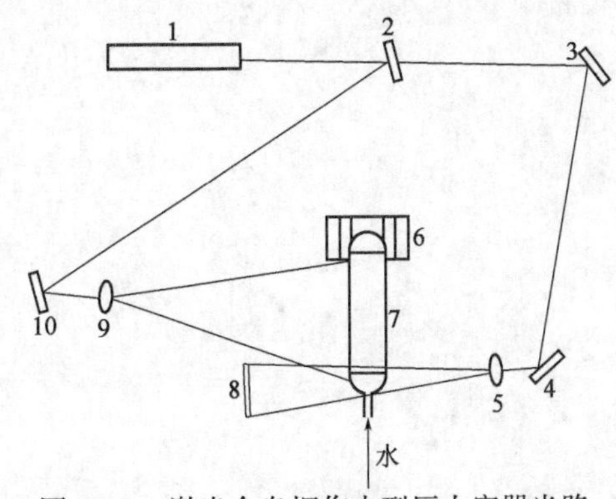

图7.18 激光全息探伤小型压力容器光路

1—氦—氖激光器;2—分光镜;3、4、10—反射镜;5、9—扩束镜;6—虎钳;7—被检容器;8—全息胶片

复习思考题

一、填空题

1. 材料或结构在外力或内力作用下产生变形或断裂时，以弹性波形式释放出应变能的现象称为(　　　　)。

2. 声发射换能器的作用是接收声发射信号并将其转换为(　　　　)。

二、简答及计算题

1. 声发射探伤的特点是什么？

2. 红外线探伤和液晶探伤的原理是什么？

3. 什么是声发射技术？声发射探伤设备的基本要求是什么？

4. 液晶探伤的特点有哪些？

第 8 章　无损检测方法应用案例分析

8.1 引　　言

无损检测方法在石油、化工、航天、机械和压力容器等领域具有广泛的应用，无损检测技能的获得必须是理论知识与实践的完美结合，在工程实际应用中才能体现出无损检测的价值。本章以案例分析的方法介绍了常用无损检测方法在工程上的实际应用。

8.2　导管架钢桩卷制和接长焊缝检测

1. 检测对象介绍

导管架钢桩，主要用于支撑海洋钢结构。导管架一般由卷管机将钢板卷制成需要的管径然后焊接，再接长为需要的尺寸，如图 8.1 所示。服役条件为海水中，主要受压应力，腐蚀介质为海水和海生物。被探伤部位为钢桩卷制的纵向焊缝和接长的对接环焊缝，材料为碳钢，接头形式通常为等厚度对接接头，坡口形式为 V 形或 X 形，焊接方法为埋弧焊。

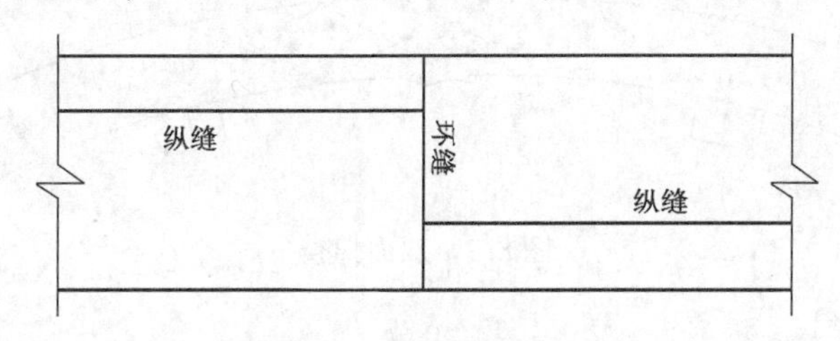

图 8.1　钢桩卷制接长

2. 检测过程

(1) 检测方法选择：100% UT。

(2) 检验标准：参考标准 API－RP－2X 执行。

(3) 检测面的选择：V 形坡口，从外表面进行检测；X 形坡口，如果条件允许，应采取双面扫查。

(4) 前处理：对于检测面的探头移动区域，采用手工或电动工具进行清理，如焊缝飞溅、焊渣、氧化皮、铁锈和油渍等影响检测结果的污物。

(5) 探头的选择：对接焊缝检验，应至少采用 4 个探头进行检测，常用角度为 0°、45°、60°、70°。

(6) 耦合剂的选择：甘油、浆糊或其他同性能产品。

(7) 详细检测过程。

①系统校准：连接探头，使用 IIW V1 试块与 V2 试块校准超声波系统。

②参考灵敏度:依照选用标准 API - RP - 2X 要求,根据对应测试厚度选择对应参考试块,使侧钻孔回波高度达到满屏高度 80% ~100% 作为参考灵敏度,做 DAC 曲线。

③扫查灵敏度:扫查时需要额外增加 4 ~12dB 的传输修正,不连续评估需要在修正后的灵敏度下进行。

④直探伤:使用 0°探头在检测面探头移动区域进行直探伤,检测钢板内是否存在夹层等影响超声波传输的大面积缺陷。

⑤斜探伤:分别使用 45°、60°、70°探头,对焊缝进行检测。

⑥卷管纵缝扫查图

背面探伤条件不允许则采用单面扫查,如图 8.2 所示;如果条件允许采用双面扫查,如图 8.3所示。

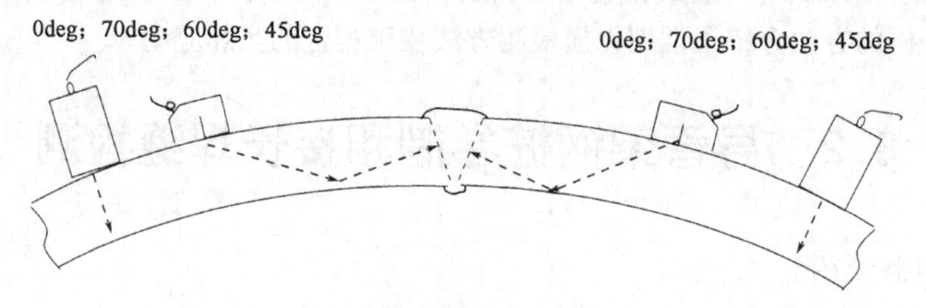

图 8.2　单面扫查

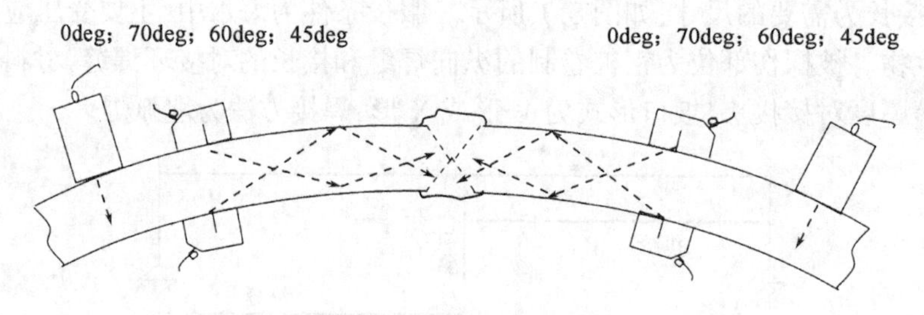

图 8.3　双面扫查

⑦接长环缝扫查图

背面探伤条件不允许则采用单面扫查,如图 8.4 所示;背面探伤条件允许则采用双面扫查,如图 8.5 所示。

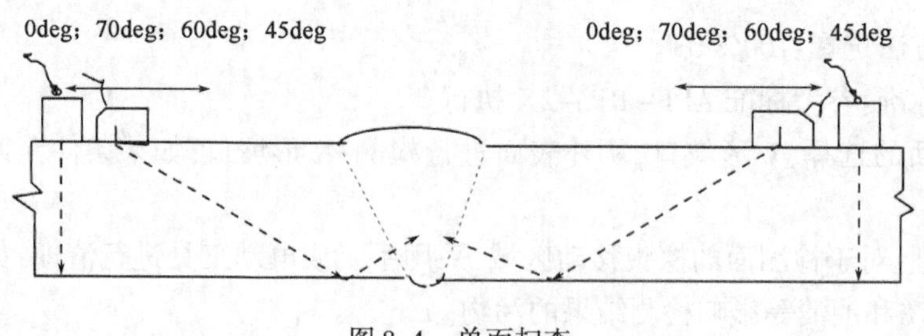

图 8.4　单面扫查

⑧扫查方式。

a. 扫查过程中,探头前后移动的同时横向移动,呈锯齿形轨迹,扫查速度不大于 150mm/s,且每次扫查之间应该有 10% 的覆盖。

b. 发现缺陷时,应扭动探头找到缺陷的最高波,以确定缺陷的位置、尺寸和方向。

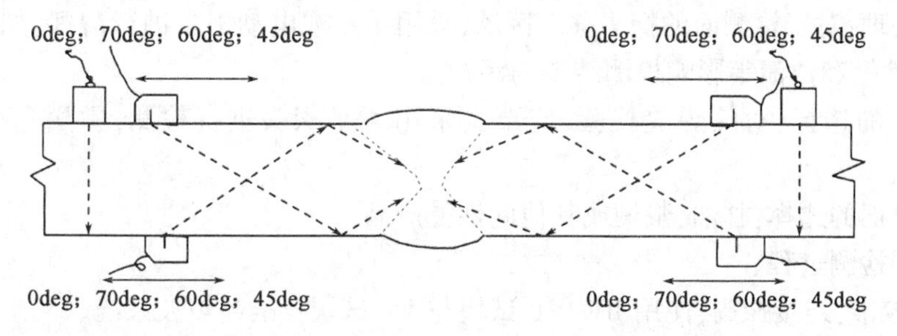

图 8.5　双面扫查

c. 应该进行横向扫查来检测焊道与母材内的任何横向缺陷。

d. 扫查方式示意图如图 8.6 所示。

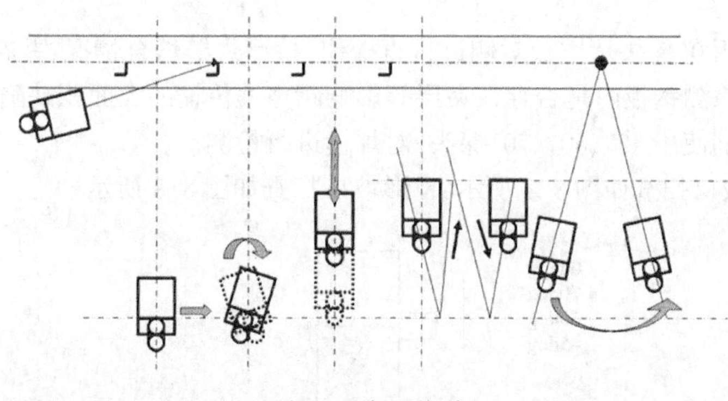

图 8.6　扫查方式

⑨检测结果的分析与评定

通常来说，长度测量使用 6dB 测量法，再根据 API－RP－2X 标准进行评定。

⑩检测后的处理

a. 若焊缝没有缺陷或者缺陷尺寸在标准允许的范围内，则焊缝检测合格，可进行下一步工序。

b. 若焊缝内存在超标缺陷，需打磨或气刨去除缺陷，然后按照批准的返修焊接工艺进行焊接，返修焊缝再次进行 100% NDT 检测，检测合格后方可进行下一步工序。

8.3　TKY 焊缝超声波检测

1. 检测对象介绍

钢板以一定角度焊接到另一块钢板面，焊缝形成 TKY 接头形式，常出现在钢结构直角对接和斜拉筋焊接位置。此处以钢板对接为例，材料为碳钢，T 形对接坡口形式为单边 V 形坡口、K 形坡口，Y 形节点坡口形式为自然坡口或单边 V 形坡口，焊接方法为手把焊。

2. 检测过程

（1）检测方法选择：100% UT。

（2）检验标准：参考 API－RP－2X 执行。

（3）检测面的选择：主板对侧进行直探伤；单边 V 形坡口，从支板一侧进行检测；自然坡口和 K 形坡口，如果条件允许，应采取双面扫查。

(4)前处理:对于检测面的探头移动区域,采用手工或电动工具进行清理,如焊缝飞溅、焊渣、氧化皮、铁锈和油渍等影响检测结果的污物。

(5)探头的选择:对接焊缝检验,应至少采用 4 个探头进行检测,常用角度为 0°、45°、60°、70°。

(6)耦合剂的选择:甘油、浆糊或其他同性能产品。

(7)详细检测过程。

①系统校准:连接探头,使用 IIW V1 试块与 V2 试块校准超声波系统。

②参考灵敏度:依照选用标准 API - RP - 2X 要求,根据对应测试厚度选择对应参考试块,使侧钻孔回波高度达到满屏高度 80% ~100% 作为参考灵敏度,做 DAC 曲线。

③扫查灵敏度:扫查时需要额外增加 4 ~12dB 的传输修正,不连续评估需要在修正后的灵敏度下进行。

④直探伤:使用 0°探头从主板对侧进行直探伤,检测焊缝熔合情况;并在检测面探头移动区域进行直探伤,检测钢板内是否存在夹层等影响超声波传输的大面积缺陷。

⑤斜探伤:分别使用 45°、60°、70°探头,对焊缝进行检测。

⑥单边 V 形坡口扫查如图 8.7 所示,K 形坡口扫查如图 8.8 所示。

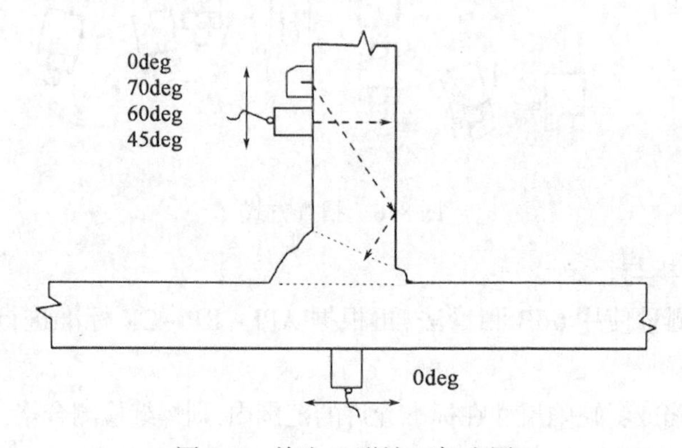

图 8.7　单边 V 形坡口扫查图

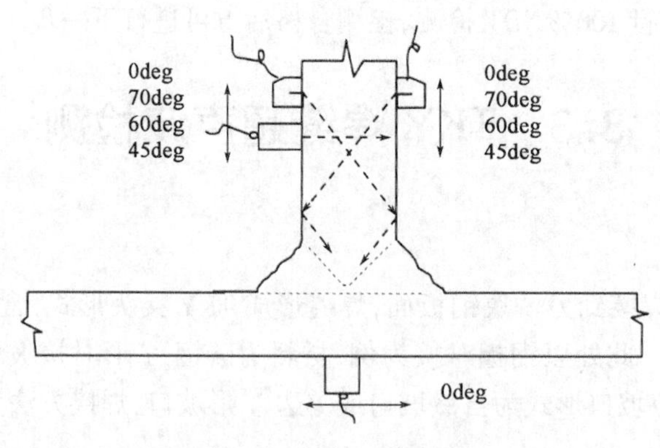

图 8.8　K 形坡口扫查图

⑦Y 形接头纵缝扫查如图 8.9 所示。

⑧扫查方式。

a. 扫查过程中,探头前后移动的同时横向移动,呈锯齿形轨迹,扫查速度不大于 150mm/s,且每次扫查之间应该有 10% 的覆盖。

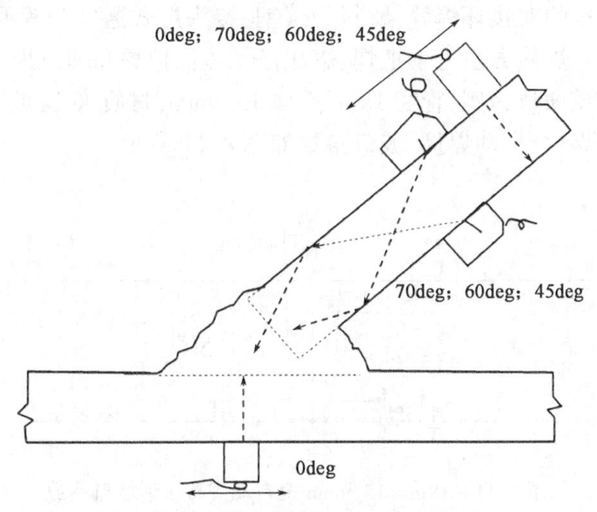

图 8.9　Y 形接头纵缝扫查图

b. 发现缺陷时,应扭动探头找到缺陷的最高波,以确定缺陷的位置、尺寸和方向。

c. 应该进行横向扫查来检测焊道与母材内的任何横向缺陷。

d. 扫查方式示意图如 8.10 所示。

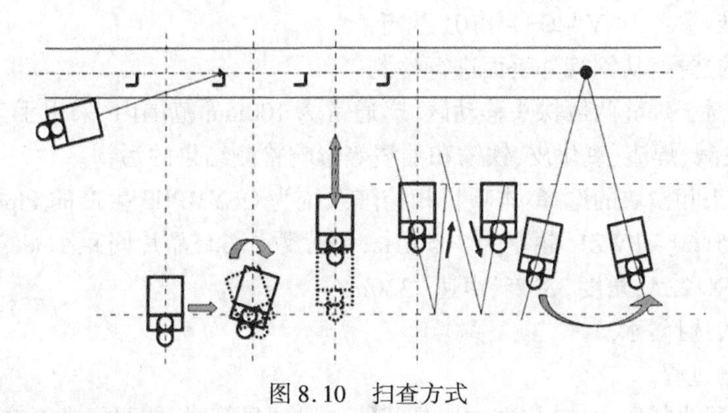

图 8.10　扫查方式

⑨检测结果的分析与评定。

通常来说,长度测量使用 6dB 测量法,再根据 API - RP - 2X 标准进行评定。

⑩检测后的处理。

a. 若焊缝没有缺陷或者缺陷尺寸在标准允许的范围内,则焊缝检测合格,可进行下一步工序。

b. 若焊缝内存在超标缺陷,需打磨或气刨去除缺陷,然后按照批准的返修焊接工艺进行焊接,返修焊缝再次进行 100% NDT 检测,检测合格后方可进行下一步工序。

8.4　海底管道对接环焊缝 AUT 相控阵超声检测

8.4.1　检测对象介绍

海底管道,用于输送油、气或水,由长度约为 12m 的钢管焊接而成,钢管外部有防腐层包裹。服役条件为海底,通常埋深 1 ~ 2m,主要受拉应力和压应力,腐蚀介质为海水和管内介质。

被探伤部位为钢管连接的对接环焊缝，材料为碳钢，接头形式通常为等厚度对接接头，坡口形式为V形、J形或X形，焊接方法为手把焊、熔化极气体保护焊和埋弧焊等。

以南海某海底管道项目为例，管径18in，壁厚15.9mm，材质X65，坡口形式为J形，焊接方法为熔化极气体保护焊，全自动焊接，坡口参数如图8.11所示。

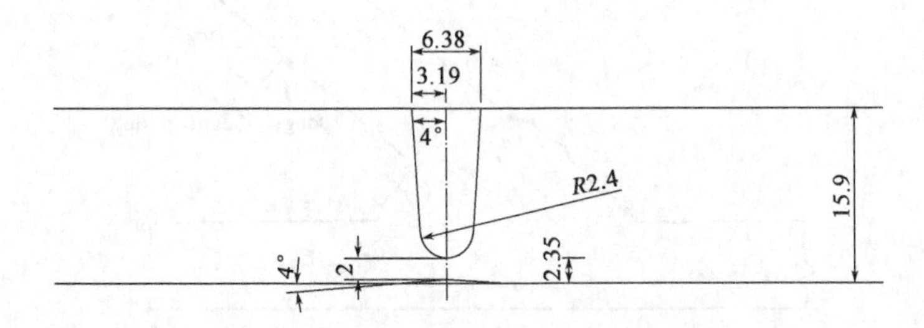

图8.11　18in×15.9mm全自动焊接J形坡口参数

8.4.2　检测过程

(1)检测方法选择：100% AUT，即全自动超声波检测。

(2)检验标准：参考DNV－OS－F101执行。

(3)检测面的选择：从钢管外表面进行检测。

(4)前处理：对于焊缝两侧探头移动区域，通常为100mm范围内，采用手工或电动工具进行清理，如焊缝飞溅、焊渣、氧化皮、铁锈和油渍等影响检测结果的污物。

(5)仪器、探头和楔块的选择：本项目相控阵系统为OLYMPUS生产的PipeWIZARD系统，探头型号选用7.5L60－PWZ1，频率为7.5MHz，晶片数为60，晶片间距1mm，宽度10mm。楔块型号选用ABWX122A，角度33.7°，声速2330m/s。

(6)耦合剂的选择：水。

(7)详细检测过程。

①AUT校准试块制作：AUT校准试块是截取一段项目管料，依照标准DNV－OS－F101和ASTM E1961要求和焊接坡口参数，在各个区域加工人工反射体，加工精度需满足标准要求。试块反射体分布示意图如图8.12所示。

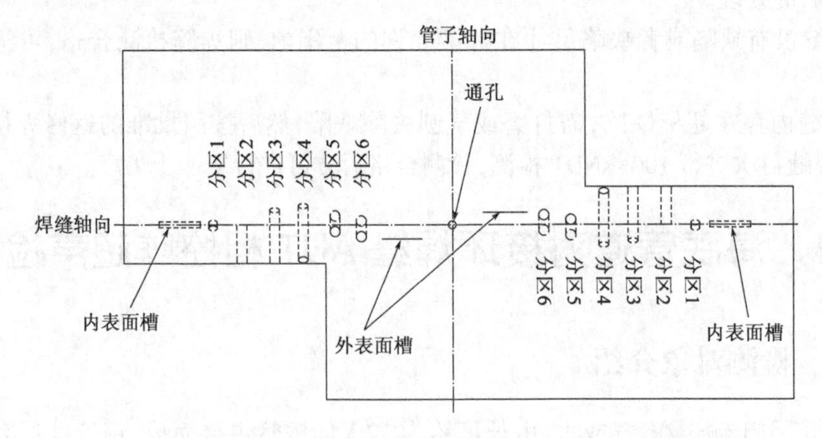

图8.12　试块反射体分布示意图(取自ASTM E1961)

②系统校准:AUT 检验采用两个相控阵探头放置于焊缝两侧,同时进行检验,通常称为上游和下游。AUT 系统调试和校准在 AUT 试块上进行。依照选用标准 DNV - OS - F101 的要求,将每个分区的反射体波高调节至 80%。AUT 系统校准后的试块扫查示意图如图 8.13 所示。

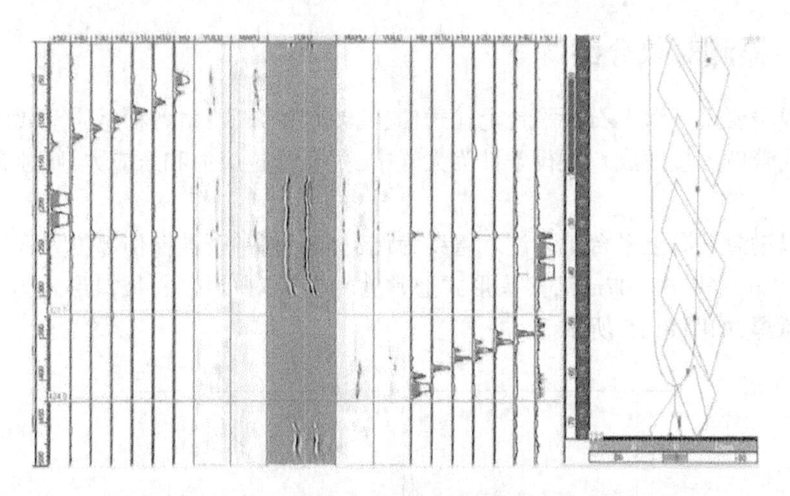

图 8.13　AUT 系统校准后的试块扫查示意图

③焊缝扫查。

a. 焊缝扫查前,在焊缝一侧安装导轨用于扫查器行走,通常为距焊缝中心 170mm 处,安装精度应该控制在 ±0.5mm 范围内。

b. 检测温度:一般来说,焊缝温度低于 70℃才能进行检验。

c. 焊缝扫查:扫查器沿着导轨在管子上行走一圈,完成对焊缝的扫查,一般覆盖 100mm。焊缝扫查示意图如图 8.14 所示。

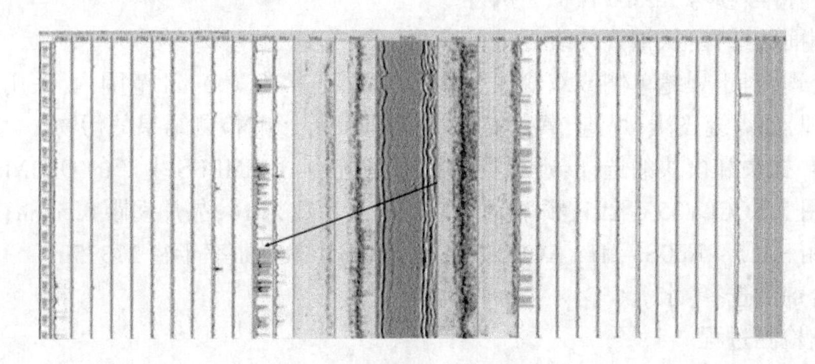

图 8.14　焊缝扫查示意图

④检测结果的分析与评定。

通常来说,AUT 带状图中超过 20% 的信号应该予以研究,缺陷尺寸按照 40% 波高进行测量,再根据标准 DNV - OS - F101 进行评定。

(8)检测后的处理。

①若焊缝没有缺陷或者缺陷尺寸在标准允许的范围内,则焊缝检测合格,可进行下一步工序。

②若焊缝内存在超标缺陷,需打磨或气刨去除缺陷,然后按照批准的返修焊接工艺进行焊接,返修焊缝再次进行 100% NDT 检测,检测合格后方可进行下一步工序。

8.5 工艺管线对接环焊缝 PAUT 相控阵超声检测

8.5.1 检测对象介绍

工艺管线主要用于海上石油平台上输送油、气或水等介质，由各种材质、等级、管径、壁厚、长度的管料或管件焊接而成。服役条件为大气中，主要受拉应力和压应力，腐蚀介质为大气和管内介质。

本案例以渤海某海上平台工艺注水管线为例，材料为碳钢，被探伤部位为管子连接的对接环焊缝，管径 2in，壁厚 11.07mm，接头形式通常为等壁厚对接接头，坡口形式为 V 形，焊接方法为钨极氩弧焊，如图 8.15 所示。

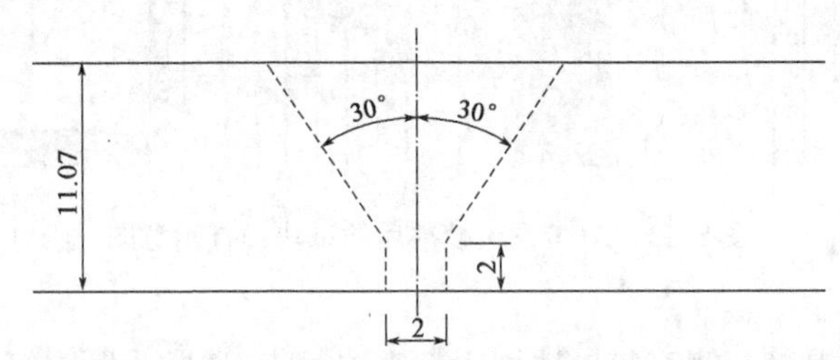

图 8.15　2in × 11.07mm，V 形坡口参数

8.5.2 检测过程

(1) 检测方法选择：100% PAUT，即相控阵超声波检测。

(2) 检验标准：参考 ASME B31.3 执行。

(3) 检测面的选择：从钢管外表面进行检测。

(4) 前处理：对于焊缝单侧或双侧探头移动区域，通常为 100mm 范围内，采用手工或电动工具进行清理，如焊缝飞溅、焊渣、氧化皮、铁锈和油渍等影响检测结果的污物。

(5) 仪器、探头和楔块的选择：本项目相控阵系统为 OLYMPUS 生产的 OMINISCAN 系统，探头型号选用 7.5CCEV35 - A15，频率为 7.5MHz，晶片数为 16，晶片间距 0.5mm，宽度 10mm。楔块型号选用 SA15 - N60S - IH，AOD2.375，中心角度 60°，曲率半径 2.375in。

(6) 耦合剂的选择：水。

(7) 详细检测过程。

①工艺设计：针对 11.07mm 的 V 形坡口焊缝，采用扇形扫查（图 8.16），起始晶片为 1，激活晶片数为 16，聚焦深度为 16.5mm，步进偏移为 17mm，扫查灵敏度为 ϕ1.5mm + 6dB。

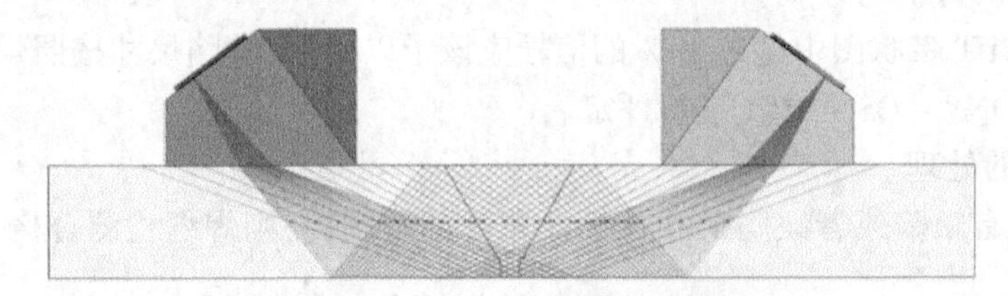

图 8.16　扇形扫描束模拟示意图

②仪器校准：连接探头，使用 IIW 试块进行系统校准，包括声速、楔块延迟和灵敏度。

③TCG 曲线：在 TCG 试块上选择 3 个已知深度的横通孔制作 TCG 曲线。其中，第 1 个孔深度在 1 倍壁厚以内，第 2 个孔深度在 1 倍壁厚到 2 倍壁厚之间，第 3 个孔深度要大于 2 倍壁厚。

④工艺验证：校准后的 PAUT 系统要采用验证试块进行验证，确保 PAUT 工艺能够覆盖整个壁厚。验证试块是使用项目管料，按照批准的焊接工艺焊接后，在焊缝中和内外表面加工人工反射体，如图 8.17 所示。

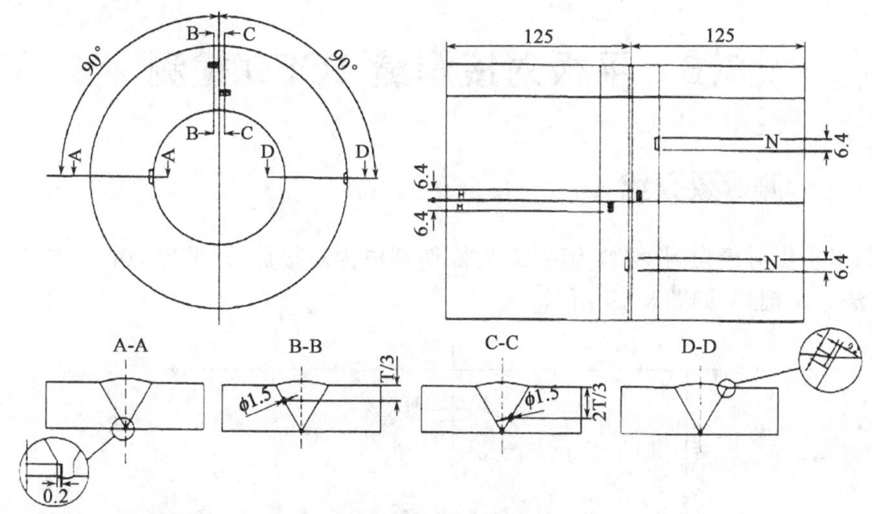

图 8.17　PAUT 验证试块缺陷位置示意图(参照 ASME V)

⑤焊缝扫查。

a. 焊缝扫查前，在焊缝两侧按照步进偏移量标记参考线，精度应该控制在 ±0.5mm 范围内。

b. 检测温度：一般来说，焊缝温度低于 70℃才能进行检验。

c. 焊缝扫查：扫查器沿着管子上行走一圈，完成对焊缝的扫查，一般覆盖 50～100mm。

⑥检测结果的分析与评定。

PAUT 扫查数据可实现 A、S、B、C 等多种视图显示，通常超过 20% 的信号应该予以研究，缺陷尺寸测量使用 6dB 法，再根据标准 ASME B31.3 进行评定。PAUT 数据评定图像显示示意图如图 8.18 所示。

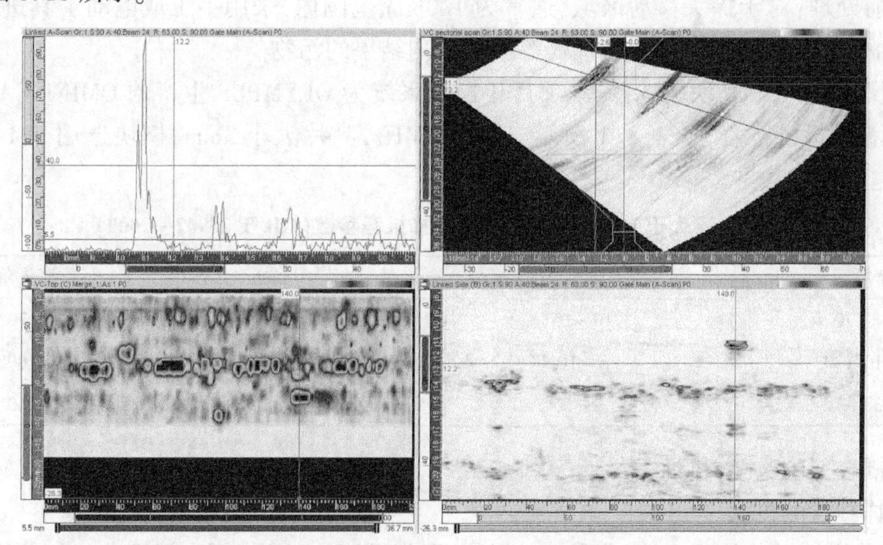

图 8.18　PAUT 数据评定图像显示示意图

(8)检测后的处理。

①若焊缝没有缺陷或者缺陷尺寸在标准允许的范围内，则焊缝检测合格，可进行下一步工序。

②若焊缝内存在超标缺陷，需打磨或气刨去除缺陷，然后按照批准的返修焊接工艺进行焊接，返修焊缝再次进行100% NDT检测，检测合格后方可进行下一步工序。

8.6 平板对接焊缝TOFD检测

8.6.1 检测对象介绍

本案例以平板对接为例，材料为碳钢，被探伤部位为对接焊缝，壁厚20mm，坡口形式为V形，焊接方法为手把焊，如图8.19所示。

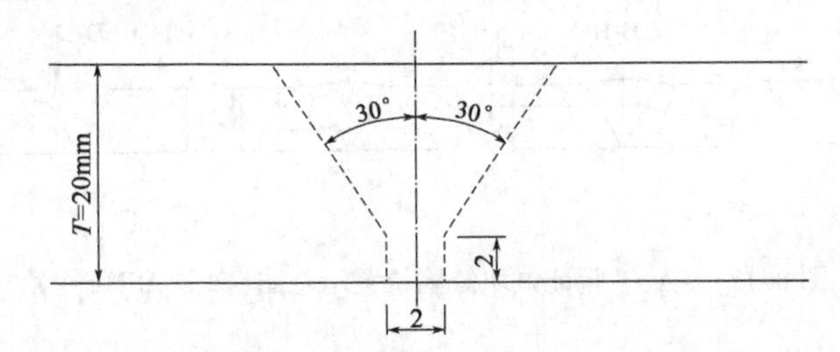

图8.19 $T=20$mm，V形坡口示意图

8.6.2 检测过程

(1)检测方法选择：100% TOFD，即时差衍射超声波检测。

(2)检验标准：参考GB/T 23902—2009执行。

(3)检测面的选择：从钢板一面进行检测。

(4)前处理：对于探头移动区域，通常为100mm范围内，采用手工或电动工具进行清理，如焊缝飞溅、焊渣、氧化皮、铁锈和油渍等影响检测结果的污物。

(5)仪器、探头和楔块的选择：本项目相控阵系统为OLYMPUS生产的OMINISCAN系统。探头频率参照标准推荐，如表8.1所示，选用10MHz，晶片大小3mm；楔块选用ST1－60L－IHC，角度为60°。

表8.1 不大于70mm厚钢的探头选择推荐参数(GB/T 23902—2009)

壁厚，mm	中心频率，MHz	晶片大小，mm	标称探头角度
<10	10～15	2～6	50°～70°
10～30	5～10	2～6	50°～60°
30～70	2～5	1～2	45°～60°

(6)耦合剂的选择：机油。

(7)详细检测过程。

①工艺设计：针对20mm的V形坡口焊缝，聚焦深度为$2T/3$，探头间距(PTS)计算如下，计

算示意图如图 8.20 所示。

$$PTS = 2T/3 \times \tan60° = 46.2mm$$

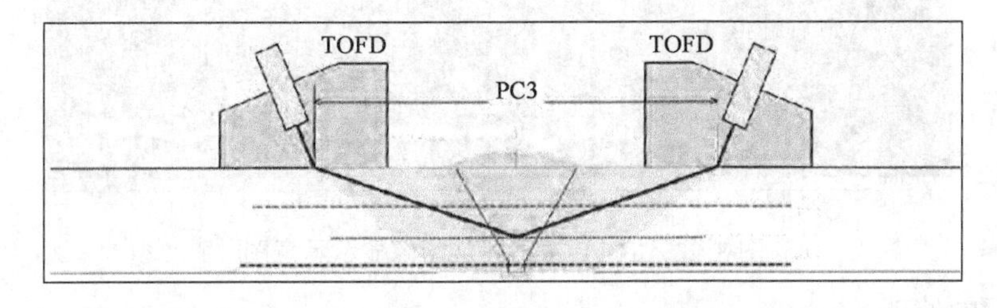

图 8.20　TOFD 探头 PTS 计算示意图

②灵敏度调节:连接探头,放置于被检工件上,调节增益使直通波高度达到 40%。

③焊缝扫查。

a. 焊缝扫查前,在焊缝两侧按照 PTS 的一半在焊缝两侧标记参考线,精度应该控制在 ±0.5mm范围内。

b. 检测温度:一般来说,焊缝温度低于 70℃才能进行检验。

c. 焊缝扫查:采用非平行扫查方式,完成焊缝扫查,如图 8.21 所示。

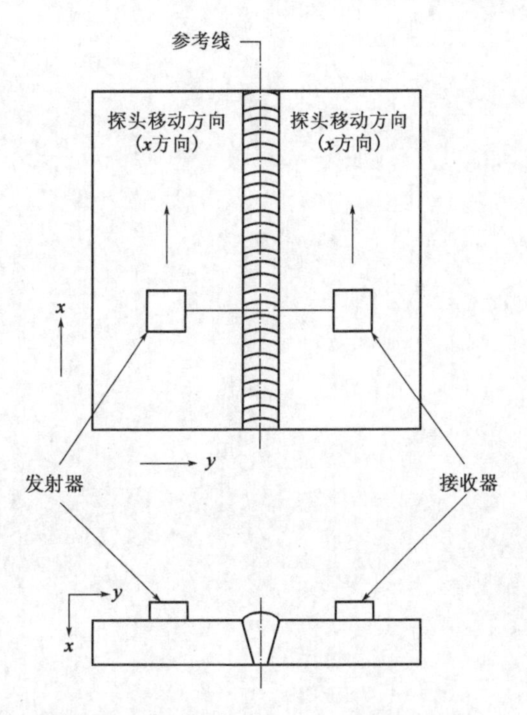

图 8.21　非平行扫查(GB/T 23902—2009)

④检测结果的分析与评定。

图像显示的分析和评定参照标准 GB/T 23902—2009 执行。TOFD 数据评定图像示意图如图 8.22 所示。

⑤其他方法补充检验。

由于 TOFD 技术的特性,在上下表面存在检测盲区,需要增加其他检验方法予以补充。一般来说,TOFD 与 UT 或者 PAUT 配合使用,以达到更高的缺陷检出率。

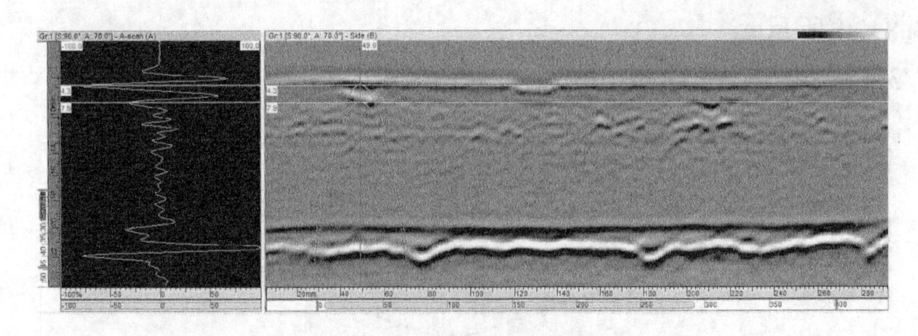

图 8.22　TOFD 数据评定图像显示示意图

⑥检测后的处理。

a. 若焊缝没有缺陷或者缺陷尺寸在标准允许的范围内，则焊缝检测合格，可进行下一步工序。

b. 若焊缝内存在超标缺陷，需打磨或气刨去除缺陷，然后按照批准的返修焊接工艺进行焊接，返修焊缝再次进行 100% NDT 检测，检测合格后方可进行下一步工序。

参考文献

[1] 陈庆林. 渗透探伤的历史现状与展望[J]. 无损检测,1997,19(1):21－23.

[2] 美国无损检测学会. 美国无损检测手册(渗透卷)[M]. 北京:世界图书出版社公司,1994.

[3] 中国机械工程学会无损检测学会. 无损检测概论[M]. 北京:机械工业出版社,1993.

[4] 胡建恺,等. 超声检测原理和方法[M]. 合肥:中国科学技术大学出版社,1993.

[5] 李喜梦. 无损检测[M]. 北京:机械工业出版社,2013.

[6] 崔元彪. 焊接检验[M]. 北京:机械工业出版社,2017.

[7] 李斯特,斯克姆尔. 超声相控阵原理[M]. 北京:国防工业出版社,2017.

[8] 施克仁,郭寓岷. 相控阵超声成像检测[M]. 北京:高等教育出版社,2010.

[9] 胡先龙,季昌国,刘建屏. 衍射时差法(TOFD)超声波检测[M]. 北京:中国电力出版社,2014.

[10] 陈昌华. 钢锭和锻件超声波探伤缺陷分析[M]. 合肥:合肥工业大学出版社,2015.

[11] 张俊哲. 无损检测技术及其应用[M]. 北京:科学出版社,2010.

[12] 中国石油管道公司. 油气管道检测与修复技术[M]. 北京:石油工业出版社,2010.

[13] 中国机械工程学会无损检测学会. 磁粉探伤[M]. 北京:机械工业出版社,1987.

[14] 尹锐. 渗透探伤与磁粉探伤[J]. 无损探伤, 1994(6):48－48.

[15] 闫继伟. 便携式压力喷罐着色渗透探伤技术要点[J]. 经济技术协作信息, 2011(24):119－119.

[16] 沈功田, 戴光, 刘时风. 中国声发射检测技术进展:学会成立 25 周年纪念[J]. 无损检测,2003,25(6):302－307.

[17] 李光海, 胡兵, 刘时风,等. 多通道全波形声发射检测系统的研究[J]. 计算机测量与控制,2002, 10(6):355－357.

[18] 王永红, 闫明巍, 刘国增,等. 激光全息检测技术研究与应用[J]. 火箭推进,2016,42(4):74－78.

[19] 奚清, 李启寿, 杨晓峰,等. 数字式 X 射线探伤技术在陶瓷零件检测中的应用[J]. 无损探伤, 2015,39(5):46－48.

[20] 董斌, 杨剑峰. X 射线探伤技术对埋弧焊管焊缝检测中气孔缺陷的判定方法[J]. 焊管,2013(12):53－55.

[21] 马骏. 数字超声波探伤扫描技术在锅炉检测中的应用[J]. 中国新技术新产品,2016(16):18－19.

参考文献